高等学校电子与电气工程及自动化专业系列教材

电　　路

（第 三 版）

高　赟　黄向慧　编著

西安电子科技大学出版社

内 容 简 介

本书是在第二版的基础上修订的，新增了特勒根定理与互易定理等内容。

本书共分 18 章，其主要内容有：基本概念与基本定律、电路的等效变换、电路的基本分析方法、电路定理、含运算放大器电路分析、电容元件和电感元件、一阶电路分析、二阶电路分析、正弦量与相量、正弦稳态电路分析、三相电路、耦合电感电路、电路的频率响应、非正弦周期信号电路分析、拉普拉斯变换及其在电路中的应用、电路的矩阵方程、二端口网络和非线性电路简介等。

本书的特点是：在每章的开始叙述了本章的学习目的以及本章在整个课程中所处的位置，同时介绍该章的主要内容；每章的最后总结了本章的基本思想以及应该注意的问题；注重和物理学及数学课程的衔接，力争做到低起点，便于读者自学；整体思路是从静态电路到动态电路，再到如何运用数学方法综合处理静态电路和动态电路等。

本书可作为普通高等院校电子信息工程、通信工程、电子科学与技术、电气和控制类专业的教材，也可作为有关工程技术人员的参考书。

★本书配有电子教案，需要者可登录出版社网站，免费下载。

图书在版编目(CIP)数据

电路/高赟，黄向慧编著. —3 版. —西安：西安电子科技大学出版社，2015.8(2020.12 重印)

ISBN 978 - 7 - 5606 - 3793 - 8

Ⅰ. ①电… Ⅱ. ①高… ②黄… Ⅲ. ①电路—高等学校—教材 Ⅳ. ①TM13

中国版本图书馆 CIP 数据核字(2015)第 197500 号

策划编辑	马乐惠
责任编辑	马 琼 马乐惠
出版发行	西安电子科技大学出版社(西安市太白南路 2 号)
电 话	(029)88242885 88201467 邮 编 710071
网 址	www. xduph. com 电子邮箱 xdupfxb@pub. xaonline. com
经 销	新华书店
印刷单位	陕西天意印务有限责任公司
版 次	2015 年 8 月第 3 版 2020 年 12 月第 5 次印刷
开 本	787 毫米×1092 毫米 1/16 印张 22.25
字 数	523 千字
印 数	14 001～16 000 册
定 价	46.00 元

ISBN 978 - 7 - 5606 - 3793 - 8/TM

XDUP 4085003 - 5

＊＊＊如有印装问题可调换＊＊＊

高 等 学 校

自动化、电气工程及其自动化、机械设计制造及自动化专业

系列教材编审专家委员会名单

主　任：张永康

副主任：姜周曙　刘喜梅　柴光远

自动化组

组　长：刘喜梅（兼）

成　员：（成员按姓氏笔画排列）

韦　力　王建中　巨永锋　孙　强　陈在平　李正明

吴　斌　杨马英　张九根　周玉国　党宏社　高　嵩

秦付军　席爱民　穆向阳

电气工程组

组　长：姜周曙（兼）

成　员：（成员按姓氏笔画排列）

闫苏莉　李荣正　余健明

段晨东　郝润科　谭博学

机械设计制造组

组　长：柴光远（兼）

成　员：（成员按姓氏笔画排列）

刘战锋　刘晓婷　朱建公　朱若燕　何法江　李鹏飞

麦云飞　汪传生　张功学　张永康　胡小平　赵玉刚

柴国钟　原思聪　黄惟公　赫东锋　谭继文

项目策划：马乐惠

策　划：毛红兵　马武装　马晓娟

前　　言

本书作为高等学校电子与电气工程及自动化专业"十一五"规划教材，于 2007 年首次出版。作者针对书中的一些不足和缺陷，于 2011 年对全书进行了完善和修订，几年来本书已经使用于作者所在学校需要开设本课程的所有专业。由于使用专业的增多，"电路"这门课程所涉及的内容以及重点也在扩展与变化；另外，作者和教研室同仁在教学过程中不断地进行教学法方面的研究，使得该课程于 2013 年获得校级精品课程建设项目支持，于 2014 年又获得省级精品资源共享课程项目的支持。依托精品课程的建设，需要对本书在讲授与学生学习两个方面进行加强，所以作者和出版社协定，再次对该书进行修订。

为了加强电路理论知识的完整性，新版教材在"电路定理"一章增加了"特勒根定理"和"互易定理"以及对应的例题和作业；为了便于学生更好地消化和运用所学的知识，在有关章节补入了一些例题，并对原书部分例题的解题步骤进行了完善和补充；针对原书"波特图"讲授过程中存在的问题，对该部分的内容进行了重写，并增加了例题和习题；在"$F(s)$ 的分解"方法中，在保留原有留数法的基础上补充了代数分解法；对全书叙述过程中的不足之处，进行了全面的修改与补充，同时对习题答案做了全面的核对与校正。

除了以上修改和补充外，本书的章节基本保持不变，保留了原版中的习题，对新加课程内容补充了习题。

由于本书适用的专业较多，全书的内容可由选用老师根据专业需求和读者根据实际情况自由取舍。对建议取舍的内容书中用"＊"号标出。除"＊"所标内容外，本书其余内容计划课时为 80 学时，且自成体系。

本书第 1～2 章、第 6～8 章、第 12、15 和 17 章由高赟修订，第 5 章、第 9～11 和 14 章由黄向慧修订，第 3～4 章由唐丽丽修订，第 13 和 18 章由任顺英修订，第 16 章由赵燕云修订。全书修订工作由高赟组织，并负责统稿和审定。

西安电子科技大学出版社以及策划部的马乐惠老师为本书的修订提供了重要的帮助与支持，作者在此表示衷心感谢。

由于作者的水平有限，书中难免存在不妥之处，恳求读者、专家批评指正。

编著者

2015 年 6 月

第 一 版 前 言

电路是普通高等院校强电、弱电类专业的专业基础课，同时也是电类专业学生进入大学后接触到的第一门专业基础课，对该课程内容及其思想掌握的程度将直接影响到学生对后续课程的学习兴趣和今后学习专业课的能力，所以该课程对于电类专业学生是极其重要的。

本课程是建立在"线性代数"、"高等数学"和"大学物理"等基础课程之上的一门专业基础课。所用到的数学知识主要有：线性方程的列写与求解，微分与积分，线性一、二阶常微方程的列写与求解，复数及复数代数方程的列写与求解，拉普拉斯变换，s 域代数方程的列写与求解以及矩阵与矩阵方程等。物理学的基础概念主要有：电压、电流、直流、交流、功率和能量等。因此，建议读者在学习之前或学习过程中能复习上述有关的数学和物理知识，以便更好地理解和学习本课程的有关内容。

电路是由电路元件组成的，当电路中的电源作用（称为激励）时，电路中就会产生电压和电流（称为响应）。在实际的电路中，电压或电流（响应）既可以表示电能，也可以表示各种信息（例如图像和声音等）。另外，如果将激励看做输入，响应看做输出，可以将电路看成电路系统，从电路分析开始就可以逐步建立"系统分析"的思想，为后续课程的学习打下一个很好的基础。

本书共分为 17 章。第 1 章讲电路的基本概念与基本定律，它们是分析电路的基础。电路中存在着两种约束，即元件上的电压、电流约束和元件的连接关系约束，这两种约束是电路分析的依据。第 2 章讲电路的等效变换，等效的目的是为了简化电路的计算。第 3 章讲电路的基本分析方法，这些方法是电路中两种约束的具体体现。第 4 章讲电路定理，电路定理同样有助于电路分析的简化。第 5 章讲电容和电感元件，它们是电路中储能现象的等效反映，这两种元件的引入使电路的功能更加丰富多彩。第 6 章讲一阶电路分析，由于描述一个（或可以等效为一个）储能元件的方程是一阶常微方程，所以称为一阶电路。第 7 章讲二阶电路分析。第 8 章和第 9 章讲正弦量与相量以及正弦稳态电路分析，它是动态电路在正弦激励下电路达到稳态时电路的分析方法。引入相量的目的是将正弦量激励的时域电路映射到复数域（或相量域）进行分析，是分析过程的简化。第 10 章讲三相电路，因为电力系统是三相系统，所以本章要解决三相电路的分析问题。第 11 章讲耦合电感电路。第 12 章讲电路的频率响应，频率响应研究正弦激励源的频率变化时响应随频率的变化规律。第 13 章讲非正弦周期电路分析，本章解决非正弦周期信号的傅里叶分解以及电路在非正弦周期激励源激励下的响应问题。第 14 章讲拉普拉斯变换及其在电路中的应用，通过拉普拉斯变换可以将时域求解动态电路微分方程的问题转换为 s 域求解代数方程的问题。第 15 章讲电路的矩阵方程，列写电路的矩阵方程可以借助于计算机分析大规模电路，这是电路计算机辅助分析和设计的基础知识。第 16 章讲二端口网络，它是复杂电路的基本构件之一，分析二端口的端口性能有助于复杂电路的分析与综合。第 17 章讲非线性电路，该章简要介绍了含有一个非线性电阻元件电路的分析问题，为后续相关课程(特别是模拟电子技术)的学习做了一些准备。

本书除去标有"＊"号的选学内容，计划课时为 80 学时，老师和读者可以根据实际情况自由取舍。

本书第 1～7 章和第 11 章由高赟编写，第 8～10 章由黄向慧编写，第 12～17 章由刘骏跃编写。全书由高赟组织编写并负责统稿审定。研究生程辉、朱文琦、胡艳华和苗国耀等同学为本书的画图等方面做了许多工作，在此表示衷心感谢。

本书在编写过程中参考了许多国内外相关资料，在此一并对其作者表示衷心感谢。

西安电子科技大学出版社的马乐惠老师为本书的编写提供了重要的帮助与支持，作者在此表示衷心感谢。

由于作者的水平有限，书中难免有不妥之处，恳求读者、专家批评指正。

编著者

2007 年 4 月

目　录

第 1 章　基本概念与基本定律

　　电气工程的所有分支均是建立在电路理论和电磁理论两个基本理论之上的。电气工程的许多分支，如输配电理论、电机学、控制理论、电子学、通信理论、仪器仪表等均是以电路理论为基础的。因此，电路理论课程对于电气工程相关专业的学生而言是最重要的基础课程。另外，电路理论也为物理学科中的其它一些分支（力学、液压系统等）的研究提供了一条很好的途径，原因是电路通常是能量系统中一种易于实现的模型，通过研究电路的行为可以间接得出物理学科中某些问题的结论，因为在数学上它们的模型是等价的。

　　在电气工程中，我们感兴趣的问题是将能量（电能）或信息（电信号）从一个地方传送到另一个地方，或者将它们由一种形式转换成另一种形式。为了实现这些目的，必须采用一些实际的电路元件或器件并把它们进行适当的连接，这样连接而成的对象称为一个实际电路。例如，图 1-1 所示为一个简单的实际电路，组成它的基本元件是一个电池、一个灯泡和两根导线。这样一个电路可以用于照明或信号指示等。

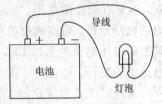

图 1-1　一个实际的电路

　　图 1-2 所示是一个复杂的实际电路，它是由 TB2204 单片收音机集成电路、扬声器和若干个电阻、电容和电感等组成的一个实际的收音机电路。该电路可以将无线电信号转换成声音。

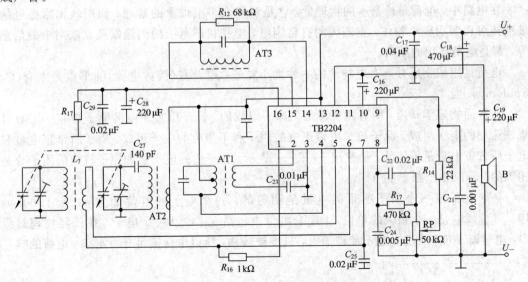

图 1-2　TB2204 调幅收音机电路

为了实现不同的目的，可以构建不同的实际电路。所构建的电路可以很简单（见图1-1），也可以较复杂（见图1-2），甚至相当复杂和庞大（如通信网络、输配电系统等）。构建的电路是否能完成预先设定的目的，首先要对构建的电路进行分析。分析电路的目的是：了解在某种输入的驱动下电路的行为（输出）；了解组成电路的元件（或器件）、连接关系或施加给电路的输入驱动改变后，电路的输出是如何变化的；判断电路的输出是否能达到所期望的结果。在电路中，输入驱动通常是由电源作用的，所以将电源的作用称为激励，电源作用下电路的行为称为响应。有时也将激励称为输入，响应称为输出。电路分析就是在已知激励和电路结构的条件下求出电路中的响应或响应的变化规律，这也是本课程的主要目的。

电路是由元件连接而成的，实际电路中的一个元器件上往往同时存在着几种物理现象。为了简单，可以用一个单一的电路元件描述实际元器件中的一种物理现象，这种单一的电路元件称为理想电路元件。如果将实际电路中的所有元器件均用理想的电路元件来替代，同时保持电路的连接关系不变，于是就得到一个理想化的电路，该电路被称为实际电路的电路模型，简称为电路。

激励和响应是由电压和电流描述的，电压和电流是电路分析中最重要的物理量。因此，本章首先介绍电压、电流以及和其有关的物理量，即电荷、功率和能量等。其次介绍理想的电路元件、电路模型的概念以及基本的电路元件，如电阻、电源和受控电源元件以及其上的电压电流关系（VCR，Voltage Current Relation）。电阻元件上的 VCR 是欧姆定律。电路中的电压、电流除了受元件本身的约束外还要受连接关系的约束，所以本章最后介绍由电路连接关系所决定的 VCR，即基尔霍夫电压和电流定律。

1.1　电　荷　与　电　流

1.1.1　电荷的定义和特性

在电路中，电荷是最基本的物理量，它是解释众多电现象的基础。如用丝绸摩擦过的玻璃棒可以吸引轻小物体，雷雨天的打雷闪电，电视机屏幕上的图像以及互联网中的信息等，都是电荷作用的结果。

电荷是组成物质并具有电特性的一种微小粒子，电荷量（简称电荷）的单位为库仑（C，Coulombs）[①]。

从普通物理学知道，所有物质都是由原子组成的。原子由带正电的原子核和一定数目绕核运动的电子组成。原子核又由带正电的质子和不带电的中子组成。质子所带正电量和电子所带负电量是等值的，通常用 $+e$ 和 $-e$ 表示。原子内的电子数和原子核内的质子数是相等的，所以整个原子呈中性。

一个电子或一个质子所带的电量是相等的，一个电子的电荷量为 $e = -1.602 \times 10^{-19}$ C。库仑是一个很大的单位，1 库仑电量中包括 6.24×10^{18} 个电子。在任何物理过程中，电荷既不能被创造，也不能被消灭，只能被转移，所以电荷满足守恒定律。电荷的唯一

[①]　本书采用国际单位制（SI）。

特性是只能被转移，即只能被从一个地方转移到另一个地方。电荷移动过程伴随着能量的传输与转换以及信息的传输处理。

1.1.2　电流的参考方向

在图 1-1 所示的电路中，灯泡发光的原因是有持续不断的电荷流过灯泡。电流就是电荷的流动。由于历史的原因，人们规定正电荷流动的方向为电流的方向，实际上电路中流动的是电子，因为带正电的原子核是不能移动的。但是人们仍然沿用正电荷流动的方向为电流的方向。在分析一个电路时，有时很难判断流过电路某部分或某一元件电流的实际方向，甚至有些电流的方向是随时间变化的。为了便于分析，在电路中通常假设出电流的方向，这个假设的方向称为电流的参考方向。图 1-3 表示电路的一部分，其中长方框表示一个二端元件。假设流过这个元件的电流 i 的参考方向为由 a 到 b，如果计算得到 $i>0$，则说明实际电流也是从 a 流到 b；如果计算得到 $i<0$，则说明实际电流从 b 流到 a（和假设相反）。

图 1-3　电流的参考方向

1.1.3　电流的定义

电流定义为电荷随时间的变化率，单位为安培（A，Amperes）。电流定义的数学表达式为

$$i(t) = \frac{\mathrm{d}q}{\mathrm{d}t} \qquad\qquad (1-1)$$

式中，q 表示电荷，t 表示时间（单位为秒（s））。

由电流的定义知，电流大小是电荷随时间的变化率。如果电荷随时间的变化率是常数，则称此电流为直流（DC，Direct Current），即 $i(t) = I$，如图 1-4(a)所示，如电池所提供的电流为直流。如果电荷随时间的变化率是以正弦规律变化的，则称此电流为正弦交流（AC，Alternating Current），简称为交流，如图 1-4(b)所示，如供电网对线性负载（在后续章节中会给出定义）提供的是交流电流。如果电荷随时间的变化率是任意的，则可用对应的时间函数来表示这样的电流，即 $i(t) = f(t)$，如图 1-4(c)所示。

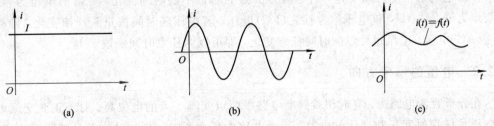

图 1-4　电流的波形

例 1-1　已知流入电路中某点的总电荷为 $q(t) = [2t\sin(10t)]\,\mathrm{mC}$，求流过该点的电流，并计算 $t=0.5\,\mathrm{s}$ 时的电流值。

解　由电流的定义知

$$i(t) = \frac{\mathrm{d}q}{\mathrm{d}t} = \frac{\mathrm{d}}{\mathrm{d}t}[2t\,\sin(10t)] = [2\,\sin(10t) + 20t\,\cos(10t)]\,\mathrm{mA}$$

当 $t=0.5\,\mathrm{s}$ 时，

$$i(0.5) = [2\,\sin(5) + 10\,\cos(5)] = 0.919\,\mathrm{mA}$$

1.2 电 压

1.2.1 电压的定义

电荷移动就形成了电流，那么电荷在什么条件下才能移动呢？由物理学知，处于电场中的电荷由于受到电场力的作用而产生了移动，这样电场力对电荷就做了功。电场力对电荷做功的能力是由电压来度量的。图 1-5(a)所示为电路中的任意两点 a 和 b，两点电压的定义为：电压在量值上等于将单位正电荷由 a 点移到 b 点电场力所做的功，单位为伏特（V，volts）。如果电场力是时间的函数，则电压也是时间的函数，其数学表达式为

$$u_{ab}(t) = \frac{\mathrm{d}w}{\mathrm{d}q} \tag{1-2}$$

式中，w 表示能量，单位为焦耳（J，Joules）；q 表示电荷，单位为库仑（C）。1 伏特表示 1 牛顿（N，Newton）的力可以将 1 库仑（C）的电荷移动 1 米（m，meter）。

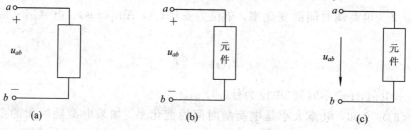

图 1-5 电压的定义与参考方向

电压也称为电位差，如果 $u_{ab}(t) > 0$，则说明在 t 时刻 a 点的电位比 b 点的电位高；如果 $u_{ab}(t) < 0$，则说明 t 时刻 a 点的电位比 b 点的电位低；如果 $u_{ab}(t) = 0$，则说明 t 时刻 a 点和 b 点的电位是相等的，即等电位。

如果电场力不随时间变化，则电场力所做的功也不随时间变化，此时的电压为常数，可表示为 $u_{ab}(t) = U$，该电压称为直流（DC）电压。若电压随时间按正弦规律变化，则称为交流（AC）电压。电压也可以随时间任意变化，即可以为任意时间函数 $f(t)$。

1.2.2 电压的参考方向

在分析直流电路时，有时很难判断电路中两点间哪一点的电位高。对于正弦交流电路或电压是任意时间函数变化的电路，因为电路中任意两点间电位的高低是随时间变化的，更是无法确定哪一点的电位高。因此，在分析电路前，首先应假设出电路中两点间电压的正方向（从高电位指向低电位），将这个假设的方向称为该电压的参考方向。图 1-5(b)所示为电路中连接到 a、b 两点的一个二端元件，假设电压的参考方向为 u_{ab}（为简单起见省去时间变量 t）。如果计算得到 $u_{ab} > 0$，则说明在 t 时刻电压的参考方向和实际方向相同；

如果得到 $u_{ab}<0$，则说明 t 时刻电压的参考方向和实际方向相反。为简单起见，可以省去 u 的下标。电路中两点间的电压也可以用箭头来表示，如图 1−5(c)所示。

　　电流和电压是电路中两个最为基本的物理量或变量。电流和电压变量既可以表示能量，也可以表示信息。就是说，电流或电压的大小和变化可以反映出能量的大小和变化；另外，电流或电压的变化还可以反映出信息的变化。例如在电力系统中，研究电流、电压的目的是从能量的角度出发的；而在通信等用于信息传输的系统中，主要考虑电流、电压所携带的信息。在信息传输的系统中通常将电流、电压变量称为电流信号或电压信号。

1.3　功率和电能

　　在电路中，尽管电流、电压变量的大小和变化可以反映出能量的大小和变化，但实际中必须要知道一个电器装置所能承受的功率是多大。如果施加到某电器装置上的功率超过其额定值，则该装置(或其中的部件)就可能被损坏或不能正常工作。另外，经验告诉我们，100 W 的灯泡比 60 W 的亮，在相同的点亮时间内，100 W 灯泡所消耗的电能比 60 W 的多，所付的电费也多。可见，功率和能量的计算也是很重要的。

1.3.1　电功率的定义

　　由物理学知道，功率是能量随时间的变化率，即

$$p(t)=\frac{\mathrm{d}w}{\mathrm{d}t} \tag{1-3}$$

式中，$p(t)$ 表示功率，单位为瓦(W，Watts)；w 表示能量，单位为焦耳(J)；t 表示时间，单位为秒(s)。将式(1−3)的分子分母同乘以 $\mathrm{d}q$，即

$$p(t)=\frac{\mathrm{d}w}{\mathrm{d}t}=\frac{\mathrm{d}w}{\mathrm{d}q}\cdot\frac{\mathrm{d}q}{\mathrm{d}t}=u(t)i(t) \tag{1-4}$$

可见，功率是电压和电流的乘积，若电压、电流是时间的函数，则功率也是时间的函数，即功率 $p(t)$ 是随时间变化的，该功率称为瞬时功率；若电压、电流不随时间变化(DC)，则功率也不随时间变化，则 $p(t)=P=UI$ 为定值。

　　由电压的定义知，u_{ab} 表示电场力将正电荷从 a 点移到 b 点，电场力在做正功。如图 1−6 所示，正电荷 q 在电场 E 的作用下由正极板 A 移到负极板 B，电荷移动就形成电流 i。由电流的定义知，电流 i 的方向也是正电荷流动的方向。所以，式(1−4)表示的功率为正功率，即功率的定义是表示吸收(或消耗)的功率。

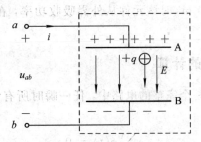

图 1−6　电荷在电场中移动示意图

1.3.2 电压、电流的关联参考方向

为了分析方便，将电流、电压的参考方向引入到功率的表达式中。如果给出电压的参考方向为 u_{ab}，即假设 a 点的电位比 b 点的电位高，正电荷从 a 移到 b；如果假设功率为正，则电流的参考方向必须假设为由 a 到 b。对于这种电流、电压参考方向假设上的相互制约称为关联参考方向。如果电流、电压的参考方向不满足上述制约关系，则称为不关联，此时有

$$p(t) = -u(t)i(t) \tag{1-5}$$

此式仍然满足电场力做正功(功率为正)的思想。如图 1-7(a)所示电路中的电压、电流是关联参考方向，而图 1-7(b)则不关联。

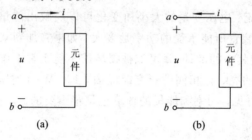

(a)   (b)

图 1-7 电压、电流的关联参考方向

今后，在分析电路时，电路中所标出的电压、电流的方向均认为是参考方向，这些方向要么是自己假设的，要么是别人假设的。由于是假设方向，所以电路分析的结果是，电压可能为正或负($\pm u$)，电流也可能为正或负($\pm i$)。由式(1-4)和式(1-5)知，功率也有正或负，即 $p = \pm ui$。如果 $p > 0$，则说明元件在吸收正功率；如果 $p < 0$，则说明元件在吸收负功率，即释放(发出)功率。式(1-4)和式(1-5)是假设元件处于吸收功率的状态。

例 1-2 已知某二端元件的端电压为 $u(t) = 50\sin(10\pi t)$ V，流入元件的电流为 $i(t) = 2\cos(10\pi t)$ A，设电压、电流为关联参考方向，求该元件吸收的瞬时功率的表达式，并求 $t = 10$ ms 和 $t = 80$ ms 时瞬时功率的值。

解 由式(1-4)，有

$$p(t) = u(t)i(t) = 50\sin(20\pi t) \text{ W}$$

当 $t = 10$ ms 和 $t = 80$ ms 时，

$$p(10 \times 10^{-3}) = 50\sin(20\pi \times 10 \times 10^{-3}) = 29.39 \text{ W}$$
$$p(80 \times 10^{-3}) = 50\sin(20\pi \times 80 \times 10^{-3}) = -47.55 \text{ W}$$

计算结果说明，在 $t = 10$ ms 时该元件从外界吸收功率，在 $t = 80$ ms 时该元件向外界释放功率。

1.3.3 功率守恒与电能的计算

根据能量守恒定律，在一个完整的电路中，任一瞬时所有元件吸收功率的代数和等于零，即

$$\sum p(t) = 0 \tag{1-6}$$

由此可见，一个电路中吸收功率之和等于释放功率之和。

根据式(1-4)，一个元件从 t_0 时刻到 t 时刻吸收的电能为

$$w(t) = \int_{t_0}^{t} p(\xi)\mathrm{d}\xi = \int_{t_0}^{t} u(\xi)i(\xi)\mathrm{d}\xi \qquad (1-7)$$

在实际中，电能的度量单位为度，即

$$1 \text{ 度} = 1 \text{ 千瓦时} = 1 \text{ kW} \cdot \text{h} = 3.6 \times 10^{6} \text{ J}$$

1.4 电路元件和电路模型

1.4.1 电路元件的集总假设

一个实际电路是由实际的电路元件、器件或设备构成的。实际电路元器件端子上的电流和端子间的电压反映出它们的电能消耗以及电磁能的存储现象。电能消耗发生在元器件所有导体的通路中，电磁能存储在元件或器件的电场、磁场之中。一般情况下，这些现象同时存在，且发生在整个元件或器件之中，并往往交织在一起。为了分析简单，将这些交织在一起的物理现象进行分离，由此引入电路元件的集总假设，即集总参数元件(简称集总元件)的概念。所谓集总参数元件，是指一个集总元件只表示一种基本物理现象，且可用数学方法定义，称集总元件为"理想电路元件"，或简称为"理想元件"。一个实际元器件中消耗电能的现象可以用一个理想的电阻元件来表示，存储电场能的现象可以用一个理想的电容元件来表示，存储磁场能的现象可以用一个理想的电感元件来表示。因此，一个实际的元器件，根据其物理现象，可以用一个或多个理想的电路元件来表示。例如，一个实际的电感线圈，当流过其电流的频率较高时就同时存在着以上三种物理现象，所以它可以同时用三个不同的理想元件来表示。

电路元件集总假设的另外一个条件是，要求实际电路元器件的尺寸远远小于正常工作频率所对应的波长。例如远距离输电线就不能用集总参数描述。

实际的电路中还有一类能产生能量或信息的元器件，如电池、发电机、信号源和晶体三极管等。如果用集总参数元件表示实际元器件中产生能量或信息的物理现象，则这类元件称为理想的有源元件。若理想电源的电压或电流不受其它电量控制，则称该类电源为独立源，否则称为非独立源或受控源(元件)。例如电池、发电机中纯粹产生能量的现象可以用理想的独立源表示；晶体三极管、变压器中产生的能量是由其它电量控制的，所以可以用理想的受控源表示。这类元件除产生能量外，其内部往往不同程度地存在着上述三种物理现象(电能消耗和电磁能的存储)的一种或多种，这些现象可以分别用理想电阻、理想电感或理想电容来表示。

由上述分析可见，前一类元件不能产生能量，而后一类元件可以产生能量。不能产生能量的元件称为无源元件，能产生能量的元件称为有源元件。

根据数学表达式的不同，元件可分为线性元件和非线性元件，时不变元件和时变元件等。本书涉及的元件主要为线性元件。

有两个接线端子的元件称为二端元件(或一端口元件)，上述元件均为二端元件。除二端元件外，实际中还有三端、四端元件等。

1.4.2　电路模型

　　用理想电路元件表示一个实际元器件的过程称为给元器件建模，如果对一个实际电路中的所有元器件进行建模并保证它们之间的连接关系不变，就可得到一个理想化的电路，这样的电路称为电路模型。换句话说，电路模型中的元件均为理想元件。在分析实际电路前，首先要将实际电路理想化，即建立电路模型。在电路模型中元件与元件之间的连线也被理想化了[①]。这里声明，本书涉及的元件均为集总元件，研究的电路均为理想电路。

1.5　电阻元件和欧姆定律

1.5.1　电阻元件和欧姆定律的概念

　　在电路中，最简单的元件是电阻元件，简称为电阻。由物理学知道，将材料阻止电流流动(或导电性能)的物理性质称为电阻特性，该特性可以用一个理想的电路元件——电阻来表示。电阻是一个二端元件，记为 R。另外一种解释是，当电流流过材料时，材料中消耗电能的现象可以用理想电阻 R 来描述。

　　这里应注意，在电路模型中电阻是一种参数或数学元件，它仅仅表示某种材料或某个实际电路元件阻止电流流动或消耗电能的性质，所以说它是一种理想元件，或者说是从实际元件中抽象出的集总参数的电路元件模型。

　　知道元件参数以后，电阻上的 VCR 由欧姆定律(Ohm's law)决定。欧姆定律表明电阻两端的电压和流过它的电流成正比，比例系数就是电阻的电阻值。当电压、电流为关联参考方向时，在任一瞬时电阻两端电压和流过其电流之间的关系为

$$u(t) = Ri(t) \tag{1-8}$$

或

$$R = \frac{u(t)}{i(t)}\bigg|_{t=t_0} \tag{1-9}$$

式 $(1-9)$ 表明，在任一时刻 t_0，电阻两端电压和电流的比值为电阻值。当电压的单位为伏 (V)，电流的单位为安(A)时，电阻的单位为欧姆(Ω, Ohms)。

　　电阻也可以用另一个参数表示，即

$$G = \frac{1}{R} \tag{1-10}$$

式中，G 称为电导，单位为西门子(S, Siemenses)，此时欧姆定律变为

$$i(t) = Gu(t) \tag{1-11}$$

1.5.2　线性电阻的特性

　　在任何时刻，如果式 $(1-9)$ 的比值为常数，则称该电阻为线性电阻。线性电阻的符号如图 $1-8(a)$ 所示，它的伏安特性(VCR)如图 $1-8(b)$ 所示。

---

　　① 　认为导线的电阻为零。

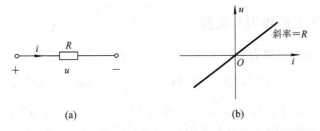

图 1-8　线性电阻的符号和伏安特性

如果电阻上电压、电流的参考方向是非关联的，则欧姆定律表达式为

$$u(t) = -Ri(t) \qquad (1-12)$$

式中负号的意思说明假设某个变量的参考方向与实际相反。在分析电路时这点要特别引起注意。

在任一瞬时，如果式(1-9)的比值不是常数，则称电阻为非线性电阻，图 1-9(a)所示为一种非线性电阻的伏安特性；若式(1-9)的比值随时间变化，则称电阻为时变电阻，线性时变电阻的伏安特性如图 1-9(b)所示。例如，半导体二极管的伏安特性是非线性的，如图 1-9(c)所示。如果非线性电阻的伏安特性不是通过 u-i 平面原点的直线，则其伏安特性可以写为 $u = f(i)$ 或 $i = h(u)$。线性时变电阻的伏安特性可以写为 $u(t) = R(t)i(t)$ 或 $i(t) = G(t)u(t)$。

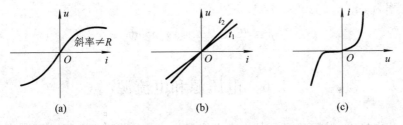

图 1-9　非线性电阻和线性时变电阻的伏安特性

线性电阻有两种极端情况。一种是当 $R = \infty (G = 0)$ 时，无论电阻两端的电压多大，流过电阻的电流恒为零，该情况称为开路，其伏安特性如图 1-10(a)所示；另一种情况是当 $R = 0 (G = \infty)$ 时，无论流过电阻的电流多大，它两端的电压恒为零，此时称为短路，其伏安特性如图 1-10(b)所示。图 1-10 表明，在 u-i 平面上，开路的伏安特性是 u 轴，短路的伏安特性是 i 轴。

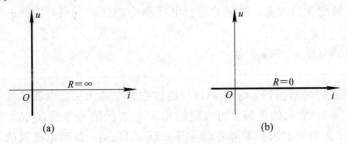

图 1-10　开路和短路的伏安特性

(a) 开路；(b) 短路

1.5.3　电阻元件上的功率与能量

当电阻上电压和电流取为关联参考方向时，根据式(1-4)、式(1-8)和式(1-12)，有

$$p(t) = u(t)i(t) = Ri^2(t) = \frac{u^2(t)}{R} = Gu^2(t) = \frac{i^2(t)}{G} \qquad (1-13)$$

若电阻 R(或电导 G)是正实数($R>0$，正电阻)，则 $p(t)>0$，说明电阻是一个耗能元件，也是一种无源元件。如果电阻 $R<0$(负电阻)，则 $p(t)<0$，电阻消耗的功率为负值，说明这种电阻向外界输出功率，可见负电阻是一种有源元件。用电子电路可以实现负电阻。除非特别声明，今后提到的电阻均为正电阻。

从 t_0 到 t 电阻元件所消耗的电能为

$$w(t) = \int_{t_0}^{t} Ri^2(\xi)\mathrm{d}\xi \geqslant 0 \qquad (1-14)$$

由此可见，在任何时间段电阻从不向外界提供能量，进一步说明电阻是一种无源元件。

例 1-3　已知一个阻值为 51 Ω 的碳膜电阻接在电源电压为 12 V 的直流电源上，求流过该电阻的电流和所消耗的功率。

解　由欧姆定律知，电流为

$$i = \frac{u}{R} = \frac{12}{51} \approx 0.24 \text{ A}$$

所消耗的功率为

$$p = \frac{u^2}{R} = \frac{12^2}{51} \approx 2.82 \text{ W}$$

1.6　电压源和电流源

在 1.4 节中指出，实际电源元件中产生能量或信息的物理现象可以用集总参数元件表示，这类元件为理想有源元件，如电池、发电机和信号源等，其中产生能量或信息的物理现象可以用理想电源元件来表示。

1.6.1　电压源的概念与伏安特性

电路中两个基本的物理量(或变量)是电压和电流。如果用电压变量表示理想电源产生能量的能力或信息变化的现象，则这种理想电源称为电压源元件，简称电压源。电压源为二端有源元件。

电压源两端的电压 $u(t)$ 表示为

$$u(t) = u_S(t) \qquad (1-15)$$

式中 $u_S(t)$[①]为给定的时间函数，电压 $u(t)$ 与通过它的电流无关。也就是说，它始终能提供一个按时间函数 $u_S(t)$ 变化的电压，而电流则由和它连接的外电路决定。电压源的符号如图 1-11(a)所示，正负号表示其参考方向。当 $u_S(t)=U_S$ 时，说明电压源的电压不随时间变化，称为直流电压源，符号如图 1-11(b)或图 1-11(c)所示，今后多用图 1-11(c)的符号。

---

①　下标 S 是 source 的字头。

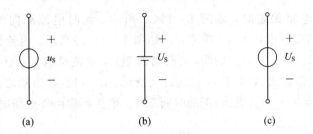

图 1 - 11 电压源的符号

当电压源和外电路相连时,如图 1 - 12(a)所示,设向外界提供的电流为 i,参考方向如图所示,则可以画出电压源的伏安特性或外特性。当电压源的端电压 $u(t)$ 是任意时间函数或直流时,它们的伏安特性分别如图 1 - 12(b)和(c)所示。

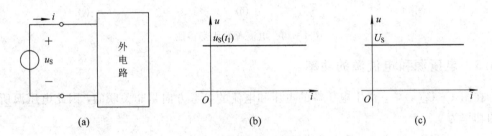

图 1 - 12 电压源的伏安特性

图 1 - 12(b)说明,在任意时刻 t_1,电压源电压 $u(t) = u_S(t_1)$,电流由外电路决定(根据外电路求得),由于 $u_S(t)$ 随时间变化,$u_S(t_1)$ 直线也随之变化。图 1 - 12(c)说明,电压源的电压 $u(t) = U_S$ 是不随时间变化的,电流同样由外电路决定。

1.6.2 电流源的概念与伏安特性

如果用电流变量表示理想电源产生能量的能力或信息变化的现象,则这种理想电源称为电流源元件,简称为电流源。电流源发出的电流 $i(t)$ 为

$$i(t) = i_S(t) \tag{1-16}$$

式中 $i_S(t)$ 为给定的时间函数,它向外提供的电流 $i(t)$ 与它两端的电压无关。就是说,它始终能提供一个按时间函数 $i_S(t)$ 变化的电流,而电压则由和它连接的外电路决定。电流源的符号如图 1 - 13(a)所示,箭头表示其参考方向。当 $i_S(t) = I_S$ 时,说明电流源的电流不随时间变化,称为直流电流源,符号如图 1 - 13(b)所示。电流源为二端有源元件。

图 1 - 13 电流源的符号

当电流源和外电路相连时，如图 1 - 14(a)所示，此时电流源向外界提供一个电流 $i(t)=i_S(t)$，设它两端的电压为 u，参考方向如图 1 - 14(a)所示。电流源的伏安特性如图 1 - 14(b)和(c)所示。图 1 - 14(b)说明，在任意时刻 t_1，电流源电流 $i(t)=i_S(t_1)$，电压由外电路决定(根据外电路求得)，由于 $i_S(t)$ 随时间变化，$i_S(t_1)$ 直线也随之变化；图 1 - 14(c)说明，电流源的电流 $i(t)=I_S$(直流)不随时间变化，电压同样由外电路决定。

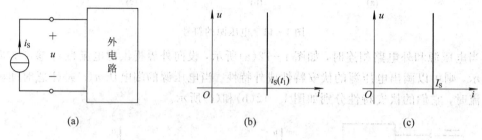

图 1 - 14　电流源的伏安特性

1.6.3　电压源和电流源的功率

在图 1 - 12(a)中，由于电压源的电压和电流的参考方向是非关联的，因此电压源所吸收的功率为

$$p(t) = -u_S(t)i(t) \tag{1-17}$$

如果说电压源发出功率，则

$$p(t) = u_S(t)i(t) \tag{1-18}$$

由于图 1 - 14(a)中电流源电压和电流的参考方向是非关联的，则它所吸收的功率为

$$p(t) = -u(t)i_S(t) \tag{1-19}$$

电流源发出的功率为

$$p(t) = u(t)i_S(t) \tag{1-20}$$

电压源的端电压和电流源发出的电流与电路中的其它电量无关，其原因是它们是由其它形式的能量转换而来的，也就是说，电压源的电压和电流源的电流独立于电路中的其它变量(其它电压或电流)，所以称它们为独立电源。由于它们能产生能量，所以又称为有源元件。

1.7　受　控　源

电路中有这样一类现象，即某些变量(电压或电流)随电路中的其它变量(电压或电流)变化，或者说它们受其它变量控制，这类现象可以用理想电源元件来表示。

1.7.1　受控源的定义

电路中，若元件的端电压或发出的电流是受其它电量控制的，则称它们为受控源或非独立电源。

例如，在给晶体三极管和运算放大器建模时，其中的电流或电压之间就存在着控制和被控制的关系。这类控制关系可以用受控源来描述。

1.7.2　线性受控源

理想受控源的控制量是电压或电流，被控量同样是电压或电流，所以理想受控源有 4 种类型，即电压控制的电压源（VCVS，Voltage-Controlled Voltage Source）、电压控制的电流源（VCCS，Voltage-Controlled Current Source）、电流控制的电流源（CCCS，Current-Controlled Voltage Source）和电流控制的电压源（CCVS，Current-Controlled Current Source）。它们的符号分别如图 1-15(a)、(b)、(c)和(d)所示。为了和独立源区别，受控源符号用菱形表示。

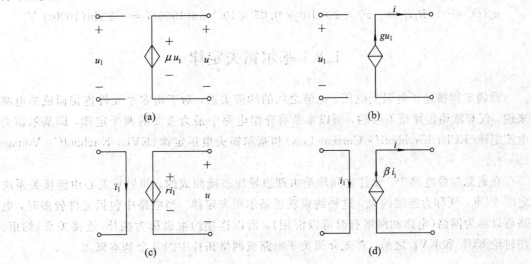

图 1-15　受控源的符号
(a) VCVS；(b) VCCS；(c) CCVS；(d) CCCS

在图 1-15 中，u_1 和 i_1 是控制量，u 和 i 是被控量，μ、g、r 和 β 分别是各自受控源的控制系数。其中 μ 和 β 是无量纲的量，g 具有电导的量纲，r 具有电阻的量纲。若系数 μ、g、r 和 β 为常数，则被控量和控制量为线性关系，这类受控源称为线性受控源。若系数 μ、g、r 和 β 不是常数（如随控制量变化），则被控量和控制量为非线性关系，这类受控源称为非线性受控源。本书只考虑线性受控源。

由于受控源同样能对外电路提供能量，所以它们也被称为有源元件。

独立电源和非独立电源的区别为：独立电源的电压或电流是由其它能量形式转换而成的，和电路中的其它电量无关；而非独立电源（受控源）的电压或电流是受电路中其它电量（电压或电流）控制的。

独立或非独立的电源均为理想电源元件。就理想电源而言，它们可以向外界提供无限大的能量。一个理想的电压源（独立的或非独立的），能向外界提供任意大小的电流，而电压为给定的值或函数；一个理想的电流源（独立的或非独立的），它向外界提供的电流为给定的值或函数，而端电压由外电路决定。

例 1-4　图 1-16 所示是由单个晶体三极管组成放大器的简化等效电路，已知 $R_1 = 1\ \text{k}\Omega$，$R_2 = 2\ \text{k}\Omega$，输入电压 $u_i(t) = 50\ \sin(1000t)\ \text{mV}$，求放大器的输出电压 $u_o(t)$。

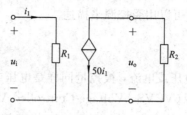

图 1-16 例 1-4 图

解 由图 1-16 和欧姆定律知

$$i_1(t) = \frac{u_i(t)}{R_1} = \frac{50\ \sin(1000t)}{1 \times 10^3} = 0.05\ \sin(1000t)\ mA$$

$$u_o(t) = -50R_2i_1 = -50 \times 2 \times 10^3 \times 0.05 \times 10^{-3}\ \sin(1000t) = -5\ \sin(1000t)\ V$$

1.8 基尔霍夫定律

欧姆定律描述了电阻上电压、电流之间的约束关系,对于由多个元件连接而成的电路来说,仅有欧姆定律是不够的,所以本节将介绍电路中最为重要的两个定律,即基尔霍夫电流定律(KCL, Kirchhoff's Current Law)和基尔霍夫电压定律(KVL, Kirchhoff's Voltage Law)。

在集总参数电路中,元件之间均是由理想导线连接而成的。如果只关心由连接关系决定的 VCR,便称为连接约束,这种约束就是基尔霍夫定律。当电路中包括元件较多时,电路可以称为网络(电路和网络有时可以混用),所以连接约束也称为拓扑(连接关系)约束。在讨论 KCL 和 KVL 之前,首先介绍关于电路或网络拓扑中的几个基本概念。

1.8.1 支路、结点和回路的概念

在电路中,一个二端元件称为一条支路(branch)。流经支路的电流和支路两端的电压分别称为支路电流和支路电压,它们是电路分析中最基本的电路变量。图 1-17 所示是由 5 个元件连接而成的电路,所以它有 5 条支路。常把多个二端元件串联的部分也称为一条支路,如图 1-17 中的元件 C、D 和 E 可作为一条支路,因为其中流过同一电流,这样图中支路可简化为 3 条。

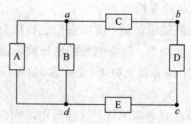

图 1-17 支路、结点和回路

两个或两个以上支路的连接点称为结点(node)。在图 1-17 中,连接点 a、b、c 和 d 均为结点。如果按 3 条支路考虑,则结点就减少到 2 个,即结点 a 和 d。

由支路构成的闭合路径称为回路(loop)。在图 1-17 中有 3 个闭合路径,即 A、B 元件构成一个回路,A、C、D 和 E 元件构成一个回路,B、C、D 和 E 元件也构成一个回路。

1.8.2　基尔霍夫电流定律

KCL 表明：对于集总参数电路中的任一结点，在任一瞬时，流入（或流出）该结点所有支路电流的代数和为零，即

$$\sum_{k=1}^{N} i_k(t) = 0 \qquad (1-21)$$

式中，$i_k(t)$ 为流入（或流出）该结点的第 k 条支路的电流，N 为和该结点相连的支路总数。代数和说明如果假设流入该结点的电流为"＋"，则流出该结点的电流就为"－"。

例如，图 1-18 所示为电路中的一个结点，设流出该结点的电流为正，流入的电流为负，则根据 KCL 有

$$i_1 + i_2 - i_3 - i_4 = 0$$

上式可改写为

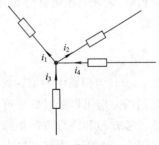

图 1-18　电路中的一个结点

$$i_3 + i_4 = i_1 + i_2$$

可见，流入一个结点的所有电流等于流出该结点的所有电流。所以 KCL 也可以叙述为：在任一瞬时，流出一个结点的所有电流之和等于流入该结点的所有电流之和。

KCL 的依据是电荷守恒定律。一个结点是电路中理想导线的连接点，在任一瞬时，流出该结点的电荷量等于流入的电荷量，因为在结该点上既不能存储电荷也不能产生电荷。

在一个电路中，KCL 不仅适用于一个结点，同时也适用于一个闭合面，即在任一瞬时，流入（或流出）一个闭合面电流的代数和为零；或者说，流出一个闭合面的电流等于流入该闭合面的电流之和。这是 KCL 的推广。

例如，在图 1-19 中虚线所示为一个闭合面，在该闭合面上根据 KCL，设流入该闭合面的电流为正，则

$$i_1 + i_2 + i_3 = 0$$

同样根据电荷守恒定律可以解释 KCL 适合于闭合面。因为在任一瞬时，闭合面中的每一元件上流出的电荷等于流入的电荷，每一元件存储的净电荷为零，所以整个闭合面内部存储的净电荷为零。

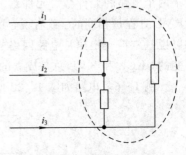

例 1-5　电路如图 1-20 所示，求图中的电流 i_3。

解　对图中的结点应用 KCL，规定流出结点电流为正，流入为负，则

$$i_1 - i_2 + i_3 - 5 = 0$$

可见，如果求出 i_1 和 i_2，就可以求出 i_3。为了求出 i_1，在 2 Ω的电阻上应用欧姆定律

$$i_1 = \frac{4}{2} = 2 \text{ A}$$

图中 i_2 是一个 CCCS，由给定参数可求出 $i_2=1$ A，将 i_1 和 i_2 代入 KCL 方程，则

图 1-19　KCL 的推广

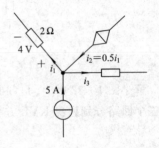

图 1-20　例 1-5 图

$$2-1+i_3-5=0$$

解得 $i_3=4$ A。

1.8.3 基尔霍夫电压定律

KVL 表明：在集总参数电路中，任一瞬时，任一回路中所有支路电压的代数和为零，即

$$\sum_{k=1}^{N} u_k(t) = 0 \tag{1-22}$$

式中，$u_k(t)$ 为回路中的第 k 条支路的支路电压，N 为回路中的支路数。经过任一回路的所有支路的方向可以顺时针也可以逆时针(绕行方向)。代数和说明，当沿回路所经过支路电压的参考方向和绕行方向相同时，该电压前取"+"号，与绕行方向相反取"—"号。

图 1-21 所示为某电路中的一个回路，设从 a 点出发以顺时针方向(箭头所示)沿该回路绕行一圈，因为 u_2 和 u_3 的参考方向和绕行方向相同，取"+"号，u_1 和 u_4 的参考方向和绕行方向相反，取"—"号，则根据 KVL 有

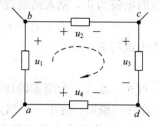

$$-u_1+u_2+u_3-u_4=0$$

KVL 可以解释为，任一时刻，对于电路中的任一回路而言，从该回路中的任一点出发，当绕行一圈回到出发点时，该点处的电压降为零。KVL 实质上是依据能量守恒定律。

图 1-21 电路中的一个回路

在一个电路中，KCL 是支路电流之间的线性约束关系，KVL 是支路电压之间的线性约束关系。这两个定律仅与电路中元件的连接关系有关，与元件的性质无关。就是说，如果两个电路的元件数、元件编号以及对应的连接关系相同，则两个电路对应的 KCL 和 KVL 方程是相同的。或者说，只要两个电路的拓扑相同，KCL 和 KVL 方程是相同的，所以说基尔霍夫定律是电路网络的拓扑约束。无论元件是线性的或非线性的，时变的或时不变的，KCL 和 KVL 总是成立的。

例 1-6 电路如图 1-22 所示，求电路中的 u_1，u_2 和 u_3。

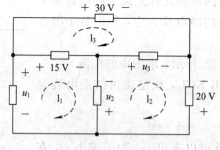

图 1-22 例 1-6 图

解 图 1-22 中 l_1、l_2 和 l_3 分别表示回路 1、2 和 3，箭头表示沿各自回路的绕行方向，对三个回路分别列出 KVL 方程，即

回路 1　$-u_1+15-u_2=0$

回路 2　$u_2+u_3-20=0$

回路 3　$30-u_3-15=0$

由回路 3 方程，得 $u_3 = 15$ V；将 u_3 代入回路 2 方程，得 $u_2 = 5$ V；将 u_2 代入回路 1 方程，得 $u_1 = 10$ V；另外，对于由 u_1、30 V 和 20 V 支路所构成的回路同样可以应用 KVL，即

$$-u_1 + 30 - 20 = 0$$

于是，得 $u_1 = 10$ V。可见，在求 u_1 的过程中选择不同的路径，所得的结果是相同的。此结果说明：电路中任一支路上（或任意两点之间）的电压与所选的路径无关，这说明了 KVL 与路径无关的性质。

例 1 - 7　电路如图 1 - 23 所示，求电路中的 u 和 i，并验证功率守恒。

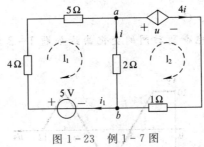

图 1 - 23　例 1 - 7 图

解　图中有一个 CCCS，注意电流源两端的电压是由外电路决定的。设电流 i_1 如图所示，对结点 a 或 b 应用 KCL，有

$$i_1 + i - 4i = 0$$

解得 $i_1 = 3i$；在回路 1 中应用 KVL，有

$$-5 + 4i_1 + 5i - 2i = 0$$

将 $i_1 = 3i$ 代入，解得 $i = 0.2$ A；在回路 2 中用 KVL，有

$$u + 1 \times 4i + 2i = 0$$

代入数据，解得 $u = -1.2$ V。

验证该电路的功率守恒。根据式(1-13)和功率的定义，有

$$p_{1\Omega} = (4i)^2 \times 1 = 0.64 \text{ W}, \qquad p_{2\Omega} = i^2 \times 2 = 0.08 \text{ W}$$

$$p_{4\Omega} = (3i)^2 \times 4 = 1.44 \text{ W}, \qquad p_{5\Omega} = (3i)^2 \times 5 = 1.8 \text{ W}$$

$$p_{5V} = -5i_1 = -3.0 \text{ W}, \qquad p_{4i} = u \times 4i = -0.96 \text{ W}$$

再由功率守恒公式(1-6)，有

$$\sum p = p_{1\Omega} + p_{2\Omega} + p_{4\Omega} + p_{5\Omega} + p_{5V} + p_{4i}$$
$$= 0.64 + 0.08 + 1.44 + 1.8 - 3.0 - 0.96$$
$$= 0 \text{ W}$$

可见，在该电路中功率是守恒的。

本章讨论了电路中的基本物理量，其中电压和电流是电路中最为重要的两个物理量（变量）。电压、电流反映出电路(模型)元件上以及电路中各处的行为(响应)，同时它们描述了电路中能量或信息的变化规律。电路是由元件连接而成的，组成电路的基本元件分为无源元件(电阻)和有源元件(独立电源和非独立电源)，它们是组成电路最基本的元件。电路中的电压、电流遵循一定的规律，在电阻元件上遵循欧姆定律，电路中结点(或闭合面)上的电流遵循 KCL，回路中的电压遵循 KVL，它们是电路中的基本定律，是分析电路的依据。

习 题

1-1 若已知流经电路某点的电荷如下所示,求流过该点的电流。

(1) $q(t) = (2t^2 - 5t + 3)$ mC

(2) $q(t) = 10e^{-3t}$ C

(3) $q(t) = 2\sin(2\pi t)$ μC

(4) $q(t) = 5e^{-2t}\cos(50t)$ C

1-2 已知流经某元件电荷随时间的变化曲线如题 1-2 图所示,试画出流过该元件电流的曲线。

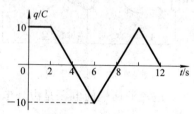

题 1-2 图

1-3 在电路中,将 0.5 C 的电荷由 a 点移到 b 点,若能量改变了 5J,分别求在以下 4 种条件下的 U_{ab}。

(1) 电荷为正,且得到能量。

(2) 电荷为负,且得到能量。

(3) 电荷为正,且失去能量。

(4) 电荷为负,且失去能量。

1-4 已知某元件两端的电压为 $u(t) = 4\cos(10t)$ V,流过它的电流为 $i(t) = 0.5\cos(10t)$A,求该元件消耗的功率和在 $0 < t \leqslant 2$ s 期间所消耗的能量。若流过的电流变为 $i(t) = 0.5\sin(10t)$A,则结果又将如何?

1-5 从 $t = 0$ 时刻开始,给一个元件加上电压 $u(t) = 5e^{-2t}\cos(314t)$V,若已知流过它的电流为 $i(t) = e^{-2t}\cos(314t)$A,求该元件所消耗的功率。

1-6 电路如题 1-6 图所示,其中 A、B、C、D 和 E 均为电路元件,求每个元件消耗的功率并验证功率守恒。

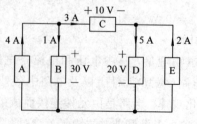

题 1-6 图

1-7 已知电阻元件两端的电压为 24 V,流过的电流为 3 A,求该元件的电阻、电导参数及电阻消耗的功率,并计算 5 s 内所消耗的能量。

1-8　电路如题 1-8 图所示，已知 $I_S = 1.5$ A，$R = 20$ Ω，求电压 U_{ab} 及电阻所消耗的功率。

1-9　电路如题 1-9 图所示，求元件 A 两端的电压和流过元件 B 的电流。若使元件 A 吸收的功率为 0，问在电路中应增加一个什么元件，如何连接？若使元件 B 吸收的功率为 0，又将如何？画图说明。

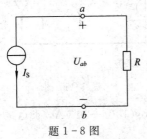
题 1-8 图

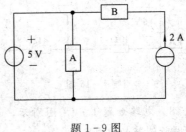
题 1-9 图

1-10　电路如题 1-10 图所示，用功率守恒求图中的电流 U。

1-11　电路如题 1-11 图所示，用功率守恒求图中的电流 I。

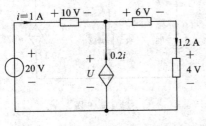
题 1-10 图

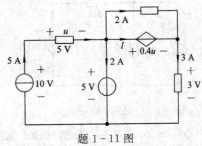
题 1-11 图

1-12　用 KCL 求题 1-12 图所示电路中的 i_1、i_2 和 i_3。

1-13　电路如题 1-13 图所示，求电压 U 和电流 I。

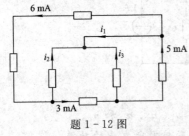
题 1-12 图

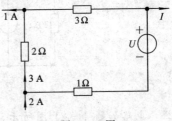
题 1-13 图

1-14　求题 1-14 图所示电路中的电压 u_1、u_2、u_3 和电流 i。

1-15　求题 1-15 图所示电路中的未知电流 i_1、i_2 和 i_3，已知图中所有元件为电阻，其值均为 1 Ω。

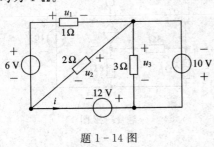
题 1-14 图

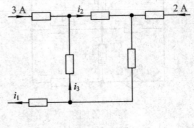
题 1-15 图

1-16 计算题 1-16 图所示电路中的电流 I 和 a、b 两点之间的电压。

1-17 计算题 1-17 图所示电路中的 u_{ab}。

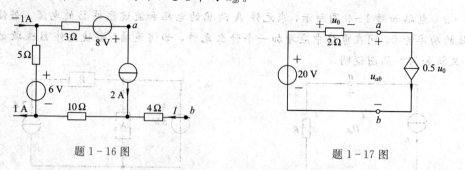

题 1-16 图　　　　　　　　　　题 1-17 图

1-18 电路如题 1-18 图所示，已知 $i_S=10\sqrt{2}\cos(100t+30°)$ A，求电流 i 及受控源在 10 s 内所消耗的电能。

1-19 电路如题 1-19 图所示，求图中的电流 i 和电压 u。

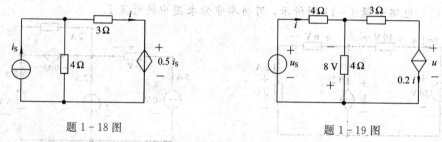

题 1-18 图　　　　　　　　　　题 1-19 图

1-20 电路如题 1-20 图所示，求图中的电压 u。

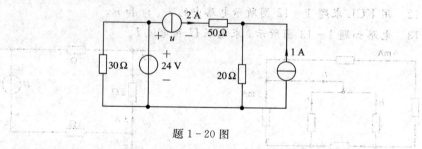

题 1-20 图

1-21 电路如题 1-21 图所示，求图中的电压 u_1、u_2、u_3 和 u_4。

1-22 电路如题 1-22 图所示，求 i 和 u 以及受控源所发出的功率。

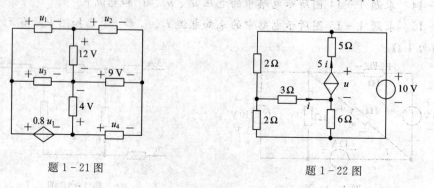

题 1-21 图　　　　　　　　　　题 1-22 图

1-23　电路如题 1-23 图所示，求 u_o/u_S。若 $R_1=R_2=R_3=R_4$，则当 β 为何值时，$|u_o/u_S|=50$？

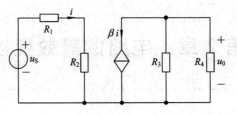

题 1-23 图

1-24　电路如题 1-24 图所示，求 U 和 I，并判断 A 是什么性质的元件。

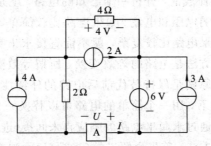

题 1-24 图

第 2 章　电路的等效变换

　　电路是由电路元件连接而成的，分析一个已知的电路，就是求出电路中的响应或响应的变化规律，即求解电路中的电压和电流。如果电路比较简单，可以直接用欧姆定律或者 KCL 和 KVL 求出响应；如果电路比较复杂，就不能直接求出响应，而是要应用电路分析的方法，最简单的电路分析方法是电路的等效变换。所谓等效变换，就是用一个简单的电路替代一个复杂的电路，其原则是保持替代前后电路的外特性（伏安特性）不变。或者说，在保证伏安特性不变的条件下，用一个简单的电路可以替换一个复杂的电路。可见，等效变换就是对电路进行简化，通过求简单电路的响应再来间接（进一步）求出复杂电路中的响应。本章将介绍电路的等效方法。首先介绍二端（一端口）无独立源电路的等效，即一端口等效电阻的概念与计算；其次介绍电压源、电流源的串联与并联，以及它们和其它电路元件的串联与并联及其等效简化；然后介绍一个实际的独立电源如何用理想的电路元件等效表示，即建立实际电源的电路模型；最后介绍一个无源多端电路等效变换的例子，即电阻 Y 连接和△连接电路之间的等效变换。

2.1　电路等效的概念

　　电路等效就是对电路中的某一部分进行简化。在分析一个复杂电路时，思路是首先将该电路分成若干个部分，然后对每个部分进行简化（等效）。于是，一个复杂的电路就转换成一个较为简单的电路，通过分析简化后的电路就能得到电路中各个分割部分外部的电压和电流，最后再求解出每个部分内部的电压和电流即可。

　　在介绍电路等效概念之前，首先介绍一端口网络（电路）的概念。设电路中的某个部分可以用两端电路来表示，如图 2-1(a)所示。图中 a、b 分别为两个端子，N(Network)表示网络。如果流出端口一端的电流 i_b 等于另一端流入的电流 i_a，则称该二端电路为一端口电路或网络，简称为一端口。图 2-1(a)所示的一端口可以分为两种情况：如果内部含有独立源，称为含源一端口，用图 2-1(b)所示的形式表示[①]；如果内部不含独立源，称为无源一端口，用图 2-1(c)所示的形式表示[②]。无源一端口内部只是不含独立源，但可能含有受控源。今后称图 2-1(a)、(b)和(c)分别为一端口 N、N_S 和 N_0。

---

①　图中 N 的下标 S 为电源(source)的缩写。
②　图中 N 的下标 0 表示没有独立源或将其中的独立源置零(见第 4 章)。

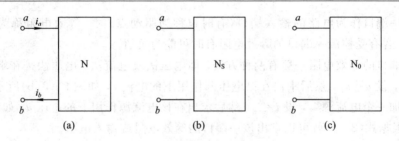

图 2 - 1 　一端口网络及其表示

有了一端口的概念以后,下面讨论电路等效的概念。设一个复杂电路可以表示成图 2 - 2 所示的形式。由图可见,左边为一个含源一端口,右边为一个无源一端口。设两个一端口连接处(端口)的电压和电流分别为 u 和 i。电路等效的概念是,可以用两个简单的(或其它的)电路分别替代左右两个一端口,替代的原则是替代前后端口电压 u 和电流 i 的关系保持不变,即保持两个端口的伏安特性不变。注意,等效仅仅是对端口而言的。为简单起见,本章先讨论无源一端口的等效,含源一端口的等效将在第 4 章介绍。

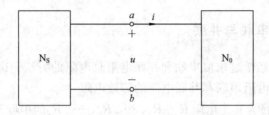

图 2 - 2 　复杂电路的一端口表示

一端口电路等效的概念也可以推广到多端电路的等效。对于一个多端电路,可以用另外一个端点个数相同的多端电路替代。替代的原则是,替代前后两个多端电路对应端子间的电压和对应端子上的电流保持不变。这就是多端电路的等效。换句话说,多端电路的等效就是只要保持多端电路对应端子间的电压和对应端子上的电流不变,一个多端电路就可以由另一个多端电路等效替代。

2.2　无源一端口的等效电阻

2.2.1　无源一端口等效电阻的概念

一个无源一端口 N_0 包括两种情况:其一是内部仅含电阻的一端口;其二是内部除了含有电阻外,还含有受控源。对于这样的一端口可以用一个电阻等效替代。设无源一端口的电压 u 和电流 i 如图 2 - 3(a)所示,其中 u、i 是关联参考方向,则该无源一端口等效电阻的定义为

$$R_{eq} = \frac{u}{i} \text{①}$$ 　　　　　　(2 - 1)

---

① 下标 eq 为等效(equivalent)的缩写。

当无源一端口作为电路的输入端口(有时也称为驱动点)时，等效电阻称为输入电阻 R_{in}[①]。注意，含有受控源一端口的等效电阻有时可能为负值。

求取一端口的等效电阻一般有两种方法，即电压法或电流法。电压法是在端口外加一个电压源 u_S，设 $u=u_S$，然后求出在该电压源作用下的电流 i，如图 2-3(b)所示。电流法是在端口外加一个电流源 i_S，设 $i=i_S$，然后求出在该电流源作用下的电压 u，如图 2-3(c)所示。最后根据式(2-1)就可以求出该一端口的等效电阻或输入电阻。

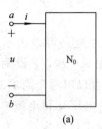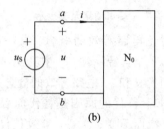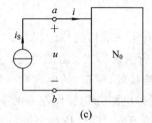

图 2-3　一端口的等效电阻

2.2.2　电阻元件的串联与并联

在中学物理中，已经学过求取串联和并联电阻总电阻的方法。这里利用等效电阻的定义、KVL 和 KCL 求取电阻串联和并联电路的等效电阻。

图 2-4(a)所示电路为 n 个电阻 R_1、R_2、$\cdots$、R_k、$\cdots$、R_n 的串联连接电路，由于电阻串联时，每个电阻中流过同一个电流，所以用上述的电流法可以求得等效电阻，即外加一个电流源 i_S，令 $i=i_S$，如图 2-4(b)所示。

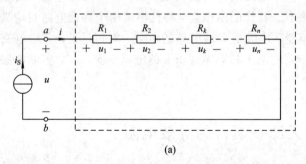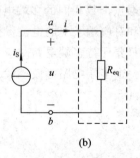

图 2-4　电阻的串联

对图 2-4(a)所示电路应用 KVL，即

$$u = u_1 + u_2 + \cdots + u_k + \cdots + u_n$$

因为每个电阻中的电流均为 i，根据欧姆定律，有

$$u_1 = R_1 i, \ u_2 = R_2 i, \ \cdots, \ u_k = R_k i, \ \cdots, \ u_n = R_n i$$

代入上式，得

$$u = (R_1 + R_2 + \cdots + R_k + \cdots + R_n)i$$

---

① 下标 in 为输入(input)的缩写。

再利用式(2-1)和上式，得

$$R_{\text{eq}} = \frac{u}{i} = R_1 + R_2 + \cdots + R_k + \cdots + R_n = \sum_{k=1}^{n} R_k \tag{2-2}$$

电阻 R_{eq} 是 n 个电阻串联的等效电阻，即等效电阻等于所有串联电阻之和。等效后的电路如图 2-4(b)所示。显然，等效电阻大于任何一个串联的电阻。

如果已知端口电压 u，可以求得每个电阻上的电压，即

$$u_k = R_k i = \frac{R_k}{R_{\text{eq}}} u, \quad k = 1, 2, \cdots, n \tag{2-3}$$

该式就是电阻串联时的分压公式。可见，当端电压确定以后，每个电阻上的电压和其阻值成正比。如果 $n=2$，即两个电阻串联，其分压公式为

$$u_1 = \frac{R_1}{R_1 + R_2} u, \quad u_2 = \frac{R_2}{R_1 + R_2} u \tag{2-4}$$

n 个电阻并联连接的电路如图 2-5(a)所示，图中 G_1、G_2、$\cdots$、G_k、$\cdots$、G_n 分别是 n 个并联电阻所对应的电导。电导并联时，所有电导两端的电压相同，用上述的电压法可以求得等效电导，即外加一个电压源 u_S，令 $u=u_S$，如图 2-5(b)所示。

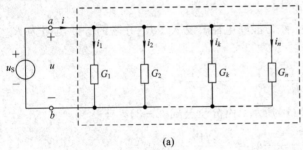
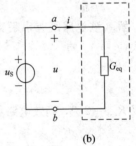

(a)　　　　　　　　　　　　　　　　　(b)

图 2-5　电阻的并联

对图 2-5(a)所示电路应用 KCL，有

$$i = i_1 + i_2 + \cdots + i_k + \cdots + i_n$$

根据欧姆定律，有

$$i_1 = G_1 u, \ i_2 = G_2 u, \ \cdots, \ i_k = G_k u, \ \cdots, \ i_n = G_n u$$

代入上式，得

$$i = (G_1 + G_2 + \cdots + G_k + \cdots + G_n) u$$

利用式(2-1)和上式，得

$$G_{\text{eq}} = \frac{i}{u} = G_1 + G_2 + \cdots + G_k + \cdots + G_n = \sum_{k=1}^{n} G_k \tag{2-5}$$

电导 G_{eq} 是 n 个电导并联的等效电导，即等效电导等于所有并联电导之和。等效后的电路如图 2-5(b)所示。可见，等效电导大于任何一个并联电导。

根据式(1-10)和式(2-5)，有

$$\frac{1}{R_{\text{eq}}} = G_{\text{eq}} = \sum_{k=1}^{n} \frac{1}{R_k} \tag{2-6}$$

可以看出，等效电阻小于任何一个并联电阻。

如果已知端口电流 i，可以求得每个电导上的电流，即

$$i_k = G_k u = \frac{G_k}{G_{eq}} i, \quad k = 1, 2, \cdots, n \tag{2-7}$$

该式是电阻并联时的分流公式。可见，当端口电流确定以后，流过每个电导（阻）的电流和其电导值成正比。如果 $n=2$，即两个电阻并联，其分流公式为

$$i_1 = \frac{G_1}{G_1 + G_2} i = \frac{R_2}{R_1 + R_2} i, \quad i_2 = \frac{G_2}{G_1 + G_2} i = \frac{R_1}{R_2 + R_2} i \tag{2-8}$$

例 2-1 图 2-6(a)所示电路，已知 $u_S = 10$ V，$R_1 = 1\ \Omega$，$R_2 = 2\ \Omega$，$R_3 = 3\ \Omega$，$R_4 = 6\ \Omega$，求电压 u_1 和 u_3，电流 i_1、i_3 和 i_4。

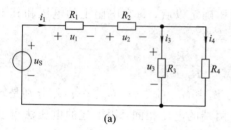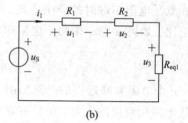

图 2-6 例 2-1 图

解 该电路既有串联又有并联，称为混联电路。设 R_3、R_4 并联的等效电阻为 R_{eq1}，根据式(2-6)，有

$$\frac{1}{R_{eq1}} = \frac{1}{R_3} + \frac{1}{R_4} = \frac{1}{3} + \frac{1}{6} = \frac{1}{2}\ \text{S}$$

所以 $R_{eq1} = 2\ \Omega$，等效电路如图 2-6(b)所示。由分压公式(2-3)，有

$$u_1 = \frac{R_1}{R_1 + R_2 + R_{eq1}} u_S = \frac{1}{1+2+2} \times 10 = 2\ \text{V}$$

$$u_3 = \frac{R_{eq1}}{R_1 + R_2 + R_{eq1}} u_S = \frac{2}{1+2+2} \times 10 = 4\ \text{V}$$

在图 2-6(b)中，根据 KVL 有

$$u_S = u_1 + u_2 + u_3 = (R_1 + R_2 + R_{eq1}) i_1$$

则

$$i_1 = \frac{u_S}{R_1 + R_2 + R_{eq1}} = \frac{10}{1+2+2} = 2\ \text{A}$$

然后再回到图 2-6(a)中，根据分流公式(2-8)，有

$$i_3 = \frac{R_4}{R_3 + R_4} i_1 = \frac{6}{3+6} \times 2 = 1\frac{1}{3}\ \text{A}$$

$$i_4 = \frac{R_3}{R_3 + R_4} i_1 = \frac{3}{3+6} \times 2 = \frac{2}{3}\ \text{A}$$

2.2.3 含受控源一端口等效电阻的计算

对于内部仅含电阻的一端口，用电阻串联和并联的方法可以求出端口的等效电阻。但是，如果一个一端口内部除了电阻外还有受控源，则端口等效电阻的求取要复杂一些，这

时就要严格按等效电阻的定义来计算。本小节通过例子来讨论这类问题。

例 2 - 2　图 2 - 7(a)所示电路,求一端口的等效电阻。

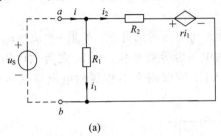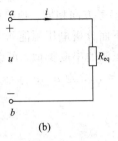

图 2 - 7　例 2 - 2 图

解　用电压法。在一端口 a、b 处外加一个电压源 u_S,求出在该电压源激励下的电流 i,再利用式(2 - 1)求出该一端口的等效电阻。根据 KCL、KVL 和欧姆定律,有

$$i = i_1 + i_2$$
$$u_S = R_2 i_2 + r i_1$$
$$i_1 = \frac{u_S}{R_1}$$

解之得

$$R_{eq} = \frac{u_S}{i} = \frac{R_1 R_2}{R_1 + R_2 - r}$$

由上式可以看出,如果 $R_1 + R_2 < r$,则等效电阻为负电阻,此时,该一端口将向外部输出功率。图 2 - 7(b)所示电路为等效电路。

2.3　电压源、电流源的串联与并联

电压源、电流源是抽象出来的理想电路元件,根据需要,它们可以和其它元件进行各种连接,其中最简单的连接方式是串联或并联,那么它们之间能否串联或者并联呢? 这是本节所讨论的内容。

2.3.1　电压源的串联与并联

图 2 - 8(a)所示为 n 个电压源的串联,根据 KVL 有

$$u = u_S = u_{S1} + u_{S2} + \cdots + u_{Sn} = \sum_{k=1}^{n} u_{Sk}$$

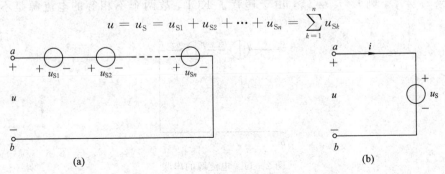

图 2 - 8　电压源的串联

可见，当 n 个电压源串联时，可以用一个电压为 u_S 的电压源等效替代，等效电压源如图 2-8(b)所示。注意，等效电压源 u_S 是 n 个电压源电压的代数和，即如果 $u_{Sk}(k=1,2,\cdots,n)$ 与 u_S 的参考方向相同，则前面取"＋"号，否则取"－"号。

下面分析电压源能否并联。图 2-9 所示为两个电压源的并联。如果 $u=u_S=u_{S1}=u_{S2}$，和电压源的串联类似，可以用一个电压为 u_S 的电压源等效替代，则 u_S 是等效电压源。如果 $u_{S1}\neq u_{S2}$，则 $u\neq u_{S1}\neq u_{S2}$，其结果违背了 KVL，所以两个不相等的电压源是不允许并联的。

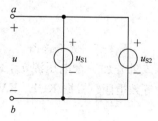

图 2-9　电压源的并联

2.3.2　电流源的串联与并联

首先研究电流源的并联。图 2-10(a)所示为 n 个电流源的并联，根据 KCL 有

$$i=i_S=i_{S1}+i_{S2}+\cdots+i_{Sn}=\sum_{k=1}^{n}i_{Sk}$$

可见，当 n 个电流源并联时，可以用一个电流源 i_S 等效替代，等效电流源如图 2-10(b)所示。如果 $i_{Sk}(k=1,2,\cdots,n)$ 与 i_S 的参考方向一致，则前面取"＋"号，否则取"－"号。

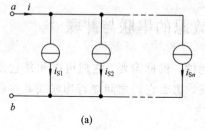　　　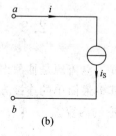

图 2-10　电流源的并联

图 2-11 所示为两个电流源的串联。如果 $i=i_S=i_{S1}=i_{S2}$，则可以用一个电流源 i_S 等效。如果 $i_{S1}\neq i_{S2}$，则 $i\neq i_{S1}\neq i_{S2}$，由于违背了 KCL，故两个不相等的电流源是不允许串联的。

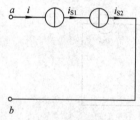

图 2-11　电流源的串联

2.3.3 电压源和电流源的串联与并联

由电压源的定义知，电压源两端的电压为定值 U_S(DC)或者是给定的函数 $u_S(t)$，而流过电压源的电流则是由外电路决定的。所以当一个电压源和一个电流源串联时，电压源的电流就等于电流源的电流，如图 2-12(a)所示。因此，电压源可以和电流源串联。由电流源的定义知，当电流源的电流为定值(I_S)或者是给定的函数 $i_S(t)$时，它两端的电压由外电路决定。当一个电流源和一个电压源并联时，电流源的电压就等于电压源的电压，如图 2-12(b)所示。所以，电流源可以和电压源并联。以上结论可以推广到受控源。

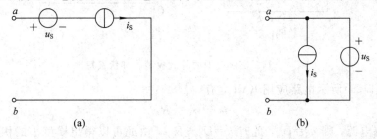

图 2-12 电压源、电流源的串联与并联

2.4 实际电源模型和等效变换

本课程中，分析的对象是电路模型(由理想元件组成的电路)，那么，一个实际的电源如何用理想的电路元件表示呢？由 1.4 节知，可以用两种形式的理想电源来表示实际电源中产生能量或信息变化的现象。可以预见，实际电源也存在着两种模型，本节就介绍这两种模型以及它们之间的等效变换。

2.4.1 实际电源的两种模型

图 2-13 所示是一个实际的直流电源外接一个负载电阻 R_L[①]的电路。当 $R_L=\infty$(开路)时，电源的输出电压 $u=u_{oc}$[②]为最大值，电流 $i=0$；随着 R_L 的减小，电源向外提供的电流 i 随之增大，与此同时，电源自身的发热也随之增加；当 $R_L=0$(短路)时，电源的端电压 $u=0$，此时电流 $i=i_{sc}$[③]为最大值，电源的发热也达到最大值。

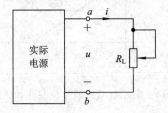

图 2-13 外接负载的实际电源

① 下标 L 为负载(load)的缩写。
② 下标 oc 为开路(open circuit)的缩写。
③ 下标 sc 为短路(short circuit)的缩写。

电源发热说明电流在其中流过时消耗了能量，根据 1.5 节的知识可知，耗能现象可以用电阻元件 R 来描述；如果将实际电源中产生能量的部分用电压源描述，则实际电源可以用一个电压源和一个电阻的串联来表示，称为等效模型 I，如图 2-14(a)所示。图中 $u_S = u_{oc}$ 为开路电压，$R = R_S$ 为电源的内阻。

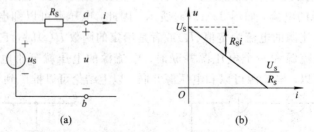

(a)　　　　　　　　　　　(b)

图 2-14　实际电源的等效模型 I 和伏安特性

对图 2-14(a)所示电路应用 KVL，有

$$u = u_S - R_S i \tag{2-9}$$

若电源为直流电源，则 $u_S = U_S$，此时 $u = U_S - R_S i$，由此可以得出模型 I 的伏安特性（外特性）如图 2-14(b)所示。可见，伏安特性为一条直线，直线的斜率为 $-R_S$，直线和纵轴的交点为 $u_{oc} = U_S$（开路电压），直线和横轴的交点为 $i_{sc} = U_S/R_S$（短路电流）。另外，随着电源输出电流的增加，电源的端电压随之下降，直到短路为零。注意，实际中应尽量避免电源短路，否则将造成实际电源的损坏。这种模型的外特性在某种程度上反映了实际电源的真实情况。

从式(2-9)中解出电流 i，则

$$i = \frac{u_S}{R_S} - \frac{u}{R_S} = i_{sc} - G_S u = i_S - G_S u \tag{2-10}$$

由该式可以得出实际电源的模型 II，如图 2-15(a)所示。可见，一个实际电源可以用一个电流源和一个电阻（电导 G_S）的并联来表示。对于直流电源，有 $i_S = i_{sc} = I_S$，则 $i = I_S - G_S u$，因为式(2-9)和式(2-10)在 u-i 坐标系中是同一条直线，所以模型 II 的伏安特性和模型 I 相同，见图 2-15(b)和(c)。

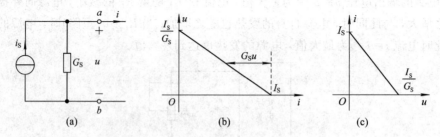

(a)　　　　　　　(b)　　　　　　　(c)

图 2-15　实际电源的等效模型 II 和伏安特性

2.4.2　两种电源模型的等效变换

因为实际电源两种模型的伏安特性完全相同，所以模型 I 和模型 II 在 a、b 两端是等效的，这样两个模型之间可以进行等效变换。由以上分析可知等效变换的关系为

$$i_{\mathrm{S}} = G_{\mathrm{S}} u_{\mathrm{S}}, \quad G_{\mathrm{S}} = \frac{1}{R_{\mathrm{S}}} \tag{2-11}$$

在进行电源模型变换时,要注意电压源和电流源的参考方向,即电流源 i_{S} 的参考方向是由电压源 u_{S} 的负极指向正极的。

由于模型 Ⅰ 和模型 Ⅱ 只是在端点 a、b 处等效,所以它们之间的等效变换是对端点而言的。换句话说,电源两种模型的等效是对外的,对内则无等效可言。例如,当 a、b 端点开路时,两电源对外均不发出功率,而此时电压源 u_{S} 发出的功率为零,电流源 i_{S} 发出的功率为 $I_{\mathrm{S}}^2/G_{\mathrm{S}}$(直流情况下);反之,短路时,电压源 u_{S} 发出的功率为 $U_{\mathrm{S}}^2/R_{\mathrm{S}}$(直流情况),电流源 i_{S} 发出的功率为零。可见两种模型对内不等效。

电源两种模型等效变换的结论可以进行推广,这样可以给分析电路带来方便。

推广一:如果一个电压源 u_{S} 和一个任意电阻 R 串联,可以将其等效为一个电流源 i_{S} 和电阻 R 并联,反之亦然,等效变换关系为 $i_{\mathrm{S}} = Gu_{\mathrm{S}}$,$G = 1/R$。

电源等效变换的方法也可以推广到含受控源的电路。

推广二:如果一个受控的电压源 u 和一个任意电阻 R 串联,可以将其等效为一个受控的电流源 i 和该电阻 R 并联,反之亦然,等效变换关系为 $i = Gu$,$G = 1/R$。

今后,将一个电压源和一个电阻的串联电路称为有伴的电压源,一个电流源和一个电阻的并联电路称为有伴的电流源,所以等效变换就可以称为有伴电源之间的变换,简称为电源变换。注意,无伴电压源和电流源之间不存在变换关系。

例 2-3 用电源变换求图 2-16(a)所示电路中的电压 u。

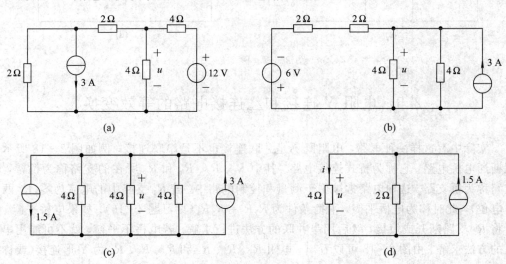

图 2-16 例 2-3 图

解 通过电源变换由图 2-16(a)依次可以得到图 2-16(b)、(c)和(d),然后根据图 2-16(d)用分流公式,有

$$i = \frac{2}{2+4} \times 1.5 = 0.5\ \mathrm{A}, \quad u = 4i = 4 \times 0.5 = 2\ \mathrm{V}$$

或者

$$R_{\mathrm{eq}} = \frac{2 \times 4}{2+4} = \frac{4}{3}\ \Omega, \quad u = 1.5 \times R_{\mathrm{eq}} = 1.5 \times \frac{4}{3} = 2\ \mathrm{V}$$

例 2-4 用电源变换求图 2-17(a)中的电流 i。

解 通过电源变换由图 2-17(a)依次得到图 2-17(b)、(c)和(d)，然后根据图 2-17(d)和 KVL，有

$$(5+3)i - \frac{1}{2}i = 5$$

解得 $i = \dfrac{2}{3}$ A。

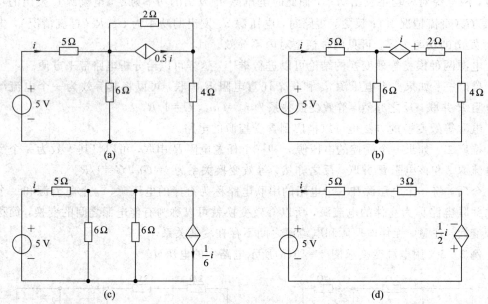

图 2-17　例 2-4 图

2.5　电阻 Y 连接和 △ 连接电路的等效变换

实际中有这样一种电路，电阻既不是并联连接也不是串联连接，例如图 2-18 所示的惠斯通电桥电路，它称为桥式连接电路。其中 R_1、R_2、R_3 和 R_4 所在的支路称为桥臂，R_5 支路称为桥支路。这种电路常被用于测量和控制电路中。若 R_5 支路中的电流为零（R_5 两端等电位），此时称为电桥平衡，平衡条件为 $R_1 R_3 = R_2 R_4$（见习题 2-16）。如果电桥平衡，可以将 R_5 支路断开或短接，然后用串并联的方法进行求解。若电桥不平衡，就不可能用串并联的方法求解。由图 2-18 可以看出，电阻 R_1、R_4、R_5 和 R_2、R_3、R_5 为 Y 形连接（或称为

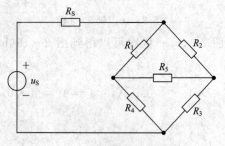

图 2-18　桥式连接电路

星形连接），R_1、R_2、R_5 和 R_3、R_4、R_5 为△形连接（或称为三角形连接）。如果将 Y 形连接等效变换成△形连接或反之，就可以用串并联的方法求解该电路了。本节将研究电阻为 Y 和△形连接电路之间的等效变换关系，这种变换可简称为 Y-△变换。

图 2-19(a) 和图 2-19(b) 所示分别为 Y 形和△形连接电路。

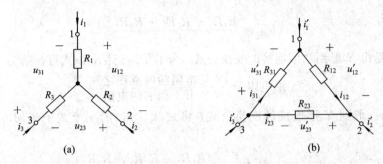

图 2-19　Y 和△连接电路

为了求取 Y-△的等效变换关系，根据 2.1 节多端电路等效的概念，只要保持两个多端电路对应端子间的电压和对应端子上的电流不变，则一个电路就可以由另一个电路等效替换。为此，设图 2-19(a) 中 3 个端子间的电压分别为 u_{12}、u_{23} 和 u_{31}，流入 3 个端子的电流分别为 i_1、i_2 和 i_3；设图 2-19(b) 中 3 个端子间的电压分别为 u'_{12}、u'_{23} 和 u'_{31}，流入 3 个端子的电流分别为 i'_1、i'_2 和 i'_3。首先令对应端子间的电压相等，即 $u'_{12}=u_{12}$、$u'_{23}=u_{23}$ 和 $u'_{31}=u_{31}$，然后求出各端子上的电流并令它们分别对应相等，即 $i'_1=i_1$、$i'_2=i_2$ 和 $i'_3=i_3$，这样就可以得到电阻连接的 Y-△等效变换关系。

对于图 2-19(b) 的△形连接电路，令 $u'_{12}=u_{12}$，$u'_{23}=u_{23}$ 和 $u'_{31}=u_{31}$，根据欧姆定律，有

$$i_{12}=\frac{u_{12}}{R_{12}},\quad i_{23}=\frac{u_{23}}{R_{23}},\quad i_{31}=\frac{u_{31}}{R_{31}}$$

再根据 KCL，有

$$i'_1=i_{12}-i_{31}=\frac{u_{12}}{R_{12}}-\frac{u_{31}}{R_{31}} \tag{2-12a}$$

$$i'_2=i_{23}-i_{12}=\frac{u_{23}}{R_{23}}-\frac{u_{12}}{R_{12}} \tag{2-12b}$$

$$i'_3=i_{31}-i_{23}=\frac{u_{31}}{R_{31}}-\frac{u_{23}}{R_{23}} \tag{2-12c}$$

对于图 2-19(a) 的 Y 连接电路，根据 KCL、KVL 和欧姆定律，有

$$i_1+i_2+i_3=0$$
$$R_1i_1-R_2i_2=u_{12}$$
$$R_2i_2-R_3i_3=u_{23}$$

由此解出电流为

$$i_1=\frac{R_3u_{12}}{R_1R_2+R_2R_3+R_3R_1}-\frac{R_2u_{31}}{R_1R_2+R_2R_3+R_3R_1} \tag{2-13a}$$

$$i_2=\frac{R_1u_{23}}{R_1R_2+R_2R_3+R_3R_1}-\frac{R_3u_{12}}{R_1R_2+R_2R_3+R_3R_1} \tag{2-13b}$$

$$i_3=\frac{R_2u_{31}}{R_1R_2+R_2R_3+R_3R_1}-\frac{R_1u_{23}}{R_1R_2+R_2R_3+R_3R_1} \tag{2-13c}$$

根据等效的概念，令 $i_1' = i_1$、$i_2' = i_2$ 和 $i_3' = i_3$，故由式(2-12)和式(2-13)可以得到

$$R_{12} = \frac{R_1 R_2 + R_2 R_3 + R_3 R_1}{R_3} \tag{2-14a}$$

$$R_{23} = \frac{R_1 R_2 + R_2 R_3 + R_3 R_1}{R_1} \tag{2-14b}$$

$$R_{31} = \frac{R_1 R_2 + R_2 R_3 + R_3 R_1}{R_2} \tag{2-14c}$$

式(2-14)就是由 Y 形到△形连接的变换公式。为了帮助记忆，该式可归纳为

$$\triangle \ 形电阻 = \frac{Y\ 形电阻两两乘积之和}{Y\ 形不相邻的电阻}$$

下面求由△形到 Y 形连接的变换公式。将式(2-14)的三个式子相加，并在右边通分，得

$$R_{12} + R_{23} + R_{31} = \frac{(R_1 R_2 + R_2 R_3 + R_3 R_1)^2}{R_1 R_2 R_3}$$

然后由式(2-14)得 $R_1 R_2 + R_2 R_3 + R_3 R_1 = R_{12} R_3 = R_{31} R_2 = R_{23} R_1$，并分别代入上式，得

$$R_1 = \frac{R_{12} R_{31}}{R_{12} + R_{23} + R_{31}} \tag{2-15a}$$

$$R_2 = \frac{R_{23} R_{12}}{R_{12} + R_{23} + R_{31}} \tag{2-15b}$$

$$R_3 = \frac{R_{31} R_{23}}{R_{12} + R_{23} + R_{31}} \tag{2-15c}$$

式(2-15)就是△形到 Y 形连接的变换公式，它们可以归纳为

$$Y\ 形电阻 = \frac{\triangle\ 形相邻电阻乘积}{\triangle\ 形电阻之和}$$

当 $R_1 = R_2 = R_3 = R_Y$、$R_{12} = R_{23} = R_{31} = R_\triangle$ 时，称 Y 形和△形电路是对称的，根据式(2-14)，有

$$R_\triangle = 3 R_Y, \quad R_Y = \frac{R_\triangle}{3} \tag{2-16}$$

例 2-5 电路如图 2-20(a)所示，用 Y-△变换求电路中的电流 i。

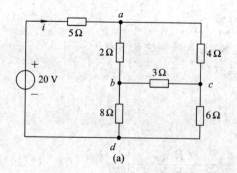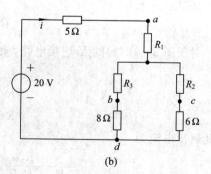

图 2-20　例 2-5 图

解　图 2-20(a)为桥式电路，通过 Y-△变换将 a、b、c 点所构成的△形电路变换成 Y 形电路，结果如图 2-20(b)所示。根据式(2-15)，分别有

$$R_1 = \frac{4 \times 2}{2 + 3 + 4} = \frac{8}{9} \ \Omega, \quad R_2 = \frac{4}{3} \ \Omega, \quad R_3 = \frac{2}{3} \ \Omega$$

再根据串并联关系求出 a-d 两端的等效电阻 $R_{ad} = 4.86 \ \Omega$，则

$$i = \frac{20}{5 + R_{ad}} = \frac{20}{5 + 4.86} = 2.03 \ \text{A}$$

也可以先将 Y 换成△电路，然后求解，读者可自行练习。

本章学习了电路等效的概念，等效是电路分析的一种方法，利用它可以将一个复杂的电路变换成一个简单的电路。无论是二端（一端口）或者多端电路，等效的原则是对应端点之间的电压和对应端点上的电流相等，就是说，等效是对端点而言的。等效是对端点的外部等效，对内则不等效。对于一个不含独立源的一端口，可以用一个电阻等效；一个实际的电源可以用两种模型进行等效，即电压源和电阻的串联或电流源和电阻（电导）的并联；Y 形连接和△连接的电阻之间可以进行等效变换。

习 题

2-1 计算题 2-1 图所示电路的等效电阻 R_{ab}。

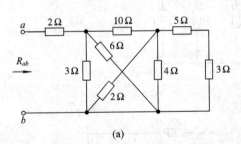 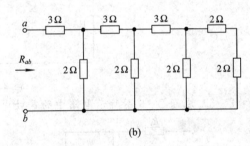

(a)　　　　　　　　　　　　　(b)

题 2-1 图

2-2 电路如题 2-2 图所示，已知 $u_S = 12 \ \text{V}$，$R_1 = 1 \ \Omega$，$R_2 = 2 \ \Omega$，$R_3 = 6 \ \Omega$，$R_4 = 4 \ \Omega$，求：

(1) 电流 i 的值。

(2) 若 R_4 在 $0 \sim \infty$ 之间变化，求电流 i 的变化范围。

2-3 电路如题 2-3 图所示，已知 $u_S = 5 \ \text{V}$，$R_1 = 3 \ \Omega$，$R_2 = 2 \ \Omega$，$R_3 = 6 \ \Omega$，$R_4 = 10 \ \Omega$，求 u_1、u_4、i_3 和 i。

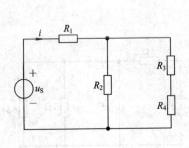 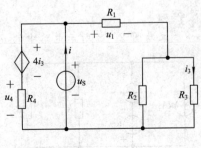

题 2-2 图　　　　　　　　　　题 2-3 图

2-4 电路如题 2-4 图所示，求 i_1、i_2、i_3、i 和 u_1。

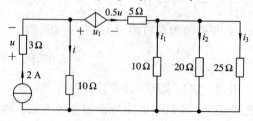

题 2-4 图

2-5 用伏安法可以测量未知电阻 R_x，测量电路如题 2-5 图所示。通常电流表可以等效成一个理想的电流表和电阻 R_1 的串联，电压表可以等效成一个理想的电压表和电阻 R_V 的并联。已知 $U_S = 15\text{ V}$，$R_1 = 10\ \Omega$，$R_V = 50\text{ k}\Omega$，电流表的读数为 0.15 A，电压表的读数为 6 V，求未知电阻 R_x 和电源内阻 R_S 的值。设误差的定义为

$$\delta = \frac{\mid \Delta x \mid}{x} \times 100\%$$

求电压表内阻所造成的测量误差是多少？

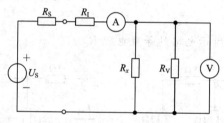

题 2-5 图

2-6 求题 2-6 图所示电路中的等效电阻 R_{ab}。

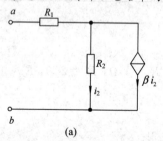
(a)

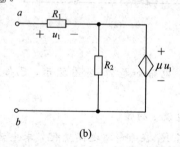
(b)

题 2-6 图

2-7 电路如题 2-7 图所示，已知 $u_{S1} = 10\text{ V}$，$u_{S2} = 6\text{ V}$，$i_S = 1\text{ A}$，$R_1 = 2\ \Omega$，$R_2 = 5\ \Omega$，求 i_1、i_2 和 i。

2-8 求题 2-8 所示电路中的 u_1、i_1 和 i_2。

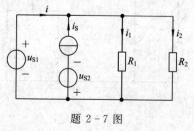
题 2-7 图

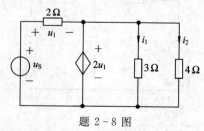
题 2-8 图

2-9 利用电源变换求题 2-9 图所示电路中的电压 u。

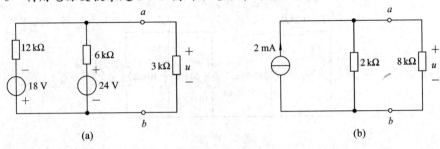

(a)   (b)

题 2-9 图

2-10 利用电源变换求题 2-10 图所示电路中的电流 i。

2-11 电路如题 2-11 图所示，求电流 i 和电压 u。

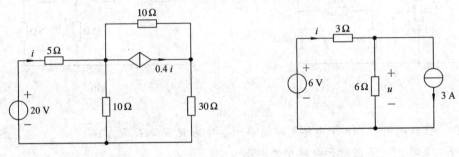

题 2-10 图   题 2-11 图

2-12 电路如题 2-12 图所示，已知 $u_{S1}=9\ V$，$u_{S2}=4\ V$，$i_S=3\ A$，求图中的电压 u，电源 u_{S1}、u_{S2} 和 i_S 发出的功率。

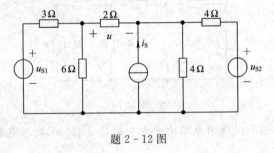

题 2-12 图

2-13 电路如题 2-13 图所示，求电压 u。

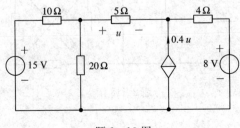

题 2-13 图

2-14　电路如题 2-14 图所示，求 u_o/u_i。

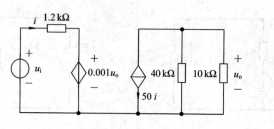

题 2-14 图

2-15　求题 2-15 图所示电路中的等效电阻 R_{ab}。

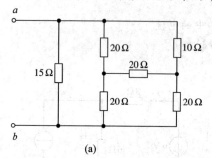

(a)

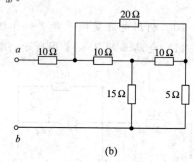

(b)

题 2-15 图

2-16　试证明图 2-18 中电桥电路的平衡条件为 $R_1R_3 = R_2R_4$。

2-17　求题 2-17 图所示电路中的电压 u。

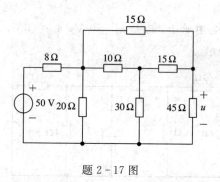

题 2-17 图

2-18　已知题 2-18 图所示电路中的电阻均为 1 Ω，求输入电阻 R_{in}。

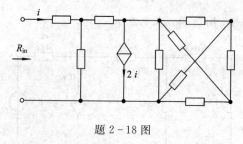

题 2-18 图

第 3 章　电路的基本分析方法

上一章介绍了电路等效的概念以及有关等效的方法，就分析而言利用这些方法可以将原电路变换成简单的形式，然后用 KCL、KVL 和欧姆定律等对电路进行求解。对于较为简单或者要求求解响应个数不多的电路，用电路等效的方法是可以解决问题的。但是，如果电路比较复杂，并且要求得到电路中的全部响应，采用上述方法就显得笨拙了。

KCL 和 KVL 是电路分析中两个最为重要的定律，当电路变量（电流和电压）设定以后，利用 KCL 可以列出电路中所有结点上的电流方程，用 KVL 能列出所有回路的电压方程。但问题是，所列的方程彼此之间是否是独立的。就是说，对于一个给定的电路，能列出多少个独立的 KCL 和独立的 KVL 方程，这是本章首先要解决的问题（方程的独立性）。其次，根据所设定的变量及其名称，介绍不同的电路分析方法，即支路电流法、网孔电流法、回路电流法和结点电压法。电路分析方法的具体步骤为：设定电路变量，列写电路方程（线性代数方程），用克莱姆法则或矩阵知识求解方程，最后得出要求的电路变量（响应）。

3.1　电路的拓扑关系

我们知道，KCL 表明电路结点上电流之间的约束关系，KVL 表明电路回路中电压之间的约束关系。它们仅与元件的连接关系有关，而与元件的性质无关，即只与电路的拓扑有关。对于一个给定的电路，能列出多少个独立的 KCL 和 KVL 方程呢？为了研究这个问题，本节先介绍电路的拓扑关系。

3.1.1　图的初步概念

图（Graph）是结点和支路的集合。在图 G 中支路用线段（直线段或曲线段）表示，支路和支路的连接点称为结点。在图论中，结点称为顶点，支路称为边。注意：在图的定义中允许独立的结点存在，即没有支路和该结点相连，独立结点也称为孤立结点；在图 G 中，不允许不和结点相连的支路存在，就是说，任何支路的两端必须落在结点上。如果移去一个结点，就必须把和该结点相连的所有支路均移去，移去一条支路则不影响和它相连的结点（若将和某一结点相连的所有支路均移去，则该结点就变成了孤立结点）。若一条支路和某结点相连称该支路和该结点相关联，那么和一个结点所连的所有支路称为这些支路和该结点相关联。

例如图 3-1 所示的图，在图 G_1 中有 4 个结点、6 条支路；图 G_2 中有 5 个结点和 5 条支路，结点⑤是孤立结点。如果在图 G_1 中移去结点④，则和它关联的支路(3，5，6)均要移去，这样图 G_1 就变成图 G_3；如果在图 G_1 中分别移去支路2、3、6(和它们关联的结点不能移去)，则图 G_1 就变成了图 G_4。

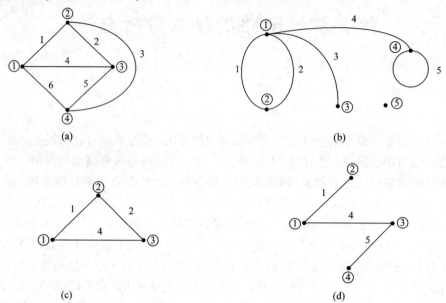

图 3-1　图的概念说明图

(a) 图 G_1；(b) 图 G_2；(c) 图 G_3；(d) 图 G_4

在一个图 G 中，从任一结点出发，经过一些支路可以到达另一结点(或回到出发点)，这样的一系列支路构成图 G 的一条路径。对于图 G，如果任意两个结点之间至少存在一条路径，则称图 G 是连通图。例如图 3-1 中的图 G_1、G_3 和 G_4 是连通图，而图 G_2 不是连通图，因为没有一条路径可以到达结点⑤。如果一条路径的起点和终点重合，且经过的其它结点都相异，则这条闭合路径就构成图 G 的一个回路。例如图 G_2 中的支路 5 不是回路，图 G_3 就是一个回路，图 G_4 中没有回路，图 G_1 中支路(1，2，4)、(4，5，6)、(2，3，5)、(1，2，5，6)和(1，3，6)分别构成回路(读者可以寻找还有没有其它回路)。

在一个较为复杂的图中，寻找全部回路的个数是一件困难的事情。幸运的是，在一些问题中只要知道图 G 中独立回路的个数就可以了(例如电路问题)，为此引入图 G"树"的概念。一个图 G 的树 T(Tree)是图 G 中包含所有结点且不包括回路的连通图。例如在图 3-1 的图 G_2 中不可能得到一个树 T，因为它是不连通的；在图 3-1 中图 G_4 是图 G_1 的一个树，因为它包括了图 G_1 中的所有结点并且是连通的，如果移去该树中的任一条支路，则树 T 的图就被分成两个部分。例如移去支路 1、4、5 的任何一个，图 G_4 就被分成两个部分。

图 3-2 是在图 3-1(a)图 G_1 的基础上变换而来的，请判断哪些图是 G_1 的树，哪些不是，为什么？你能找出 G_1 中剩余的树吗？

选定图 G 的一个树 T 以后，图中的所有支路被分成了两个部分，即构成树 T 的所有支路称为树支，剩余的支路称为连支，树支的个数称为树支数，连支的个数称为连支数。例如图 3-1 中，图 G_4 是图 G_1 的一个树 T，树支为 1、4、5 支路，连支为 2、3、6 支路，树支数和连支数均为 3。在图 G_1 中，可以找到其它不同的树，如由支路 1、4、6 构成的树和

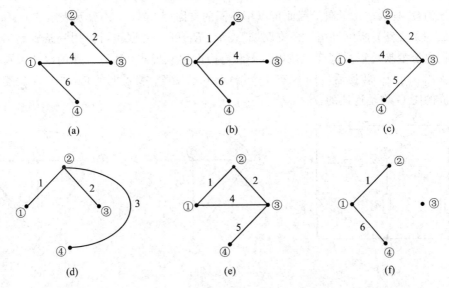

图 3-2　图 3-1 中 G_1 的衍生图

由支路 2、4、5 构成的树等。由于图 G_1 中有 4 个结点，不论哪一个树，树支数总是 3。图论中已经证明，具有 $n^{①}$ 个结点的连通图，它的任何一个树的树支数为 $n-1$。那么，对于具有 n 个结点 $b^{②}$ 条支路的连通图来说，连支数为 $b-(n-1)$。

　　由于连通图 G 的一个树 T 是包括所有结点且不包括回路的连通图，因此，在图 G 所对应的任何一个树 T 中，每补入一个连支，就形成一个回路。如果在每个回路中除了所补入的连支外其它均为树支，这样的回路称为单连支回路或基本回路。可见，基本回路的个数就等于连支数的个数。例如图 3-1 中，仍然选图 G_4 作为图 G_1 的一个树 T，如在 G_4 中分别补入连支 2、3 和 6，就得到 3 个不同的回路，即回路 $(2,1,4)$、$(3,5,4,1)$ 和 $(6,4,5)$，它们都是单连支回路，所以它们是图 G_1 的基本回路（3 个）。由于每一个基本回路仅包括一个连支，并且这个连支不会出现在其它基本回路中，所以说一个图 G 的所有基本回路之间是相互独立的。连通图 G 的所有基本回路称为基本回路组，基本回路组是独立回路组。由以上的分析知道，一个具有 n 个结点，b 条支路的连通图，基本回路或独立回路的个数为连支数的个数，即 $b-(n-1)$。

3.1.2　电路模型和图的关系

　　有了关于图的初步知识以后，接下来学习如何利用图的有关知识帮助我们分析电路。在实现这个目的之前，先研究如何将电路模型转换成对应的图。

　　在电路模型中，一个二端元件或若干个二端元件串联所形成的分支称为一条支路，两个或两个以上支路的连接点称为结点。只要将电路中的支路用图中的支路表示，电路中的结点保持不变，这样一个电路模型就可以转换成对应的图。

　　例如图 3-3(a) 所示的电路可以转换成图 3-3(b) 所示的图 G。由于 R_2、R_4、R_5 和受

---

①　字母 n 为结点(node)的缩写。
②　字母 b 为支路(branch)的缩写。

控的电压源 u_3 均为二端元件，因此可以用不同的支路(2，4，5，3)分别表示它们；u_{S6} 和 R_6 串联形成一条支路，所以可用一条支路(6)表示；R_1 和 i_{S1} 并联也可以用一条支路(1)表示，因为利用电源变换可以将其变换成电压源和电阻的串联形式，所以有伴的电流源可以转换成一条支路。可见，转换后的图 G 有 4 个结点、6 条支路。要说明的是，由一个完整的电路所转换成的图 G 均是连通的。

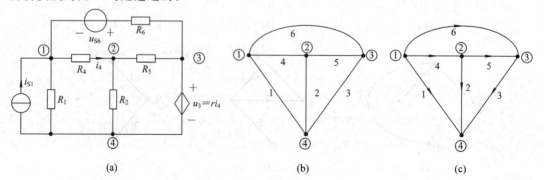

(a)　　　　　　　　　　　(b)　　　　　　　　　　　(c)

图 3 - 3　电路模型到图的例子

(a) 电路图；(b) 图 G；(c) 有向图

分析电路的目的是(最多)求出电路中所有支路上的电压和电流。有了电路的图 G 以后，对于图 G 可以设出每条支路的电压和电流，并标出它们的参考方向，则图 G 就变成有向图。上例中图 G 的有向图如图 3 - 3(c)所示。有向图中每条支路上的方向既表示该支路电压的参考方向又表示电流的参考方向，并且电压和电流的参考方向均是关联的。

有了电路的有向图以后，就可以列出图中所有结点上的 KCL 方程和所有回路的 KVL 方程。

3.2　电路 KCL 和 KVL 方程的独立性

对于具有 n 个结点，b 条支路的有向图，可以列出 n 个 KCL 方程和若干个 KVL 方程。本节将讨论在这些 KCL 和 KVL 方程中有多少个是彼此独立的，即方程的独立性问题。

3.2.1　电路 KCL 方程的独立性

对图 3 - 3(c)所示的有向图中的结点①、②、③、④分别列出 KCL 方程为

$$i_1 + i_4 + i_6 = 0$$
$$i_2 - i_4 + i_5 = 0$$
$$i_3 - i_5 - i_6 = 0$$
$$-i_1 - i_2 - i_3 = 0$$

将这 4 个方程相加，其结果为 $0 = 0$，这说明上述 4 个 KCL 方程是非独立(线性相关)的。就是说，任何一个方程可以由其它 3 个方程线性表示，例如将前 3 个方程相加可以得到第 4 个方程。上述 4 个方程非独立的原因是，每个支路的电流作为"$+i_j$"和"$-i_j$"($j = 1$，2，…，6)在所有的方程中各出现一次，所以才有相加的结果为零。如果在以上 4 个方程中任意去掉一个方程，则每个支路电流 i_j($j = 1$，2，…，6)在所有的方程中作为正负各出现一

次的条件就被破坏了，再将剩余的 3 个方程相加其结果就不会为零。例如去掉第 4 个方程，剩余 3 个方程相加的结果为 $i_1 + i_2 + i_3 = 0$，则 $0 = 0$ 的结果被破坏。可见，在 4 个方程中任意去掉 1 个，剩余的 3 个方程彼此是独立的。

对于有 n 个结点 b 条支路的有向图而言，KCL 方程的独立个数为 $n-1$ 个。这是因为，n 个结点的所有 KCL 方程之和为

$$\sum_{k=1}^{n} \left(\sum i \right)_k = \sum_{j=1}^{b} \left[(+i_j) + (-i_j) \right] \equiv 0$$

可见，这 n 个 KCL 方程是非独立的(线性相关)，原因是支路电流 $i_j (j=1, 2, \cdots, b)$ 作为正负在所有的方程中各出现一次。如果在 n 个 KCL 方程中任意去掉 1 个，正负支路电流在所有方程中各出现一次的规律就被破坏了，则剩余的 $n-1$ 个方程之和不等于零，所以说剩余的 $n-1$ 个方程是相互独立的。这 $n-1$ 个方程也是 n 个 KCL 方程中最大的线性无关方程的个数。

因为有向图是从电路中得到的，所以对于 n 个结点的电路可以列出 $n-1$ 个独立的 KCL 方程。

3.2.2　电路 KVL 方程的独立性

由上一节知，一个有 n 个结点、b 条支路的连通图 G，其中的基本回路或独立回路的个数为 $b-(n-1)$。对于有 n 个结点、b 条支路的有向图或电路，任何树的树支数是 $n-1$ 个，连支数是 $b-(n-1)$ 个。如果所有回路均是单连支回路，并且和所有连支一一对应，则这些回路就是基本回路，基本回路是彼此独立的，则基本回路对应的 KVL 方程相互之间是独立的。另一种解释是，因为一个基本回路中仅含一条连支，所以连支电压在各自的 KVL 方程中均是新变量，它不同于其它方程中的所有变量，所以基本回路的 KVL 方程彼此之间是独立的。设独立方程数的个数为 l，则它等于连支数的个数，即 $l=b-(n-1)$。

对于有 n 个结点、b 条支路的电路，设独立回路数为 $l=b-(n-1)$，则

$$\sum_{k=1}^{l} \left(\sum u \right)_k \neq 0$$

该式说明，将 l 个独立的 KVL 方程相加，其结果必不等于零。可以证明，若电路中任意数目的回路数 $g>l$，上面求和(代数和)式中的部分 KVL 方程相加等于零，则说明这些部分方程之间是非独立的。就是说，当 $g>l$ 时，g 个 KVL 方程之间不是彼此独立的，所以 l 是具有 n 个结点 b 条支路电路的最大线性无关 KVL 方程的个数。

例如，图 3-4 是图 3-3(c)所示的有向图，设支路 1、4、5 为树支，则连支为 2、3、6 支路，这样所有的单连支(独立)回路为 (2, 1, 4)、(3, 1, 4, 5)、(6, 5, 4)。分别定义它们为回路 l_1、l_2 和 l_3，设所有回路的绕行方向均为顺时针方向，则 KVL 方程依次为

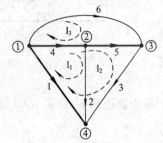

$$u_2 - u_1 + u_4 = 0 \tag{3-1a}$$

$$u_3 - u_1 + u_4 + u_5 = 0 \tag{3-1b}$$

$$u_6 - u_4 - u_5 = 0 \tag{3-1c}$$

图 3-4　基本回路的 KVL 方程

再列出回路(2，3，5)的 KVL 方程为

$$u_2 - u_3 - u_5 = 0 \qquad\qquad (3-1\text{d})$$

则上述 4 个方程是非独立的，因为由式(3-1a)和式(3-1b)中可得出式(3-1d)式。

3.3　支路电流法

　　分析电路的目的是已知电路求响应，一个电路中最多的响应是所有支路上的电压和电流。对于具有 n 个结点、b 条支路的电路，全部响应就是 b 个支路的电流和 b 个支路的电压，所以总响应(变量)为 $2b$ 个。

　　由前面的分析知道，对于具有 n 个结点、b 条支路的电路，可以列出 $n-1$ 个独立的 KCL 方程和 $b-(n-1)$ 个独立的 KVL 方程，两者相加，其个数为 b 个。对于 b 条支路，利用每条支路上的 VCR，可以列出 b 个支路的约束方程，则可以列出的方程总数为 $2b$ 个。利用这 $2b$ 个方程可以求出电路中 $2b$ 个响应，所以该方法也称为 $2b$ 法。

　　为了减少方程数，先以 b 条支路电流为未知变量，列出 $n-1$ 个 KCL 方程，再用支路电流表示 $b-(n-1)$ 个 KVL 方程中的各个电压，这样就得到 b 个关于支路电流的方程，然后再利用每条支路上的 VCR 求出 b 条支路上的电压，所以该方法称为支路电流法，简称支路法。该方法的具体步骤介绍如下。

　　步骤 1：设变量，即设各支路电流 i_1、i_2、$\cdots$、i_b；

　　步骤 2：列出 $n-1$ 个 KCL 方程；

　　步骤 3：列出 $b-(n-1)$ 个 KVL 方程，用支路电流表示各支路电压；

　　步骤 4：求解 b 个方程，得出 b 个支路电流 i_1、i_2、$\cdots$、i_b；

　　步骤 5：利用支路上的 VCR 求出 b 条支路的电压。

　　例如图 3-5(a)所示电路，该电路所对应的有向图如图 3-5(b)所示，图中结点数 $n=4$，支路数 $b=6$。

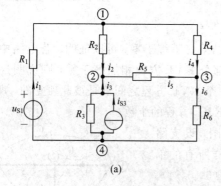
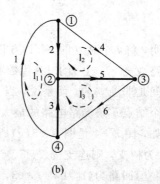

(a)　　　　　　　　　　　　　　　　(b)

图 3-5　支路电流法

　　设支路电流 i_1、i_2、i_3、i_4、i_5 和 i_6，列出结点①、②和③的 KCL 方程(去掉结点④)，即

$$\begin{cases} -i_1 + i_2 + i_4 = 0 \\ -i_2 - i_3 + i_5 = 0 \\ -i_4 - i_5 + i_6 = 0 \end{cases} \qquad (3-2)$$

由图 3 - 5 知，各支路的电压分别为 u_1、u_2、u_3、u_4、u_5 和 u_6。在图 3 - 5(b)中选树（支路 2，3，5），连支为 1、4、6，则单连支回路分别为回路 l_1、l_2 和 l_3（如图所示，绕行方向均为顺时针），则 3 个独立的回路方程分别为

$$
\begin{cases}
u_1 + u_2 - u_3 = 0 \\
u_4 - u_5 - u_2 = 0 \\
u_6 + u_3 + u_5 = 0
\end{cases}
\tag{3-3}
$$

根据图 3 - 5(a)所示的电路图，写出各支路的 VCR 方程，即

$$
\begin{cases}
u_1 = -u_{S1} + R_1 i_1 \\
u_2 = R_2 i_2 \\
u_3 = R_3 i_3 - R_3 i_{S3} \\
u_4 = R_4 i_4 \\
u_5 = R_5 i_5 \\
u_6 = R_6 i_6
\end{cases}
\tag{3-4}
$$

将式(3-4)代入式(3-3)，并整理得

$$
\begin{cases}
R_1 i_1 + R_2 i_2 - R_3 i_3 = u_{S1} - R_3 i_{S3} \\
-R_2 i_2 + R_4 i_4 - R_5 i_5 = 0 \\
R_3 i_3 + R_5 i_5 + R_6 i_6 = R_3 i_{S3}
\end{cases}
\tag{3-5}
$$

式(3-2)和式(3-5)就是图 3 - 5(a)所示电路的支路电流方程，用克莱姆法则（或矩阵方法）求解这个 6 维方程就可以得到支路电流 i_1、i_2、i_3、i_4、i_5 和 i_6。再利用式(3-4)可求出支路的电压 u_1、u_2、u_3、u_4、u_5 和 u_6。

可以将式(3-5)归纳成如下的形式

$$
\sum R_k i_k = \sum u_{Sk}
\tag{3-6}
$$

该式左边是每个回路中所有支路电阻上电压的代数和，若第 k 个支路电流的参考方向和回路方向一致，则 i_k 前取正，反之取负；该式的右边是每个回路中所有支路电压源电压的代数和，若第 k 个支路电压源的参考方向和回路方向一致，则 u_{Sk} 前取负，反之取正。注意，对于有伴的电流源，u_{Sk} 是经过电源变换的等效电压源的电压。例如式(3-5)中的 $R_3 i_{S3}$ 可以写成 u_{S3}，它是第 3 条支路上的等效电压源。实质上，式(3-6)是 KVL 的另一种表达式，即在一个回路中，电阻上电压的代数和等于电压源电压的代数和。

最后需说明的是，若某支路由无伴的电压源或电流源构成，无法写出该支路的 VCR 方程，则无法将该支路的电压用支路电流来表示。对于无伴电压源支路，因为支路电压为已知，所以使问题简单了；对于无伴电流源支路，因为支路电流是已知的，需要设出该支路的电压然后再列方程，这样问题就可以解决了。

3.4　网孔电流法和回路电流法

由支路法知道，b 条支路的电路要列 b 维方程组。例如图 3 - 5(a)所示电路必须列 6 维方程组。能不能在目的不变的情况下将方程的维数降下来呢？回答是肯定的。

已经知道，具有 n 个结点 b 条支路的电路，由 KCL 能列出 $n-1$ 个独立方程，由 KVL 能列出 $b-(n-1)$ 个独立方程。若能设定一种变量只用 KCL 或者 KVL 方程，就可以将 b 维方程组降为 $n-1$ 或 $b-(n-1)$ 维方程组。本节的网孔电流法（简称网孔法）和回路电流法（简称回路法）就是只依据 KVL 间接地求出 b 条支路电流的方法。网孔法仅适用于平面电路，而回路法既适用于平面电路也适用于非平面电路。下面先介绍平面电路和非平面电路的概念。

就电路所对应的图 G 而言，如果图 G 中支路和支路之间（进行变换后）除了结点以外没有交叉点，这样的图称为平面图，所对应的电路称为平面电路，否则称为非平面图或非平面电路。例如图 3-6(a) 是一个平面图，图 3-6(b) 是一个非平面图。图 3-1 中的图 G_1 就是一个平面图。

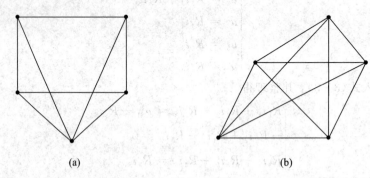

(a)   (b)

图 3-6　平面图和非平面图

3.4.1　网孔电流法

对于平面电路而言，网孔的个数等于基本回路的个数，对于较为简单的平面图，网孔和基本回路可以一一对应，而对于复杂电路，网孔的个数等于基本回路的个数（见习题 3-3），因此，网孔上的 KVL 方程是相互独立的。

网孔电流法（网孔法）是以网孔电流 i_m[①] 为未知变量的。设平面电路有 m 个网孔，网孔电流的个数就等于独立回路的个数 $[m=b-(n-1)]$，则网孔电流分别为 i_{m1}、i_{m2}、…、i_{mm}。网孔电流是一种假想的变量，电路中所有支路电流可以用它们来表示。就是说，它们可以替换形式如式(3-6)中的电流 i_k，这样 KVL 方程就变成以网孔电流为变量的方程。为了便于比较，仍然采用图 3-5(a) 所示的电路，将支路 3 经电源变换后如图 3-7(a) 所示，图中 $u_{S3}=R_3 i_{S3}$，图 3-7(b) 是它的有向图。

该电路有 3 个网孔，设网孔电流分别为 i_{m1}、i_{m2} 和 i_{m3}，如图 3-7(b) 所示。根据 KCL，每条支路的电流可以用网孔电流表示，即

$$\begin{cases} i_1 = i_{m1} & i_4 = i_{m2} \\ i_2 = i_{m1} - i_{m2} & i_5 = i_{m3} - i_{m2} \\ i_3 = i_{m3} - i_{m1} & i_6 = i_{m3} \end{cases} \tag{3-7}$$

将式(3-7)代入式(3-5)中（注意 $u_{S3}=R_3 i_{S3}$），整理得

---

① 下标 m 为网孔(mesh)的缩写。

$$\begin{cases} (R_1 + R_2 + R_3)i_{m1} - R_2 i_{m2} - R_3 i_{m3} = u_{S1} - u_{S3} \\ -R_2 i_{m1} + (R_2 + R_4 + R_5)i_{m2} - R_5 i_{m3} = 0 \\ -R_3 i_{m1} - R_5 i_{m2} + (R_3 + R_5 + R_6)i_{m3} = u_{S3} \end{cases} \qquad (3-8)$$

该式就是图 3-7(a)所示电路的网孔电流方程(3 维)。解这一方程组就可以得到网孔电流，然后再利用式(3-7)就可以求出各支路电流。可见，利用 3 维网孔电流方程可以间接地求出 6 条支路上的电流，使问题得以简化。

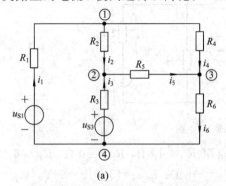
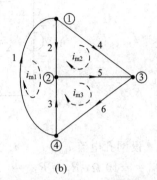

(a)　　　　　　　　　　(b)

图 3-7　网孔电流法

在式(3-8)中，令 $R_{11}=R_1+R_2+R_3$，$R_{12}=-R_2$，$R_{13}=-R_3$，…，则该式变为

$$\begin{cases} R_{11} i_{m1} + R_{12} i_{m2} + R_{13} i_{m3} = u_{S11} \\ R_{21} i_{m1} + R_{22} i_{m2} + R_{23} i_{m3} = u_{S22} \\ R_{31} i_{m1} + R_{32} i_{m2} + R_{33} i_{m3} = u_{S33} \end{cases} \qquad (3-9)$$

式中，$R_{kk}(k=1,2,3)$ 称为自阻，它是第 k 个网孔中所有电阻之和；$R_{jk}(j,k=1,2,3；j \neq k)$ 称为互阻，它是 j、k 两个网孔中共有的电阻；u_{Skk} 是第 k 个网孔中所有电压源电压的代数和。如果网孔的绕行方向和网孔电流方向一致，则自阻总为正；在所有网孔电流的绕行方向一致(顺时针或逆时针)的情况下，互阻总为负。在无受控源的电路中有 $R_{jk}=R_{kj}$，如(3-9)式中 $R_{12}=R_{21}=-R_2$，$R_{23}=R_{32}=-R_5$ 等。如果绕行方向和所经过支路电压源电压的方向相反，则该电压源取正，反之则取负。

对于有 m 个网孔的平面电路，设网孔电流为 i_{m1}、i_{m2}、…、i_{mm}，则网孔电流方程的一般形式为

$$\begin{cases} R_{11} i_{m1} + R_{12} i_{m2} + \cdots + R_{1m} i_{mm} = u_{S11} \\ R_{21} i_{m1} + R_{22} i_{m2} + \cdots + R_{2m} i_{mm} = u_{S22} \\ \cdots \\ R_{m1} i_{m1} + R_{m2} i_{m2} + \cdots + R_{mm} i_{mm} = u_{Smm} \end{cases} \qquad (3-10)$$

式中 $R_{kk}(k=1,2,\cdots,m)$ 称为网孔 k 的自阻；$R_{jk}(j,k=1,2,\cdots,m；j \neq k)$ 称为网孔 k 和 j 的互阻(若两个网孔无公共支路，则互阻为零)；u_{Skk} 是第 k 个网孔中所有电压源电压的代数和。它们正负的取法和上述相同。

如果电路中含有无伴的电流源支路，由于电流源的端电压为未知量，处理方法是设它的端电压为 u，这样就多出一个电压变量，由于无伴电流源的电流为已知，可以增加一个电流方程(或电流约束)。

根据上述，并设电路有 m 个网孔，网孔法的具体步骤可归纳如下。

步骤 1：设变量，即网孔电流 i_{m1}、i_{m2}、$\cdots$、i_{mm}；

步骤 2：求出所有 R_{kk}、R_{jk} 和 u_{Skk}（注意正负）代入式(3-10)，可得网孔电流方程，或直接列出网孔电流方程；

步骤 3：求解得出网孔电流。

例 3 - 1　电路如图 3-8 所示，根据网孔法求电路中的电流 i_2，i_3。

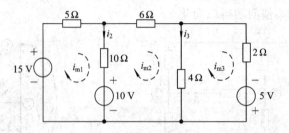

图 3 - 8　例 3 - 1 图

解　设网孔电流 i_{m1}、i_{m2}、i_{m3} 如图所示；自阻 $R_{11}=15\ \Omega$，$R_{22}=20\ \Omega$，$R_{33}=6\ \Omega$，互阻 $R_{12}=R_{21}=-10\ \Omega$，$R_{13}=R_{31}=0\ \Omega$，$R_{23}=R_{32}=-4\ \Omega$；$u_{S11}=15-10=5\ \text{V}$，$u_{S22}=10\ \text{V}$，$u_{S33}=5\ \text{V}$。代入式(3-10)，即

$$15i_{m1}-10i_{m2}=5$$
$$-10i_{m1}+20i_{m2}-4i_{m3}=10$$
$$-4i_{m2}+6i_{m3}=5$$

用克莱姆法则求解，即

$$i_{m1}=\frac{\Delta_1}{\Delta}=\frac{\begin{vmatrix} 5 & -10 & 0 \\ 10 & 20 & -4 \\ 5 & -4 & 6 \end{vmatrix}}{\begin{vmatrix} 15 & -10 & 0 \\ -10 & 20 & -4 \\ 0 & -4 & 6 \end{vmatrix}}=\frac{1320}{960}=1.375\ \text{A}$$

$$i_{m2}=\frac{\Delta_2}{\Delta}=\frac{\begin{vmatrix} 15 & 5 & 0 \\ -10 & 10 & -4 \\ 0 & 5 & 6 \end{vmatrix}}{\Delta}=\frac{1500}{960}=1.9625\ \text{A}$$

$$i_{m3}=\frac{\Delta_3}{\Delta}=\frac{1800}{960}=1.875\ \text{A}$$

再根据 KCL，有

$$i_2=i_{m1}-i_{m2}=-0.1875\ \text{A}$$
$$i_3=i_{m2}-i_{m3}=-0.3125\ \text{A}$$

用所计算的结果进行检验，例如在第 2 个网孔中根据 KVL 有

$$-10-10\times(-0.1875)+6\times1.5625+4\times(-0.3125)=0\ \text{V}$$

可见答案是正确的。

3.4.2　回路电流法

网孔法只适用于平面电路，而回路电流法(回路法)既适用于平面电路也适用于非平面电路。对于任意电路所对应的图而言，当选定树以后，由单连支确定的回路是基本回路，根据基本回路可以列出其 KVL 方程。

回路法是以回路电流 i_1[①] 为未知变量，变量的个数等于基本回路的个数$[l=b-(n-1)]$，即回路电流分别为 i_{l1}、i_{l2}、$\cdots$、i_{ll}。和网孔电流相同，回路电流也是一种假想电流，而每个支路上的电流同样可以用这些假想的电流来表示。例如在图 3-9 所示的有向图中，选树为支路 4，2，3，则连支为支路 1、5、6，对应的基本回路如图 3-9 所示。

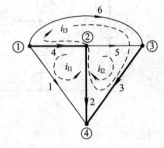

图 3-9　回路电流和支路电流的关系

设回路电流分别为 i_{l1}、i_{l2} 和 i_{l3}，由图 3-9 知回路电流等于对应的连支电流，其参考方向和连支电流的参考方向相同，即 $i_1=i_{l1}$、$i_5=i_{l2}$、$i_6=i_{l3}$，根据 KCL，有

$$i_3 = i_5 + i_6 = i_{l2} + i_{l3}$$
$$i_2 = i_4 - i_5 = -i_{l1} - i_{l3} - i_{l2}$$
$$i_4 = -i_1 - i_6 = -i_{l1} - i_{l3}$$

可见，所有支路电流均可以用假设的回路电流表示。

回路电流和网孔电流不同的是网孔电流是平面电路网孔中的假想电流，而回路电流是回路中的假想电流。可以想像两种方程的结构是相同的。对于有 n 个结点 b 条支路的电路，设回路电流 i_{l1}、i_{l2}、$\cdots$、i_{ll}，$l=b-(n-1)$，将式(3-10)中的下标改成 l，即得回路电路电流方程的一般形式为

$$\begin{cases} R_{11}i_{l1} + R_{12}i_{l2} + \cdots + R_{1l}i_{ll} = u_{S11} \\ R_{21}i_{l1} + R_{22}i_{l2} + \cdots + R_{2l}i_{ll} = u_{S22} \\ \cdots \\ R_{l1}i_{l1} + R_{l2}i_{l2} + \cdots + R_{ll}i_{ll} = u_{Sll} \end{cases} \qquad (3-11)$$

式中 $R_{kk}(k=1, 2, \cdots, l)$ 称为回路 k 的自阻；$R_{jk}(j, k=1, 2, \cdots, l; j \neq k)$ 称为回路 k 和 j 的互阻；u_{Skk} 是第 k 个回路中所有电压源电压的代数和。自阻 R_{kk} 总为正；互阻 R_{jk} 可正可负(当 j、k 回路的电流 i_j 和 i_k 在互阻 R_{jk} 上的方向相同时，互阻取正，反之取负)；如果回路绕行方向和所经过支路电压源电压方向相反，u_{Skk} 取正，反之取负。在无受控源的电路中有 $R_{jk}=R_{kj}$。无伴电流源支路的处理方法和网孔法相同。回路法的具体步骤如下。

步骤 1：在电路(或对应的图)中选树，确定连支并设回路电流 i_{l1}、i_{l2}、$\cdots$、i_{ll}，回路电流和连支电流一一对应；

步骤 2：求出所有 R_{kk}、R_{jk} 和 u_{Skk}(注意正负)，代入式(3-11)，可得回路电流方程，或

————————

①　下标 l 为回路(loop)的缩写。

直接列出回路电流方程；

步骤 3：求解得出回路电流。

例 3-2 电路如图 3-10(a)所示，列出回路方程。

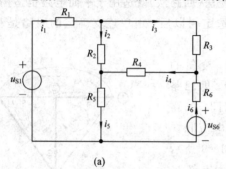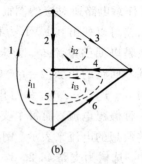

(a)　　　　　　　　　(b)

图 3-10 例 3-2 图

解 画出电路所对应的有向图，如图 3-10(b)所示。设树为支路 2、4、6，连支为支路 1、3、5，连支对应的回路如图 3-10(b)所示，并设回路电流变量分别为 i_{l1}、i_{l2} 和 i_{l3}，和连支电流方向相同；自阻分别为

$$R_{11} = R_1 + R_2 + R_4 + R_6$$
$$R_{22} = R_2 + R_3 + R_4$$
$$R_{33} = R_4 + R_5 + R_6$$

互阻分别为

$$R_{12} = R_{21} = -(R_2 + R_4)$$
$$R_{13} = R_{31} = -(R_4 + R_6)$$
$$R_{23} = R_{32} = R_4$$

又有

$$u_{S11} = u_{S1} - u_{S6}$$
$$u_{S22} = 0$$
$$u_{S33} = u_{S6}$$

将它们代入式(3-11)得

$$(R_1 + R_2 + R_4 + R_6)i_{l1} - (R_2 + R_4)i_{l2} - (R_4 + R_6)i_{l3} = u_{S1} - u_{S6}$$
$$-(R_2 + R_4)i_{l1} + (R_2 + R_3 + R_4)i_{l2} + R_4 i_{l3} = 0$$
$$-(R_4 + R_6)i_{l1} + R_4 i_{l2} + (R_4 + R_5 + R_6)i_{l3} = u_{S6}$$

例 3-3 电路如图 3-11(a)所示，列出回路方程并整理。

解 画出电路所对应的有向图如图 3-11(b)所示。设树为支路 2、6、7、8，连支为支路 1、5、3、4，回路如图 3-11(b)所示，设回路电流分别为 i_{l1}、i_{l2}、i_{l3} 和 i_{l4}。在图 3-11(a)中，支路 4 和 6 是无伴的电流源，由于 $i_{l4} = i_{S4}$，所以设 i_{S6} 两端的电压为 u，然后才可列回路方程；支路 8 中有一个 CCVS，先将其按独立源对待。不用先求出自阻、互阻和 u_{Skk}，可以直接列写方程，则有

回路 1：$(R_1 + R_2 + R_8)i_{l1} - R_2 i_{l2} + u - R_8 i_{l4} = u_{S1} - ri_5$

回路 2：$-R_2 i_{l1} + (R_2 + R_5)i_{l2} - u = 0$

回路 3：$-u+(R_3+R_7)i_{13}-R_7i_{14}=-u_{S7}$

回路 4：$i_{14}=i_{S4}$

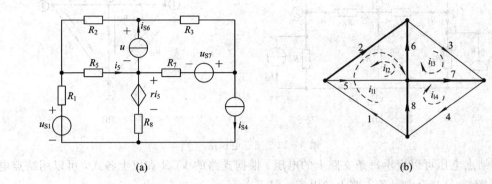

图 3-11　例 3-3 图

因为有无伴电流源 i_{S6}，新增一个变量 u，所以增加一个附加约束，即

$$-i_{11}+i_{12}+i_{13}=i_{S6}$$

将支路 8 中 CCVS 的控制量 i_5 用回路电流表示，即 $i_5=i_{12}$，代入回路 1 方程，整理得

$$(R_1+R_2+R_8)i_{11}+(r-R_2)i_{12}+u-R_8i_{14}=u_{S1}$$

由该式和回路 2 式可以看出 $R_{12}\neq R_{21}$，所以在有受控源的电路中，部分互阻将不相等。可以进一步整理以上式子，消去新增变量 u，得

$$(R_1+R_8)i_{11}+(r+R_5)i_{12}-R_8i_{14}=u_{S1}$$

$$R_2i_{11}-(R_2+R_5)i_{12}+(R_3+R_7)i_{13}-R_7i_{14}=-u_{S7}$$

$$i_{14}=i_{S4}$$

$$-i_{11}+i_{12}+i_{13}=i_{S6}$$

消去新增变量 u 的过程是避开无伴电流源的过程，也可以通过电路图直接得到上述方程。

3.5　结点电压法

在网孔法和回路法中，假想的变量是网孔电流和回路电流，只列 KVL 方程，使方程的维数从 b 个降到 $b-(n-1)$ 个。本节介绍的结点电压法（简称结点法）是只列电路的 KCL 方程，该方法可以使方程的维数从 b 个降到 $n-1$ 个。由 3.2.1 小节知，对于有 n 个结点的电路，去掉任意一个结点，对剩余的 $n-1$ 个结点所列的 KCL 方程是彼此独立的。结点法则是以去掉的那个结点为参考点（零电位点），设剩余的 $n-1$ 个结点到参考点的电压为变量，这些变量称为结点电压。显然，变量的个数为 $n-1$ 个，即 u_{n1}、u_{n2}、$\cdots$、$u_{n(n-1)}$。用结点电压可以表示支路电压，进而可以表示支路电流。

例如图 3-12(a)所示电路，图 3-12(b)是对应的有向图。

选结点④为参考点，设结点①、②、③到参考点的电压，即结点电压分别为 u_{n1}、u_{n2} 和 u_{n3}，如图 3-12(b)所示。由图 3-12(b)知 $u_1=u_{n1}$、$u_2=u_{n2}$、$u_3=u_{n3}$，再由 KVL 得

$$u_4=u_1-u_2=u_{n1}-u_{n2}$$

$$u_5=u_2-u_3=u_{n2}-u_{n3}$$

$$u_6=u_1-u_3=u_{n1}-u_{n3}$$

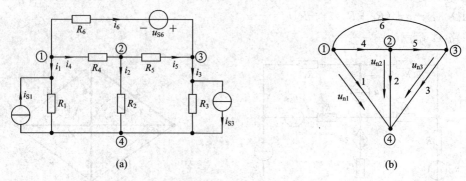

图 3-12　结点电压法

可见，结点电压可以表示每条支路上的电压。根据支路的 VCR 和以上各式，可以用结点电压表示图 3-12(a)中每条支路上的电流，即

$$
\begin{cases}
i_1 = \dfrac{u_1}{R_1} - i_{S1} = \dfrac{u_{n1}}{R_1} - i_{S1} \\[2mm]
i_2 = \dfrac{u_2}{R_2} = \dfrac{u_{n2}}{R_2} \\[2mm]
i_3 = \dfrac{u_3}{R_3} + i_{S3} = \dfrac{u_{n3}}{R_3} + i_{S3} \\[2mm]
i_4 = \dfrac{u_4}{R_4} = \dfrac{u_{n1} - u_{n2}}{R_4} \\[2mm]
i_5 = \dfrac{u_5}{R_5} = \dfrac{u_{n2} - u_{n3}}{R_5} \\[2mm]
i_6 = \dfrac{u_6 + u_{S6}}{R_6} = \dfrac{u_{n1} - u_{n3} + u_{S6}}{R_6}
\end{cases}
\tag{3-12}
$$

对结点①、②、③列出 KCL 方程，即

$$
\begin{cases}
i_1 + i_4 + i_6 = 0 \\
i_2 - i_4 + i_5 = 0 \\
i_3 - i_5 - i_6 = 0
\end{cases}
\tag{3-13}
$$

将式(3-12)代入式(3-13)，整理得

$$
\begin{cases}
\left(\dfrac{1}{R_1} + \dfrac{1}{R_4} + \dfrac{1}{R_6}\right)u_{n1} - \dfrac{1}{R_4}u_{n2} - \dfrac{1}{R_6}u_{n3} = i_{S1} - \dfrac{u_{S6}}{R_6} \\[3mm]
-\dfrac{1}{R_4}u_{n1} + \left(\dfrac{1}{R_2} + \dfrac{1}{R_4} + \dfrac{1}{R_5}\right)u_{n2} - \dfrac{1}{R_5}u_{n3} = 0 \\[3mm]
-\dfrac{1}{R_6}u_{n1} - \dfrac{1}{R_5}u_{n2} + \left(\dfrac{1}{R_3} + \dfrac{1}{R_5} + \dfrac{1}{R_6}\right)u_{n3} = -i_{S3} + \dfrac{u_{S6}}{R_6}
\end{cases}
\tag{3-14}
$$

该式就是图 3-12(a)所示电路的结点电压方程。将式(3-14)中的 1/R 写成电导的形式，则有

$$
\begin{cases}
(G_1 + G_4 + G_6)u_{n1} - G_4 u_{n2} - G_6 u_{n3} = i_{S1} - G_6 u_{S6} \\
-G_4 u_{n1} + (G_2 + G_4 + G_5)u_{n2} - G_5 u_{n3} = 0 \\
-G_6 u_{n1} - G_5 u_{n2} + (G_3 + G_5 + G_6)u_{n3} = -i_{S3} + G_6 u_{S6}
\end{cases}
\tag{3-15}
$$

式中，G_1、G_2、$\cdots$、G_6 分别是各支路的电导。在式(3-15)中分别令 $G_{11} = G_1 + G_4 + G_6$，

$G_{12} = -G_4$，$G_{13} = -G_6$，…，则式（3 – 15）变为

$$\begin{cases} G_{11}u_{n1} + G_{12}u_{n2} + G_{13}u_{n3} = i_{S11} \\ G_{21}u_{n1} + G_{22}u_{n2} + G_{23}u_{n3} = i_{S22} \\ G_{31}u_{n1} + G_{32}u_{n2} + G_{33}u_{n3} = i_{S33} \end{cases} \quad (3 – 16)$$

式中，$G_{kk}(k=1,2,3)$ 称为自导，它是第 k 个结点所连的所有电导之和，总为正；$G_{jk}(j, k = 1, 2, 3; j \neq k)$ 称为互导，它是 j、k 两个结点之间的电导，总为负；i_{Skk} 是流入第 k 个结点所有电流源电流的代数和，流入电流取正，反之取负。注意：$G_6 u_{S6}$ 是有伴电压源支路 6 等效为有伴电流源的电流。在无受控源的电路中，有 $G_{jk} = G_{kj}$，如式（3 – 16）中，$G_{12} = G_{21} = -G_4$，$G_{23} = G_{32} = -G_5$ 等。如果电路中有受控源，则有些互导是不相等的。

对于有 n 个结点的电路，设结点电压分别为 u_{n1}、u_{n2}、…、$u_{n(n-1)}$，则结点电压方程的一般形式为

$$\begin{cases} G_{11}u_{n1} + G_{12}u_{n2} + \cdots + G_{1(n-1)}u_{n(n-1)} = i_{S11} \\ G_{21}u_{n1} + G_{22}u_{n2} + \cdots + G_{2(n-1)}u_{n(n-1)} = i_{S11} \\ \cdots \\ G_{(n-1)1}u_{n1} + G_{(n-1)2}u_{n2} + \cdots + G_{(n-1)(n-1)}u_{n(n-1)} = i_{S(n-1)(n-1)} \end{cases} \quad (3 – 17)$$

式中，$G_{kk}[k=1, 2, \cdots, (n-1)]$ 称为结点 k 的自导，总为正；$G_{jk}[j, k = 1, 2, \cdots, (n-1); j \neq k]$，称为结点 k 和 j 的互导，总为负；i_{Skk} 是流入第 k 个结点所有电流源电流的代数和，流入取正，反之取负。

设电路有 n 个结点，结点法的步骤为

步骤 1：选参考点，设结点电压变量，即 u_{n1}、u_{n2}、…、$u_{n(n-1)}$；

步骤 2：求出所有 G_{kk}、G_{jk} 和 i_{Skk}，代入式（3 – 17），可得结点电压方程，或直接列出结点电压方程；

步骤 3：求解得出结点电压。

例 3 – 4　电路如图 3 – 13 所示，列出电路的结点电压方程。

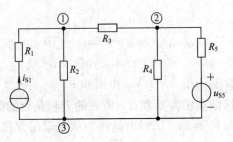

图 3 – 13　例 3 – 4 图

解　选结点③为参考点，设结点①、②的结点电压分别为 u_{n1}、u_{n2}，将电阻写成电导的形式，直接列出结点电压方程，即

$$(G_2 + G_3)u_{n1} - G_3 u_{n2} = i_{S1}$$
$$-G_3 u_{n1} + (G_3 + G_4 + G_5)u_{n2} = G_5 u_{S5}$$

值得注意的是，电阻 R_1 没有被计入结点①的自导中，原因是结点电压方程实质上是 KCL 方程，和电流源串联的电阻 R_1 不会影响该支路电流的大小，所以也不会影响结点①

的 KCL 方程，因此在列写结点电压方程时，要注意和电流源串联的电阻（或电导）不需要被计入。受控的电流源也是如此。

　　如果电路中含有无伴的电压源支路，因为电压源的电流为未知量，处理方法是设出它的电流 i，这样就多出一个电流变量，由于已知无伴电压源的电压，可以增加一个电压方程（或电压约束）。另外，对于电路中的受控源，将其先按独立源对待列方程，然后将控制量用结点电压变量表示，整理方程即可。下面通过例子对这两类情况加以说明。

　　例 3-5　电路如图 3-14 所示，试用结点法求图中的电压 u。

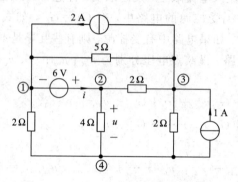

图 3-14　例 3-5 图

　　解　选结点④为参考点，设结点①、②、③的结点电压分别为 u_{n1}、u_{n2} 和 u_{n3}，设无伴电压源支路的电流为 i，则结点电压方程分别为

$$(0.5+0.2)u_{n1} - 0.2u_{n3} = 2 - i$$
$$(0.25+0.5)u_{n2} - 0.5u_{n3} = i$$
$$-0.2u_{n1} - 0.5u_{n2} + (0.2+0.5+0.5)u_{n3} = 1 - 2$$

新增电压约束方程为

$$u_{n2} - u_{n1} = 6$$

整理并消去电流 i 得

$$14u_{n1} + 15u_{n2} - 14u_{n3} = 40$$
$$2u_{n1} + 5u_{n2} - 12u_{n3} = 10$$
$$u_{n2} - u_{n1} = 6$$

解之得 $u_{n1}=4$ V，$u_{n2}=-2$ V，$u_{n3}=-1$ V。由图知 $u=u_{n2}=-2$ V。

　　思考：在该例中如果选结点①为参考点，所列的方程是否能简单一些。

　　例 3-6　电路如图 3-15 所示，试列出电路的结点电压方程。

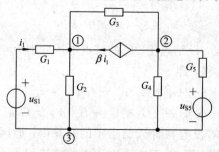

图 3-15　例 3-6 图

解　选结点③为参考点，设结点①、②的结点电压分别为 u_{n1}、u_{n2}，先将受控的电流源按独立源对待，则结点电压方程为

$$(G_1 + G_2 + G_3)u_{n1} - G_3 u_{n2} = G_1 u_{S1} + \beta i_1$$
$$-G_3 u_{n1} + (G_3 + G_4 + G_5)u_{n2} = G_5 u_{S5} - \beta i_1$$

将受控源的控制量用结点电压表示，即

$$i_1 = G_1 u_{S1} - G_1 u_{n1}$$

代入结点电压方程并整理得

$$(G_1 + \beta G_1 + G_2 + G_3)u_{n1} - G_3 u_{n2} = (1 + \beta)G_1 u_{S1}$$
$$-(\beta G_1 + G_3)u_{n1} + (G_3 + G_4 + G_5)u_{n2} = G_5 u_{S5} - \beta G_1 u_{S1}$$

可见，由于受控源的影响，互导 $G_{12} \neq G_{21}$。

本章讨论了电路分析的基本方法，KCL 和 KVL 是分析电路的基础，对于具有 n 个结点 b 条支路的电路，可以列出 $n-1$ 个独立的 KCL 方程和 $b-(n-1)$ 个的独立的 KVL 方程。由此得出分析电路的基本分析方法，即支路法、回路法（含网孔法）和结点法。利用支路法可以求出给定电路所有支路的支路电流，进而可以求出所有支路的电压；利用回路法（或网孔法）可以求出所有独立回路（或网孔）的电流，从而可以间接地求出所有支路的电流和电压；利用结点法可以求出 $n-1$ 个结点到参考点的电压，从而可以间接地求出所有的支路的电压和电流。可见，利用基本分析方法能够求出给定线性电路的全部响应。对于一个具体的电路，除指定以外，选用求解方法的原则是哪一种方法所列的电路方程少则选用哪一种。

因为本书分析的对象限定为线性电路，因而上述诸方法所列的方程均为线性方程，可将它们统一写成矩阵的形式，即

$$AX = B \tag{3-18}$$

式中，X 分别表示支路电流、回路（或网孔）电流以及结点电压的列向量，对于线性电路来说 A 是常系数矩阵，B 是由电路中所有激励组合而成的列向量。对于复杂电路，式(3-18)的维数将增加，此时可以借助计算机求解。

习　题

3-1　分析题 3-1 图(a)和(b)所示的图，分别指出它们的结点数、支路数和独立回路的个数，各画出两个不同的树。

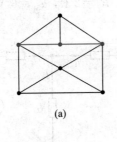
(a)
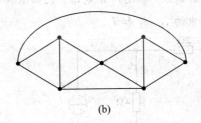
(b)

题 3-1 图

3-2　分析题3-2图(a)和(b)所示的图，试分别画出它们全部的树。

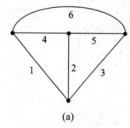

(a)

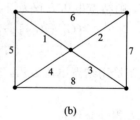

(b)

题3-2图

3-3　分析题3-3图(a)和(b)所示的图，分别画出一个树，并指出各自的基本回路。

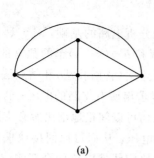

(a)

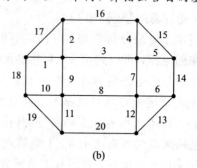

(b)

题3-3图

3-4　画出题3-4图(a)和(b)所示电路的图，并给出有向图，试根据有向图分别列出它们一组独立的 KCL 和 KVL 方程。

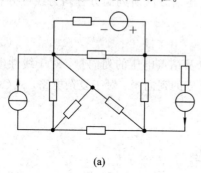

(a)

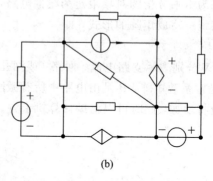

(b)

题3-4图

3-5　用支路法求题3-5图所示电路中的电流 i_1 和 i_2。

3-6　分析题3-6图所示电路，已知 $R_1 = R_3 = 1\ \Omega$，$R_2 = 2\ \Omega$，$u_{S1} = 3\ V$，$u_{S2} = 5\ V$，用支路法求图中的 i_1、i_2 和 i_3。

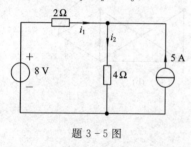

题3-5图

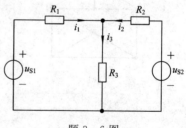

题3-6图

3－7　用支路法试求题 3－7 图所示电路中的电流 i_1、i_2 和 i_3。

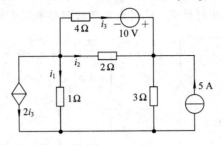

题 3－7 图

3－8　用网孔法求题 3－7 图所示电路中的电流 i_2。

3－9　用网孔法求题 3－9 图所示电路中的电流 i。

3－10　用网孔法求题 3－10 图所示电路中的电压 u。

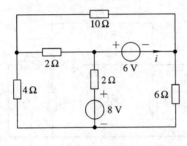

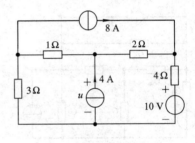

题 3－9 图　　　　　　　　　　题 3－10 图

3－11　用网孔法求题 3－11 图所示电路中的电流 i_2。

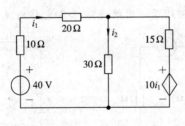

题 3－11 图

3－12　用回路法求题 3－9 图所示电路中的电流 i。

3－13　用回路法求题 3－13 图所示电路中的电压 u。

3－14　用回路法求题 3－14 图所示电路中的电压 u，并验证功率守恒。

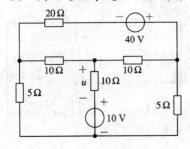

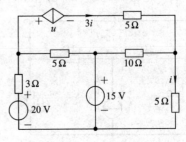

题 3－13 图　　　　　　　　　　题 3－14 图

3-15　电路如题 3-15 图所示，用回路法求图中的电流 i。

3-16　电路如题 3-16 图所示，试列出电路的回路电流方程。

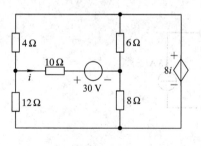

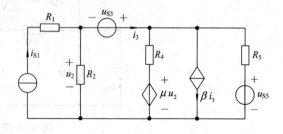

题 3-15 图　　　　　　　　　　　　　　　题 3-16 图

3-17　电路如题 3-10 图所示，用结点法求图中的电压 u。

3-18　列出题 3-18 图(a)和(b)所示电路的结点电压方程并整理。

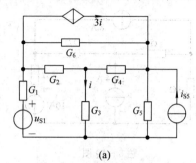

(a)

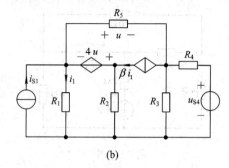

(b)

题 3-18 图

3-19　电路如题 3-19 图所示，用结点法求各支路电流，并验证功率守恒。

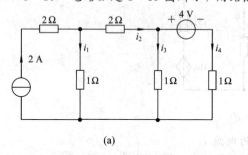

(a)

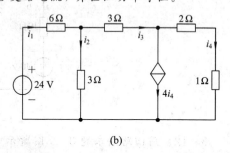

(b)

题 3-19 图

3-20　电路如题 3-20 图所示，用结点法求图中的电压 u。

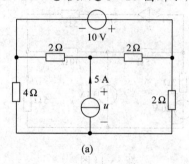

(a)

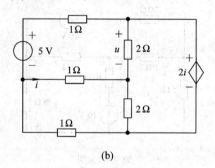

(b)

题 3-20 图

3-21　电路如题 3-21 图所示，用结点法求图中的输出电压 u_o。

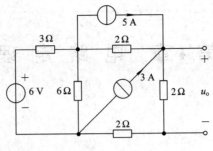

题 3-21 图

3-22　电路如题 3-22 图所示，用结点法求图中的 u_o 和 i_o。

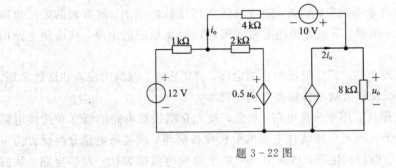

题 3-22 图

第 4 章　电 路 定 理

　　上一章，依据 KCL 和 KVL 得出了电路分析的一般方法，其基本过程是：设变量、列方程、解方程，最后得到电路中的响应。这些方法的优点是不用改变电路的结构，可以直接或间接地求出电路中的全部响应。然而，随着电路方程维数的增加，解方程的难度也随之增加，给电路分析带来困难。下面介绍的电路定理可以简化给定的电路，从而使电路的分析简单化。

　　本章介绍的电路定理包括：齐性定理和叠加定理、替代定理、戴维南定理和诺顿定理、特勒根定理、互易定理以及最大功率传输和对偶原理等。

　　齐性定理和叠加定理只适用于线性电路，为此，首先介绍线性电路的概念和线性电路方程的性质。利用这两个定理可以使线性电路的分析变得简单，或者将电路分解成更简单的形式逐步进行分析。根据替代定理，可以用一个电压源或电流源替代一端口电路，从而将复杂电路简化成简单的电路进行分析。在一个电路中，如果只需求出某一条支路上的响应，可以用戴维南定理或诺顿定理将电路进行简化，然后求解。特勒根定理即电路中任意时刻所有支路功率的代数和为零。该结论还可以推广到两个具有相同拓扑图的不同电路中，即一个图中支路电压与另一具有相同拓扑结构的图中对应支路电流乘积的代数和也等于零。根据互易定理，对于仅含电阻的两个端口的网络，当其激励与响应互换位置时，在同一激励下产生的响应也相同。最后介绍最大功率传输和对偶原理。最大功率传输是解决在什么条件下负载上能获得最大功率的问题。对偶原理揭示出在电路元件、结构、定律、定理以及电路方程之间存在着一系列对应或类似的关系，这些关系有助于更好地理解和分析电路。

4.1　线　性　电　路

4.1.1　线性电路的概念

　　由 1.4 节集总参数元件的概念知，集总参数元件是一类只表示实际元器件中一种基本物理现象的元件。如果元件的集总参数值不随和它有关的物理量变化，这样的元件称为线性元件。例如，线性电阻的阻值不随流过它的电流以及两端的电压变化，线性受控源的系数也不随控制量和被控量变化等。下一章将会看到线性电容和线性电感的值也不随和其有关的物理量变化。有了线性元件的定义后，可以给出线性电路的定义，即由线性元件和独立电源组成的电路称为线性电路。除最后一章外，本书中分析的电路都是线性电路。

4.1.2　线性电路方程的性质

对于线性元件或线性电路而言，描述它们的方程是线性方程。在数学中，如果一个函数(方程)既满足齐次性又满足可加性，则称该函数是线性函数，齐次性和可加性也是线性函数的两个性质。

设任意函数

$$y = f(x) \tag{4-1}$$

若 $y = f(\alpha x) = \alpha f(x) = \alpha y$（$\alpha$ 为任意实数），则称 $y = f(x)$ 满足齐次性；设 $y_1 = f(x_1)$ 和 $y_2 = f(x_2)$，若 $y = f(x_1 + x_2) = f(x_1) + f(x_2) = y_1 + y_2$，则称 $y = f(x)$ 满足可加性。

对于 $y = f(x)$，若 $y = f(\alpha_1 x_1 + \alpha_2 x_2) = \alpha_1 f(x_1) + \alpha_2 f(x_2) = \alpha_1 y_1 + \alpha_2 y_2$（$\alpha_1$、$\alpha_2$ 为任意实数)，即 $y = f(x)$ 既满足齐次性又满足可加性，则 $y = f(x)$ 是线性函数。

例如由欧姆定律知，线性电阻 R 上的 VCR 为 $u = Ri$，若设 $u_1 = Ri_1$ 和 $i = ki_1$，则 $u = Rki_1 = ku_1$（k 为实常数)，即线性电阻的欧姆定律满足齐次性。齐次性说明，对于线性电阻 R，如果电流增加 k 倍，则 R 两端的电压也增加 k 倍。若 $u_1 = Ri_1$ 和 $u_2 = Ri_2$，则有 $u = Ri = R(i_1 + i_2) = Ri_1 + Ri_2 = u_1 + u_2$，即欧姆定律满足可加性。可加性说明如果流入线性电阻的电流为两个电流之和，则电压也是两个电流分别流入该电阻的电压之和。综合欧姆定律的齐次性和可加性，有 $u = R(k_1 i_1 + k_2 i_1) = k_1 Ri_1 + k_2 Ri_2 = k_1 u_1 + k_2 u_2$（$k_1$、$k_2$ 为任意实常数)，可见线性电阻的欧姆定律既满足齐次性又满足可加性，所以它是线性方程。实际上欧姆定律是线性方程的根本原因是 R 为线性电阻。

又例如，对于 KCL 方程

$$\sum_{k=1}^{N} i_k = 0$$

有 $\sum_{k=1}^{N} \alpha i_k = \alpha \sum_{k=1}^{N} i_k = 0$ 和 $\sum_{k=1}^{N} (i_{k1} + i_{k2}) = \sum_{k=1}^{N} i_{k1} + \sum_{k=1}^{N} i_{k2} = 0$，则 KCL 分别满足齐次性和可加性；又因为

$$\sum_{k=1}^{N} (\alpha_1 i_{k1} + \alpha_2 i_{k2}) = \alpha_1 \sum_{k=1}^{N} i_{k1} + \alpha_2 \sum_{k=1}^{N} i_{k2} = 0$$

可见 KCL 方程既满足齐次性又满足可加性，所以 KCL 方程是线性方程。同理，KVL 方程也是线性方程。

对于线性电路而言，由于 KCL 和 KVL 所列的电路方程是线性方程，因此这些方程均满足齐次性和可加性。

4.2　叠加定理和齐性定理

对于线性电路，当电路中有两个或两个以上的独立源激励时，可以用第 3 章的方法列出电路方程并求解得出电路中的响应。另一种求解的方法是本节介绍的叠加定理，可以分别求出每个激励单独作用下的响应，然后将它们进行叠加就可以求出多个独立源共同作用下的响应。叠加定理是线性电路的一个重要的定理。当线性电路中只有一个独立源激励时，齐性定理指出，如果激励发生变化则响应随激励正比例变化。

4.2.1　叠加定理

图 4-1 所示电路有两个独立源共同激励，设 3 个
响应分别为 i_1、i_2 和 u_1 并求解。

以 i_1、i_2 为变量列出电路的支路电流方程为

$$\begin{cases} i_1 - i_2 = -i_S \\ R_1 i_1 + R_2 i_2 = u_S \end{cases} \qquad (4-2)$$

由克莱姆法则求解，得

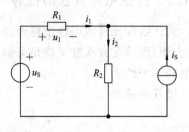

图 4-1　两个独立源激励的电路

$$i_1 = \frac{\Delta_1}{\Delta} = \frac{\begin{vmatrix} -i_S & -1 \\ u_S & R_2 \end{vmatrix}}{\begin{vmatrix} 1 & -1 \\ R_1 & R_2 \end{vmatrix}} = \frac{u_S}{R_1 + R_2} - \frac{R_2 i_S}{R_1 + R_2} = i_1^{(1)} + i_1^{(2)}$$

$$(4-3)$$

$$i_2 = \frac{\Delta_2}{\Delta} = \frac{\begin{vmatrix} 1 & -i_S \\ R_1 & u_S \end{vmatrix}}{\begin{vmatrix} 1 & -1 \\ R_1 & R_2 \end{vmatrix}} = \frac{u_S}{R_1 + R_2} + \frac{R_1 i_S}{R_1 + R_2} = i_2^{(1)} + i_2^{(2)}$$

式中

$$i_1^{(1)} = i_1 \mid_{i_S = 0} = \frac{u_S}{R_1 + R_2}, \quad i_2^{(1)} = i_2 \mid_{i_S = 0} = \frac{u_S}{R_1 + R_2} \qquad (4-4\text{a})$$

$$i_1^{(2)} = i_1 \mid_{u_S = 0} = -\frac{R_2 i_S}{R_1 + R_2}, \quad i_2^{(2)} = i_2 \mid_{u_S = 0} = \frac{R_1 i_S}{R_1 + R_2} \qquad (4-4\text{b})$$

可见，i_1 和 i_2 分别是 u_S 和 i_S 的线性组合。由式(4-3)和式(4-4)可以看出，$i_1^{(1)}$ 和 $i_2^{(1)}$ 是
在图 4-1 中将电流源 i_S 置零(不起作用)时的响应，也是电压源 u_S 单独作用时的响应；$i_1^{(2)}$
和 $i_2^{(2)}$ 是在图 4-1 中将电压源 u_S 置零(不起作用)时的响应，也是电流源 i_S 单独作用时的
响应。由电压源和电流源的定义知，电流源不起作用(置零)必须将其开路，电压源不起作
用(置零)必须将其短路。所以，如果让一个独立源单独作用，就是将其它所有的独立源全
部置零。对于图 4-1，分别让独立源 u_S 和 i_S 单独作用的电路如图 4-2(a)和(b)所示。

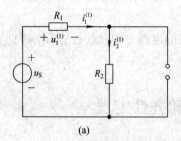

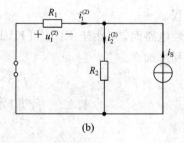

图 4-2　两个独立源分别作用的电路

(a) u_S 单独作用；(b) i_S 单独作用

由图 4-2(a)所求电流与式(4-4a)是一致的，由图 4-2(b)所求电流与式(4-4b)是一
致的。由欧姆定律和式(4-3)可得

$$u_1 = R_1 i_1 = \frac{R_1}{R_1 + R_2} u_S - \frac{R_1 R_2}{R_1 + R_2} i_S = u_1^{(1)} + u_1^{(2)} \tag{4-5}$$

式中 $u_1^{(1)}$ 和 $u_1^{(2)}$ 分别是 u_S 和 i_S 单独作用时的响应。由图 4-2 所得结果与式(4-5)是一致的。

由以上例子可以看出，当线性电路中有多个独立源共同作用(激励)时，其响应等于电路中每个电源独立作用时响应的代数和(线性组合)；当一个电源单独作用时，其它所有的独立源置零(即电压源短路，电流源开路)。这就是线性电路的叠加定理。一个电源单独作用，其它电源置零，实质上是将原有的电路简化了，可见叠加定理是通过许多简化的电路间接求解复杂电路响应的过程。

由式(3-18)知，描述线性电路的矩阵方程为 $\boldsymbol{AX} = \boldsymbol{B}$，其中 $\boldsymbol{X} = [x_1, x_2, \cdots, x_N]^{\mathrm{T}}$ 可以是支路电流、回路 (或网孔) 电流以及结点电压等；$\boldsymbol{B} = [b_{11}, b_{22}, \cdots, b_{NN}]^{\mathrm{T}}$ 是由电路中所有激励的组合得到的；$\boldsymbol{A}$ 是由电路连接关系和电路元件参数决定的参数矩阵。将该矩阵方程写成代数形式，即

$$\left.\begin{array}{l} a_{11}x_1 + a_{12}x_2 + \cdots + a_{1N}x_N = b_{11} \\ a_{21}x_1 + a_{22}x_2 + \cdots + a_{2N}x_N = b_{22} \\ \cdots\cdots\cdots\cdots\cdots\cdots\cdots\cdots\cdots\cdots\cdots\cdots \\ a_{N1}x_1 + a_{N2}x_2 + \cdots + a_{NN}x_N = b_{NN} \end{array}\right\} \tag{4-6}$$

由克莱姆法则求解式(4-6)，得

$$x_k = \frac{\Delta_k}{\Delta} = \frac{\Delta_{k1}}{\Delta} b_{11} + \frac{\Delta_{k2}}{\Delta} b_{22} + \cdots + \frac{\Delta_{kN}}{\Delta} b_{NN} \tag{4-7}$$

式中，Δ 为矩阵 $\boldsymbol{A}$ 的行列式(由电路结构和参数决定)，Δ_{kj} 是 Δ 第 k 列第 j 行的余子式。

在式(4-6)中，因为 b_{11}，b_{12}，$\cdots$，b_{NN} 是由电路中所有激励(电压源和电流源)的组合构成的，若设电路中激励的所有电压源 $u_{Sj}(j = 1, 2, \cdots, g)$ 为 g 个，激励的所有电流源 $i_{Sp}(p = 1, 2, \cdots, m)$ 为 m 个。将式(4-7)按不同的电压源和不同的电流源进行合并，并整理得

$$x_k = h_{ku1} u_{S1} + h_{ku2} u_{S2} + \cdots + h_{kug} u_{Sg} + h_{ki1} u_{S1} + h_{ki2} u_{S2} + \cdots + h_{kig} u_{Sm}$$

$$= \sum_{j=1}^{g} h_{kuj} u_{Sj} + \sum_{p=1}^{m} h_{kip} u_{Sp} \tag{4-8}$$

式(4-8)中，$h_{kuj}(j = 1, 2, \cdots, g)$，$h_{kip}(p = 1, 2, \cdots, m)$ 是式(4-7)中 $\dfrac{\Delta_{kq}}{\Delta}(q = 1, 2, \cdots, N)$ 的不同线性组合。所以它们取决于电路的结构和参数，而与独立电源无关。式(4-8)说明电路中的任一电压或电流是电路中所有激励的线性组合(叠加)。

需要注意的是，当独立源单独作用时电压和电流的参考方向与共同作用时的参考方向一致时，前面取"＋"，否则取"－"。

功率不满足叠加定理，例如对图 4-1 所示电路，则有

$$P_2 = i_2^2 R_2 = (i_2^{(1)} + i_2^{(2)})^2 R_2 = [(i_2^{(1)})^2 + 2i_2^{(1)} i_2^{(2)} + (i_2^{(2)})^2] R_2$$

$$\neq (i_2^{(1)})^2 R_2 + (i_2^{(2)})^2 R_2$$

这是因为功率的表达式是非线性方程。

例 4-1 试用叠加定理求图 4-3(a)所示电路中的 I 和 U。

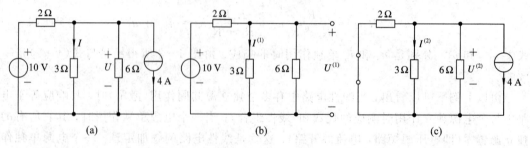

图 4-3　例 4-1 图

解　对于图 4-3(a)画出电压源和电流源分别作用时的电路如图 4-3(b)和图 4-3(c)所示。对图 4-3(b)用电阻串、并联以及分流、分压公式,有

$$I^{(1)} = \frac{10}{2 + \frac{3 \times 6}{3 + 6}} \times \frac{6}{3 + 6} = \frac{5}{2} \times \frac{2}{3} = \frac{5}{3} \text{ A}$$

$$U^{(1)} = \frac{\frac{3 \times 6}{3 + 6}}{2 + \frac{3 \times 6}{3 + 6}} \times 10 = \frac{2}{2 + 2} \times 10 = 5 \text{ V}$$

对图 4-3(c)用分流公式、电阻并联以及欧姆定律,有

$$I^{(2)} = -\frac{\frac{1}{3}}{\frac{1}{2} + \frac{1}{3} + \frac{1}{6}} \times 4 = -\frac{1}{3} \times 4 = -\frac{4}{3} \text{ A}$$

$$U^{(2)} = -\frac{4}{\frac{1}{2} + \frac{1}{3} + \frac{1}{6}} = -4 \text{ V}$$

由叠加定理有

$$I = I^{(1)} + I^{(2)} = \frac{5}{3} - \frac{4}{3} = \frac{1}{3} \text{ A}$$

$$U = U^{(1)} + U^{(2)} = 5 - 4 = 1 \text{ V}$$

例 4-2　试用叠加定理求图 4-4(a)所示电路中的电压 u。

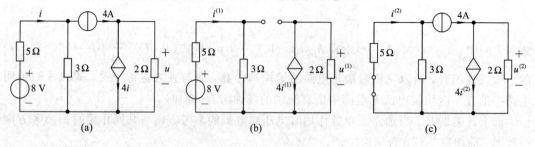

图 4-4　例 4-2 图

解　两个电源分别作用的电路如图 4-4(b)和图 4-4(c)所示。注意受控源应保留在电路中,因为控制量改变了,所以受控源的被控量也要随之改变。对于图 4-4(b)有

$$u^{(1)} = -2 \times 4i^{(1)} = -2 \times 4 \times \frac{8}{5 + 3} = -8 \text{ V}$$

对于图 4-4(c)有

$$u^{(2)} = 2 \times (4 - 4i^{(2)}) = 8 - 8 \times \frac{3}{5+3} \times 4 = 8 - 8 \times \frac{3}{8} \times 4 = -4 \text{ V}$$

所以有

$$u = u^{(1)} + u^{(2)} = -8 - 4 = -12 \text{ V}$$

4.2.2　齐性定理

由式(4 - 8)可知，当有多个独立源同时激励时，电路中的任一响应(电压或电流)等于所有独立源单独激励时响应的叠加。如果只有一个独立源激励，即在式(4 - 8)中只保留一个独立源，令其它独立源均为零，则电路中的任一响应为 h_{kuS} 或 h_{kiS}。由此可见，若激励增大或减小 α 倍(α 为实常数)，则响应也同样增大或减小 α 倍，即响应和激励成正比。这就是线性电路的齐性定理。

另外，当有多个独立源激励时，由式(4 - 8)还可以看出，若所有激励同时增大或缩小 α 倍，则响应增大或减小 α 倍，即满足齐性定理。这里要注意的是激励必须"同时"增大或减小 α 倍，响应才增大或减小 α 倍。

例 4 - 3　求图 4 - 5 所示梯形电路中的电流 i_5。

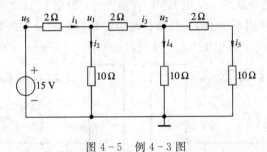

图 4 - 5　例 4 - 3 图

解　传统的方法是通过串、并联求出电流 i_1，然后通过逐步分流最后求出电流 i_5。如果利用齐性定理，首先设 $i_5' = 1$ A，然后逐步求出产生该电流所需要的电源电压，进而可以求出电源的变化倍数，最后求出实际的电流 i_5。由图知

$$u_2' = (2 + 10)i_5' = 12 \text{ V} \qquad\qquad i_4' = \frac{u_2'}{10} = 1.2 \text{ A}$$

$$i_3' = i_4' + i_5' = 2.2 \text{ A} \qquad\qquad u_1' = 2i_3' + u_2' = 16.4 \text{ A}$$

$$i_2' = \frac{u_1'}{10} = 1.64 \text{ A} \qquad\qquad i_1' = i_2' + i_3' = 3.84 \text{ A}$$

$$u_S' = 2i_1' + u_1' = 24.08 \text{ V}$$

因为 $u_S = 15$ V，则电源的变化倍数为 $\alpha = 15/24.08 = 0.623$。由齐性定理知，电路中的所有响应同时变化 α 倍，即 $i_5 = \alpha i_5' = 0.623$ A。

4.3　替 代 定 理

当电路比较复杂时，电路的分析自然就会变得复杂。如果能将电路化简，则电路的分析也就变得简单了。利用替代定理可以将复杂电路进行简化。

设图 4-6(a)是一个分解成 N_1 和 N_2(均为一端口电路)的复杂电路,令连接端口处的电压为 u_k,流过端口的电流为 i_k。如果 u_k 和 i_k 为已知,则替代定理为:对于 N_1 而言,可以用一个电压等于 u_k 的电压源 u_S,或者用一个电流等于 i_k 的电流源 i_S 替代 N_2,替代后 N_1 中的电压和电流均保持不变,替代后的电路如图 4-6(b)和图 4-6(c)所示。同样,对于 N_2 而言,可以用 $u_S = u_k$ 的电压源或 $i_S = i_k$ 的电流源替代 N_1,替代后 N_2 中的电压和电流均保持不变。

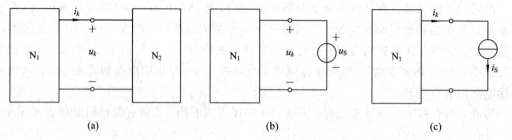

图 4-6　替代定理

下面给出替代定理的证明。在两个一端口的端子 a、c 之间反方向串联两个电压源 u_S,如图 4-7(a)所示。如果令 $u_S = u_k$,由 KVL 有 $u_{bd} = 0$,说明 b、d 之间等电位,即可以将 b、d 两点短接,结果就得到图 4-6(b)。如果在两个一端口之间反方向并联两个电流源,如图 4-7(b)所示,并令 $i_S = i_k$,再根据 KCL 就可以证明图 4-6(c)。

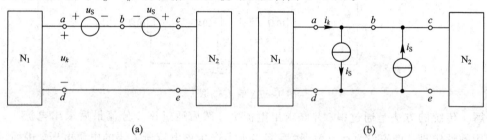

图 4-7　替代定理的证明

如果 N_1 和 N_2 中有受控源,且控制量和被控量分别处在 N_1 和 N_2 之中,由于替代以后控制量将丢失,因此不能用替代定理。

图 4-8(a)所示电路是例 4-1 所求解的电路,应用替代定理,用一个 $u_S = U$ 的电压源替代 a-b 端口右边的电路,如图 4-8(b)所示。

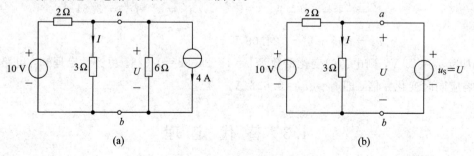

图 4-8　替代定理的应用

已知 $u_{ab} = U = 1$ V,可求出 $I = 1/3$ A。

4.4 戴维南定理和诺顿定理

根据电路的基本分析方法，对于已知电路可以直接或间接地求出电路中的所有响应。但是在实际问题中，电路中有一条特殊的支路（通常称为负载支路）的参数是变化的，而其它部分则固定不变。如电源插座上可以接不同的负载，而插座内部电路相对固定；音频功率放大器外部的负载（扩音器）也是可以变化的，而功率放大器内部则相对固定。为了避免对固定部分的重复计算，可以用戴维南和诺顿定理对固定不变的部分进行等效简化，使电路的分析简化。这样一类电路可以表示成图 4-9 的形式。

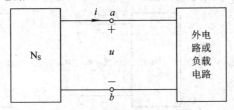

图 4-9 含源一端口以及外部电路

图 4-9 就是类似于图 2-2 所示的电路，其中 N_S 为含源一端口，a-b 端口的右边为外电路或者负载电路。在 2.2 节我们已经解决了无（独立）源一端口 N_0 的等效问题，这里将讨论含源一端口 N_S 的等效问题。由等效的概念知，只要保持一端口的 VCR 不变，对端口而言就可以用一个简单的（或者另一种）电路等效替换 N_S。戴维南和诺顿定理分别给出了含源一端口 N_S 的两种等效方法。

4.4.1 戴维南定理

戴维南定理指出：一个含独立电源、线性电阻和受控源的一端口（含源一端口 N_S），对外电路或端口而言可以用一个电压源和一个电阻的串联来等效，该电压源的电压等于含源一端口 N_S 的开路电压，电阻等于将含源一端口内部所有独立源置零后一端口的输入电阻。

将图 4-9 中的含源一端口 N_S 开路，如图 4-10(a) 所示，图中 u_{oc} 为它的开路电压，图 4-10(b) 是将图 4-10(a) 内部所有独立源置零后的无源一端口 N_0 及等效电阻 R_{eq}。根据戴维南定理，对于端口 a-b 而言，图 4-9 中的 N_S 可以等效成图 4-10(c) 的形式，即 N_S 等效成电压源 u_{oc} 和电阻 R_{eq} 的串联。电压源 u_{oc} 和电阻 R_{eq} 的串联电路称为 N_S 的戴维南等效电路，其中 R_{eq} 也称为戴维南等效电阻。根据等效的概念，等效前后一端口 a、b 之间的电压 u 和流过端点 a、b 上的电流 i 不变，即对外电路或负载电路来说等效前后的电压、电流保持不变。可见，这种等效称为对外等效。

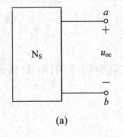

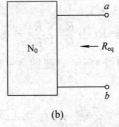

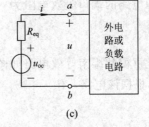

(a)　　　　　　　　　　　(b)　　　　　　　　　　　(c)

图 4-10 戴维南定理

戴维南定理可用替代定理和叠加定理证明。在图 4-9 所示的电路中，设电流 i 已知，根据替代定理用 $i_S = i$ 的电流源替代图中的外电路或负载电路，替代后的电路如图 4-11(a) 所示，然后对图 4-11(a) 应用叠加定理。设 i_S 不作用（断开），只有 N_S 中全部的独立源作用，所得电路如图 4-11(b) 所示；设 N_S 中全部的独立源不作用（N_S 变成 N_0），只有 i_S 单独作用，所得电路如图 4-11(c) 所示。根据叠加定理，图 4-9 中的 i 和 u 分别为

$$i = i^{(1)} + i^{(2)} = 0 + i_S = i_S \tag{4-9}$$

$$u = u^{(1)} + u^{(2)} = u_{oc} - R_{eq}i \tag{4-10}$$

式 (4-10) 中的 u_{oc} 为 N_S 的开路电压，R_{eq} 为 N_S 的无源端口等效电阻。同时由图 4-10(c) 也可以得出式 (4-10)，故戴维南定理得证。

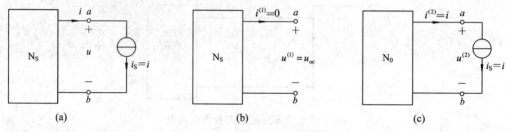

(a)　　　　　　　　　　(b)　　　　　　　　　　(c)

图 4-11　戴维南定理的证明

例 4-4　电路如图 4-12 所示，已知 $u_S = 36$ V，$i_S = 2$ A，$R_1 = R_2 = 10$ Ω，$R_3 = 3$ Ω，$R_4 = 12$ Ω，求电路中的电流 i_4。

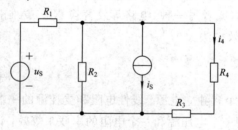

图 4-12　例 4-4 图

解　该例中，因为只求一条支路上的电流，则以 R_4 为外电路用戴维南定理求解。在图 4-12 中将 R_4 支路断开得图 4-13(a) 电路，可以求出开路电压 u_{oc}，即在图 4-13(a) 中应用支路电流法和欧姆定律，有

$$i_2 = i_1 - i_S$$

$$(R_1 + R_2)i_1 - R_2 i_S = u_S$$

$$u_{oc} = R_2 i_2$$

代入数据得 $u_{oc} = 8$ V。将图 4-13(a) 中所有的独立源置零得图 4-13(b) 所示电路，可求出无源电路的端口等效电阻为

$$R_{eq} = R_3 + \frac{R_1 \times R_2}{R_1 + R_2} = 8 \text{ Ω}$$

由此可得戴维南等效电路如图 4-13(c) 所示，则图 4-12 可以简化为图 4-13(d) 所示电路，根据该电路，有

$$i_4 = \frac{u_{oc}}{R_{eq} + R_4} = 0.4 \text{ A}$$

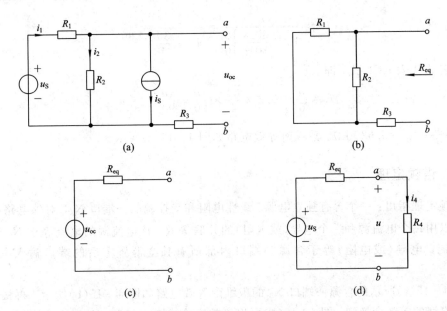

图 4 - 13 例 4 - 4 求解图

例 4 - 5 求图 4 - 14(a)所示含源一端口的戴维南等效电路。

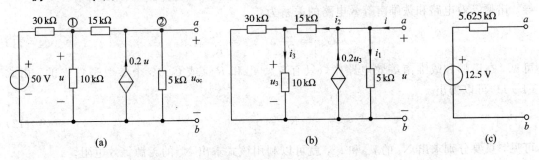

图 4 - 14 例 4 - 5 图

解 首先利用结点电压法求 u_{oc}。选 b 端为参考点，对结点①、②分别设结点电压为 u_{n1} 和 u_{n2}，由图 4 - 14(a)可得

$$\left(\frac{1}{30} + \frac{1}{10} + \frac{1}{15}\right)u_{n1} - \frac{1}{15}u_{n2} = \frac{50}{30}$$

$$-\frac{1}{15}u_{n1} + \left(\frac{1}{15} + \frac{1}{5}\right)u_{n2} = 0.2u$$

$$u_{n1} = u, \quad u_{oc} = u_{n2}$$

解得 $u_{oc} = 12.5$ V。

用外加电压法求图 4 - 14(a)电路的无源等效电阻，电路如图 4 - 14(b)所示，设外加电压为 u，由 KCL，有

$$i = i_1 - 0.2u_3 + i_2$$

再由欧姆定律和分流公式，有

$$i_1 = \frac{u}{5}$$

$$u_3 = 10i_3 = 10 \times \frac{30}{30 + 10}i_2 = \frac{30}{4}i_2$$

$$i_2 = \frac{u}{15 + \dfrac{30 \times 10}{30 + 10}} = \frac{u}{15 + \dfrac{30}{4}} = \frac{4u}{90}$$

将以上各式代入 KCL 式，即

$$i = \frac{u}{5} - 0.2 \times \frac{30}{4} \times \frac{4u}{90} + \frac{4u}{90} = \frac{8}{45}u$$

得 $R_{eq} = \dfrac{u}{i} = \dfrac{45}{8} = 5.625$ kΩ。戴维南等效电路如图 4-14(c)所示。

4.4.2　诺顿定理

诺顿定理指出：一个含有独立电源、线性电阻和受控源的一端口 N_S，对外电路或端口而言可以用一个电流源和一个电导（或电阻）的并联等效，该电流源的电流等于 N_S 的端口短路电流，电导（或电阻）等于含源一端口内部所有独立源置零后的端口输入电导（或电阻）。

图 4-15(a)所示的含源一端口 N_S 的戴维南等效电路如图 4-15(b)所示，再根据 2.4节电源模型的等效变换知，图 4-15(b)可以等效变换成图 4-15(c)的形式。图 4-15(c)所示电路称为 N_S 的诺顿等效电路，其中 i_{sc} 是 N_S 的端口短路电流，G_{eq} 是 N_S 的无源等效电导。诺顿等效电路和戴维南等效电路的关系为

$$G_{eq} = \frac{1}{R_{eq}}, \quad i_{sc} = \frac{u_{oc}}{R_{eq}} \tag{4-11}$$

可见，在诺顿和戴维南等效电路中，只有 u_{oc}、i_{sc} 和 R_{eq}（或 G_{eq}）3 个参数是独立的。由式(4-11)可以得出

$$R_{eq} = \frac{u_{oc}}{i_{sc}} \tag{4-12}$$

可见，只要分别求出 N_S 的 u_{oc} 和 i_{sc}，就可以利用该式求出 N_S 的无源等效电阻。

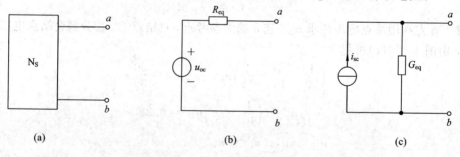

图 4-15　诺顿定理

例 4-6　电路如图 4-16(a)所示，求诺顿等效电路和戴维南等效电路。

解　目的是求出诺顿和戴维南等效电路的参数 u_{oc}、i_{sc} 和 R_{eq}。首先求含源一端口的开路电压 u_{oc}。根据图 4-16(a)，利用 KCL、KVL 和欧姆定律，有

$$i_1 = 2 - i$$
$$i_2 = i + 4$$
$$-4i_1 + 6i + 2i_1 + 2i_2 = 0$$
$$u_{oc} = 2i_2$$

解得 $u_{oc}=7.2$ V。接下来求出含源一端口的短路电流 i_{sc}。根据图 4-16(c)，利用 KCL 和 KVL 有

$$i_{sc} = 4 + i$$
$$i_1 = 2 - i$$
$$-4i_1 + 6i + 2i_1 = 0$$

解得 $i_{sc}=4.5$ A。再由式(4-12)得 $R_{eq}=u_{oc}/i_{sc}=7.2/4.5=1.6$ Ω，$G_{eq}=0.625$ S。诺顿等效电路和戴维南等效电路分别如图 4-16(b)和(d)所示。

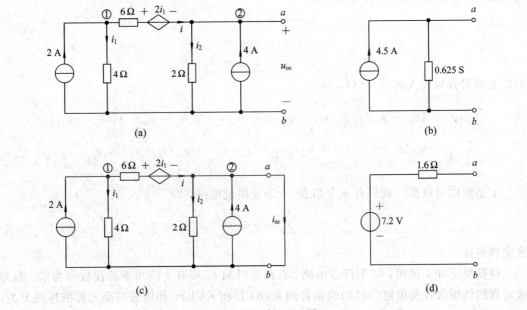

图 4-16 例 4-6 图

*4.5 特勒根定理

特勒根定理是电路理论中对集中参数电路普遍适用的一条基本定理。和基尔霍夫定理一样，特勒根定理只与电路的拓扑结构有关，与构成电路元件的性质无关。特勒根定理有两种表述形式。

特勒根定理 1：对于一个具有 n 个结点、b 条支路的电路，设各支路的电压与电流分别为 $(u_1, u_2, \cdots, u_b)$、$(i_1, i_2, \cdots, i_b)$，且各支路电压与电流的参考方向相关联，则在任何时刻 t，有

$$\sum_{k=1}^{b} u_k i_k = 0 \tag{4-13}$$

证明 设一个具有 4 个结点 6 条支路的有向图如图 4-17 所示。

令图中各支路的电压和电流分别为 u_1、u_2、$\cdots$、u_6 和 i_1、i_2、$\cdots$、i_6，则

$$\sum_{k=1}^{6} u_k i_k = u_1 i_1 + u_2 i_2 + u_3 i_3 + u_4 i_4 + u_5 i_5 + u_6 i_6 \tag{4-14}$$

以结点④为参考，令结点①、②、③的结点电压分别为 u_{n1}、u_{n2} 和 u_{n3}，根据 KVL 用结点电压表示各支路电压，即

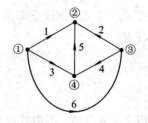

$$u_1 = u_{n1} - u_{n2}$$

$$u_2 = u_{n3} - u_{n2}$$

$$u_3 = u_{n1}$$

$$u_4 = u_{n3}$$

$$u_5 = - u_{n2}$$

$$u_6 = u_{n1} - u_{n3}$$

图 4 - 17　特勒根定理的证明

对结点①、②、③列出 KCL 方程，即

$$i_1 + i_3 + i_6 = 0$$

$$- i_1 - i_2 - i_5 = 0$$

$$i_2 + i_4 - i_6 = 0$$

将以上两组方程代入式(4-14)，有

$$\sum_{k=1}^{6} u_k i_k = (u_{n1} - u_{n2})i_1 + (u_{n3} - u_{n2})i_2 + u_{n1}i_3 + u_{n3}i_4 - u_{n2}i_5 + (u_{n1} - u_{n3})i_6$$

$$= u_{n1}(i_1 + i_3 + i_6) + u_{n2}(- i_1 - i_2 - i_5) + u_{n3}(i_2 + i_4 - i_6)$$

$$= 0$$

上述证明可以推广到具有 n 个结点、b 条支路的电路，即

$$\sum_{k=1}^{b} u_k i_k = 0$$

故定理得证。

特勒根定理 1 说明：对于任意电路，在任意时刻 t，所有支路功率的代数和为零。因为该定理的依据仅仅是电路(网络)的拓扑约束(KCL 和 KVL)，和构成支路元件的性质无关，所以该定理对于由线性、非线性、时不变以及时变等元件构成的集总参数电路(网络)都适用。

特勒根定理 2：对于两个具有 n 个结点、b 条支路的电路(网络)N 和 N̂，它们具有相同的拓扑图，但对应支路元件的性质不同。设各个支路的电压和电流为关联参考方向，分别为 $(u_1, u_2, \cdots, u_b)$、$(i_1, i_2, \cdots, i_b)$、$(\hat{u}_1, \hat{u}_2, \cdots, \hat{u}_b)$ 和 $(\hat{i}_1, \hat{i}_2, \cdots, \hat{i}_b)$，则在任意时刻 t，有

$$\sum_{k=1}^{b} u_k \hat{i}_k = 0 \tag{4-15}$$

或

$$\sum_{k=1}^{b} \hat{u}_k i_k = 0 \tag{4-16}$$

定理 2 的证明与定理 1 类似，即在设定结点电压以后，每一条支路电压均可以用所设定的结点电压表示，因为每一结点上的电流满足 KCL，所以每一结点电压和该结点的 KCL 方程的乘积为零，所以定理成立。读者可以利用图 4-17 自己证明。

定理 2 说明：在两个具有相同拓扑的电路(网络)中，一个电路的支路电压与另一电路的支路电流的乘积的代数和为零，或者是同一电路在不同时刻所有支路电压与其支路电流乘积的代数和为零。因为是两个支路元件不同的电路，所以该定理不能用功率守恒来解

释，但式(4-15)和式(4-16)仍然具有功率的量纲，所以定理 2 又被称为"似功率定理"。

例 4 - 7 设有两个相同的且仅由电阻构成的网络 N_0，已知它们的外部接有电阻和电源元件，并获得部分响应数据，外部元件的连接关系与响应数据如图 4-18(a)和(b)所示，根据特勒根定理试求图 4-18(b)中的电压 U。

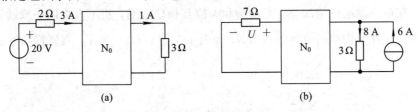

图 4 - 18　例 4 - 7 图

解 因为图 4-18(b)中的有伴电流源可以看成一条支路，则图 4-18(a)和(b)就具有相同的拓扑。设图 4-18(a)为网络 N，图 4-18(b)为网络 $\hat{N}$，并令网络 N_0 外部的支路分别为支路 1 和 2，N_0 内部的支路编号为 $3\sim b$，则它们的拓扑结构分别如图 4-19(a)和(b)所示。

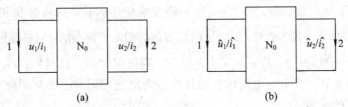

图 4 - 19　拓扑相同的网络 N 和 $\hat{N}$

(a) 网络 N；(b) 网络 $\hat{N}$

根据图 4-19(a)的参考方向，由图 4-18(a)知，$i_1 = -3$ A，$u_1 = 2\times(-3)+20 = 14$ V，$i_2 = 1$ A 和 $u_2 = 3i_2 = 3\times 1 = 3$ V；再由图 4-19(b)和图 4-18(b)知，$\hat{u}_1 = U$，$\hat{i}_1 = \dfrac{U}{7}$，$\hat{u}_2 = 3\times 8 = 24$ V 和 $\hat{i}_2 = 8-6 = 2$ A。根据特勒根定理 2，即

$$\sum_{k=1}^{b} u_k \hat{i}_k = u_1 \hat{i}_1 + u_2 \hat{i}_2 + \sum_{k=3}^{b} u_k \hat{i}_k = 14\times\frac{U}{7} + 3\times 2 + \sum_{k=3}^{b} u_k \hat{i}_k = 0$$

$$\sum_{k=1}^{b} \hat{u}_k i_k = \hat{u}_1 i_1 + \hat{u}_2 i_2 + \sum_{k=3}^{b} \hat{u}_k i_k = U\times(-3) + 24\times 1 + \sum_{k=3}^{b} \hat{u}_k i_k = 0$$

因为 N_0 仅由电阻构成，所以

$$\sum_{k=3}^{b} u_k \hat{i}_k = \sum_{k=3}^{b} R_k i_k \hat{i}_k = \sum_{k=3}^{b} R_k \hat{i}_k i_k = \sum_{k=3}^{b} \hat{u}_k i_k \tag{4-17}$$

则由以上三式得

$$14\times\left(\frac{U}{7}\right) + 3\times 2 = -3\times U + 24\times 1$$

解得 $U = 3.6$ V。

注意：在应用特勒根定理时，各对应支路电压和电流的参考方向一定要关联，如果非关联，则相应乘积项的前面应加一负号。

*4.6　互　易　定　理

互易定理反映了某些特殊线性网络的重要性质。互易定理是说，对于一个仅含电阻的线性电路，在单一激励的情况下，当激励和响应互换位置后，将不改变同一激励下的响应。

设有两个拓扑结构相同的网络 N 和 $\hat{N}$，如图 4-19(a) 和 (b) 所示，根据特勒根定理 2，有

$$\sum_{k=1}^{b} u_k \hat{i}_k = u_1 \hat{i}_1 + u_2 \hat{i}_2 + \sum_{k=3}^{b} u_k \hat{i}_k = 0$$

$$\sum_{k=1}^{b} \hat{u}_k i_k = \hat{u}_1 i_1 + \hat{u}_2 i_2 + \sum_{k=3}^{b} \hat{u}_k i_k = 0$$

和例 4-7 相同，图 4-19(a) 和 (b) 中的 N_0 仅为电阻网络，所以根据式(4-17)和以上两式，得

$$u_1 \hat{i}_1 + u_2 \hat{i}_2 = \hat{u}_1 i_1 + \hat{u}_2 i_2 \tag{4-18}$$

互易定理形式 1：拓扑结构如图 4-20(a) 和 (b) 所示，N_0 为电阻网络。设在图 4-20(a) 的 1-1′端加电压源 u_S（激励），将 2-2′端短路得响应为 i_2；如果将激励和响应互换位置，则如图 4-20(b) 所示，即 $\hat{N}$ 的 2-2′端加电压源 $\hat{u}_S$（激励），将 $\hat{N}$ 的 1-1′端短路得响应为 $\hat{i}_1$；同时注意到 $u_2 = 0$ 和 $\hat{u}_1 = 0$，若 $u_1 = u_S = \hat{u}_S = \hat{u}_2$，则根据式(4-18)得 $i_2 = \hat{i}_1$。可见，对于同一线性电阻网络而言，在单一电压源激励其响应为电流时，当激励和响应互换位置时，不改变同一激励下的响应。

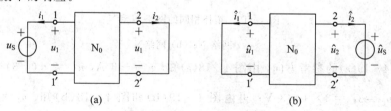

图 4-20　互易定理形式 1

(a) 网络 N；(b) 网络 $\hat{N}$

互易定理形式 2：拓扑结构如图 4-21(a) 和 (b) 所示。在图 4-21(a) 的 1-1′端加 i_S 激励，将 2-2′端开路响应为 u_2；激励和响应互换位置如图 4-21(b) 所示，在 2-2′端加 $\hat{i}_S$ 激励，1-1′的响应为 $\hat{u}_1$；因为 $i_2 = 0$ 和 $\hat{i}_1 = 0$，若 $i_S = \hat{i}_S$，则根据式(4-18)得 $u_2 = \hat{u}_1$。同样，当激励和响应互换位置时，若激励不变则响应也不变。

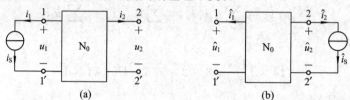

图 4-21　互易定理形式 2

(a) 网络 N；(b) 网络 $\hat{N}$

互易定理形式 3：拓扑图如图 4 - 22(a) 和 (b) 所示。在图 4 - 22(a) 的 $1 - 1'$ 端加 i_S 激励，将 $2 - 2'$ 端响应为 i_2；在图 4 - 21(b) 的 $2 - 2'$ 端加 $\hat{u}_S$ 激励，$1 - 1'$ 的响应为 $\hat{u}_1$；因为 $u_2 = 0$ 和 $\hat{i}_1 = 0$，若在量值上有 $i_S = \hat{u}_S$，则有 $\hat{u}_1 = i_2$。同样，当激励在量值上相等且和响应互换位置时，响应在量值上也是相等的。

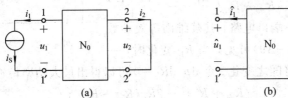

图 4 - 22　互易定理形式 3

(a) 网络 N；(b) 网络 $\hat{N}$

需要注意的是，在应用互易定理时，电路中只能有一个独立电源激励，N_0 仅为电阻网络，若其中含有受控源，一般情况下互易定理不成立，同时要注意激励源与响应的方向。

例 4 - 8　求图 4 - 23(a) 所示电路中的电压 u。

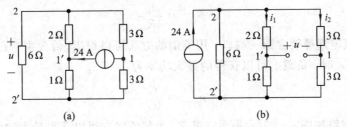

图 4 - 23　例 4 - 8

解　可以将图 4 - 23(a) 看成类似于图 4 - 22 中的纯电阻网络 N_0，注意两个端口分别是 $1 - 1'$ 和 $2 - 2'$，然后依此构造一个相同拓扑的电路如图 4 - 23(b) 所示电路，注意端口 $1 - 1'$ 和 $2 - 2'$ 相对应，然后根据互易定理，图 4 - 23(b) 中的电压 u 就等于图 4 - 23(a) 中的电压 u，比较两图，显然图 4 - 23(b) 中的电压 u 容易获得。在图 4 - 23(b) 先求出电流 i_1 和 i_2，即

$$i_1 = \frac{\dfrac{1}{3}}{\dfrac{1}{6} + \dfrac{1}{3} + \dfrac{1}{6}} \times 24 = 12 \text{ A}, \quad i_2 = \frac{\dfrac{1}{6}}{\dfrac{1}{6} + \dfrac{1}{3} + \dfrac{1}{6}} \times 24 = 6 \text{ A}$$

则

$$u = -2i_1 + 3i_2 = -2 \times 12 + 3 \times 6 = -6 \text{ V}$$

4.7　最大功率传输条件

电路有两大基本功能，一是传输和处理信息，二是传输和转换能量。就能量而言，人们关心的是能量传输和转换的方式以及传输和转换的大小。例如，当含源一端口外接负载时，关心的问题之一是含源一端口能将多大的功率传输给负载。一般来说，含源一端口内部的结构和参数是不变的，而外接负载是可变的，问当负载变到何值时负载可以获得最大功率。

由戴维南定理知,含源一端口可以等效为一个电压源和电阻的串联,设外接负载 R_L 是可变的,电路如图 4-24 所示,负载 R_L 所获得的功率为

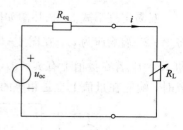

$$p = i^2 R_L = \left(\frac{u_{oc}}{R_{eq} + R_L}\right)^2 R_L \qquad (4-19)$$

图 4-24 最大功率传输

对于一个给定的含源一端口电路,其戴维南等效参数 u_{oc} 和 R_{eq} 是不变的,由式(4-19)可见,当 R_L 变化时,一端口传输给负载的功率 p 将随之变化。令 $\mathrm{d}p/\mathrm{d}R_L = 0$ 可以得出最大功率传输的条件,即

$$\frac{\mathrm{d}p}{\mathrm{d}R_L} = u_{oc}^2 \left[\frac{(R_{eq} + R_L)^2 - 2R_L(R_{eq} + R_L)}{(R_{eq} + R_L)^4}\right] = 0$$

整理得

$$R_L = R_{eq} \qquad (4-20)$$

即,当 $R_L = R_{eq}$ 时,负载上可以获得最大功率。将式(4-20)代入式(4-19)得负载 R_L 所获的最大功率为

$$p_{max} = \frac{u_{oc}^2}{4R_{eq}} \qquad (4-21)$$

如果用诺顿定理等效含源一端口,用类似的方法可以得出(请大家自己推导一下),当负载电导 $G_L = G_{eq}$ 时,负载上可以获得的最大功率为

$$p_{max} = \frac{i_{sc}^2}{4G_{eq}} \qquad (4-22)$$

例 4-9 电路如图 4-25(a)所示,求 R_L 为何值时它可以获得最大功率。

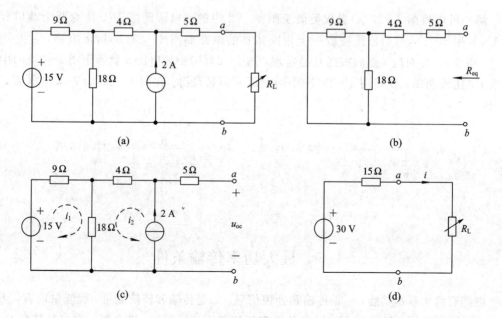

图 4-25 例 4-9 图

解 先求出戴维南等效电路，然后求出最大功率 $p_{\max}$。首先求出等效电阻。由图 4 - 25(b)得

$$R_{eq} = 5 + 4 + \frac{9 \times 18}{9 + 18} = 15 \ \Omega$$

再求出开路电压。根据图 4 - 25(c)，利用回路法和 KVL，有

$$(9 + 18)i_1 + 18i_2 = 15$$

$$i_2 = 2$$

$$u_{oc} = 4i_2 + 18(i_1 + i_2)$$

解得 $u_{oc} = 30 \ V$，于是图 4 - 25(a)所示电路的戴维南等效电路如图 4 - 25(d)所示，当 $R_L = R_{eq} = 15 \ \Omega$ 时，负载可以获得最大功率，即

$$p_{\max} = \frac{u_{oc}^2}{4R_{eq}} = \frac{30^2}{4 \times 15} = 15 \ W$$

4.8 对 偶 原 理

电路分析的目的是已知电路求响应，其基本方法是首先设出电路变量，然后依据电路定律寻找具体电路中的等量关系，由此列（或推导）出分析电路的等式或方程式。在电路分析中，电路元件、参数、变量、定律、定理和电路方程之间存在着一些类似的关系，将这种类似关系称为电路中的对偶性或对偶原理。

由欧姆定律知，电阻 R 的 VCR 为 $u = Ri$，在该式中若分别用电流 i 换电压 u、u 换 i、电导 G 换电阻 R，得出 $i = Gu$，这就是电导的 VCR。若给定一个电路等式或方程式，经过替换后所得新的等式或方程式仍然成立，则称后者为前者的对偶式，将可以替换的元件（参数）、变量等称为对偶对。如在上述替换中，$u = Ri$ 和 $i = Gu$ 是对偶式，而 u 和 i、R 和 G 分别为对偶对。

对偶对和对偶性在电路中是普遍存在的。电路中可成为对偶对的元件有：电阻和电导、电压源和电流源、VCVS 和 CCCS 以及 VCCS 和 CCVS 等，组成对偶对的元件称为对偶元件，第 6 章将会看到电感和电容元件也是对偶元件；除对偶元件外，还有对偶概念，如开路和短路、网孔和结点、串联和并联以及 Y 形连接和△形连接等；电路分析中对偶的变量有电流和电压、网孔电流和结点电压等；电路定律和电路原理也存在着对偶性，如 KCL 和 KVL、戴维南和诺顿定理等。

电路之间也有对偶关系，如图 4 - 26(a)所示为 n 个电阻串联的电路，图 4 - 26(b)所示为 n 个电导并联的电路。由图 4 - 26(a)，得

$$R_{eq} = \sum_{k=1}^{n} R_k, \quad i = \frac{u}{R_{eq}}, \quad u_S = \sum_{k=1}^{n} u_k, \quad u_k = \frac{R_k}{R_{eq}} u_S$$

若用对偶对替换上面诸式中的各量，得

$$G_{eq} = \sum_{k=1}^{n} G_k, \quad u = \frac{i}{G_{eq}}, \quad i_S = \sum_{k=1}^{n} i_k, \quad i_k = \frac{G_k}{G_{eq}} i_S$$

它们就是图 4 - 26(b)所示电路的关系式。可见，在串联和并联对偶概念下存在着一系列的对偶关系。

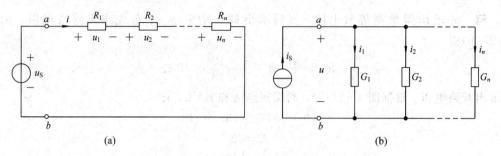

图 4 - 26 串联和并联电路的对偶

另外，如图 4 - 27(a)所示电路，由网孔法得网孔电流方程为

$$(R_1 + R_3) i_{m1} - R_3 i_{m2} = u_{S1}$$

$$- R_3 i_{m1} + (R_2 + R_3) i_{m2} = - u_{S2}$$

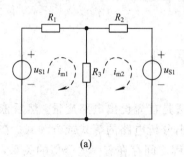 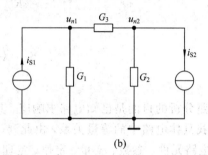

图 4 - 27 网孔法和结点法对偶的电路

若用对偶对替换上式中的各量，得

$$(G_1 + G_3) u_{n1} - G_3 u_{n2} = i_{S1}$$

$$- G_3 u_{n1} + (G_2 + G_3) u_{n2} = - i_{S2}$$

该式就是图 4 - 27(b)所示电路的结点电压方程。可见，在上面两组方程式中，自阻和自导、互阻和互导、网孔电流和结点电压以及 u_S 和 i_S 之间均存在着对偶关系。图 4 - 27(a)和(b)称为对偶电路。

由以上分析知，在已知关系的条件下，若用对偶对替换这些关系中的对应量以后，所得的关系仍然成立，这样的关系称为对偶关系，替换前后的关系（或方程）互为对偶。电路中的这种对偶关系就是对偶原理。从数学意义上讲，对偶关系式是相同的，但从电路分析的意义上来说，它们描述着不同的电路。

由对偶原理知，若在电路中得到了某种关系或结论，则在它的对偶电路中也存在着类似的关系或结论，所以利用对偶原理能够给分析电路带来一定的方便。读者在学习过程中，应注意总结和发现电路中的对偶关系，这样有助于电路关系（公式）的记忆和理解。但需要注意"对偶"和"等效"的概念是不同的。

由本章的分析知道，电路定理可以使电路的分析简单化。叠加定理是将多个独立源共同激励的电路简化成多个独立源单独激励的电路，从而使电路的分析简单化，但该定理使电路的分析变得繁琐了。若电路中只有激励变化，而结构和参数均不变，用齐性定理可以求得激励变化条件下的响应。替代定理为复杂电路的简化提供了一条途径。用戴维南或诺顿定理可以将含源的一端口电路进行等效简化，从而使含源一端口外部电路的求解简化。

对于负载而言,能够知道负载变化到何值时它可以获得最大功率。对偶原理有助于对电路关系和公式的记忆和理解。

<h1 style="text-align:center">习 题</h1>

4-1 应用叠加定理求题4-1图所示电路中的电压 u。

4-2 应用叠加定理求题4-2图所示电路中的电压 U。

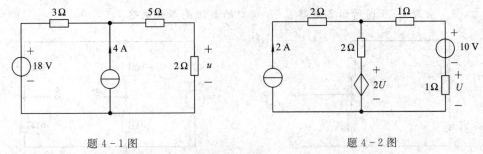

题4-1图   题4-2图

4-3 应用叠加定理求题4-3图所示电路中的电流 i。

4-4 应用叠加定理求题4-4图所示电路中的电流 I。

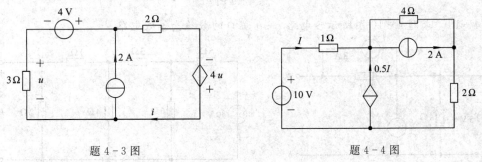

题4-3图   题4-4图

4-5 应用叠加定理求题4-5图所示电路中的电压 u。

4-6 题4-6图所示电路,已知 $u_{ab}=6\text{ V}$,当 u_S 单独作用时 $u_{ab}=4\text{ V}$,求 i_S 反向后 u_{ab} 的大小。

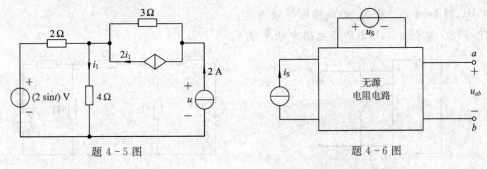

题4-5图   题4-6图

4-7 电路如题4-7图所示,用叠加定理求图中的电流 i 和电压 u。

4-8 已知 $u_S=36\text{ V}$,用齐性定理求题4-8图所示梯形电路中各支路的电流和电压 u_o。

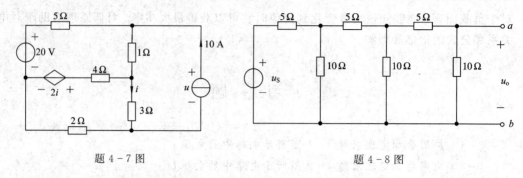

题 4-7 图   题 4-8 图

4-9 求题 4-9 图所示各电路 $a-b$ 端口的戴维南等效电路。

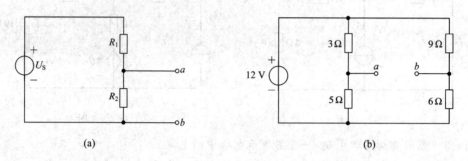

(a)   (b)

题 4-9 图

4-10 求题 4-10 图所示各电路 $a-b$ 端口的戴维南等效电路。

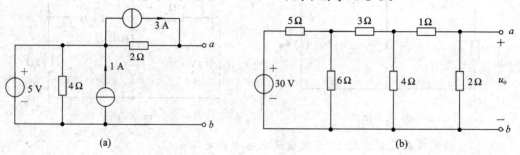

(a)   (b)

题 4-10 图

4-11 题 4-11 图所示电路，N_S 为线性含源一端口电路，若 $u=3$ V，则 $i=1$ A，若 $u=4$ V，则 $i=2$ A，求 N_S 的戴维南等效电路。

4-12 求题 4-12 图所示电路中的电流 i。

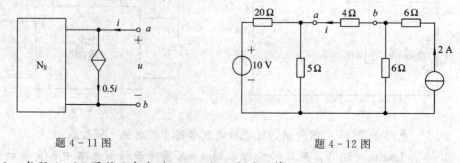

题 4-11 图   题 4-12 图

4-13 求题 4-13 图所示各电路 $a-b$ 端口的诺顿等效电路。

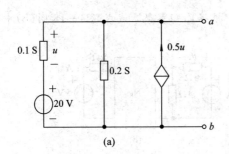

(a)

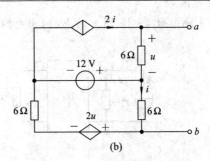

(b)

题 4 - 13 图

4 - 14　求题 4 - 14 图所示各电路 $a - b$ 端口的戴维南等效电路。

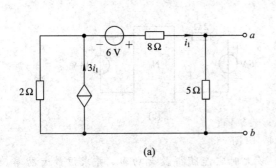

(a)

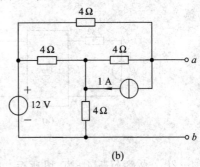

(b)

题 4 - 14 图

4 - 15　求题 4 - 15 图所示电路中的电流 i。

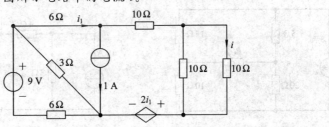

题 4 - 15 图

4 - 16　电路如题 4 - 16 图所示，已知 $R_L = 5\ \text{k}\Omega$，用戴维南定理求 R_L 两端的电压 u_{ab}。

4 - 17　题 4 - 17 图中的 N_R 仅由电阻构成。对不同的输入电流 i_S 及不同的电阻 R_1、R_2 值，进行了两次测量，得到如下数据：① 当 $i_S = 20\ \text{A}$、$R_1 = R_2 = 5\ \Omega$ 时，$u_1 = 40\ \text{V}$ 和 $i_2 = 2\ \text{A}$；② 当 $i_S = 15\ \text{A}$、$R_1 = 3\ \Omega$、$R_2 = 2\ \Omega$ 时，$u_1 = 30\ \text{V}$，试求该条件下的 i_2。

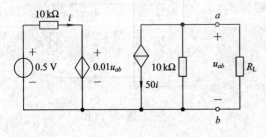

题 4 - 16 图

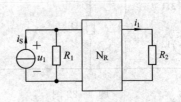

题 4 - 17 图

4-18　题4-18图中的 N_R 仅由电阻构成。根据已知参数，试求题4-18图(b)中的电压 u_1。

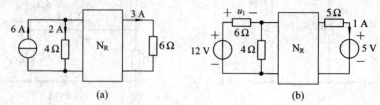

题 4-18 图

4-19　题4-19图中的网络 N_0 仅由电阻构成，根据已知参数，试求题4-19图(b)中的电流 i。

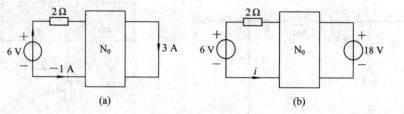

题 4-19 图

4-20　电路如题4-20图所示，问 R_L 多大时它能获得最大功率，并求该最大功率。

4-21　电路如题4-21图所示，用诺顿定理求 R_L 上所能获得的最大功率。

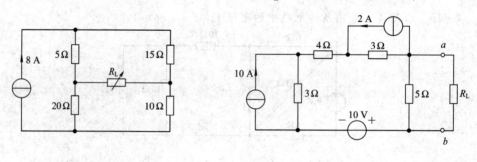

题 4-20 图　　　　　　　　　　　　题 4-21 图

4-22　电路如题4-22图所示，求 R_L 多大时它能获得最大功率，并求该最大功率。

4-23　题4-23图中 N_S 为线性含源一端口电路，其中 R_L 可调，当 $R_L = 2\ \Omega$ 时，有 $u = 3\ V$ 和 $i = 1.5\ A$；当 $R_L = 4\ \Omega$ 时，有 $u = 5\ V$ 和 $i = 1.25\ A$。求 R_L 变到多大时它能获得多大功率，并求该最大功率。

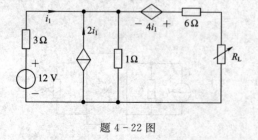
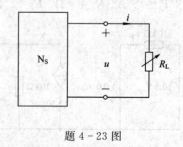

题 4-22 图　　　　　　　　　　　　题 4-23 图

第 5 章　含运算放大器电路分析

　　运算放大器是一种包含许多晶体管的集成电路。利用它可以完成比例、加法、微分和积分等数学运算，所以被称为运算放大器(简称运放)。运放是一个多端器件，它的优点是具有很高的开环电压放大倍数、高输入电阻和低输出电阻。除了在运算方面的应用外，它还可以用在信号比较、波形产生、电压电流转换、函数模拟和电路中前后级的隔离等许多方面。作为电路分析的应用，本章介绍运放电路模型、传输特性、理想运放以及含理想运放的电阻电路分析等。

5.1　运算放大器的电路模型

　　运放是一个多端的实际电路器件，它的符号如图 5-1 所示，其中图 5-1(a)左端实线部分为图形符号，图 5-1(b)为功能图或电路图。在图 5-1(a)中，"三角形"表示"放大"，a 和 b 分别是反相和同相输入端，o 为输出端，$+E$、$-E$ 分别为正负工作电源的输入端，G 为公共端或"地"；图 5-1(b)中，u^- 和 u^+ 分别表示反相和同相输入电压，u_o 为输出电压。

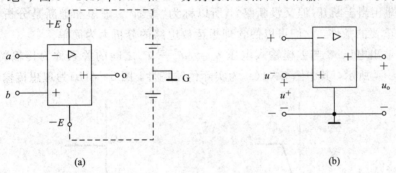

(a)　　　　　　　　　　　　　　　　　　(b)

图 5-1　运放的图形符号

　　运放的等效电路模型如图 5-2(a)所示。图中 R_i 是两个输入端之间的等效电阻；R_o 是等效输出电阻；A 为开环电压放大倍数。当输出开路时

$$u_o = A(u^+ - u^-) = Au_d \tag{5-1}$$

式中 u_d 称为差模输入电压。若 $u^- = 0$(接地)，则 $u_o = Au^+$，输出电压和 u^+ 同相，所以 b 被称为同相输入端；若 $u^+ = 0$，则 $u_o = -Au^-$，输出电压和 u^- 反相，a 被称为反相输入端。在实际中，一般 R_i 为 $10^6 \sim 10^{13}$ Ω，R_o 为 $10 \sim 100$ Ω，A 为 $10^5 \sim 10^8$。可见，运放是一个具有很高开环电压放大倍数、高输入电阻和低输出电阻的器件。正是因为运放的这些特点，可以将运放的模型简化，即在等效模型中设 $R_i = \infty$、$R_o = 0$ 和 $A = \infty$，这样就得到了运放

的理想模型如图 5-2(b)所示，该模型是一个 VCVS。

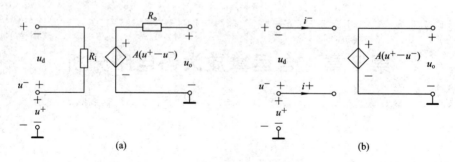

(a)　　　　　　　　　　　　　　　　　(b)

图 5-2　运放的电路模型

理想运放的符号如图 5-3 所示，图中的"∞"表示理想化。

因为 u_o 为有限值（$-E < u_\text{o} < +E$），当 $A = \infty$ 时，由式(5-1)得

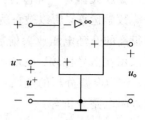

$$u^+ - u^- = \frac{u_\text{o}}{A} = 0 \qquad (5-2)$$

图 5-3　理想运放的图形符号

所以

$$u^+ = u^- \qquad\qquad\qquad (5-3)$$

可见，在理想条件下反相输入端和同相输入端的电位相等，电位相等即相当于短接（但又没短路），所以称为"虚短"。

另外，又因为 $R_\text{i} = \infty$，所以反相输入端的电流和同相输入端的电流均为零，即

$$i^- = i^+ = 0 \qquad\qquad\qquad (5-4)$$

电流为零，即相当于断开（但又没断路），所以称为"虚断"。虚短和虚断是分析含理想运放电路的两个重要的条件，它们可以使含理想运放电路的分析大为简单。

运放的输出电压 u_o 与差模输入电压 $u_\text{d} = u^+ - u^-$ 之间的关系称为传输特性（或外特性），如图 5-4 所示，其中图 5-4(a)为实际传输特性，图 5-4(b)为理想传输特性。

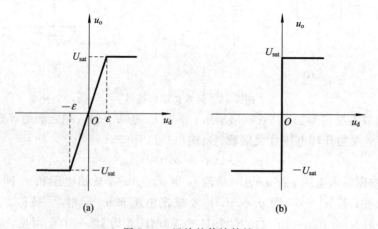

(a)　　　　　　　　　　　　　　　　　(b)

图 5-4　运放的传输特性

(a) 实际运放传输特性；(b) 理想运放传输特性

在图 5 - 4(a)中，当 $-\varepsilon \leqslant u_d \leqslant +\varepsilon$ 时，$u_o = Au_d$，这是斜率为 A 并通过原点的一条直线，称为线性区；由于 A 很大(斜率很大)，相对来说，ε 就很小。当 $u_d > \varepsilon$ 时，$u_o = +U_{\text{sat}}$[1]，输出进入正向饱和区；当 $u_d < -\varepsilon$ 时，$u_o = -U_{\text{sat}}$，输出进入负向饱和区。U_{sat} 称为饱和电压，$U_{\text{sat}} < E$(饱和电压小于电源电压)。

在图 5 - 4(a)中，如果 $A = \infty$，则线性区直线的斜率为无穷大(与纵轴重合)，传输特性如图 5 - 4(b)所示，此时 $\varepsilon = 0$。因为 $u_d = u^+ - u^-$，所以当 $u_d > \varepsilon = 0(u^+ > u^-)$ 时，$u_o = +U_{\text{sat}}$，输出进入正向饱和区；当 $u_d < -\varepsilon = 0(u^+ < u^-)$ 时，$u_o = -U_{\text{sat}}$，输出进入负向饱和区。

5.2　含理想运放的电阻电路分析

运放和电阻、电容元件一起可以组成比例、加减、微分和积分等运算电路。分析这些电路的目的是求电路中输出电压和输入电压之间的关系。本节主要讨论由理想运放和电阻所组成运算电路的输入输出关系。

5.2.1　比例运算电路

电路如图 5 - 5 所示，该电路可以实现反相比例运算。

因为运放是理想的，所以 $i^- = 0$，对反相输入端列 KCL 方程，即

$$i_1 = i_2$$

由图得

$$\frac{u_i - u^-}{R_1} = \frac{u^- - u_o}{R_2}$$

因为 $u^+ = 0$，由虚短知 $u^- = u^+ = 0$，代入上式得

$$u_o = -\frac{R_2}{R_1}u_i = ku_i \tag{5-5}$$

式中，$k = -R_2/R_1$，称为比例系数。可见，输出电压 u_o 和输入电压 u_i 成比例并且反相，所以称该电路为反相比例运算电路或称反相比例放大电路。

下来研究如图 5 - 6 所示电路，该电路可以实现同相比例运算。

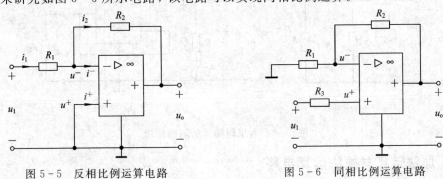

图 5 - 5　反相比例运算电路　　　　　　　图 5 - 6　同相比例运算电路

① 下标 sat 是 saturation(饱和)的缩写。

以图中的"地"为参考点，考虑 $i^- = i^+ = 0$，则 u^- 端的结点电压方程为

$$\left(\frac{1}{R_1} + \frac{1}{R_2}\right)u^- - \frac{1}{R_2}u_o = 0$$

根据 $u^- = u^+$，并由图知 $u^+ = u_i$，代入上式有

$$u_o = \left(1 + \frac{R_2}{R_1}\right)u_i = ku_i \tag{5-6}$$

式中，$k = 1 + (R_2/R_1)$。可见，u_o 和 u_i 成比例并且同相，所以该电路称为同相比例运算电路或称同相比例放大电路，k 称为同相放大倍数。

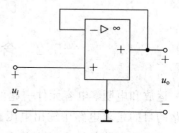

在式(5-6)中，如果令 $R_2 = 0$ 或 $R_1 = \infty$，则有 $k = 1$，得同相比例放大电路的关系为

$$u_o = u_i \tag{5-7}$$

可见，输出电压等于输入电压，此时同相比例放大电路称为电压跟随器（u_o 跟随 u_i 变化）。可以同时令 $R_2 = 0$ 和 $R_1 = \infty$，则图 5-6 电路就变为图 5-7 所示电路，称为电压跟随器。

图 5-7 电压跟随器

电压跟随器的好处是可以进行电路隔离。例如图 5-8(a)是一个分压电路，当不考虑负载电阻 R_L 时，输出电压为

$$u_2 = \frac{R_2 u_1}{R_1 + R_2}$$

当考虑 R_L 时，输出电压为

$$u_2 = \frac{R_2 R_L u_1}{R_1(R_2 + R_L) + R_2 R_L}$$

可见，当 R_L 变化时，输出电压随之变化。这样因为负载的接入（大小）将影响输出电压的变化。为此，利用电压跟随器将分压电路和负载隔离，此时输出电压就不会因负载的变化而变化。

在图 5-8(b)中，$u_o = u_2 = \dfrac{R_2}{R_1 + R_2}u_1$，不随负载变化，据此原理，电压跟随器在实际应用中显现出它的优势，因而得到广泛的应用。

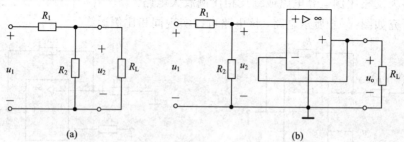

(a)   (b)

图 5-8 电压跟随器的隔离作用

5.2.2 加法运算与减法运算电路

除比例运算外，由运放还可以构成加法与减法运算电路。如图 5-9 所示电路，可以实现加法运算。

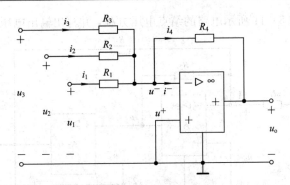

图 5 - 9 加法运算电路

在图中,对运放的反相输入端列 KCL 方程,并考虑 $i^- = 0$,即

$$i_1 + i_2 + i_3 = i_4$$

由图知

$$\frac{u_1 - u^-}{R_1} + \frac{u_2 - u^-}{R_2} + \frac{u_3 - u^-}{R_3} = \frac{u^- - u_o}{R_4}$$

再根据 $u^- = u^+ = 0$,故

$$\frac{u_1}{R_1} + \frac{u_2}{R_2} + \frac{u_3}{R_3} = -\frac{u_o}{R_4}$$

$$u_o = -R_4\left(\frac{1}{R_1}u_1 + \frac{1}{R_2}u_2 + \frac{1}{R_3}u_3\right) \qquad (5-8)$$

可见,输出电压是各个输入电压的加权和,负号说明输出电压和输入电压反相。

若令 $R_1 = R_2 = R_3 = R_4$,则

$$u_o = -(u_1 + u_2 + u_3) \qquad (5-9)$$

减法运算电路如图 5 - 10 所示。

根据结点法,u^- 结点的结点电压方程

$$\left(\frac{1}{R_1} + \frac{1}{R_2}\right)u^- - \frac{1}{R_1}u_1 - \frac{1}{R_2}u_o = 0$$

由图知

$$u^+ = \frac{R_4 u_2}{R_3 + R_4}$$

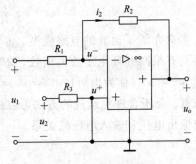

图 5 - 10 减法运算电路

再根据 $u^- = u^+$,则由以上两式可得

$$u_o = \left(1 + \frac{R_2}{R_1}\right)\frac{R_4}{R_3 + R_4}u_2 - \frac{R_2}{R_1}u_1 \qquad (5-10)$$

可见,输出电压与两个输入电压的比例差值成正比,可实现减法运算,所以图 5 - 10 称为减法运算电路。

当 $R_1 = R_3$,$R_2 = R_4$ 时,式(5 - 10)变为

$$u_o = \frac{R_2}{R_1}(u_2 - u_1) \qquad (5-11)$$

当 $R_2 = R_1$ 时,式(5 - 11)变为

$$u_o = u_2 - u_1 \qquad (5-12)$$

可见,输出电压就是两个输入电压之差。

例 5 - 1　列出图 5 - 11 所示电路的结点电压方程，并写出输出电压与输入电压的关系。

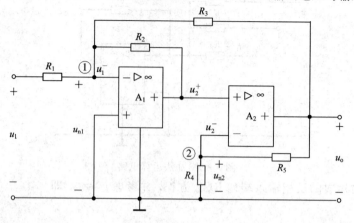

图 5 - 11　例 5 - 1 图

解　以图中的"地"为参考，设结点①、②的结点电压分别为 u_{n1} 和 u_{n2}，若考虑 $i_1^+ = i_2^- = 0$、$u_{n1} = u_1^- = u_1^+ = 0$ 和 $u_2^+ = u_2^- = u_{n2}$，则结点①和结点②电压方程分别为

$$-\frac{1}{R_2}u_{n2} - \frac{1}{R_3}u_o = \frac{1}{R_1}u_i$$

$$\left(\frac{1}{R_4} + \frac{1}{R_5}\right)u_{n2} - \frac{1}{R_5}u_o = 0$$

由以上两式解得

$$u_o = -\frac{R_2 R_3}{R_1} \frac{(R_4 + R_5)}{R_3 R_4 + R_2(R_4 + R_5)} u_i$$

　　本章介绍了运放的电路模型、传输特性以及含理想运放的电阻电路分析方法。运放是一种具有很高开环电压放大倍数、高输入电阻和低输出电阻的集成电路器件；由理想运放得出 $u^+ = u^-$（称为虚短）、$i^- = i^+ = 0$（称为虚断），它们是分析含理想运放电路的两个重要依据。分析含理想运放的方法可以根据虚短和虚断的条件，列出 KCL 或结点方程求解，得出输出电压和输入电压的关系。

习　　题

5 - 1　题 5 - 1 图为两种电流电压转换电路，试分别求 u_o/i_S。

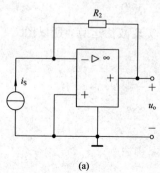

(a)

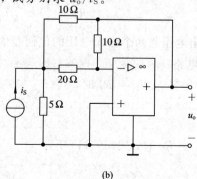

(b)

题 5 - 1 图

5-2　电路如题 5-2 图所示，已知 $R_1 = 2\ \Omega$，$R_2 = 6\ \Omega$，$R_3 = 3\ \Omega$，$R_4 = 18\ \Omega$。求电压比 u_o/u_S。

5-3　电路如题 5-3 图所示，求输出电压 u_o 和输入电压 u_S 之间的关系。

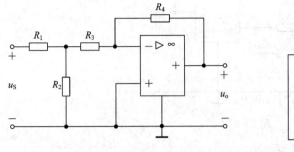 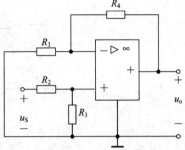

題 5-2 图　　　　　　　　　　　題 5-3 图

5-4　电路如题 5-4 图所示，求输出电压和输入电压之间的关系。

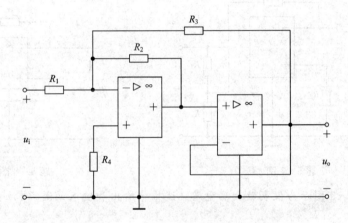

題 5-4 图

5-5　电路如题 5-5 图所示，求输出电压和输入电压之间的关系。

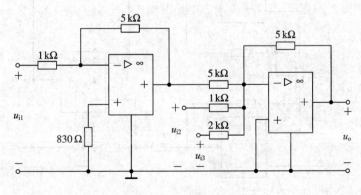

題 5-5 图

5-6　电路如题 5-6 图所示，已知 $u_1 = 1\ \text{V}$，$u_2 = 2\ \text{V}$，$u_3 = 3\ \text{V}$，$R_1 = 2\ \text{k}\Omega$，$R_2 = R_3 = R_4 = 1\ \text{k}\Omega$，试计算输出电压 u_o。

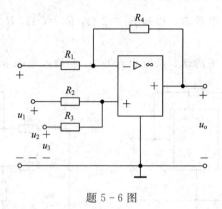

题 5 - 6 图

5 - 7　电路如题 5 - 7 图所示，设 $R_5 \gg R_4$，试证明 $A_u = \dfrac{u_o}{u_S} = -\dfrac{R_5}{R_1}\left(1 + \dfrac{R_3}{R_4}\right)$。

5 - 8　电路如题 5 - 8 图所示，试求输入端的等效电阻 R_{in}。

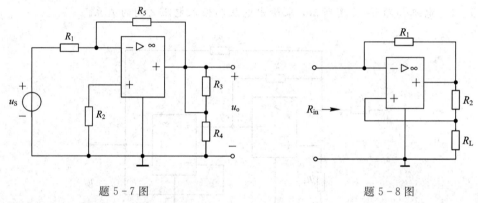

题 5 - 7 图　　　　　　　　　　　　　　　　题 5 - 8 图

5 - 9　题 5 - 9 图示为仪表放大器电路，试推导输出和输入的关系（注：所有电压都相对同一个地）。

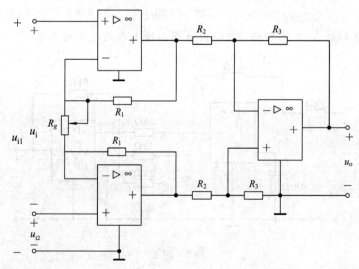

题 5 - 9 图

第 6 章　电容元件和电感元件

除有源元件以外，如果电路中仅含电阻元件，这样的电路称为电阻电路。到目前为止，我们仅仅研究了电阻电路。由 1.4 节知道，实际元器件中消耗电能的现象可以用理想电阻元件表示。实际中，元器件除了消耗电能以外还有存储电能的现象，根据元件存储电能（电场能和磁场能）形式的不同，可以将这两种储能现象分别用理想的电容元件和电感元件来表示。

由于电阻元件在能量方面的单一表现，所以电阻电路在实际应用中受到了很大的限制。有了电容和电感元件以后，可以构造出许多具有重要功能的电路，同时可以分析更多类型的电路以及解释电路中的诸多现象。前面学过的基本概念、定律、方法和定理可以应用到含有电容和（或）电感的电路中。

本章分别介绍线性电容和线性电感元件的定义，讨论线性电容和线性电感元件上的 VCR，电容的串、并联和电感的串、并联以及它们的储能等。

6.1　电　容　元　件

在实际电路中电容器得到了广泛的应用，如电子、通信、计算机和电力系统等许多领域。从原理上讲，电容器是在两个金属板（简称为极板）之间填充不同的介质（如陶瓷、云母、绝缘纸和空气等），再从两个极板分别引出两极。电容器的两个极板上可以存储电荷，于是在极板间就产生电场从而具有电场能，因此电容器是一种能储存电场能的器件。将这种能储存电场能的现象用一个理想的电路元件来表示，即电容元件，则电容元件就是反映这种物理现象的电路模型，电容元件简称为电容。

6.1.1　电容元件及其电压、电流关系

线性电容元件（简称为电容）的符号如图 6-1(a) 所示。对于线性电容而言，电容上的电荷 q 与它两端的电压 u 成正比，即

$$q = Cu \qquad 或 \qquad C = \frac{q}{u} \qquad\qquad (6-1)$$

式中 C 为电容（参数），是一个正常数。当电荷的单位为库仑（C，简称库），电压的单位为伏（V）时，电容的单位为法拉（F，Farads，简称法）。

若以电压 u 为横坐标，以电荷 q 为纵坐标，则电容上的 q-u 关系为通过坐标原点的一条直线，如图 6-1(b) 所示，该直线称为线性电容的库伏特性。换句话说，线性电容上电荷

q 与电压 u 之比等于常数 C。如果 q、u 之比不是常数，这种电容称为非线性电容。本书所涉及的均为线性电容。

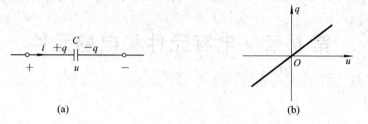

(a)　　　　　　　　　　**(b)**

图 6-1　电容元件的符号及库伏特性

设流过电容的电流为 i，它与电压 u 为关联方向，如图 6-1(a)所示。根据电流的定义式(1-1)和式(6-1)可得电容元件的 VCR，即

$$i = \frac{dq}{dt} = \frac{d(Cu)}{dt} = C\frac{du}{dt} \tag{6-2}$$

可见，流过电容的电流 i 和其上电压的变化率成正比。若 $u = U$（为直流），则 $i = 0$，故电容对直流相当于开路，所以电容有隔断直流（简称隔直）的作用。另外可知，电容上的电压必须是连续的。

例 6-1　已知电容上的电压为 $u(t) = 310\sin(314t)\,\text{V}$，$C = 100\,\mu\text{F}$，求流过该电容的电流。

解　根据式(6-2)，有

$$i = C\frac{du}{dt} = 100 \times 10^{-6} \times 310 \times \frac{d}{dt}\big[\sin(314t)\big]$$

$$= 0.031 \times 314\cos(314t)$$

$$= 9.734\sin(314t + 90°)\,\text{A}$$

电容上的电荷由式(6-2)求得，即

$$q = \int_{-\infty}^{t} i(\xi)\,d\xi = \int_{-\infty}^{t_0} i(\xi)\,d\xi + \int_{t_0}^{t} i(\xi)\,d\xi = q(t_0) + \int_{t_0}^{t} i(\xi)\,d\xi \tag{6-3}$$

式中 $q(t_0)$ 为 t_0 时刻电容上所存储的电荷量，称为初始电荷。积分从 $-\infty$ 开始的原因是，因为电容上可以存储电荷，在所关心的时刻 t_0 以前不知道电容上的电荷是何时积累的，而只知道 t_0 时刻的电荷量。可见，电容上的电荷等于初始电荷 $q(t_0)$ 加上从 t_0 到 t 流过电容电流的积分。如果令 $t_0 = 0$，则

$$q = q(0) + \int_{0}^{t} i(\xi)\,d\xi \tag{6-4}$$

如果已知电容上的电压 u，可根据式(6-2)求出流过电容 C 的电流 i。如果已知电流，则由式(6-2)同样可以求出电容上的电压，即

$$u = \frac{1}{C}\int_{-\infty}^{t} i(\xi)\,d\xi = \frac{1}{C}\int_{-\infty}^{t_0} i(\xi)\,d\xi + \frac{1}{C}\int_{t_0}^{t} i(\xi)\,d\xi = u(t_0) + \frac{1}{C}\int_{t_0}^{t} i(\xi)\,d\xi \tag{6-5}$$

式中 $u(t_0) = q(t_0)/C$ 为 t_0 时刻电容上的电压，称为初始电压。可见，电容电压 u 和初始电压 $u(t_0)$ 有关，所以电容为一种"记忆"元件；另外，u 也和从 t_0 到 t 流过电容的电流 i 具有动态关系，因此电容又是一种动态元件。而电阻元件既不是"记忆"元件，也不是动态元件。如果令 $t_0 = 0$，则有

$$u = u(0) + \frac{1}{C} \int_0^t i(\xi) \mathrm{d}\xi \qquad (6-6)$$

例 6-2　如图 6-2(a)所示电容，已知 $C=0.5$ F，流过电容的电流波形如图 6-2(b)所示，求电容两端的电压。

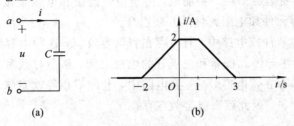

图 6-2　例 6-2 图

解　先写出电流分段函数的表达式，由图 6-2(b)得

$$i = \begin{cases} 0 & t \leqslant -2 \\ t+2 & -2 \leqslant t \leqslant 0 \\ 2 & 0 \leqslant t \leqslant 1 \\ -t+3 & 1 \leqslant t \leqslant 3 \\ 0 & t \geqslant 3 \end{cases}$$

根据式(6-5)，有

$$u = \frac{1}{C} \int_{-\infty}^t i(\xi) \mathrm{d}\xi = 2\left[\int_{-\infty}^{-2} 0 \,\mathrm{d}t + \int_{-2}^0 (t+2)\mathrm{d}t + \int_0^1 2 \,\mathrm{d}t + \int_1^3 (-t+3)\mathrm{d}t + \int_3^{\infty} 0\mathrm{d}t \right]$$

$$= 2\left[0 + (0.5t^2+2t)\Big|_{-2}^0 + 2t\Big|_0^1 + (-0.5t^2+3t)\Big|_1^3 + 0 \right]$$

$$= 12 \text{ V}$$

6.1.2　电容元件上的功率和能量

当电压和电流为关联参考方向时，由功率的定义可以得出线性电容所吸收的功率为

$$p = ui = Cu \frac{\mathrm{d}u}{\mathrm{d}t}$$

由此得出电容所存储的能量为

$$W_c = \int_{-\infty}^t u(\xi) i(\xi) \mathrm{d}\xi = C\int_{-\infty}^t u(\xi) \frac{\mathrm{d}u(\xi)}{\mathrm{d}\xi}\mathrm{d}\xi = C\int_{u(-\infty)}^{u(t)} u(\xi) \mathrm{d}u(\xi)$$

$$= \frac{1}{2}Cu^2(t) - \frac{1}{2}Cu^2(-\infty) \qquad (6-7)$$

因为当 $t=-\infty$ 时电容上没有电荷，所以 $u(-\infty)=0$，于是电容所存储的电场能为

$$W_C = \frac{1}{2}Cu^2(t) \qquad (6-8)$$

可见，电容所存储的电场能和电压的平方成正比。若研究从 t_1 到 $t_2(t_1<t_2)$ 时间段电容所存储的电场能，则根据式(6-7)，有

$$W_C = C\int_{u(t_1)}^{u(t_2)} u(\xi) \mathrm{d}u(\xi) = \frac{1}{2}Cu^2(t_2) - \frac{1}{2}Cu^2(t_1) = W_C(t_2) - W_C(t_1)$$

当 $u(t_2)>u(t_1)$ 时，$W_C(t_2)>W_C(t_1)$，电容从外界吸收能量，在此时间段电容处于充电状态；当 $u(t_2)<u(t_1)$ 时，$W_C(t_2)<W_C(t_1)$，在此时间段电容向外界释放能量，电容处

于放电状态。由于电容可以将从外界吸收的能量储存起来，所以电容是一种储能元件；又因为电容不可能向外界释放出多于它所吸收或储存的能量，因此它又是一种无源元件。

电容元件是无源元件，所以电容不消耗能量。而实际的电容器除了能储存能量和向外界释放能量外，其本身也会消耗一些能量，由于消耗能量和电压直接有关，所以实际电容器的电路模型是电容元件和电阻元件的并联组合。

在实际的非电容器件或电路中，有时存在着电容效应，这种电容效应是由分布电容和杂散电容产生的。如半导体二极管和三极管的电极之间，架空导线和地之间，甚至印制电路板的布线之间等都存在着电容效应。在电路中，电位不相等就意味着有电场，所以就有电荷聚集并有电场能量，因此就有电容效应存在。

6.1.3　电容元件的串、并联

在实际的电路中，有时会碰到多个电容的串联或并联组合，为了分析方便，可以用一个等效电容 C_{eq} 来替代它们。下面先讨论电容的串联。图 6-3(a) 所示是 n 个电容的串联电路，根据 KVL，有

$$u = u_1 + u_1 + \cdots + u_n \tag{6-9}$$

因为串联电容中流过的电流相同，对于第 k 个电容，由式(6-5)可得其上的电压，即

$$u_k = u_k(t_0) + \frac{1}{C_k} \int_{t_0}^{t} i(\xi) \mathrm{d}\xi \qquad (k = 1, 2, \cdots, n) \tag{6-10}$$

将式(6-10)代入式(6-9)，得

$$u = u_1(t_0) + u_2(t_0) + \cdots + u_n(t_0) + \left(\frac{1}{C_1} + \frac{1}{C_2} + \cdots + \frac{1}{C_n} \right) \int_{t_0}^{t} i(\xi) \mathrm{d}\xi$$

$$= u(t_0) + \frac{1}{C_{eq}} \int_{t_0}^{t} i(\xi) \mathrm{d}\xi$$

由此可得 n 个电容串联的等效电容 C_{eq} 为

$$\frac{1}{C_{eq}} = \frac{1}{C_1} + \frac{1}{C_2} + \cdots + \frac{1}{C_n} = \sum_{k=1}^{n} \frac{1}{C_k} \tag{6-11}$$

等效的初始电压为

$$u(t_0) = u_1(t_0) + u_2(t_0) + \cdots + u_n(t_0) \tag{6-12}$$

n 个电容串联的等效电路如图 6-3(b) 所示。注意，等效仍然是对端点而言的，或者说对外等效。

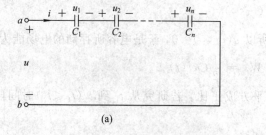 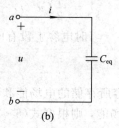

图 6-3　串联电容及等效电路

图 6-4(a) 所示是 n 个电容的并联电路，根据 KCL 有

$$i = i_1 + i_1 + \cdots + i_n \tag{6-13}$$

因为并联电容上的电压是相同的，对于第 k 个电容，由式(6-2)可得其上的电流，即

$$i_k = C_k \frac{\mathrm{d}u}{\mathrm{d}t} \qquad (k = 1, 2, \cdots, n) \tag{6-14}$$

将式(6-14)代入式(6-13)，得

$$i = (C_1 + C_2 + \cdots + C_n) \frac{\mathrm{d}u}{\mathrm{d}t} = C_{eq} \frac{\mathrm{d}u}{\mathrm{d}t}$$

可得等效电容 C_{eq} 为

$$C_{eq} = C_1 + C_2 + \cdots + C_n = \sum_{k=1}^{n} C_k \tag{6-15}$$

n 个电容并联的等效电路如图 6-4(b)所示。同样，这里的等效也是对端点而言的。

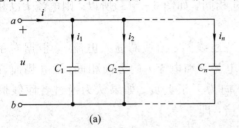 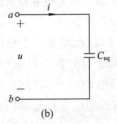

图 6-4　并联电容及等效电路

6.2　电 感 元 件

和电容元件相同，电感线圈在实际电路中应用也很广泛。如在电能的产生(发电机)、传输(变压器)和转换(电动机)等方面电感线圈扮演着极其重要的角色；其次在通信(收音机、电视机等)、控制(继电器等)等许多领域也都有着重要的用途。

电感线圈是由导线绕制而成的，由物理学知道，当线圈通入电流时，其中就产生磁通，线圈内部及周围就形成磁场，从而具有磁场能，因此电感线圈可以将电能转换成磁场能；当线圈中的磁通变化时，线圈上就感应出电势，所以它又可以将磁场能转换成电能。可见，电感线圈是一种可以将电能和磁场能相互转换的器件。电感线圈这种能量相互转换的现象可以用一个理想的电路元件——电感来表示，即电感元件是反映这种物理现象的电路模型。

6.2.1　电感元件及其电压、电流关系

图 6-5(a)所示是一个单匝线圈，当通过它的磁通 Φ 发生变化时，线圈中就产生感应电势 e。设磁通 Φ 和电势 e 的方向都为参考方向，物理学中规定 Φ 和 e 的方向符合右手螺旋关系，即四指代表 e 的方向而拇指代表 Φ 的方向。在此规定下，有

$$e = -\frac{\mathrm{d}\Phi}{\mathrm{d}t} \tag{6-16}$$

该式不仅表示了感应电势 e 的大小，而且也表示了它的方向。当磁通 Φ 正向增大时，即 $\mathrm{d}\Phi/\mathrm{d}t > 0$ 时，电势 e 为负，其实际方向与图示参考方向相反。同理，当 Φ 正向减小时，即 $\mathrm{d}\Phi/\mathrm{d}t < 0$ 时，则 e 为正，其实际方向与图示参考方向一致。可见，感应电势产生的磁通

总是阻止原磁通变化的,这就是楞次定律。

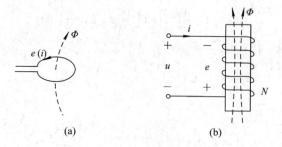

图 6-5 磁通与感应电势的关系

如果规定电流 i 和电势 e 的参考方向相同,如图 6-5(a)所以,则电流 i 也和磁通 Φ 符合右手螺旋关系。

图 6-5(b)所示是一个绕制紧密的 N 匝线圈,给线圈通入电流 i,根据右手螺旋关系判断产生磁通 Φ 的方向如图所示。因为电势 e 和电流 i 的方向相同(就电势而言电流从低电位流向高电位),所以电势 e 的参考方向为下正上负。如果认为通过各匝线圈的磁通相同,则线圈的感应电势是单匝线圈的 N 倍,即

$$e = -N\frac{\mathrm{d}\Phi}{\mathrm{d}t} = -\frac{\mathrm{d}N\Phi}{\mathrm{d}t} = -\frac{\mathrm{d}\Psi}{\mathrm{d}t} \qquad (6-17)$$

式中 $\Psi = N\Phi$,称为磁链,即与线圈各匝交链磁通的总和。

图 6-6(a)是图 6-5(b)所示电感线圈的符号,称为电感元件,简称电感。对于线性电感而言,电感上的磁链 Ψ 与通过它的电流 i 成正比,即

$$\Psi = N\Phi = Li \quad \text{或} \quad L = \frac{\Psi}{i} = \frac{N\Phi}{i} \qquad (6-18)$$

式中 L 为线圈的电感(参数),也称为自感(系数),是一个正常数。当磁通或磁链的单位为韦伯(Wb,Webers,简称韦),电流的单位为安(A)时,则电感的单位为亨利(H,Henrys,简称亨)。

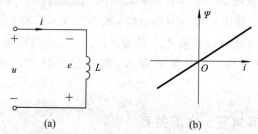

图 6-6 电感元件的符号及韦安特性

若以电流 i 为横坐标,以磁链 Ψ 为纵坐标,则电感上的 $\Psi-i$ 关系为通过坐标原点的一条直线,如图 6-6(b)所示,称为线性电感的韦安特性。可见,线性电感中磁链 Ψ 与电流 i 之比等于常数 L。若 Ψ、i 之比不是常数,这种电感称为非线性电感,如铁芯线圈等。本书所涉及的电感假设均为线性电感。

在图 6-6(a)或图 6-5(b)中,根据 KVL 有

$$u + e = 0$$

由该式,再结合式(6-17)和式(6-18)可得电感上的 VCR,即

$$u = -e = \frac{\mathrm{d}\Psi}{\mathrm{d}t} = L\frac{\mathrm{d}i}{\mathrm{d}t} \tag{6-19}$$

该式说明，电感上的电压 u 和流过其上电流的变化率成正比。若 $i = I$（为直流），则 $u = 0$，故电感对直流相当于短路。另外，流过电感的电流必须是连续的。

例 6-3　已知电感上的电流为 $i(t) = 5\mathrm{e}^{-100t}$ A，$L = 10$ mH，求电感两端的电压。

解　根据式(6-19)，有

$$\begin{aligned} u = L\frac{\mathrm{d}i}{\mathrm{d}t} &= 10 \times 10^{-3} \times 5 \times \frac{\mathrm{d}}{\mathrm{d}t}(\mathrm{e}^{-100t}) \\ &= 0.05 \times (-100)\mathrm{e}^{-100t} \\ &= -5\mathrm{e}^{-100t} \text{ V} \end{aligned}$$

电感上的磁链可由式(6-19)求得，即

$$\Psi = \int_{-\infty}^{t} u(\xi)\mathrm{d}\xi = \int_{-\infty}^{t_0} u(\xi)\mathrm{d}\xi + \int_{t_0}^{t} u(\xi)\mathrm{d}\xi = \Psi(t_0) + \int_{t_0}^{t} u(\xi)\mathrm{d}\xi \tag{6-20}$$

式中，$\Psi(t_0)$ 为 t_0 时刻电感中的磁链数，称为初始磁链，它说明从 $-\infty$ 到 t_0 时刻电感中所积累的磁链数。如果令 $t_0 = 0$，则

$$\Psi = \Psi(0) + \int_{0}^{t} u(\xi)\mathrm{d}\xi \tag{6-21}$$

另外，由式(6-19)也可得出

$$\begin{aligned} i = \frac{1}{L}\int_{-\infty}^{t} u(\xi)\mathrm{d}\xi &= \frac{1}{L}\int_{-\infty}^{t_0} u(\xi)\mathrm{d}\xi + \frac{1}{L}\int_{t_0}^{t} u(\xi)\mathrm{d}\xi \\ &= i(t_0) + \frac{1}{L}\int_{t_0}^{t} u(\xi)\mathrm{d}\xi \end{aligned} \tag{6-22}$$

式中，$i(t_0) = \Psi(t_0)/L$ 为 t_0 时刻流过电感的电流，称为初始电流。可见，电感电流 i 和初始电流 $i(t_0)$ 有关，所以电感也是一种"记忆"元件；另外，电流 i 与从 t_0 到 t 时刻电感两端的电压 u 具有动态关系，因此电感也是一种动态元件。如果令 $t_0 = 0$，则

$$i = i(0) + \frac{1}{L}\int_{0}^{t} u(\xi)\mathrm{d}\xi \tag{6-23}$$

6.2.2　电感元件上的功率和能量

当电压和电流为关联参考方向时，由功率的定义可得线性电感所吸收的功率为

$$p = ui = Li\frac{\mathrm{d}i}{\mathrm{d}t}$$

得电感所存储的能量为

$$\begin{aligned} W_L = \int_{-\infty}^{t} u(\xi)i(\xi)\mathrm{d}\xi &= L\int_{-\infty}^{t} i(\xi)\frac{\mathrm{d}i(\xi)}{\mathrm{d}\xi}\mathrm{d}\xi = L\int_{i(-\infty)}^{i(t)} i(\xi)\mathrm{d}i(\xi) \\ &= \frac{1}{2}Li^2(t) - \frac{1}{2}Li^2(-\infty) \end{aligned} \tag{6-24}$$

因为在 $t = -\infty$ 时，$i(-\infty) = 0$，则电感中没有磁场能。因此，电感从 $-\infty$ 到 t 时刻电感所存储的磁场能为

$$W_L = \frac{1}{2}Li^2(t) \tag{6-25}$$

可见，电感所存储的磁场能和电流的平方成正比。

若讨论从 t_1 到 $t_2(t_1 < t_2)$ 时间段电感所存储的磁场能，由式(6-24)得

$$W_L = L \int_{i(t_1)}^{i(t_2)} i(\xi) \mathrm{d}i(\xi) = \frac{1}{2}Li^2(t_2) - \frac{1}{2}Li^2(t_1) = W_L(t_2) - W_L(t_1)$$

当 $i(t_2) > i(t_1)$ 时，$W_L(t_2) > W_L(t_1)$，此时电感从外界吸收能量；当 $i(t_2) < i(t_1)$ 时，$W_L(t_2) < W_L(t_1)$，此时电感向外界释放能量。可见电感可以将从外界吸收的能量储存起来，所以电感也是一种储能元件；又因为电感不可能向外界释放多于它吸收或储存的能量，因此它也是一种无源元件。

电感是无源元件，所以电感也不消耗能量。但是实际电感都是由导线绕制而成的，由于导线的电阻不可能为零，所以实际的电感元件本身也会消耗一些能量；另外，由于消耗能量和电流直接相关，所以实际电感的电路模型是电感元件和电阻元件的串联组合。

6.2.3　电感元件的串、并联

在实际中，有时需要将多个电感进行串联或并联组合，为了分析方便，可以用一个等效电感 L_{eq} 来替代它们。下面先讨论电感的串联。图 6-7(a) 所示是 n 个电感的串联电路，根据 KVL，有

$$u = u_1 + u_2 + \cdots + u_n \tag{6-26}$$

因为串联电感中流过的电流相同，对于第 k 个电感，由式(6-19)可得其上的电压，即

$$u_k = L_k \frac{\mathrm{d}i}{\mathrm{d}t} \qquad (k = 1, 2, \cdots, n) \tag{6-27}$$

将式(6-27)代入式(6-26)，得

$$u = (L_1 + L_2 + \cdots + L_n) \frac{\mathrm{d}i}{\mathrm{d}t} = L_{eq} \frac{\mathrm{d}i}{\mathrm{d}t}$$

即等效电感 L_{eq} 为

$$L_{eq} = L_1 + L_2 + \cdots + L_n = \sum_{k=1}^{n} L_k \tag{6-28}$$

n 个电感串联的等效电路如图 6-7(b) 所示。注意，等效是对端点而言的，或者说是对外等效。

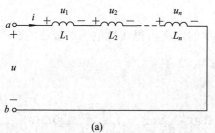
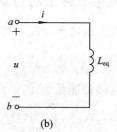

图 6-7　串联电感及等效电路

图 6-8(a) 所示是 n 个电感的并联电路，根据 KCL，有

$$i = i_1 + i_2 + \cdots + i_n \tag{6-29}$$

因为并联电感上的电压相同，对于第 k 个电感，由式(6-22)可得其上的电流，即

$$i_k = i_k(t_0) + \frac{1}{L_k} \int_{t_0}^{t} u(\xi) \mathrm{d}\xi \qquad (k = 1, 2, \cdots, n) \tag{6-30}$$

将式$(6-30)$代入式$(6-29)$，得

$$i = i_1(t_0) + i_2(t_0) + \cdots + i_n(t_0) + \left(\frac{1}{L_1} + \frac{1}{L_2} + \cdots + \frac{1}{L_n}\right) \int_{t_0}^{t} u(\xi)\mathrm{d}\xi$$

$$= i(t_0) + \frac{1}{L_\text{eq}} \int_{t_0}^{t} u(\xi)\mathrm{d}\xi$$

则 n 个电感并联的等效电感 L_eq 为

$$\frac{1}{L_\text{eq}} = \frac{1}{L_1} + \frac{1}{L_2} + \cdots + \frac{1}{L_n} = \sum_{k=1}^{n} \frac{1}{L_k} \qquad (6-31)$$

等效电感上的初始电流为

$$i(t_0) = i_1(t_0) + i_2(t_0) + \cdots + i_n(t_0) \qquad (6-32)$$

n 个电感并联的等效电路如图 $6-8$(b)所示。同样，这里的等效是对端点而言的。

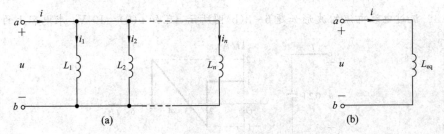

图 $6-8$　并联电感及等效电路

由以上分析可以看出，除了电压和电流是对偶对以外，电荷和磁链也是对偶对，电感 L 和电容 C 是对偶元件。电容和电感的定义、VCR、能量表达式以及串联和并联关系均存在着对偶关系。

除有源元件(独立和非独立)和电阻元件外，电容和电感元件也是电路中两类很重要的元件。从能量的角度讲，电阻、电容和电感元件均是无源元件。但电阻是耗能元件，而电容和电感是储能元件，电容储存的是电场能，电感储存的是磁场能。由于电容和电感的 VCR 均是积分或微分关系，所以它们是动态元件和记忆元件。当引入动态元件以后，电路中的响应具有了一些新的特性，这是后续章节要分析的内容。

习　题

6-1　电路如题 $6-1$ 图所示，分别写出它们的电压、电流约束方程，已知 $u_C(0) = 2$ V, $i_L(0) = 0$ A，设图中各量的方向均为参考方向。

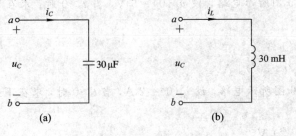

题 $6-1$ 图

6-2　已知 $10\ \mu F$ 电容上电压的波形如题 6-2 图所示，求：

(1) 电容上的电流并画出波形。

(2) 若 $q(0)=5\times10^{-6}\ C$，求电容上的电荷 q。

(3) 电容吸收的功率 p。

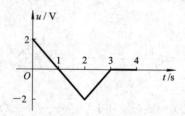

题 6-2 图

6-3　流过电容电流的波形如题 6-3(b)图所示，已知 $u(0)=10\ V$，求电容上的电压 u。

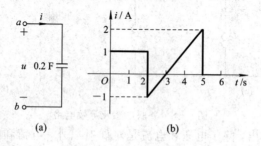

题 6-3 图

6-4　电感两端电压的波形如题 6-4(b)图所示，已知 $i(0)=0\ A$，试分别求当 $t=2\ s$，$t=4\ s$，$t=8\ s$ 和 $t=12\ s$ 时的电流值。

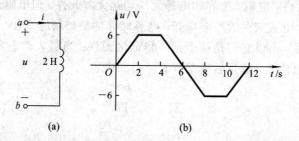

题 6-4 图

6-5　如题 6-5 图所示电路，设 $u_C(0)=5\ V$，当 $t>0$ 时，求在下列两种情况下各元件上的电压。

(1) $i_S=(1-e^{-2t})\ A$

(2) $i_S=[5\sin(2t+30°)]\ A$

6-6　如题 6-6 图所示电路，设 $i_L(0)=2\ A$，当 $t>0$ 时，求在下列两种情况下各元件中的电流。

(1) $u_S=6(1+e^{-2t})\ V$

(2) $u_S=[3\cos(10t+60°)]\ V$

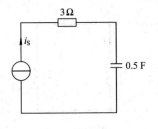

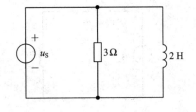

题 6-5 图　　　　　　　　　　　　　题 6-6 图

6-7　求题 6-7 图所示电路各电容上的电压。

6-8　求题 6-8 图所示电路各电感中的电流。

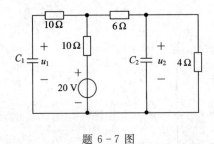

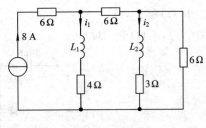

题 6-7 图　　　　　　　　　　　　　题 6-8 图

6-9　求题 6-9 图(a)所示电路 $a-b$ 端的等效电容,已知所有电容均为 1 F;求题 6-9 图(b)所示电路 $a-b$ 端的等效电感。

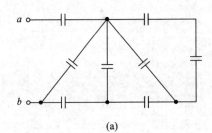

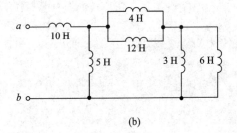

(a)　　　　　　　　　　　　　　　　(b)

题 6-9 图

6-10　已知题 6-10 图所示电路中的 C_1、C_2、u_S 和 i_S,并设电容的初始电压均为零,求图(a)中的 u_1、u_2 和图(b)中的 i_1、i_2。

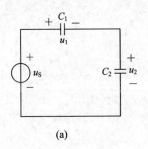

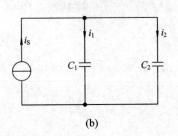

(a)　　　　　　　　　　　　　　　　(b)

题 6-10 图

6-11　已知题 6-11 图所示电路中的 L_1、L_2、u_S 和 i_S,并设电感的初始电流为零,求图(a)中的 u_1、u_2 和图(b)中的 i_1、i_2。

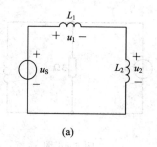

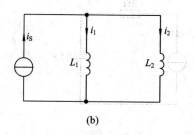

(a)   **(b)**

题 6 - 11 图

6-12 题 6-12 图所示电路中，已知 $u = 10e^{-3t}$ V，$u_2(0) = 2$ V，试求：

(1) $u_1(0)$。

(2) $u_1(t)$ 和 $u_2(t)$。

(3) $i(t)$，$i_1(t)$ 和 $i_2(t)$。

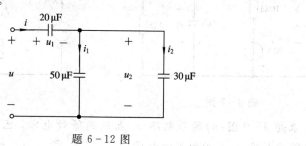

题 6 - 12 图

第 7 章　一阶电路分析

因为电阻元件的 VCR 是比例关系，所以对于含有独立源、线性受控源的电阻电路来说，描述电路的方程是线性代数方程；对于含有电容或电感的动态电路来说，由于它们的 VCR 为微分和积分关系，依据 KCL 或 KVL 列写的电路方程不再是代数方程而是微分方程。分析这样的电路就是列写微分方程和解微分方程的过程。为了简单，本章只研究含有一个（或者可以等效为一个）动态元件的电路，即电阻和电容电路（简称 RC 电路），以及电阻和电感电路（简称 RL 电路）。由于 R、C 和 L 均为线性元件，所以描述 RC 和 RL 电路的方程是一阶线性常微分方程。用一阶微分方程描述的电路称为一阶电路。本章的主要任务是研究一阶电路的分析方法以及含动态元件电路响应的特点与结构。

在研究一阶电路的分析方法以前，首先介绍含动态元件电路的几个概念，即换路、稳态响应、过渡过程和暂态过程、动态电路、状态变量和状态，以及换路定则和电路初始条件的确定方法等。其次讨论一阶电路的零输入响应、零状态响应、全响应与三要素法等。最后介绍电路中的两个奇异函数（阶跃函数与冲激函数），电路的阶跃响应和冲激响应以及这两个响应之间的关系。

7.1　动态电路与换路定则

为了实现一定的目的，常常要对电路进行某些控制操作（如接通、断开电源或信号源，某些子电路的接入或断开等），从而改变了电路的结构；另外，故障也会改变电路的结构；干扰相当于给电路加入了额外的激励；外部环境（如温度等）的变化可能引起电路元件参数的变化等。上述由于各种原因引起电路结构或参数发生变化的现象称为换路。为了分析方便，一般规定换路是在 $t=0$ 时刻发生的，同时认为换路是不需要时间的，即换路是在 $t=0$ 瞬间完成的。为了更进一步描述换路前后电路的状态，换路前的瞬间用 $t=0_-$ 表示，换路后的瞬间用 $t=0_+$ 表示。

在图 7 - 1 所示电路中，U_S 是直流电压源，S 为开关，$(t=0)$ 表示在 0 时刻将开关 S 合上，可见在 0 时刻图中的两个电路均发生了换路。

分析电路的目的是研究电路的响应，如果电路的响应保持不变（值不变或变化规律不变），称这类响应为稳态响应，或者说，电路达到了稳定状态，简称稳态。例如，在图 7 - 1(a) 所示的电路中，当 $t \leqslant 0_-$ 时（换路前），响应 $i=0$，可见在 $t \leqslant 0_-$ 期间响应保持不变且为恒定值；当 $t \geqslant 0_+$ 时（换路后），$i=U_S/R$，则在 $t \geqslant 0_+$ 期间响应同样保持不变。可见图 7 - 1(a)

所示电路在换路前后均达到了稳态。若将图 7-1(a) 中的直流电压源换成正弦规律变化的电压源，则换路后的响应仍然是按正弦规律变化的(换路前的响应仍为 0)，同样，换路前后均为稳态响应。再如图 7-1(b) 所示电路，设换路前 $u_C < U_S$，当 $t \leq 0_-$ 时，$i = 0$，电路处于稳态；当 $t \geq 0_+$ 时，因为 $u_C < U_S$，则电源就会向电容充电(进入充电过程)，即 $i \neq 0$；当 $t = \infty$ 时充电过程结束，则 $u_C = U_S$，$i = 0$，此时电路进入新的稳态(电流重新回到 0，但 u_C 和充电前不同)。因为充电过程的存在，图 7-1(b) 所示电路从一种稳态达到新稳态需要一定的时间。将电路由一种稳态到达另一种新稳态的过程称为过渡过程。过渡过程是自然界存在的普遍现象，例如升温或降温过程、运动学中由一种匀速状态到达另一种匀速状态的过程等。电路中的过渡过程往往为时短暂，所以电路中的过渡过程常称为暂态过程，简称为暂态。

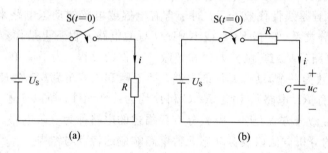

图 7-1　稳态响应和过渡过程

7.1.1　动态电路和状态变量

　　由上面分析看出，当图 7-1(a) 所示电路进行换路后，电路在瞬间完成从一种稳态到达另一种新稳态的转换，所以电路中没有过渡过程。将换路后不发生过渡过程的电路称为静态电路。图 7-1(a) 所示电路不发生过渡过程的原因是电路中除电源元件外只含有电阻元件。因为电阻元件上的 VCR 是比例关系，电阻电路换路后不会产生过渡过程，所以称电阻为静态元件，电阻电路称为静态电路。因为描述电阻电路的方程是线性代数方程，所以由线性代数方程描述的电路为静态电路。

　　图 7-1(b) 所示的电路则不同，因为电路中有动态元件电容，换路后有过渡过程。含有动态元件的电路称为动态电路，动态电路换路后会产生过渡过程，或者说，发生过渡过程的原因是电路中含有动态元件。由于动态元件的 VCR 是微分或积分关系，所以由动态元件组成的电路换路后不可能瞬间进入稳态。就是说，含有动态元件的电路由一种稳态进入另一种稳态是需要时间(过渡)的。电容和电感都是动态元件，由它们组成的电路(动态电路)会发生过渡过程。

　　对于电阻、电容和电感元件来说，若以是否产生能量区分，它们都是无源元件；若以 VCR 划分，它们分别是静态元件和动态元件；若以是否储能划分，它们又可分为储能和非储能元件。已知电容和电感上的储能分别为 $\frac{1}{2}Cu_C^2$ 和 $\frac{1}{2}Li_L^2$，可见，反映储能大小的量分别为电容电压 u_C 和电感电流 i_L。由第 6 章知，u_C 不仅取决于流过电容的电流 i_C，同时还取决于电容上的初始电压 $u_C(t_0)$；而 i_L 既取决于电感两端的电压 u_L 又取决于电感上的初始电

流 $i_L(t_0)$。电容上的初始电压 $u_C(t_0)$ 和电感上的初始电流 $i_L(t_0)$ 分别是它们的历史积累(从 $-\infty$ 到 t_0)在 t_0 时刻的表现,正是因为这一特性,电容和电感又被称为记忆元件。在电路中,将反映元件记忆特性的变量称为状态变量,将状态变量在某一时刻的值称为状态。可见 u_C 和 i_L 就是状态变量,而 $u_C(t_0)$ 和 $i_L(t_0)$ 则是电容和电感在 t_0 时刻的状态,即初始状态。有了状态变量和状态的概念后,可以说储能元件上的储能是由状态变量决定的,某时刻储能的大小是由该时刻的状态决定的,则状态是能量的表现形式。

7.1.2　动态电路的换路定则

分析动态电路的方法仍然是已知电路列方程,即根据 KCL 或 KVL 以及组成电路元件的 VCR 建立描述电路的方程。因为线性动态元件的 VCR 是微分或积分关系,所以描述动态线性电路的方程是线性常微分方程。因为状态变量反映出电路中储能元件的储能状态,它们是电路中不同于其它变量的独立变量,所以微分方程的变量通常选状态变量 u_C 或 i_L。通过求解微分方程就可以得到动态电路的响应。

求解线性常微分方程的方法之一是经典法,根据经典法求得解答后,解答中的积分常数必须根据电路中的初始条件确定。如果设 $t=0$ 为换路时刻,该时刻就是电路过渡(暂态)过程开始的时刻,则微分方程的变量 u_C 和 i_L 在 $t=0_+$ 时刻的值即为初始条件。

根据式(6-5)知,线性电容在任何时刻的 VCR 为

$$u_C(t) = u_C(t_0) + \frac{1}{C}\int_{t_0}^{t} i_C(\xi)\,\mathrm{d}\xi$$

如果设 $t=0$ 为换路时刻,令 $t_0=0_-$,$t=0_+$,代入上式,得

$$u_C(0_+) = u_C(0_-) + \frac{1}{C}\int_{0_-}^{0_+} i_C(\xi)\,\mathrm{d}\xi \tag{7-1}$$

由换路的概念知,换路是在瞬间完成的,所以 0_- 到 0_+ 不需要时间。如果电流 $i_C(\xi)=i_C(0)$ 为有限值,则式(7-1)右边的积分项为零,则

$$u_C(0_+) = u_C(0_-) \tag{7-2}$$

可见,电容电压在换路前后是相等的,即电容电压不发生跃变(连续变化),所以电容元件储存的电场能不发生跃变。再由电容的定义 $q=Cu_C$,得

$$q(0_+) = q(0_-) \tag{7-3}$$

由此可见,电容上的电荷同样不发生跃变,即电容上的电荷也是连续变化的。式(7-2)和式(7-3)就是电容元件的换路定则。在换路瞬间如果 $u_C(0_+)=u_C(0_-)=0$,则电容相当于短路。

对于线性电感而言,根据式(6-22)知,电感的 VCR 为

$$i_L(t) = i_L(t_0) + \frac{1}{L}\int_{t_0}^{t} u_L(\xi)\,\mathrm{d}\xi$$

令 $t_0=0_-$,$t=0_+$,得

$$i_L(0_+) = i_L(0_-) + \frac{1}{L}\int_{0_-}^{0_+} u_L(\xi)\,\mathrm{d}\xi \tag{7-4}$$

同样从 0_- 到 0_+ 瞬间,如果 $u_L(\xi)=u_L(0)$ 为有限值,则式(7-4)右边的积分项为零,则有

$$i_L(0_+) = i_L(0_-) \tag{7-5}$$

可见，电感电流在换路瞬间也是连续的，即不发生跃变，因此电感元件储存的电磁能不发生跃变。再根据线性电感的定义 $\Psi = Li_L$，得

$$\Psi(0_+) = \Psi(0_-) \tag{7-6}$$

所以，电感中的磁链是连续变化的，也不发生跃变。式(7-5)和式(7-6)就是电感元件的换路定则。在换路瞬间如果 $i_L(0_+) = i_L(0_-) = 0$，则电感相当于开路。

研究动态电路的目的是求换路后的响应，即求 $t \geq 0_+$ 时微分方程的解。因为微分方程的变量通常是 u_C 和 i_L，当求出它们以后，其它变量(非状态变量)可以根据 KCL 和(或) KVL 求出。在求解 u_C 和 i_L 时，首先要知道 $u_C(0_+)$ 和 $i_L(0_+)$，如果知道了 $u_C(0_-)$ 和 $i_L(0_-)$，由换路定则可以求出它们。其它非状态变量的初始条件可以通过状态变量的初始条件求出。

例 7-1　如图 7-2(a)所示电路，已知 U_s 为直流电源，设 $t < 0$ 时电路已达到稳态，试求初始条件 $u_C(0_+)$、$i_L(0_+)$、$i_C(0_+)$、$u_L(0_+)$、$u_{R_1}(0_+)$ 和 $u_{R_2}(0_+)$。

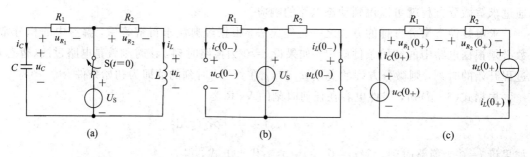

图 7-2　例 7-1 图

解　首先计算 $u_C(0_-)$ 和 $i_L(0_-)$，再由此求出 $u_C(0_+)$ 和 $i_L(0_+)$，进而求出其它非状态变量的初始条件。因为在 $t < 0$ 时电路已达稳态，且 U_s 为直流，可知电容电压和电感电流均为直流，根据 $i_C = \dfrac{\mathrm{d}u_C}{\mathrm{d}t}$ 和 $u_L = \dfrac{\mathrm{d}i_L}{\mathrm{d}t}$ 得 $i_C(0_-) = 0$ 和 $u_L(0_-) = 0$，所以在 $t = 0_-$ 时刻电容相当于开路，电感相当于短路，则 0_- 时刻的等效电路如图 7-2(b)所示，由图 7-2(b)可得

$$u_C(0_-) = U_s, \quad i_L(0_-) = \frac{U_s}{R_2}$$

根据换路定则有 $u_C(0_+) = u_C(0_-) = U_s$ 和 $i_L(0_+) = i_L(0_-) = U_s/R_2$，即在 $t = 0_+$ 时刻电容相当于电压源，电感相当于电流源，则 0_+ 时刻的等效电路如图 7-2(c)所示。根据图 7-2(c)得

$$i_C(0_+) = -i_L(0_+) = -\frac{U_s}{R_2}$$

$$u_{R_1}(0_+) = R_1 i_L(0_+) = \frac{R_1 U_s}{R_2}$$

$$u_{R_2}(0_+) = R_2 i_L(0_+) = U_s$$

$$u_L(0_+) = u_C(0_+) - u_{R_1}(0_+) - u_{R_2}(0_+)$$

$$= -u_{R_1}(0_+) = -\frac{R_1 U_s}{R_2}$$

由该例可以看出，虽然电容电压和电感电流不能发生跃变，但电容电流和电感电压在换路时发生了跃变。可见，电容电流和电感电压是可以发生跃变的。

7.2 一阶电路的零输入响应

所谓零输入响应，就是动态电路在没有外加激励时的响应。电路的响应仅仅是由动态元件的初始储能引起的。也就是说，是由非零初始状态引起的。如果初始状态为零，电路也没有外加输入，则电路的响应为零。

首先研究 RC 电路的零输入响应。图 7-3(a)所示为 RC 电路，换路前电容已充电，并设 $u_C(0_-)=U_0$，开关 S 在 $t=0$ 时闭合，则电路在 0 时刻换路。换路后，即 $t\geqslant 0_+$ 时的电路如图 7-3(b)所示。

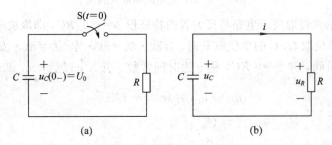

图 7-3 零输入 RC 电路

由图 7-3(b)，根据 KVL，得

$$u_R - u_C = 0$$

选状态变量 u_C 为方程变量，再由 $u_R=Ri$ 和 $i=-C\dfrac{\mathrm{d}u_C}{\mathrm{d}t}$，代入上式得

$$RC\frac{\mathrm{d}u_C}{\mathrm{d}t}+u_C=0 \qquad t\geqslant 0_+ \tag{7-7}$$

因为 R、C 为常数，所以该式是一阶线性齐次常微分方程。可见含一个储能元件的电路可以用一阶微分方程来描述，所以 RC 电路是一阶电路。

由微分方程解的形式可知，线性齐次常微方程的通解为 $u_C=Ae^{pt}$，代入式(7-7)可得对应的特征方程为

$$RCp+1=0$$

得特征根为

$$p=-\frac{1}{RC}$$

则通解为

$$u_C=Ae^{-\frac{t}{RC}}$$

根据换路定则和初始条件有 $u_C(0_+)=u_C(0_-)=U_0$，代入上式得积分常数 $A=u_C(0_+)=U_0$，于是式(7-7)的通解为

$$u_C=u_C(0_+)e^{-\frac{t}{RC}}=U_0e^{-\frac{t}{RC}} \tag{7-8}$$

电路中的电流为

$$i = -C\frac{\mathrm{d}u_C}{\mathrm{d}t} = \frac{U_0}{R}\mathrm{e}^{-\frac{t}{RC}} \tag{7-9}$$

由式(7-8)和式(7-9)可以看出，电容上的电压 u_C 和电路中的电流 i 都是按同样的指数规律衰减的，其变化曲线如图 7-4 所示。

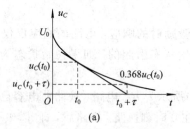
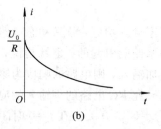

图 7-4   RC 电路的零输入响应

u_C 和 i 衰减的快慢取决于电路特征方程的特征根 $p = -1/RC$，即取决于电路参数 R 和 C 的乘积。当 R 的单位取 Ω，C 的单位取 F 时，有欧·法=欧·库/伏=欧·安·秒/伏=秒，所以 RC 的量纲为时间，并令 $\tau = RC$，称 τ 为时间常数。引入 τ 以后，u_C 和 i 可以表示为

$$u_C = u_C(0_+)\mathrm{e}^{-\frac{t}{\tau}} = U_0\mathrm{e}^{-\frac{t}{\tau}} \tag{7-10}$$

$$i = \frac{U_0}{R}\mathrm{e}^{-\frac{t}{\tau}} \tag{7-11}$$

时间常数 τ 是一个重要的量，一阶电路过渡过程的进程取决于它的大小。以电容电压为例，在任一时刻 t_0，$u_C = u_C(t_0)$，当经过一个时间常数 τ 后有

$$u_C(t_0 + \tau) = U_0\mathrm{e}^{-\frac{t_0+\tau}{\tau}} = \mathrm{e}^{-1}U_0\mathrm{e}^{-\frac{t_0}{\tau}} = 0.368u_C(t_0)$$

可见，从任一时刻 t_0 开始经过一个 τ 后，电压衰减到原来值的 36.8%，见图 7-4(a)。从理论上讲，当 $t = \infty$ 时过渡过程结束，即电容电压和电流才能衰减到零。经过计算得，当 $t = 3\tau$ 时，$u_C(3\tau) = \mathrm{e}^{-3}U_0 = 0.0498U_0$；当 $t = 4\tau$、5τ 时，$u_C(4\tau) = 0.0183U_0$，$u_C(5\tau) = 0.0067U_0$。所以，一般认为换路后经过 $3\tau \sim 5\tau$ 后过渡过程就告结束。

可以证明，u_C 在 t_0 处的切线和时间轴的交点为 $t_0 + \tau$，见图 7-4(a)。这一结果说明，从任一时刻 t_0 开始，如果衰减沿切线进行，则经过时间 τ 它将衰减到零。

在整个过渡过程中，由于电容电压按指数规律一直衰减到零，所以电容通过电阻进行放电，电容中的初始储能——电场能($CU_0^2/2$)全部由电阻消耗并转换成热能，即

$$W_R = \int_0^\infty i^2(t)R\,\mathrm{d}t = \int_0^\infty \left(\frac{U_0}{R}\mathrm{e}^{-\frac{t}{RC}}\right)^2 R\,\mathrm{d}t$$

$$= -\frac{1}{2}CU_0^2\mathrm{e}^{-\frac{2t}{RC}}\bigg|_0^\infty = \frac{1}{2}CU_0^2$$

例 7-2   图 7-5(a)所示电路已达稳态，已知 $U_S = 10$ V，$R_1 = 6$ Ω，$R_2 = 4$ Ω，$C = 0.5$ F，在 $t = 0$ 时打开开关 S，试求 $t \geqslant 0$ 时的电流 i。

解   由式(7-8)知，只要知道 RC 电路的初值 $u_C(0_+)$ 和时间常数 τ 就可以求出电容两端的电压，进而求出电流。

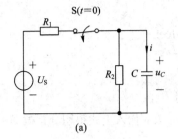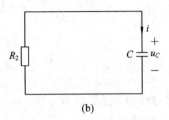

图 7 - 5 例 7 - 2 图

首先求 $u_C(0_+)$。已知换路前电路已达稳态，则

$$u_C(0_-) = \frac{R_2}{R_1 + R_2} U_s = \frac{4 \times 10}{6 + 4} = 4 \text{ V}$$

换路后，$t \geqslant 0_+$ 时的电路如图 7 - 5(b)所示，根据换路定则有

$$u_C(0_+) = u_C(0_-) = 4 \text{ V}$$

再求时间常数，$\tau = R_2 C = 4 \times 0.5 = 2$ s，代入式(7 - 10)，得

$$u_C(t) = u_C(0_+) e^{-\frac{t}{\tau}} = 4 e^{-0.5t} \text{ V}$$

则电流 i 为

$$i(t) = C \frac{\mathrm{d}u_C}{\mathrm{d}t} = 0.5 \times 4 \times (-0.5) e^{-0.5t} = - e^{-0.5t} \text{ A}$$

或者用 $i = -u_C/R_2$ 进行计算，同样可以得出此结果。

接下来研究 RL 电路的零输入响应。如图 7 - 6(a)所示电路，在 $t=0$ 时刻将开关 S 由位置 1 合到位置 2，换路后的电路如图 7 - 6(b)所示。由图 7 - 6(a)知 $i_L(0_-) = I_s$，图 7 - 6(b)所示是 RL 零输入电路，根据 KVL，有

$$u_R - u_L = 0$$

选状态变量 i_L 为方程变量，再把 $u_R = -R i_L$ 和 $u_L = L \frac{\mathrm{d}i_L}{\mathrm{d}t}$ 代入上式，得

$$\frac{L}{R} \frac{\mathrm{d}i_L}{\mathrm{d}t} + i_L = 0, \quad t \geqslant 0_+ \tag{7 - 12}$$

式中 R、L 为常数，和式(7 - 7)相同，该式也是一阶线性齐次常微分方程，所以图 7 - 6(b)称为 RL 一阶电路。

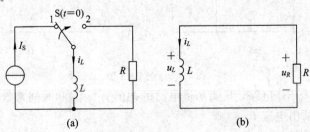

图 7 - 6 零输入 RL 电路

式(7 - 12)对应的特征方程为

$$\frac{L}{R} p + 1 = 0$$

特征根为

$$p = -\frac{R}{L}$$

通解为

$$i_L = A e^{-\frac{R}{L}t}$$

根据换路定则和初始条件有 $i_L(0_+) = i_L(0_-) = I_S$，代入上式得积分常数 $A = i_L(0_+) = I_S$，所以式(7-12)的通解为

$$i_L = i_L(0_+) e^{-\frac{R}{L}t} = I_S e^{-\frac{t}{\tau}} \tag{7-13}$$

式中 $\tau = L/R$，称为时间常数。当 R 的单位取 Ω，L 的单位取 H 时，有

$$\text{亨/欧} = (\text{伏} \cdot \text{秒/安})/\text{欧} = \text{秒}$$

可见 L/R 的量纲也为秒。

电感和电阻两端的电压为

$$u_L = u_R = L\frac{\mathrm{d}i_L}{\mathrm{d}t} = -RI_S e^{-\frac{t}{\tau}} \tag{7-14}$$

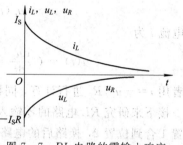

图 7-7　RL 电路的零输入响应

i_L、u_L 和 u_R 随时间变化的曲线如图 7-7 所示，它们都是按同样的指数规律衰减的，衰减的快慢取决于时间常数 τ，即取决于电路的参数 R 和 L。

换路以后电阻吸收的能量为

$$W_R = \int_0^\infty i_L^2(t) R \, \mathrm{d}t = \int_0^\infty (I_S e^{-\frac{R}{L}t})^2 R \, \mathrm{d}t$$

$$= -\frac{1}{2} L I_S^2 e^{-\frac{2R}{L}} \Big|_0^\infty = \frac{1}{2} L I_S^2$$

可见，在整个过渡过程中，电感的初始储能——磁场能($LI_S^2/2$)全部由电阻消耗了。

例 7-3　已知图 7-8(a)所示电路已达稳态，其中 $I_S = 5$ A，$R_1 = 6\ \Omega$，$R_2 = 3\ \Omega$，$L = 1$ H，在 $t = 0$ 时合上开关 S，试求 $t \geq 0$ 时的电流 i。

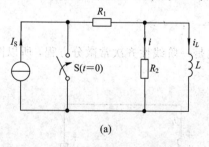
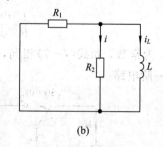

(a)　　　　　　　　　　　(b)

图 7-8　例 7-3 图

解　对于零输入 RL 电路，只要知道电路的初值 $i_L(0_+)$ 和时间常数 τ 就可以求出电感中的电流，然后再求出电流 i。

换路前电路已达稳态，则

$$i_L(0_-) = I_S = 5 \text{ A}$$

在 $t \geq 0_+$ 时的电路如图 7-8(b)所示，根据换路定则，有

$$i_L(0_+) = i_L(0_-) = 5 \text{ A}$$

图 7 - 8(b)所示电路是零输入 RL 电路，和电感两端相连的等效电阻为

$$R_{\text{eq}} = \frac{R_1 R_2}{R_1 + R_2} = \frac{6 \times 3}{6 + 3} = 2 \ \Omega$$

所以时间常数 $\tau = L / R_{\text{eq}} = 1/2 = 0.5 \ \text{s}$，代入式(7 - 13)，得

$$i_L(t) = i_L(0_+) e^{-\frac{t}{\tau}} = 5 e^{-2t} \ \text{A}$$

有两种方法可以求出图 7 - 8(a)所示电路中的电流 i。方法一是用分流公式，即

$$i(t) = -\frac{R_1}{R_1 + R_2} i_L(t) = -\frac{6}{6 + 3} \times 5 e^{-2t} = -\frac{10}{3} e^{-2t} \ \text{A}$$

方法二是先求出 u_L，再求出电流 i，即

$$u_L(t) = L \frac{\mathrm{d} i_L}{\mathrm{d} t} = 1 \times 5 \times (-2) e^{-2t} = -10 e^{-2t} \ \text{V}$$

$$i(t) = \frac{u_L}{R_2} = -\frac{10}{3} e^{-2t} \ \text{A}$$

两种方法所求结果相同。

7.3　一阶电路的零状态响应

对于动态电路而言，反映动态元件储能大小的量称为状态变量，将状态变量在某一时刻的值称为状态。所谓零状态就是动态电路在换路时储能元件上的储能为零，即动态电路的零状态分别为 $u_C(0_-) = 0 \ \text{V}$ 和 $i_L(0_-) = 0 \ \text{A}$。零状态响应就是在零状态条件下由外加激励所引起的响应。

图 7 - 9(a)所示为 RC 串联电路，已知 $u_C(0_-) = 0 \ \text{V}$，在 $t = 0$ 时将开关 S 闭合，则电路在 0 时刻换路。根据 KVL，在 $t \geqslant 0_+$ 时有

$$u_R + u_C = U_S$$

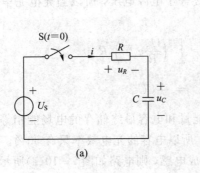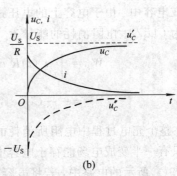

图 7 - 9　RC 电路的零状态响应

选 u_C 为方程变量，再将 $u_R = Ri$ 和 $i = C \dfrac{\mathrm{d} u_C}{\mathrm{d} t}$ 代入上式，得

$$RC \frac{\mathrm{d} u_C}{\mathrm{d} t} + u_C = U_S \qquad t \geqslant 0_+ \tag{7 - 15}$$

该式是一阶线性非齐次常微分方程。由数学知识知，非齐次常微分方程的解由两部分构成，即

$$u_C = u_C' + u_C''$$

其中 u_C' 是非齐次方程的特解，u_C'' 是对应齐次方程的通解。

用解非齐次方程的待定系数法，令 $u_C' = K$，代入(7-15)式，得

$$u_C' = K = U_S$$

式(7-15)对应齐次方程的通解为

$$u_C'' = Ae^{-\frac{t}{\tau}}$$

其中 $\tau = RC$ 为时间常数，于是有

$$u_C = u_C' + u_C'' = U_S + Ae^{-\frac{t}{\tau}}$$

根据初始条件有 $u_C(0_+) = u_C(0_-) = 0$，代入上式得 $A = -U_S$，即得式(7-15)的解为

$$u_C = U_S - U_S e^{-\frac{t}{\tau}} = U_S(1 - e^{-\frac{t}{\tau}}) \tag{7-16}$$

电路中的电流为

$$i = C\frac{du_C}{dt} = \frac{U_S}{R}e^{-\frac{t}{\tau}} \tag{7-17}$$

u_C 和 i 的变化曲线如图 7-9(b) 所示，同时图中也给出了 u_C' 和 u_C''。

由图 7-9(b) 可见，当 $t \to \infty$ 时，$u_C(t) = U_S$，$i(t) = 0$，电压和电流不再变化，电容相当于开路。此时电路达到了稳定状态，简称为稳态。对于式(7-15)的解而言，它由两个部分构成，即特解和齐次方程的通解。可见特解 $u_C' = U_S$ 是电路达到稳定状态时的响应，所以称为稳态响应。又知稳态分量和外加激励有关，所以又称为强制响应。齐次方程的通解 u_C'' 取决于对应齐次方程的特征根，而与外加激励无关，所以称其为自由响应。由于自由响应随时间按指数规律衰减而趋于零，所以又称其为暂态响应。因此，换路以后电路中的响应 u_C 等于强制响应和自由响应之和，或者说，等于稳态响应和暂态响应之和。

对于图 7-9(a) 所示的电路，换路以后的过程实际上是直流电源通过电阻给电容充电的过程。在整个充电过程中，电源提供的能量一部分被电阻消耗了，而另一部分以电场能的形式储存在电容中。由于电容上的电压最终等于电源电压，所以当充电完毕电容上所储存的电场能为 $CU_S^2/2$。电阻消耗的能量为

$$W_R = \int_0^\infty i^2(t)R\,dt = \int_0^\infty \left(\frac{U_S}{R}e^{-\frac{t}{RC}}\right)^2 R\,dt$$

$$= -\frac{1}{2}CU_S^2 e^{-\frac{2t}{RC}}\Big|_0^\infty = \frac{1}{2}CU_S^2$$

可见，在整个充电过程中电阻所消耗的能量和电容最终储存的电场能相等，即电源所提供的能量只有一半变成电场能存于电容中，所以电容的充电效率只有 50%。

在图 7-9(a) 所示的电路中，若将电容换成电感，则电路如图 7-10(a) 所示。已知零状态，即 $i_L(0_-) = 0$ A。换路后，根据 KVL，有

$$u_R + u_L = U_S$$

选 i_L 为变量，将 $u_R = Ri_L$ 和 $u_L = L\frac{di_L}{dt}$ 代入上式，得

$$L\frac{di_L}{dt} + Ri_L = U_S \quad t \geqslant 0_+ \tag{7-18}$$

该式是一阶线性非齐次常微分方程，其解的结构为

$$i_L = i_L' + i_L''$$

其中 i_L' 是特解，i_L'' 是齐次方程的通解。可得特解和齐次方程的通解分别为

$$i_L' = \frac{U_S}{R}, \quad i_L'' = A e^{-\frac{t}{\tau}}$$

其中 $\tau = L/R$ 为时间常数，于是有

$$i_L = i_L' + i_L'' = \frac{U_S}{R} + A e^{-\frac{t}{\tau}}$$

根据零状态有 $i_L(0_+) = i_L(0_-) = 0$，代入得 $A = -U_S/R$，即得式(7-18)的解为

$$i_L = \frac{U_S}{R} - \frac{U_S}{R} e^{-\frac{t}{\tau}} = \frac{U_S}{R}(1 - e^{-\frac{t}{\tau}}) \tag{7-19}$$

电感和电阻两端的电压分别为

$$u_L = L \frac{di_L}{dt} = U_S e^{-\frac{t}{\tau}} \tag{7-20}$$

$$u_R = R i_L = U_S(1 - e^{-\frac{t}{\tau}}) \tag{7-21}$$

i_L、u_L 和 u_R 的变化曲线如图 7-10(b)所示。

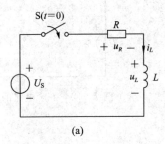 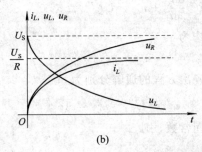

图 7-10　RL 电路的零状态响应

例 7-4　如图 7-11(a)所示电路，在 $t=0$ 时合上开关 S，已知 $i_L(0_-) = 0$ A，试求 $t \geq 0$ 时的电流 i_1。

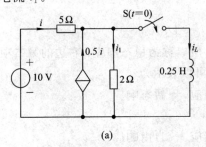 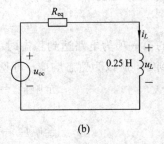

图 7-11　例 7-4 图

解　换路后首先应用戴维南定理将电感左侧的电路等效，其等效电路如图 7-11(b)所示，其中 $u_{oc} = 3.75$ V，$R_{eq} = 1.25$ Ω，得时间常数为

$$\tau = \frac{L}{R_{eq}} = \frac{0.25}{1.25} = 0.2 \text{ s}$$

代入式(7-19)，得

$$i_L = \frac{u_{oc}}{R_{eq}}(1 - e^{-\frac{t}{\tau}}) = 3(1 - e^{-5t}) \text{ A}$$

$$u_L = L\frac{\mathrm{d}i_L}{\mathrm{d}t} = 0.25 \times 3 \times (-1) \times (-5)\mathrm{e}^{-5t} = 3.75\mathrm{e}^{-5t}\ \mathrm{V}$$

换路后，因为 2 Ω 电阻上的电压就是电感电压 u_L，则

$$i_1 = \frac{u_L}{2} = 1.875\mathrm{e}^{-5t}\ \mathrm{A}$$

7.4 一阶电路的全响应与三要素法

前面两节分别研究了一阶电路的零输入响应和零状态响应。本节研究一阶电路在非零输入和非零状态下的响应，该响应称为一阶电路的全响应。

7.4.1 一阶电路的全响应

如图 7 - 12 所示电路，换路后直流电压源被接到 RC 串联电路中，即非零输入；又已知 $u_C(0_-) = U_0$，即非零状态。根据 KVL，有

$$RC\frac{\mathrm{d}u_C}{\mathrm{d}t} + u_C = U_\mathrm{S} \qquad t \geqslant 0_+ \qquad (7-22)$$

方程解的结构为

$$u_C = u_C' + u_C''$$

其中特解和齐次方程的通解分别为

$$u_C' = U_\mathrm{S}, \quad u_C'' = A\mathrm{e}^{-\frac{t}{\tau}}$$

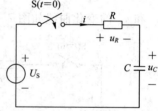

图 7 - 12　一阶电路的全响应

$\tau = RC$ 为时间常数，则

$$u_C = u_C' + u_C'' = U_\mathrm{S} + A\mathrm{e}^{-\frac{t}{\tau}}$$

根据初始条件有 $u_C(0_+) = u_C(0_-) = U_0$，代入上式得积分常数

$$A = U_0 - U_\mathrm{S}$$

由此可得式(7 - 22)的解，即全响应为

$$u_C = U_\mathrm{S} + (U_0 - U_\mathrm{S})\mathrm{e}^{-\frac{t}{\tau}} \qquad (7-23)$$

该式右边的第一项为电路达到稳态时的响应，所以称为稳态响应；右边的第二项随着时间逐步衰减到零，所以为暂态响应。可见全响应可以表示为

$$\text{全响应} = \text{稳态响应} + \text{暂态响应}$$

或者

$$\text{全响应} = \text{强制响应} + \text{自由响应}$$

式(7 - 23)可以改写为

$$u_C = U_0\mathrm{e}^{-\frac{t}{\tau}} + U_\mathrm{S}(1 - \mathrm{e}^{-\frac{t}{\tau}}) \qquad (7-24)$$

对比式(7 - 10)和式(7 - 16)知，式(7 - 24)右边的第一项为电路的零输入响应，右边的第二项为电路的零状态响应。则全响应又可以表示为

$$\text{全响应} = \text{零输入响应} + \text{零状态响应}$$

由此可见，电路的全响应是零输入响应和零状态响应的叠加，这是由线性电路的性质所决定的。

将全响应分解成稳态响应（强制响应）和暂态响应（自由响应），或者零输入响应和零状态响应是从不同的角度来分析全响应的构成，便于进一步理解动态电路的全响应。

7.4.2 三要素法

在式(7-23)中，当 $t \to \infty$ 时，$u_C(t) = u_C(\infty) = U_S$ 是稳态响应，$u_C(0_+) = u_C(0_-) = U_0$ 是初始值，则式(7-23)可以改写为

$$u_C = u(\infty) + [u_C(0_+) - u_C(\infty)]e^{-\frac{t}{\tau}}$$

由该式可见，只要知道 $u_C(\infty)$、$u_C(0_+)$ 和时间常数 τ，就可以求出电容电压的全响应。所以称 $u_C(\infty)$、$u_C(0_+)$ 和 τ 是直流激励下一阶动态电路全响应的三个要素。在直流激励下，当 $t \to \infty$ 时，$u_C(t)$ 是一个值，所以 $u_C(\infty)$ 称为终值。

上述结论可以推广到直流激励下一阶动态电路中的任意响应，即设任意响应为 $f(t)$，如果求出响应的终值 $f(\infty)$、初值 $f(0_+)$ 和时间常数 τ，就可以求出 $f(t)$，即

$$f(t) = f(\infty) + [f(0_+) - f(\infty)]e^{-\frac{t}{\tau}} \tag{7-25}$$

根据该式就可以求出直流激励下一阶动态电路中的任意响应，这种方法称为三要素法。

有了三要素法以后，对于一阶电路就不需要由列微分方程开始来求电路中的响应了，可以直接利用公式(7-25)求取。或者说，只要求出相应的初值、终值和时间常数后直接代入式(7-25)即可。若 $f(t)$ 是状态变量（u_C 或 i_L），则可以由换路定则求出初值 $f(0_+)$；若 $f(t)$ 为非状态变量，则利用状态变量的初值间接求出非状态变量的初值。由于是直流激励，当 $t \to \infty$ 时，电容相当于开路，电感相当于短路，所以利用该条件可以求出终值 $f(\infty)$。因为是一阶电路，所以电路中只含一个动态元件（C 或 L），电路的其它部分是含源的一端口电路，它们可以分别表示成图 7-13 所示的形式。

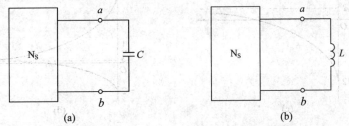

图 7-13 一阶动态电路的一般形式

图 7-13 所示电路中的含源的一端口 N_S 可以用戴维南或诺顿定理等效，则时间常数分别为

$$\tau = R_{eq}C, \quad \tau = \frac{L}{R_{eq}} \tag{7-26}$$

式中 R_{eq} 是含源一端口 N_S 的戴维南或诺顿等效电阻。注意，若将 N_S 变成 N_0，同样可以用三要素法求出响应。

例 7-5 图 7-14(a)所示电路已达稳态，试求 $t \geqslant 0$ 时的 u_C、i_C 和 i。

解 由图 7-14(a)电路首先求出 u_C 的初值，即

$$u_C(0_+) = u_C(0_-) = -2 \times 6 = -12 \text{ V}$$

为了求出换路后的终值和时间常数，将图 7-14(a)所示电路 a、b 左边的含源一端口用戴

维南定理等效(注意：$t \geqslant 0_+$ 开关 S 已经闭合)，由结点电压法，得

$$\left(\frac{1}{3} + \frac{1}{6}\right)u_{oc} = \frac{9}{3} - 2$$

解得 $u_{oc} = 2$ V，再求出 $R_{eq} = \frac{3 \times 6}{3+6} = 2$ Ω，等效电路如图 7－14(b)所示，于是得

$$u_C(\infty) = u_{oc} = 2 \text{ V}$$

$$\tau = R_{eq}C = 2 \times 2 = 4 \text{ s}$$

将以上结果代入式(7－25)，得

$$u_C = 2 + (-12 - 2)e^{-0.25t} = (2 - 14e^{-0.25t}) \text{ V}$$

$$i_C = C\frac{du_C}{dt} = 2 \times (-14) \times (-0.25)e^{-0.25t} = 7e^{-0.25t} \text{ A}$$

$$i = \frac{u_C}{6} = \left(\frac{1}{3} - \frac{7}{3}e^{-0.25t}\right) \text{ A}$$

u_C、i_C 和 i 的波形图分别如图 7－14(c)和(d)所示。

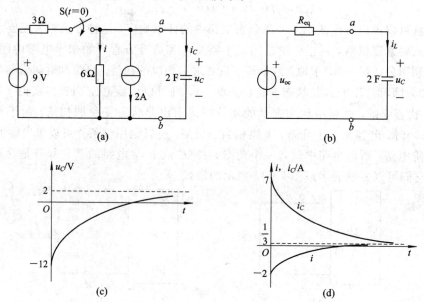

图 7－14　例 7－5 图

例 7－6　图 7－15(a)所示电路已达稳态，在 $t = 0$ 时将开关 S 由位置 2 合到 1，试求 $t \geqslant 0$ 时的 i_L 和 u_L。

解　先由图 7－15(a)所示电路求出 i_L 的初值，即

$$i_L(0_+) = i_L(0_-) = 5 \text{ A}$$

将图 7－15(a)所示电路 a、b 左边的含源一端口用诺顿定理等效，得

$$u_{oc} = \frac{3}{2+3} \times 10 = 6 \text{ V}$$

$$i_{sc} = 0.5i_{sc} + 5$$

解得 $i_{sc} = 10$ A，所以

$$R_{eq} = \frac{u_{oc}}{i_{sc}} = \frac{6}{10} = 0.6 \text{ Ω}$$

等效电路如图 7 - 15(b)所示,于是得

$$i_L(\infty) = i_{sc} = 10 \text{ A}$$

$$\tau = \frac{L}{R_{eq}} = \frac{0.3}{0.6} = 0.5 \text{ s}$$

由三要素法,得

$$i_L = 10 + (5 - 10)e^{-2t} = (10 - 5e^{-2t}) \text{ A}$$

$$u_L = L \frac{di_L}{dt} = 0.3 \times (-5) \times (-2)e^{-2t} = 3e^{-2t} \text{ V}$$

i_L 和 u_L 的波形分别如图 7 - 15(c)和(d)所示。

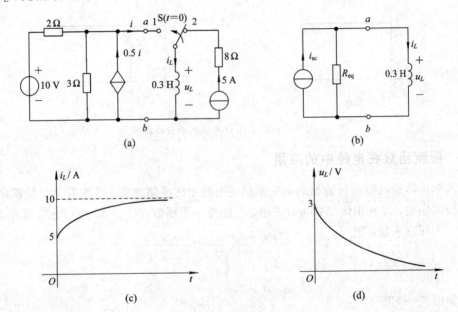

图 7 - 15   例 7 - 6 图

7.5   一阶电路的阶跃响应

在前面几节中,动态电路都是通过开关实现换路的,即电路结构或参数的改变是通过开关的动作完成的。在各种换路现象中,有一种是通过开关 S 将激励施加于电路的,即在 $t=0$ 时刻(也可以是其它时刻)将激励施加于电路。为了简化开关过程,本节引入一种函数,该函数称为阶跃函数。阶跃函数是一种奇异函数或开关函数。在电路分析中,常用的奇异函数有单位阶跃函数和单位冲激函数。引入单位阶跃函数以后,可以通过该函数将激励在任一时刻施加于电路,由此引起的响应称为阶跃响应。

7.5.1   单位阶跃函数

单位阶跃函数是一种奇异函数,其定义为

$$\varepsilon(t) = \begin{cases} 0 & t \leqslant 0_- \\ 1 & t \geqslant 0_+ \end{cases} \tag{7-27}$$

该函数说明,当 $t \leqslant 0_-$ 时函数的值为 0,当 $t \geqslant 0_+$ 时函数的值为 1,其波形如图 7 - 16(a)

所示。因为该函数在 $t=0$ 时发生跃变，并且跃变的幅度为 1，所以称为单位阶跃函数。由于该函数在 $t=0$ 时刻的导数不存在，所以称为奇异函数。

如果阶跃函数的跃变不是发生在 0 时刻，而是在任意 $t=t_0$ 时刻，即

$$\varepsilon(t-t_0) = \begin{cases} 0 & t \leqslant t_{0_-} \\ 1 & t \geqslant t_{0_+} \end{cases} \tag{7-28}$$

其波形如图 7-16(b)所示。$\varepsilon(t-t_0)$ 函数实际上是将 $\varepsilon(t)$ 函数在时间轴上移动 t_0 后的结果，所以称为延迟单位阶跃函数。

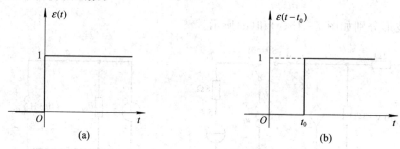

图 7-16　单位阶跃函数和延迟单位阶跃函数

7.5.2　阶跃函数在电路中的应用

引入单位阶跃函数的目的是利用它来描述电路中的换路现象。首先看单位阶跃函数一个很重要的用途，即利用该函数可以"起始"任意一个函数 $f(t)$。设 $f(t)$ 是对所有 t 都有定义的一个任意函数，则

$$f(t)\varepsilon(t-t_0) = \begin{cases} 0 & t \leqslant t_{0_-} \\ f(t) & t \geqslant t_{0_+} \end{cases}$$

其波形如图 7-17 所示。

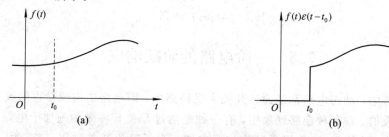

图 7-17　用单位阶跃函数起始任意函数

根据单位阶跃函数的起始作用，可以为开关 S 建模。设图 7-18(a)所示电路中的 $u_S(t)$ 是任一随时间变化的电压源，在 $t=0$ 时刻将开关 S 由位置 1 合向位置 2，对 a-b 端口而言相当于在零时刻将 $u_S(t)$ 接入。这一过程可以用 $\varepsilon(t)$ 和 $u_S(t)$ 相乘来描述，即 $u_S(t)\varepsilon(t)$，其结果所示电路如图 7-18(b)所示。可见用函数 $u_S(t)\varepsilon(t)$ 可以描述图 7-18(a)所示电路的开关过程。所以阶跃函数可以作为开关的数学模型，有时也称其为开关函数。同理，图 7-18(d)所示电路中的函数 $i_S(t)\varepsilon(t)$ 可以描述图 7-18(c)所示电路中的开关过程，它们均表示在 $t=0$ 时刻将任一随时间变化的电流源 $i_S(t)$ 接到 a-b 端口。如果用函数 $\varepsilon(t-t_0)$ 为开关建模，则表示在 $t=t_0$ 时刻将电压源或电流源接通。

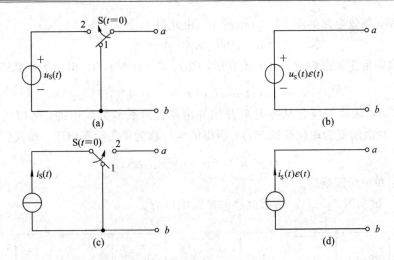

图 7 - 18　阶跃函数的开关模型

单位阶跃函数的另一个用途是用它可以描述一个幅值为 1 的矩形脉冲。例如图 7 - 19(a)所示的矩形脉冲可以用图 7 - 19(b)所示的两个阶跃函数波形来组合，即

$$f(t) = \varepsilon(t) - \varepsilon(t - t_0)$$

同理，可以用阶跃函数描述任意时间段的矩形脉冲，即

$$f(t) = \varepsilon(t - t_1) - \varepsilon(t - t_2) \qquad t_1 < t_2$$

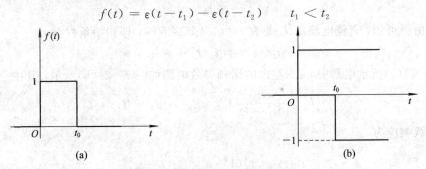

图 7 - 19　由阶跃函数组成矩形脉冲

7.5.3　一阶电路的阶跃响应

图 7 - 20(a)所示为 RC 串联电路，已知激励为 $U_S\varepsilon(t)$，求该激励下的响应 u_C。由于电路中的激励是由阶跃函数起始的，则所求的响应称为阶跃响应。

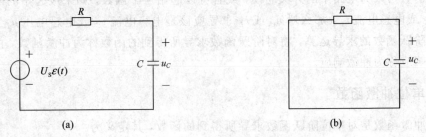

图 7 - 20　RC 电路的阶跃响应

激励 $U_S\varepsilon(t)$ 表明在 $t=0$ 时刻将直流电压源 U_S 接入 RC 串联电路。由 $\varepsilon(t)$ 函数的定义知，当 $t \leqslant 0_-$ 时 $\varepsilon(t) = 0$，所以 $U_S\varepsilon(t) = 0$。又因为 U_S 是电压源，所以在 $t = -\infty \sim 0_-$ 期间

它相当于短路，等效电路如图 7-20(b)所示。由此得

$$u_C(0_+) = u_C(0_-) = 0$$

可见，阶跃响应是零状态响应。由 7.3 节知，图 7-20(a)所示 RC 电路的零状态响应为

$$u_C(t) = U_S(1 - e^{-\frac{t}{\tau}})\varepsilon(t) \tag{7-29}$$

式中 $\tau = RC$，$\varepsilon(t)$ 表明响应是从零时刻开始并由单位阶跃函数起始的，所以为阶跃响应。如果 $U_S = 1$，则激励变为单位阶跃 $\varepsilon(t)$，所得的响应称为单位阶跃响应，即式(7-29)变为

$$s(t) = u_C(t) = (1 - e^{-\frac{t}{\tau}})\varepsilon(t) \tag{7-30}$$

式中 $s(t)$ 表示单位阶跃响应。

例 7-7　试求图 7-21(a)所示电路的阶跃响应 i_L。

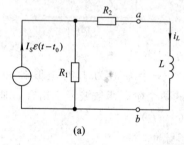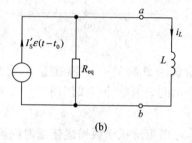

图 7-21　例 7-7 图

解　由图可知，直流电流源 I_S 是在 $t = t_0$ 时刻接入的，即初始条件为

$$i_L(t_{0_+}) = i_L(t_{0_-}) = 0$$

求得图 7-21(a)所示电路中 a、b 左边的诺顿等效电路如图 7-21(b)所示，其中

$$I_S' = \frac{R_1}{R_1 + R_2}I_S, \quad R_{eq} = R_1 + R_2$$

于是得阶跃响应为

$$i_L(t) = I_S'(1 - e^{-\frac{t-t_0}{\tau}})\varepsilon(t - t_0)$$

该响应称为延迟阶跃响应，其中 $\tau = L/R_{eq}$。请读者试着画出 $i_L(t)$ 的波形图。

7.6　一阶电路的冲激响应

阶跃函数可以为电路中的开关建模，或者可以起始一个函数。如果被起始的函数是电容电压 u_C 或电感电流 i_L，那么对 u_C 或 i_L 求导应该是电容电流 i_C 或电感电压 u_L。这样就涉及到对阶跃函数的求导运算，将对阶跃函数求导所得到的函数称为冲激函数，由该函数激励下的响应称为冲激响应。

7.6.1　单位冲激函数

单位冲激函数是对单位阶跃函数求导所得到的函数，其定义为

$$\delta(t) = \frac{\mathrm{d}}{\mathrm{d}t}\varepsilon(t) = \begin{cases} 0 & t \leqslant 0_- \\ \text{未定义} & t = 0 \\ 0 & t \geqslant 0_+ \end{cases}$$

$$\int_{-\infty}^{\infty} \delta(t)\mathrm{d}t = 1 \tag{7-31}$$

可见，单位冲激函数在 $t\neq 0$ 处为零，在 $t=0$ 处是未知的。因为 $\varepsilon(t)$ 函数在 $t=0$ 处的导数是 ∞，所以冲激函数 $\delta(t)$ 在 $t=0$ 时是奇异的，因此它也是一种奇异函数。单位冲激函数也称为 δ 函数。由定义知，δ 函数在整个时间域的积分等于 1，即积分所得的面积为 1。

　　单位冲激函数 $\delta(t)$ 可以看作是单位脉冲函数的极限情况。图 $7-22$(a) 所示为一个单位矩形脉冲函数 $p_\Delta(t)$，它的宽为 Δ，高为 $1/\Delta$，面积等于 1。当脉冲宽度 $\Delta\rightarrow 0$ 时，脉冲高度 $(1/\Delta)\rightarrow\infty$，于是该脉冲的宽度趋于零而高度趋于无穷大，面积仍然为 1。由此，单位冲激函数可以描述为

$$\delta(t) = \lim_{\Delta\rightarrow 0} p_\Delta(t)$$

$\delta(t)$ 函数的波形如图 $7-22$(b) 所示，箭头表示 ∞，1 表示积分面积或冲激强度。可见，单位冲激函数 $\delta(t)$ 的冲激强度为 1。冲激强度为 K 的冲激函数记为 $K\delta(t)$，波形如图 $7-22$(c) 所示，其中 K 表示冲激强度。

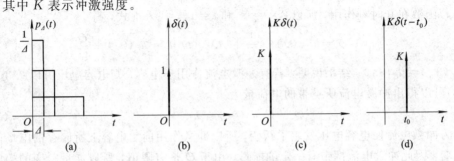

图 $7-22$　冲激函数

　　如果冲激函数发生在任意时刻 t_0，表示冲激函数在时间轴上移动 t_0，此时冲激函数可记为 $\delta(t-t_0)$ 或 $K\delta(t-t_0)$（如图 $7-22$(d) 所示），称为延迟冲激函数。

7.6.2　单位冲激函数的性质

　　下面介绍冲激函数的两个主要性质。

　　(1) 由定义式知，单位冲激函数是单位阶跃函数的导数，即

$$\delta(t) = \frac{\mathrm{d}\varepsilon(t)}{\mathrm{d}t}$$

反之，单位冲激函数对时间的积分是单位阶跃函数，即

$$\int_{-\infty}^{t} \delta(\xi)\,\mathrm{d}\xi = \varepsilon(t) \tag{7-32}$$

　　(2) 筛分性质。由于在 $t\neq 0$ 处 $\delta(t)=0$，对于任意在 $t=0$ 处连续的函数 $f(t)$，有

$$f(t)\delta(t) = f(0)\delta(t)$$

所以

$$\int_{-\infty}^{\infty} f(t)\delta(t)\mathrm{d}t = f(0)\int_{0_-}^{0_+} \delta(t)\mathrm{d}t = f(0)$$

可见，冲激函数 $\delta(t)$ 可以将任意函数 $f(t)$ 在零时刻的值分离出来或者"筛"出来，所以该性质称为筛分性质，有时也称为抽样性质。

　　同理，利用延迟冲激函数可以筛分出任意 t_0 时刻 $f(t)$ 的值，即

$$\int_{-\infty}^{\infty} f(t)\delta(t - t_0)\mathrm{d}t = f(t_0)\int_{-\infty}^{\infty} \delta(t - t_0)\mathrm{d}t = f(t_0)$$

7.6.3 电容电压和电感电流的跃变

前面讨论了冲激函数的定义与性质，了解到冲激作用是在瞬间完成的，如果将这样具有冲激变化规律的激励作用于电路，在冲激过后，冲激源所携带的能量是如何转移的？这是本小节将讨论的内容。

在 7.1 节已经讨论过，换路瞬间若电容的电流为有限值，则换路前后电容电压是连续变化的，即不发生跃变；若电感电压为有限值，则换路前后电感电流也不发生跃变。但是，如果电容电流或电感电压在换路瞬间不是有限值，确切的说是冲激函数，则电容电压或电感电流将发生跃变。设 $i_C(t) = Q\delta_i(t)$，其中 Q 表示冲激电流的强度，根据式（6-5）知

$$u_C(t) = u_C(t_0) + \frac{1}{C}\int_{t_0}^{t} i_C(\xi)\mathrm{d}\xi$$

因为 $\delta(t)$ 函数在 0 时刻作用，所以令 $t_0 = 0_-$ 和 $t = 0_+$，代入上式，得

$$u_C(0_+) = u_C(0_-) + \frac{1}{C}\int_{0_-}^{0_+} Q\delta_i(t)\mathrm{d}t = u_C(0_-) + \frac{Q}{C} \qquad (7-33)$$

可见 $u_C(0_+) \neq u_C(0_-)$。结果说明，若有冲激电流作用于电容，则电容电压可以跃变。由式（7-33）可以得出冲激电流所携带的电荷量为

$$Q = C[u_C(0_+) - u_C(0_-)] \qquad (7-34)$$

因为冲激电流使电容电压发生了跃变，所以冲激作用前后电容上所储存的电场能也发生了跃变，因此冲激电流携带有一定的能量。由于 Q 是有限值，所以能量跃变的幅度也是有限值，或者说冲激所携带的能量也是有限值。

如果电容电流是单位冲激，则

$$u_C(0_+) = u_C(0_-) + \frac{1}{C} \qquad (7-35)$$

对于电感来说，设 $u_L(t) = \Psi\delta_u(t)$，其中 Ψ 作为冲激电压的强度，由式（6-22）知

$$i_L(t) = i_L(t_0) + \frac{1}{L}\int_{t_0}^{t} u_L(\xi)\mathrm{d}\xi$$

令 $t_0 = 0_-$，$t = 0_+$，代入上式，得

$$i_L(0_+) = i_L(0_-) + \frac{1}{L}\int_{0_-}^{0_+} \Psi\delta_u(t)\mathrm{d}t = i_L(0_-) + \frac{\Psi}{L} \qquad (7-36)$$

该式表明，若有冲激电压作用于电感，则电感电流可以跃变，即 $i_L(0_+) \neq i_L(0_-)$。由式（7-36）得出冲激电压所携带的磁链大小为

$$\Psi = L[i_L(0_+) - i_L(0_-)] \qquad (7-37)$$

因为冲激电压使电感电流发生了跃变，又因为 Ψ 是有限值，所以电感所储存的磁场能跃变的幅度（或者冲激所携带的能量）也是有限值。

如果电感电压是单位冲激，则

$$i_L(0_+) = i_L(0_-) + \frac{1}{L} \qquad (7-38)$$

需要注意的是，如果冲激电压（而不是冲激电流）作用于电容，或者是冲激电流（而不是冲激电压）作用于电感，则电容电流和电感电压将是冲激的导数，称为冲激偶。本书不讨

论这种情况。

7.6.4　冲激响应

如果一个动态电路的激励源为冲激(冲激电流或冲激电压),由冲激函数的定义知,冲激源的作用是瞬时发生的,就是说,在冲激作用以前电路中没有激励,由于冲激源携带有一定的能量,冲激过后冲激源所携带的能量转移到电路中。所谓冲激响应就是由冲激源所携带的能量引起的响应。

求冲激响应首先要解决的问题是,当冲激过后,冲激所携带的能量转移到何处,确切地说,冲激过后能量转移到哪一个(些)具体的元件上。当动态电路由冲激激励时,冲激到来之前电路处于零状态。设冲激在零时刻作用,根据零状态条件,则电路中所有的 $u_C(0_-)=0$ 和 $i_L(0_-)=0$。当冲激电压源 $\delta_u(t)$ 或者冲激电流源 $\delta_i(t)$ 作用于电路时,由于电容或者电感只能存储有限的能量,根据 $W_C=Cu_C^2/2$ 和 $W_L=Li_L^2/2$ 知,电容电压不可能是冲激电压(电容上的储能不可能为无穷大);同理,电感电流也不可能是冲激电流(电感上的储能同样不可能为无穷大)。又因为冲激在 $t=0$ 时刻作用,则有 $u_C(0)=u_C(0_-)=0$, $i_L(0)=i_L(0_-)=0$,所以在冲激作用瞬间电容可看作短路,电感可看作开路。有了这两个条件以后就可以画出 $t=0$(冲激作用)时刻的等效电路,然后根据 KCL 和 KVL 得出冲激电流或者冲激电压的约束关系,进而求出动态元件的初始状态(或初始值)。有了动态元件的初始状态以后,就可以求电路的冲激响应了。

例 7 - 8　试求图 7 - 23(a)所示电路的冲激响应 u_C。

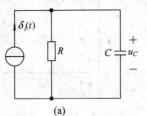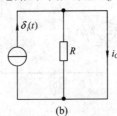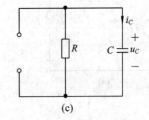

图 7 - 23　例 7 - 8 图

解　首先求冲激电流源 $\delta_i(t)$ 携带能量的转移结果。根据上面的分析,在 $\delta_i(t)$ 作用的零时刻电容相当于短路,其等效电路如图 7 - 23(b)所示。对图 7 - 23(b)所示电路应用 KCL 得 $i_C=\delta_i(t)$,由于是冲激激励,所以 $u_C(0_-)=0$,根据式(7 - 35),有

$$u_C(0_+)=u_C(0_-)+\frac{1}{C}=\frac{1}{C}$$

当 $t \geqslant 0_+$ 时,由于 $\delta_i(t)=0$,冲激电流源相当于开路,等效电路如图 7 - 23(c)所示,求冲激响应就是求图 7 - 23(c)所示电路在 $t \geqslant 0_+$ 时的零输入响应,即

$$u_C=u_C(0_+)\mathrm{e}^{-\frac{t}{\tau}}\varepsilon(t)=\frac{1}{C}\mathrm{e}^{-\frac{t}{\tau}}\varepsilon(t)$$

式中 $\tau=RC$,是给定 RC 电路的时间常数,$\varepsilon(t)$ 表示响应发生在 $t \geqslant 0_+$ 时。

例 7 - 9　试求图 7 - 24(a)所示电路的冲激响应 i_L 和 u_L。

解　先求冲激电压源 $\delta_u(t)$ 能量的转移结果。在 $\delta_u(t)$ 作用的零时刻电感相当于开路,其等效电路如图 7 - 24(b)所示。对图 7 - 24(b)所示电路应用 KVL 得 $u_L=\delta_u(t)$,因为是冲激激励,所以 $i_L(0_-)=0$,根据式(7 - 38),有

$$i_L(0_+) = i_L(0_-) + \frac{1}{L} = \frac{1}{L}$$

当 $t \geqslant 0_+$ 时，由于 $\delta_u(t) = 0$，冲激电压源相当于短路，等效电路如图 7-24(c)所示，求冲激响应 i_L 就是求图 7-24(c)所示电路在 $t \geqslant 0_+$ 时的零输入响应，即

$$i_L = i_L(0_+)\mathrm{e}^{-\frac{t}{\tau}}\varepsilon(t) = \frac{1}{L}\mathrm{e}^{-\frac{t}{\tau}}\varepsilon(t)$$

式中 $\tau = L/R$ 为电路的时间常数。

求冲激响应 u_L 有两种方法。

方法一是直接对冲激响应 i_L 求导，即

$$u_L = L\frac{\mathrm{d}i_L}{\mathrm{d}t} = L\frac{1}{L}\left[-\frac{1}{\tau}\mathrm{e}^{-\frac{t}{\tau}}\varepsilon(t) + \mathrm{e}^{-\frac{t}{\tau}}\delta(t)\right] = \delta(t) - \frac{R}{L}\mathrm{e}^{-\frac{t}{\tau}}\varepsilon(t)$$

式中应用了冲激函数的筛分性质，即 $\mathrm{e}^{-\frac{t}{\tau}}|_{t=0} = 1$。

方法二是，对图 7-24(a)所示电路应用 KVL，得

$$u_L = \delta_u(t) - Ri_L = \delta_u(t) - \frac{R}{L}\mathrm{e}^{-\frac{t}{\tau}}\varepsilon(t)$$

如果只考虑 $t \geqslant 0_+$ 时的响应，则 u_L 将不存在冲激项。i_L 和 u_L 的波形分别如图 7-24(d)和(e)所示。

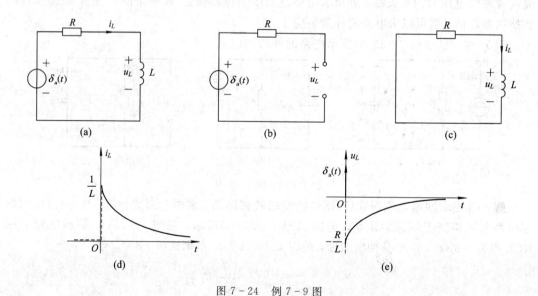

图 7-24　例 7-9 图

7.7　阶跃响应与冲激响应的关系

前面两节分别讨论了一阶电路的阶跃响应和冲激响应。由冲激函数的性质知道，冲激函数是阶跃函数的导数，而阶跃函数是冲激函数的积分。对于线性动态电路来说，电路的冲激响应与阶跃响应之间同样存在着导数与积分关系。

若某一线性电路的激励为单位阶跃 $\varepsilon(t)$，设阶跃响应为 $s(t)$；若将同一电路的激励换成单位冲激 $\delta(t)$，并设对应的冲激响应为 $h(t)$，则 $h(t)$ 与 $s(t)$ 之间存在着如下关系：

$$h(t) = \frac{\mathrm{d}s(t)}{\mathrm{d}t} \tag{7-39}$$

$$s(t) = \int h(t)\,\mathrm{d}t \tag{7-40}$$

下面以一阶线性电路为例对上述关系加以说明。设一阶线性电路的激励为 $g(t)$，所求的响应为 $f(t)$，则描述电路的方程是一阶线性常微分方程，即

$$K\frac{\mathrm{d}f(t)}{\mathrm{d}t} + f(t) = g(t) \tag{7-41}$$

解此方程就得到了电路在激励 $g(t)$ 下的响应 $f(t)$。

对式(7-41)的两边求导，即

$$K\frac{\mathrm{d}}{\mathrm{d}t}\left(\frac{\mathrm{d}f}{\mathrm{d}t}\right) + \frac{\mathrm{d}f}{\mathrm{d}t} = \frac{\mathrm{d}g}{\mathrm{d}t} \tag{7-42}$$

可见，如果电路的激励为 $\mathrm{d}g/\mathrm{d}t$，则可以通过该式解出响应为 $\mathrm{d}f/\mathrm{d}t$。

比较式(7-41)和式(7-42)可以知道，对于同一线性电路中的同一响应来说，如果激励变为原激励的导数，则所得响应就是原响应的导数。令激励为单位阶跃，即 $g(t)=\varepsilon(t)$，则阶跃响应为 $s(t)=f(t)$。如果改变激励为单位冲激，即 $\dfrac{\mathrm{d}g}{\mathrm{d}t}=\dfrac{\mathrm{d}\varepsilon(t)}{\mathrm{d}t}=\delta(t)$，则单位冲激响应为 $h(t)=\dfrac{\mathrm{d}f}{\mathrm{d}t}=\dfrac{\mathrm{d}s(t)}{\mathrm{d}t}$，即验证了式(7-39)。这一结果说明，对于同一电路的同一响应来说，如果知道了单位阶跃响应就可以通过对其求一阶导数得到单位冲激响应。

现在对式(7-41)的两边积分(忽略积分常数)，得

$$K\frac{\mathrm{d}}{\mathrm{d}t}\int f\,\mathrm{d}t + \int f\,\mathrm{d}t = \int g\,\mathrm{d}t \tag{7-43}$$

可见，如果激励为 $\int g\,\mathrm{d}t$，则响应应为 $\int f\,\mathrm{d}t$。

比较式(7-41)和式(7-43)可知，对于同一线性电路中的同一响应来说，如果激励变为原激励的积分，则所得的响应就是原响应的积分。如果令激励 $g(t)=\delta(t)$ 为冲激函数，则响应为 $h(t)=f(t)$。若将激励变为单位阶跃，即 $\int g\,\mathrm{d}t = \int \delta(t)\,\mathrm{d}t = \varepsilon(t)$，则响应为单位阶跃响应，即 $s(t)=\int h(t)\,\mathrm{d}t$，从而验证了式(7-40)。可见，对于同一电路的同一响应来说，若已知单位冲激响应就可以通过积分得到单位阶跃响应。

有了以上的结论以后，将给求解响应带来便利。一般通过求解阶跃响应来求冲激响应。

例 7-10 试求图 7-25(a)所示电路的冲激响应 u_C。

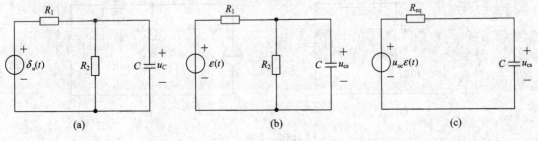

图 7-25 例 7-10 图

解　为了求冲激响应，利用冲激响应和阶跃响应的关系，可先求出阶跃响应，然后对阶跃响应求导即可。为此，用单位阶跃激励替换图 7 - 25(a)所示电路中的单位冲激激励，如图 7 - 25(b)所示。用戴维南定理将图 7 - 25(b)所示电路进行等效得图 7 - 25(c)所示电路，其中

$$u_{\text{oc}} = \frac{R_2}{R_1 + R_2}, \quad R_{\text{eq}} = \frac{R_1 R_2}{R_1 + R_2}$$

由图 7 - 25(c)可得出阶跃响应为

$$s(t) = u_{\text{cs}}(t) = u_{\text{oc}}(1 - \mathrm{e}^{-\frac{t}{\tau}})\varepsilon(t)$$

其中 $\tau = R_{\text{eq}}C$，为时间常数。根据式(7 - 39)可以求出冲激响应，即

$$h(t) = u_C(t) = \frac{\mathrm{d}s(t)}{\mathrm{d}t} = u_{\text{oc}}\left[\frac{1}{\tau}\mathrm{e}^{-\frac{t}{\tau}}\varepsilon(t) + (1 - \mathrm{e}^{-\frac{t}{\tau}})\delta(t)\right]$$

$$= \frac{u_{\text{oc}}}{R_{\text{eq}}C}\mathrm{e}^{-\frac{t}{\tau}}\varepsilon(t)$$

此处应用了 $\delta(t)$ 函数的筛分性质。

由本章的分析知道，含有动态元件的电路是动态电路，当动态电路发生换路时，电路中必然产生过渡(或暂态)过程。动态电路的描述方程是微分方程，它的解是电路的响应。无论有无独立源激励，或者是否为零状态，电路中的响应均可以由全响应描述。电路的全响应等于稳态响应与暂态响应之和，稳态响应是由外加激励引起的，暂态响应是由电路的结构(或性质)决定的，所以稳态响应也称为强制响应，而暂态响应也称为自由响应。

为了简单，本章只讨论了直流激励下的 RC 或 RL 一阶电路，它们的响应可以用三要素法求解，即只要知道变量的初值、终值和时间常数 τ 就可求出电路的响应。单位阶跃函数可以为开关 S 建模；单位冲激函数描述了电路中某种特有的现象，若将阶跃电压接入电容或将阶跃电流接入电感，则电容电流和电感电压的变化规律就相当于冲激函数。求冲激响应的关键是冲激过后冲激源所携带能量的去向。因为阶跃函数与冲激函数的关系是积分与微分的关系，所以已知阶跃响应可以求出冲激响应(反之亦然)。

习　题

7 - 1　设题 7 - 1(a)、(b)图所示电路已达到稳态，在 $t=0$ 时开关 S 动作，试求图中所标电压、电流的初值。

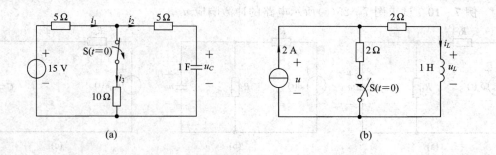

题 7 - 1 图

7 - 2 设题 7 - 2 图所示电路已到稳态，在 $t=0$ 时开关 S 动作，试求电容电压、电流的初值。

7 - 3 设题 7 - 3 图所示电路在开关动作前已达到稳态，试求 $t=0$ 时的电感电流、电压的初值。

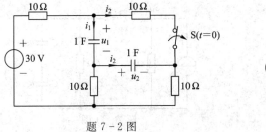

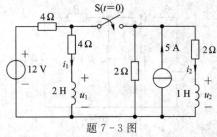

题 7 - 2 图   题 7 - 3 图

7 - 4 如题 7 - 4 图所示电路，开关 S 在位置 1 已闭合很久，试求 $t>0$ 时的 u_C 和 i。

7 - 5 如题 7 - 5 图所示电路，开关 S 在位置 1 已闭合很久，试求 $t>0$ 时的 i_L 和 u。

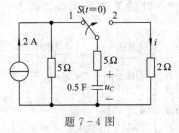

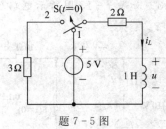

题 7 - 4 图   题 7 - 5 图

7 - 6 如题 7 - 6 图所示电路，已知 $u_S=20\cos(\omega t+30°)$ V，在 $t=0$ 时将开关由位置 1 合到位置 2，试求 $t>0$ 时的电流 i。

7 - 7 如题 7 - 7 图所示电路，已知 $i(0_-)=2$ A，试求 $t>0$ 时的电压 u。

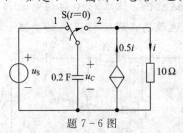

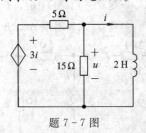

题 7 - 6 图   题 7 - 7 图

7 - 8 如题 7 - 8 图所示电路是一种直流电动机的励磁电路，已知 $U_S=36$ V，$R=10\ \Omega$，$L=0.8$ H，电压表的量程为 50 V，内阻 $R_V=50$ kΩ，开关断开前电路已达稳态，试求开关断开瞬间电压表两端的电压，由结果能得出什么结论。

7 - 9 如题 7 - 9 图所示电路，设电路为零状态，试求 $t>0$ 时电容的电压 u_C。

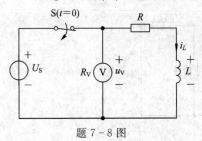

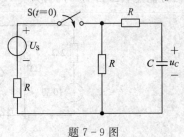

题 7 - 8 图   题 7 - 9 图

7-10 如题 7-10 图所示电路，若 $t=0$ 时将开关打开，已知 $i_L(0)=0$，试求电感电流 i_L 和电源发出的功率。

7-11 如题 7-11 图所示电路，已知 $C_1=0.4$ F，$C_2=0.1$ F，$u_{C1}(0)=u_{C2}(0)=0$ V，求 $t>0$ 时的电流 i 和电源发出的功率。

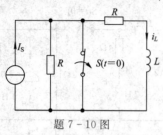
题 7-10 图

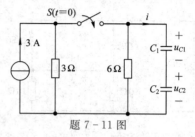
题 7-11 图

7-12 如题 7-12 图所示电路已达稳态，在 $t=0$ 时将开关 S 打开，求 $t>0$ 时的电流 i_L。

7-13 如题 7-13 图所示电路已达稳态，在 $t=0$ 时将开关 S 闭合，试求 $t>0$ 时的 u_C、u_L 和 i。

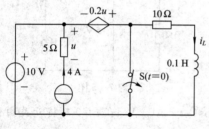
题 7-12 图

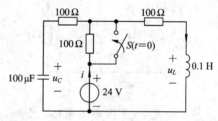
题 7-13 图

7-14 如题 7-14 图所示，开关闭合前电路已达稳态，试求 $t>0$ 时的电流 i_L 和 i。

7-15 如题 7-15 图所示，开关打开前电路已达稳态，试求 $t>0$ 时的电流 u_C 和 i。

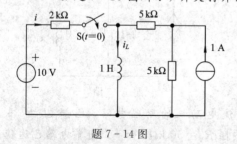
题 7-14 图

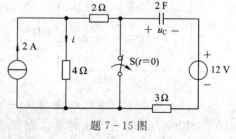
题 7-15 图

7-16 如题 7-16 图所示电路，在开关动作前已达稳态，试求 $t>0$ 时的 i_L 及 3 Ω 电阻所消耗的能量，画出 i_L 的波形。

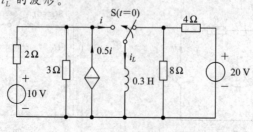
题 7-16 图

7-17　如题 7-17 图所示电路,在开关动作前已达稳态,试求 $t>0$ 时的 u_C 及 2 Ω 电阻所消耗的能量。

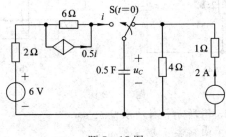

题 7-17 图

7-18　求题 7-18 图所示电路的阶跃响应 u_C 和 i,并画出它们的波形。

7-19　电路如题 7-19 图所示,开关在位置 1 已闭合很久,当 $t=0$ 时将开关由位置 1 打到位置 2,当 $t=t_1$ 时再将开关由位置 2 打回到位置 1,试求电压 u_C,并画出波形。

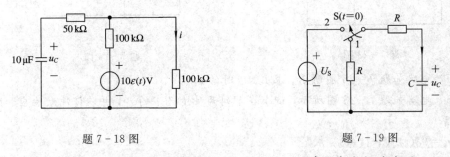

题 7-18 图　　　　　　　　　　　　　题 7-19 图

7-20　求题 7-20 图所示电路的阶跃响应 i_L 和 u,并画出它们的波形。

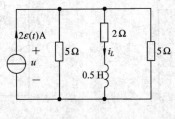

题 7-20 图

7-21　题 7-21 图(a)中 i_S 的波形如题 7-21 图(b)所示,试求 i_L,并画出波形。

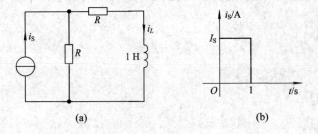

(a)　　　　　　　　　　　　　　(b)

题 7-21 图

7-22　题 7-22 图(a)中 i_S 的波形如题 7-22 图(b)所示,试求 u_C,并画出波形。

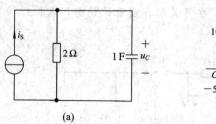 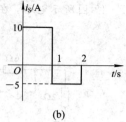

(a) (b)

题 7-22 图

7-23 电路如题 7-23 图所示，求冲激响应 u_C。

7-24 电路如题 7-24 图所示，求冲激响应 i_L。

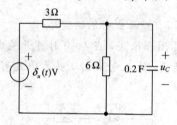

题 7-23 图

题 7-24 图

7-25 电路如题 7-25 图所示，求 $t \geqslant 0_+$ 时的 u_C。

7-26 电路如题 7-26 图所示，试求在下列两种情况下的 i_L，并验证冲激响应和阶跃响应的关系

(1) $u_S = 9\delta(t)$ V；

(2) $u_S = 9\varepsilon(t)$ V。

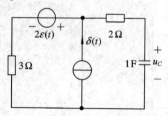 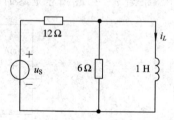

题 7-25 图

题 7-26 图

7-27 如果将题 7-18 图中的激励换成 $10\delta(t)$ V，求电路的冲激响应 u_C 和 i。

第 8 章   二阶电路分析

上一章研究了含一个动态元件(C 或 L)的电路。由于描述一个动态元件电路的方程是一阶微分方程,所以称之为一阶电路。本章将研究含有两个(不能等效为一个)动态元件的电路。下面将会看到,描述含有两个动态元件的电路方程是二阶微分方程,所以称之为二阶电路。二阶电路的分析方法是,依据 KCL 或 KVL 以及组成电路元件的 VCR 列出描述二阶电路的微分方程,然后通过解方程得出电路的响应,并对响应加以分析。

由一阶电路的分析知道,换路以后电路的全响应等于零输入响应和零状态响应之和。零输入响应是由储能元件上原始储能引起的响应,而零状态响应是在假设储能元件上原始储能为零(零状态)的条件下由外加激励引起的响应。为了简单起见,本章首先讨论二阶电路的零输入响应,其次讨论二阶电路的阶跃响应和冲激响应,最后讨论一般二阶电路的分析方法。

8.1   二阶电路的零输入响应

零输入响应是由储能元件的原始储能引起的响应。首先研究最简单的二阶电路,即 RLC 串联电路的零输入响应。设图 8-1(a)所示电路已达稳态,开关 S 在 $t=0$ 时打开,$t \geqslant 0_+$ 时的电路如图 8-1(b)所示,该电路为 RLC 串联的零输入电路。由图 8-1(a)可以求出电路的初始条件,即

$$u_C(0_+) = u_C(0_-) = \frac{R}{R_1 + R}U_S, \quad i(0_+) = i(0_-) = \frac{U_S}{R_1 + R}$$

因此,图 8-1(b)所示电路中的储能元件 C 和 L 上都有原始储能。当 $t \geqslant 0_+$ 时,电路在原始储能的作用下进行能量交换并产生响应,下面求图 8-1(b)所示电路的零输入响应。

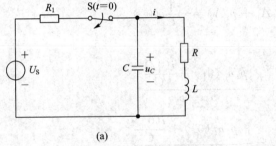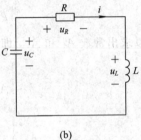

图 8-1 RLC 串联电路的零输入响应

首先列出图 8-1(b)所示电路的方程，根据 KVL，有

$$- u_C + u_R + u_L = 0$$

设状态变量 u_C 为方程变量，根据 $i = -C \dfrac{\mathrm{d}u_C}{\mathrm{d}t}$，$u_R = Ri$ 和 $u_L = L \dfrac{\mathrm{d}i}{\mathrm{d}t}$，代入上式方程整理得

$$LC \frac{\mathrm{d}^2 u_C}{\mathrm{d}t^2} + RC \frac{\mathrm{d}u_C}{\mathrm{d}t} + u_C = 0 \qquad t \geqslant 0_+ \qquad (8-1)$$

该式是一个线性常系数二阶齐次微分方程。可见，含有两个动态元件的电路是由二阶微分方程描述的，所以称为二阶电路。

根据数学知识，设式(8-1)的解为 $u_C = A\mathrm{e}^{pt} \neq 0$，代入可得特征方程为

$$LCp^2 + RCp + 1 = 0$$

解出特征根为

$$p_1 = -\frac{R}{2L} + \sqrt{\left(\frac{R}{2L}\right)^2 - \frac{1}{LC}} \qquad (8-2\mathrm{a})$$

$$p_2 = -\frac{R}{2L} - \sqrt{\left(\frac{R}{2L}\right)^2 - \frac{1}{LC}} \qquad (8-2\mathrm{b})$$

可见，特征根和电路参数有关，参数不同其特征根的形式也不同。根据式(8-2)可以得出：

(1) 当 $R > 2\sqrt{L/C}$ 时，特征根为两个不相等的负实根，称为过阻尼情况；

(2) 当 $R = 2\sqrt{L/C}$ 时，特征根为两个相等的负实根，称为临界阻尼情况；

(3) 当 $R < 2\sqrt{L/C}$ 时，特征根为两个共轭复根，称为欠阻尼情况。

下面按特征根的三种情况分别进行讨论。

8.1.1　过阻尼响应

在过阻尼情况下，因为 $R > 2\sqrt{L/C}$，所以 $p_1 \neq p_2$ 为两个不相等的负实根，因此式(8-1)的解由两个指数项构成，即

$$u_C = A_1 \mathrm{e}^{p_1 t} + A_2 \mathrm{e}^{p_2 t} \qquad (8-3)$$

根据初始条件 $u_C(0_+)$ 和 $\dfrac{\mathrm{d}u_C}{\mathrm{d}t}\bigg|_{t=0_+} = -\dfrac{1}{C}i(0_+)$，得

$$\begin{cases} A_1 + A_2 = u_C(0_+) \\ p_1 A_1 + p_2 A_2 = -\dfrac{1}{C}i(0_+) \end{cases}$$

解该式可以求出常数 A_1 和 A_2，即

$$\begin{cases} A_1 = \dfrac{p_2 u_C(0_+) + \dfrac{i(0_+)}{C}}{p_2 - p_1} \\[4mm] A_2 = -\dfrac{p_1 u_C(0_+) + \dfrac{i(0_+)}{C}}{p_2 - p_1} \end{cases} \qquad (8-4)$$

代入式(8-3)即可得出响应 u_C。

由于 u_C 由两个指数衰减项组成，随着时间的推移它们均衰减为零，因此最后电路中的原始储能全部被电阻消耗了。因为响应是非振荡衰减过程，所以称为过阻尼响应。利用 $i = -C\dfrac{\mathrm{d}u_C}{\mathrm{d}t}$ 和 $u_L = L\dfrac{\mathrm{d}i}{\mathrm{d}t}$ 可以求出电路电流和电感电压。

例 8 - 1　在图 8 - 1 电路中，已知 $R_1 = R = 10\ \Omega$，$U_\mathrm{s} = 10\ \mathrm{V}$，$L = 0.16\ \mathrm{H}$ 和 $C = 0.01\ \mathrm{F}$，求 $t \geqslant 0_+$ 时的 u_C 和 i。

解　因为 $t \leqslant 0_-$ 时图 8 - 1(a)电路已达稳态，求初值，即

$$u_C(0_+) = u_C(0_-) = \frac{R}{R_1 + R}U_\mathrm{s} = 5\ \mathrm{V}$$

$$i(0_+) = i(0_-) = \frac{U_\mathrm{s}}{R_1 + R} = 0.5\ \mathrm{A}$$

对于图 8 - 1(b)电路，$R = 10\ \Omega$，$2\sqrt{L/C} = 2\sqrt{0.16/0.01} = 8$，满足 $R > 2\sqrt{L/C}$，则电路为过阻尼情况。将电路参数代入式(8 - 2)，得

$$p_{1,2} = \begin{cases} -12.5 \\ -50 \end{cases}$$

是两个不相等的负实根。再将 $p_{1,2}$、$u_C(0_+)$、$i(0_+)$ 和电容值代入式(8 - 4)，得

$$A_1 = 5.333, \quad A_2 = -0.333$$

再由式(8 - 3)得

$$u_C(t) = (5.333\mathrm{e}^{-12.5t} - 0.333\mathrm{e}^{-50t})\ \mathrm{V}$$

电流 i 和电感电压 u_L 分别为

$$i(t) = -C\frac{\mathrm{d}u_C}{\mathrm{d}t} = (0.667\mathrm{e}^{-12.5t} - 0.167\mathrm{e}^{-50t})\ \mathrm{A}$$

$$u_L(t) = L\frac{\mathrm{d}i}{\mathrm{d}t} = (-1.334\mathrm{e}^{-12.5t} + 1.335\mathrm{e}^{-50t})\ \mathrm{V}$$

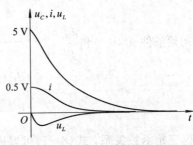

图 8 - 2　例 8 - 1 的响应曲线

u_C、i 和 u_L 的波形图如图 8 - 2 所示。

8.1.2　临界阻尼响应

在临界阻尼情况下，因为 $R = 2\sqrt{L/C}$，所以特征方程的根为重根，即

$$p_1 = p_2 = -\frac{R}{2L} = -\alpha$$

根据数学知识知，式(8 - 1)的解为

$$u_C = (A_1 + A_2 t)\mathrm{e}^{-\alpha t} \tag{8 - 5}$$

由初始条件 $u_C(0_+)$ 和 $\dfrac{\mathrm{d}u_C}{\mathrm{d}t}\bigg|_{t=0_+} = -\dfrac{1}{C}i(0_+)$ 得

$$\begin{cases} A_1 = u_C(0_+) \\ A_2 = \alpha u_C(0_+) - \dfrac{1}{C}i(0_+) \end{cases} \tag{8 - 6}$$

代入式(8 - 5)即可得出响应 u_C。

再利用 $i = -C\dfrac{\mathrm{d}u_C}{\mathrm{d}t}$ 和 $u_L = L\dfrac{\mathrm{d}i}{\mathrm{d}t}$ 可以求出电路电流和电感电压。u_C 和 i 响应曲线和过阻

尼情况类似。

8.1.3　欠阻尼响应

当 $R < 2\sqrt{L/C}$ 时，特征根为共轭复根，令

$$\alpha = \frac{R}{2L}, \quad \omega_0 = \frac{1}{\sqrt{LC}}, \quad \omega = \sqrt{{\omega_0}^2 - \alpha^2}$$

代入式(8-2)，则共轭复根可表述为

$$p_1 = -\alpha + j\omega, \quad p_2 = -\alpha - j\omega$$

其中 $j = \sqrt{-1}$，为虚数符号。

由于 $p_1 \neq p_2$，将 p_1、p_2 代入式(8-3)，得

$$u_C = A_1 e^{(-\alpha+j\omega)t} + A_2 e^{(-\alpha-j\omega)t} = e^{-\alpha t}(A_1 e^{j\omega t} + A_2 e^{-j\omega t})$$

利用欧拉公式 $e^{j\theta} = \cos\theta + j\sin\theta$ 和 $e^{-j\theta} = \cos\theta - j\sin\theta$，得

$$u_C = e^{-\alpha t}[A_1(\cos\omega t + j\sin\omega t) + A_2(\cos\omega t - j\sin\omega t)]$$

$$= e^{-\alpha t}[(A_1 + A_2)\cos\omega t + j(A_1 - A_2)\sin\omega t]$$

用 B_1、B_2 分别替换式中的 $A_1 + A_2$ 和 $j(A_1 - A_2)$，则

$$u_C = e^{-\alpha t}(B_1 \cos\omega t + B_2 \sin\omega t) \qquad (8-7)$$

由初始条件 $u_C(0_+)$ 和 $\left.\dfrac{du_C}{dt}\right|_{t=0_+} = -\dfrac{1}{C}i(0_+)$ 可以求出 B_1 和 B_2，即

$$\begin{cases} B_1 = u_C(0_+) \\ B_2 = \dfrac{1}{\omega}\left[\alpha u_C(0_+) - \dfrac{1}{C}i(0_+)\right] \end{cases} \qquad (8-8)$$

根据三角函数关系，式(8-7)可以进一步写为

$$u_C = A e^{-\alpha t} \sin(\omega t + \beta) \qquad (8-9)$$

式中 $A = \sqrt{B_1^2 + B_2^2}$，$\beta = \arctan(B_1/B_2)$。

利用 $i = -C\dfrac{du_C}{dt}$ 和 $u_L = L\dfrac{di}{dt}$ 可以求出电流和电感电压。u_C 的响应曲线如图 8-3 所示。

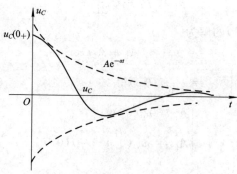

图 8-3　欠阻尼响应曲线

由图 8-3 可以看出，u_C 处于振荡衰减的过程中，同样 i 和 u_L 也是振荡衰减的。衰减规律取决于 $e^{-\alpha t}$，α 称为衰减因子，α 越大衰减越快。振荡频率为 ω，ω 越大，振荡周期越小，振荡越快。振荡和衰减的过程是由电路参数决定的。在该过程中，电容和电感在交替释放和吸收能量，而电阻始终在消耗电能，直到电路中的储能全部消耗为零，电路的过渡过程结束，全部响应为零。

由以上分析知道，无论是过阻尼、欠阻尼还是临界阻尼的响应过程，电路中的原始储能都是逐渐衰减并最后到零。换句话说，电路中的储能均由电阻消耗了，因此，电阻的大小决定着暂态过程的长短。对于欠阻尼过程来说，如果令 $R=0$，则 $\alpha=0$，于是式(8-9)变为

$$u_C = A\sin(\omega_0 t + \beta)$$

可见，图 8-1(b)所示电路将进入永无休止的振荡过程中，因为电阻为零，所以该情况称为无阻尼情况；当 $0<R<2\sqrt{L/C}$ 时，由于电阻比较小，电路进入振荡响应过程，称为欠阻尼情况；当 $R>2\sqrt{L/C}$ 时，电路不再振荡，因为电阻增大了，所以称为过阻尼情况；由于 $R=2\sqrt{L/C}$ 是决定响应振荡与否的边界，所以称为临界阻尼情况。因此，它们对应的电路分别称为无阻尼电路、欠阻尼电路、过阻尼电路和临界阻尼电路等。

例 8-2 图 8-4(a)所示电路已达稳态，在 $t=0$ 时打开开关 S，试求 $t \geqslant 0_+$ 时的电压 u_C 和电流 i。

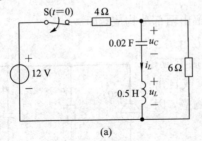 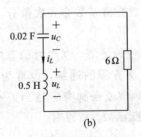

图 8-4 例 8-1 图

解 因为图 8-4(a)所示电路处于稳态，所以

$$u_C(0_-) = \frac{6}{4+6} \times 12 = 7.2 \text{ V}, \quad i_L(0_-) = 0 \text{ A}$$

当 $t \geqslant 0_+$ 时电路如图 8-4(b)所示，该电路是零输入的二阶电路，由换路定则得

$$u_C(0_+) = u_C(0_-) = 7.2 \text{ V}, \quad i_L(0_+) = i_L(0_-) = 0 \text{ A}$$

因为 $R=6$ Ω，$2\sqrt{L/C}=2\sqrt{0.5/0.02}=10$，所以满足 $R<2\sqrt{L/C}$，为欠阻尼情况，则

$$\alpha = \frac{R}{2L} = 6, \quad \omega_0 = \frac{1}{\sqrt{LC}} = 10, \quad \omega = \sqrt{\omega_0^2 - \alpha^2} = 8$$

将以上参数和初始条件代入式(8-8)，得 $B_1 = 7.2$，$B_2 = 5.4$，进而可以得出 $A=9$，$\beta=53.1°$，再将 ω 和 A 代入式(8-9)，得

$$u_C = 9e^{-6t}\sin(8t + 53.1°) \text{ V}$$

由 $i = -C\dfrac{\mathrm{d}u_C}{\mathrm{d}t}$ 求出电流，则

$$i = -i_L = 1.8e^{-6t}\sin(8t) \text{ A}$$

由 $u_L = L\dfrac{\mathrm{d}i_L}{\mathrm{d}t}$，得

$$u_L = -9\mathrm{e}^{-6t}\sin(8t - 53.1°)\,\mathrm{V}$$

8.2　二阶电路的阶跃响应和冲激响应

对于二阶电路来说，当激励为阶跃函数时，所产生的响应称为阶跃响应；若激励为冲激函数，则响应称为冲激响应。下面就讨论这两种响应。

8.2.1　二阶电路的阶跃响应

图 8-5 所示为阶跃电流源激励下的 GLC 并联电路。由阶跃函数的定义知，当 $t<0_-$ 时，电路中无储能，即电容和电感均处于零状态，所以有 $u_C(0_-)=0$ 和 $i_L(0_-)=0$。

当 $t \geqslant 0_+$ 时，根据 KCL，有

$$i_G + i_C + i_L = I_\mathrm{S}$$

设状态变量 i_L 为所求变量，根据 $i_G=Gu_L$，$i_C=C\dfrac{\mathrm{d}u_L}{\mathrm{d}t}$ 和 $u_L=L\dfrac{\mathrm{d}i_L}{\mathrm{d}t}$，代入上式得

$$LC\frac{\mathrm{d}^2 i_L}{\mathrm{d}t^2} + GL\frac{\mathrm{d}i_L}{\mathrm{d}t} + i_L = I_\mathrm{S} \quad t \geqslant 0_+ \tag{8-10}$$

该式是二阶线性常系数非齐次微分方程，其解由两部分构成，即

$$i_L = i_L' + i_L'' \tag{8-11}$$

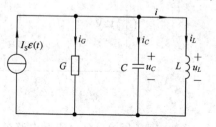

其中 i_L' 是方程的特解，也称为稳态响应或强制响应；i_L'' 是对应齐次方程的通解，也称为暂态响应或自由响应。稳态响应或强制响应是当 $t \to \infty$ 时的响应，因为激励是阶跃函数，所以有

$$i_L'(t) = i_L(\infty) = I_\mathrm{S} \tag{8-12}$$

暂态响应或自由响应可以利用上一节的方法求出。在式(8-10)中，令 $I_\mathrm{S}=0$，则对应的特征方程为

$$LCp^2 + GLp + 1 = 0$$

图 8-5　二阶电路的阶跃响应

特征根为

$$p_{1,2} = -\frac{G}{2C} \pm \sqrt{\left(\frac{G}{2C}\right)^2 - \frac{1}{LC}} \tag{8-13}$$

可见，特征根仍然有三种不同的情况，即当 $G>2\sqrt{C/L}$ 时有两个不相等的负实根，当 $G=2\sqrt{C/L}$ 时有两个相等的负实根以及当 $G<2\sqrt{C/L}$ 有共轭复根。三种不同的特征根分别对应电路的过阻尼、临界阻尼和欠阻尼三种情况。于是暂态响应可能的形式有

$$i_L'' = A_1\mathrm{e}^{p_1 t} + A_2\mathrm{e}^{p_2 t} \qquad\qquad 过阻尼响应 \tag{8-14a}$$

$$i_L'' = (A_1 + A_2 t)\mathrm{e}^{-\alpha t} \qquad\qquad 临界阻尼响应 \tag{8-14b}$$

$$i_L'' = \mathrm{e}^{-\alpha t}(A_1\cos\omega t + A_2\sin\omega t) \qquad 欠阻尼响应 \tag{8-14c}$$

式中 $\alpha=\dfrac{G}{2C}$，$\omega=\sqrt{\dfrac{1}{LC} - \left(\dfrac{G}{2C}\right)^2}$。

将式(8-12)和式(8-14)代入式(8-11)，得图 8-5 所示电路的阶跃响应分别为

$$i_L = [I_S + A_1 e^{p_1 t} + A_2 e^{p_2 t}]\varepsilon(t) \qquad 过阻尼响应 \qquad (8-15a)$$

$$i_L = [I_S + (A_1 + A_2 t)e^{-\alpha t}]\varepsilon(t) \qquad 临界阻尼响应 \qquad (8-15b)$$

$$i_L = [I_S + e^{-\alpha t}(A_1 \cos\omega t + A_2 \sin\omega t)]\varepsilon(t) \qquad 欠阻尼响应 \qquad (8-15c)$$

式中 A_1 和 A_2 的值可以根据初始条件

$$i_L(0_+) = i_L(0_-) = 0, \quad \frac{di_L}{dt}\bigg|_{t=0_+} = \frac{1}{L}u_C(0_+) = \frac{1}{L}u_C(0_-) = 0$$

求出。利用 $u_C = u_L = L\frac{di_L}{dt}$ 可以求出电容电压和电感电压，再利用 $i_C = C\frac{du_C}{dt}$ 和 $i_G = Gu_C$ 可求出电容电流和电导电流。

如果图 8-5 所示的电路是非零状态，即 $i_L(0_+)$ 和 $u_C(0_+)$ 不等于零，则同样根据式(8-15)可以求出电路的响应，此时响应是全响应。和一阶电路相同，全响应等于稳态响应和暂态响应之和，或者全响应等于强制响应和自由响应之和，于是全响应 $f(t)$ 可以写为

$$f(t) = f_f(t) + f_n(t)^{①} \qquad (8-16)$$

8.2.2　二阶电路的冲激响应

和一阶电路相同，如果二阶电路的激励为冲激函数，当冲激过后，冲激源所携带的能量就储存在储能元件上，电路的响应就是由该能量所引起的响应。冲激过后，电路中的外加激励为零，此时的响应就是零输入响应，即冲激响应。所以求冲激响应的首要任务是求冲激源能量的转移，即求电路的初始储能或初始状态，其次是求电路的零输入响应。

图 8-6(a)所示为冲激电压源激励的 RLC 串联电路。由于是冲激激励，所以 $u_C(0_-)=0$，$i(0_-)=0$。根据 7.6 节的结论，电感对冲激相当于开路，电容对冲激相当于短路，则冲激作用在 $t=0$ 时刻的等效电路如图 8-6(b)所示，所以有

$$u_L = \delta(t), \quad i = 0$$

再根据电感元件的 VCR，有

$$i(0_+) = i(0_-) + \frac{1}{L}\int_{0_-}^{0_+}\delta(t)dt = 0 + \frac{1}{L} = \frac{1}{L}$$

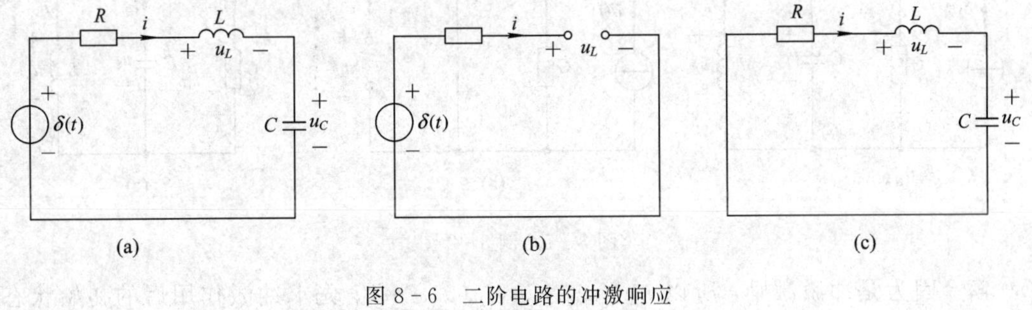

图 8-6　二阶电路的冲激响应

① $f_f(t)$ 的下标 f 为强制响应(forced response)的缩写；$f_n(t)$ 的下标 n 为自然响应(natural response)的缩写，习惯上称为自由响应。

可见，冲激所携带的能量转移到了电感元件上，冲激使电感电流发生了跃变。由于在 $t=0$ 时流过电容的电流为零，所以电容电压不可能跃变，则

$$u_C(0_+) = u_C(0_-) = 0$$

$t \geqslant 0_+$ 时的电路如图 8-6(c) 所示，该电路为 RLC 串联的零输入电路。若以 u_C 为变量，则该电路的响应就是 8.1 节所求的零输入响应，即根据特征根的不同冲激响应有三种不同的结果。此时的初始条件为

$$u_C(0_+) = 0, \left. \frac{\mathrm{d}u_C}{\mathrm{d}t} \right|_{t=0_+} = \frac{1}{C}i(0_+) = \frac{1}{LC}$$

将它们代入式(8-3)，解得

$$A_1 = -A_2 = -\frac{1}{LC(p_2 - p_1)}$$

代入式(8-3)，则过阻尼响应为

$$u_C = -\frac{1}{LC(p_2 - p_1)}(\mathrm{e}^{p_1 t} - \mathrm{e}^{p_2 t})\varepsilon(t)$$

将初始条件代入式(8-5)，解得

$$A_1 = 0, A_2 = \frac{1}{LC}$$

代入式(8-5)，则临界阻尼响应为

$$u_C = \frac{1}{LC}t\,\mathrm{e}^{-at}\varepsilon(t)$$

将初始条件代入式(8-7)，得

$$B_1 = 0, B_2 = \frac{1}{\omega LC}$$

代入式(8-7)，则欠阻尼响应为

$$u_C = \frac{1}{\omega LC}\mathrm{e}^{-at}\sin(\omega t)\varepsilon(t)$$

另外，电路的冲激响应同样可以先求出阶跃响应，然后通过求导得到冲激响应。

例 8-2　设电路为欠阻尼情况，试求图 8-7(a) 所示电路的冲激响应 i_L。

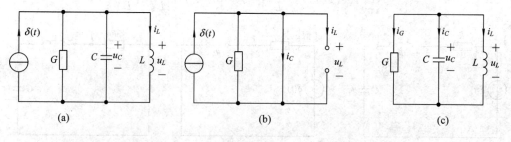

图 8-7　例 8-2 图

解　因为是冲激激励，所以 $u_C(0_-) = 0$，$i_L(0_-) = 0$。先求冲激作用后的初始状态，$t=0$ 时的等效电路如图 8-7(b) 所示，由图知 $i_C = \delta(t)$，$i_L = 0$，可以求出

$$u_C(0_+) = u_C(0_-) + \frac{1}{C}\int_{0_-}^{0_+}\delta(t)\,\mathrm{d}t = \frac{1}{C}$$

$$i_L(0_+) = i_L(0_-) = 0$$

$t \geqslant 0_+$ 时的电路如图 8-7(c)所示，该电路为 RLC 并联的零输入电路。设以 i_L 为变量，则电路的方程为

$$LC \frac{\mathrm{d}^2 i_L}{\mathrm{d}t^2} + GL \frac{\mathrm{d}i_L}{\mathrm{d}t} + i_L = 0$$

假设电路参数满足 $G < 2\sqrt{C/L}$ 条件，即为欠阻尼响应，根据式(8-14c)和初始条件有

$$i_L(0_+) = 0, \quad \frac{\mathrm{d}i_L}{\mathrm{d}t}\bigg|_{t=0_+} = \frac{1}{L}u_C(0_+) = \frac{1}{LC}$$

可求出 $A_1 = 0$，$A_2 = \dfrac{1}{\omega LC}$，则

$$i_L = \left[\frac{1}{\omega LC} \mathrm{e}^{-\alpha t} \sin(\omega t) \right] \varepsilon(t)$$

*8.3   一 般 二 阶 电 路

前两节研究的二阶电路仅仅是 RLC 的串联或并联电路，它们是最简单也是最常用的二阶电路。但是，在实际中常常会遇到含有两个储能元件的任意二阶电路，将前面讨论的方法用于这样的电路，其分析的步骤与方法如下：

第一步：设方程变量，列出电路方程。对于动态电路来说方程变量必须是状态变量 u_C 或 i_L，并用函数 $f(t)$ 统一表示它们，然后根据 KVL、KCL（或第 3 章的方法）以及支路上的 VCR 列出电路方程。零输入电路的方程为二阶齐次常微分方程，非零输入的方程是非齐次二阶方程。

第二步：确定初始条件 $f(0_+)$ 和 $\dfrac{\mathrm{d}f(t)}{\mathrm{d}t}\bigg|_{t=0_+}$。如果电路只有阶跃激励，则初始状态为零；如果电路只有冲激激励，则可通过求冲激源能量的转移结果得到初始状态。

第三步：求微分方程对应特征方程的特征根，确定电路自由（暂态）响应 $f_n(t)$ 的形式，即过阻尼响应、临界阻尼响应或者欠阻尼响应。若电路是零输入或冲激激励，则利用初始条件求出响应中的两个未知常数便可以得出电路响应。

第四步：求出强制（稳态）响应。如果激励是直流，则强制（稳态）响应为

$$f_t(t) = f(\infty)$$

式中 $f(\infty)$ 为终值，可以通过电路直接求得，因为 $t \to \infty$ 时，对于直流激励而言电容开路，电感短路。

第五步：求出全响应。因为全响应是强制（稳态）响应与自由（暂态）响应之和，根据式(8-16)，即

$$f(t) = f_t(t) + f_n(t)$$

由初始条件确定全响应中的两个未知常数，即可得出电路的全响应。

下面通过例子具体说明以上分析的方法与步骤。

例 8-3 图 8-8(a)所示电路已达稳态，$t = 0$ 时闭合开关 S，试求 u_C。

解 第一步：以 u_C 为变量列方程。$t \geqslant 0_+$ 时的电路如图 8-8(b)所示，设网孔电流分别为 i_1 和 i_2，对于网孔 1 和网孔 2 根据 KVL，有

$$2i_1 + u_L + 6i_C + u_C = 10$$
$$-6i_C + 2i_2 - u_C = 0$$

再由图 8-8(b)得

$$u_L = 2\frac{\mathrm{d}i_1}{\mathrm{d}t}$$

$$i_C = i_1 - i_2 = 0.5\frac{\mathrm{d}u_C}{\mathrm{d}t}$$

以 u_C 为变量整理得电路的微分方程为

$$2\frac{\mathrm{d}^2 u_C}{\mathrm{d}t^2} + 4\frac{\mathrm{d}u_C}{\mathrm{d}t} + u_C = 5 \qquad t \geqslant 0_+ \tag{8-17}$$

可见，该方程为二阶常系数非齐次微分方程。

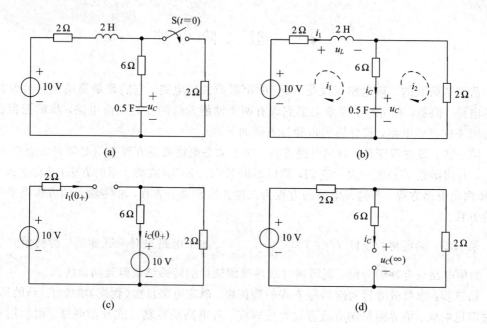

图 8-8　例 8-3 图

第二步：求初始条件。由图 8-8(a)得电路的初始状态为

$$u_C(0_+) = u_C(0_-) = 10\ \mathrm{V}$$
$$i_1(0_+) = i_1(0_-) = 0\ \mathrm{A}$$

根据初始条件画出 $t=0_+$ 时刻的电路如图 8-8(c)所示，由图得

$$\frac{\mathrm{d}u_C}{\mathrm{d}t}\bigg|_{t=0_+} = \frac{1}{0.5}i_C(0_+) = -2.5(\mathrm{V/s})$$

第三步：求暂态响应。式(8-17)的特征方程为

$$2p^2 + 4p + 1 = 0$$

计算可得特征根为

$$p_1 = -0.293,\ p_2 = -1.707$$

此为两个不相等的实根，可知暂态响应为过阻尼响应，即

$$u_{\mathrm{Cn}}(t) = A_1 \mathrm{e}^{-0.293t} + A_2 \mathrm{e}^{-1.707t}$$

第四步：求稳态响应。$t=\infty$ 时电路达到稳态，由于激励为直流，电容开路电感短路，则电路如图 8-8(d)所示，由图得

$$u_{\mathrm{Cf}}(t) = u_C(\infty) = 5 \ \mathrm{V}$$

第五步：求出全响应。根据式(8-16)，得

$$u_C = u_{\mathrm{Cf}} + u_{\mathrm{Cn}}(t) = 5 + A_1 \mathrm{e}^{-0.293t} + A_2 \mathrm{e}^{-1.707t}$$

代入初始条件，得常数为

$$A_1 = -4.27, \quad A_2 = 0.73$$

故得电路的全响应为

$$u_C = 5 - 4.27 \mathrm{e}^{-0.293t} + 0.73 \mathrm{e}^{-1.707t}$$

本章研究了含有两个储能元件的电路，描述这种电路的方程是二阶微分方程。由于电路参数的不同，特征方程的特征根有三种情况，即两个不相等的负实根、两个相等的负实根和两个共轭复根。对应的电路响应分别为过阻尼、临界阻尼和欠阻尼响应。

本章仅仅研究了直流激励下，且结构较为简单的电路响应。如果电路的激励是其他函数(如正弦、指数等)，而且为任意结构的二阶或者高阶电路，则电路的分析就变得复杂了，本书的第 15 章将专门研究这类问题。

习　题

8-1　设题 8-1 图所示电路已达到稳态，在 $t=0$ 时开关 S 动作，试求 $u_C(0_+)$、$i_L(0_+)$、$i(0_+)$、$\mathrm{d}u_C(0_+)/\mathrm{d}t$ 和 $\mathrm{d}i_L(0_+)/\mathrm{d}t$。

8-2　设题 8-2 图所示电路已达到稳态，在 $t=0$ 时开关 S 动作，试求 $u_C(0_+)$、$i_L(0_+)$、$u_R(0_+)$、$\mathrm{d}u_C(0_+)/\mathrm{d}t$ 和 $\mathrm{d}i_L(0_+)/\mathrm{d}t$。

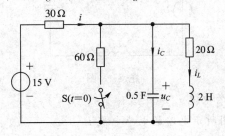

题 8-1 图

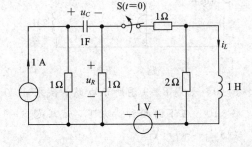

题 8-2 图

8-3　电路如题 8-3 图所示，试求 $u_C(0_+)$、$i_L(0_+)$、$\mathrm{d}u_C(0_+)/\mathrm{d}t$、$\mathrm{d}i_L(0_+)/\mathrm{d}t$、$u_C(\infty)$ 和 $i_L(\infty)$。

8-4　如题 8-4 图所示电路，设 $u_C(0_-)=10 \ \mathrm{V}$，$R=12.5 \ \Omega$，$L=1.25 \ \mathrm{H}$，$C=0.05 \ \mathrm{F}$。试求：

(1) $t>0$ 时的 $u_C(t)$ 和 $i(t)$。

(2) 若 L 和 C 不变，问 R 为何值时电路发生临界响应。

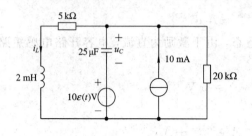

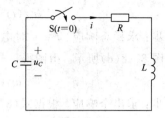

题 8-3 图　　　　　　　　题 8-4 图

8-5　设题 8-5 图所示电路已达稳态，在 $t=0$ 时开关 S 动作，试求 $t>0$ 时的 u_C 和 u_L。

8-6　设题 8-6 图所示电路已达稳态，已知 $R=2\ \Omega$，$G=12\times10^{-3}$ S，$L=10$ H，$C=1000\ \mu$F。试求 $t>0$ 时的 i_L 和 u_C。

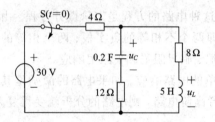

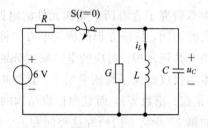

题 8-5 图　　　　　　　　题 8-6 图

8-7　设题 8-7 图所示电路已达稳态，在 $t=0$ 时开关 S 动作，试求 $t>0$ 时的电流 i。

8-8　如题 8-8 图所示电路，已知 $i(0_-)=0$ A，$u_C(0_-)=0$ V，$U_S=15$ V，$R=2\ \Omega$，$L=1$ H，$C=0.1$ F。试求 $t>0$ 时的电压 u_C。

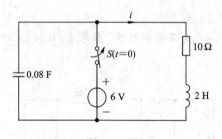

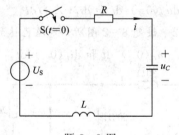

题 8-7 图　　　　　　　　题 8-8 图

8-9　如题 8-9 图所示电路，试求 $t>0$ 时的电流 i_L 和 u_C。

8-10　在下面两种情况下，试求题 8-10 图所示电路的电感电流 i_L。

(1) $i_S=\varepsilon(t)$ A

(2) $i_S=\delta(t)$ A

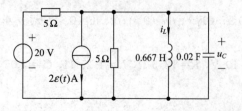

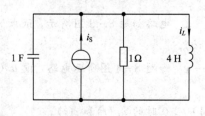

题 8-9 图　　　　　　　　题 8-10 图

8-11 试求题 8-11 图所示电路的冲激响应 u_C。

8-12 电路如题 8-12 图所示，试以 u 为变量列出电路的微分方程。

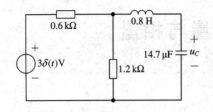 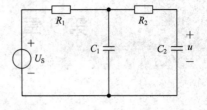

题 8-11 图   题 8-12 图

8-13 电路如题 8-13 图所示，求电路的阶跃响应 u_C。

8-14 题 8-14 图所示电路，求 $t>0$ 时的电流 i。

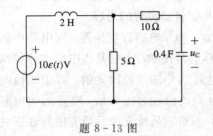 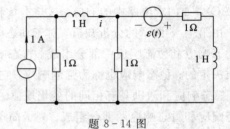

题 8-13 图   题 8-14 图

第 9 章　正弦量与相量

到目前为止，我们分析的都是直流激励下的电路。然而在实际中，常会遇到大量以正弦规律变化的电源或信号源。例如，供电网中的电压、通信技术中的载波频率信号等均是按正弦规律变化的。如果电路的激励是以正弦规律变化(正弦量)的电压或电流，简称为交流(AC)，如何求电路中的响应，这是本章和后续几章将要讲解的内容。

由第 7、8 两章的分析知道，对于动态电路而言，如果电路发生换路，则电路中的响应由稳态响应和暂态响应两部分组成。暂态响应也称为自由响应，它是由电路本身的结构和性质决定的；稳态响应也称为强制响应，它是由电路的外加激励决定的，对于线性电路而言，稳态响应和激励具有相同的变化规律。如果电路的激励为正弦量，电路的响应同样由稳态响应和暂态响应两部分组成。为了简单起见，本章和后续几章只研究电路在正弦激励下的稳态响应。

正弦量有许多优点。例如，自然界中的许多变化特征都是正弦规律(如钟摆的运动、海平面的波纹等)；正弦量容易产生和传递(如发电机发出的电压和通信载波信号等)；正弦量很容易进行数学处理，正弦量的加减、微分和积分运算仍是正弦量；通过傅里叶分析，任何非正弦周期信号都能由一系列的正弦量表示，从而可以利用正弦激励电路的分析方法分析非正弦周期信号激励的电路。另外，对于任意随时间变化的信号，同样可以借助于正弦激励电路的分析方法间接地分析电路。

为了分析正弦激励下的稳态电路(简称正弦稳态电路)，本章的主要任务是利用正弦量和复数之间的对应关系引入相量的概念，从而可以将微分方程的特解问题转化成解复数代数方程的问题，使正弦激励下线性正弦稳态电路的求解简单化；然后介绍 R、L、C 元件的相量模型以及电路定律的相量形式，电路时域模型到相量域模型的转换；最后介绍阻抗和导纳的概念以及阻抗、导纳的串联和并联等效等。

9.1　正　弦　量

随时间按正弦规律变化的(变)量称为正弦量，实际中有许多工作在正弦量电压、电流模式下的电路，要分析这类电路需先研究正弦量所具有的一些特征，如幅值、频率、初相位以及正弦量的有效值和相位关系等。

9.1.1　正弦量的三要素

电路中的正弦量通常是指随时间按正弦规律变化的电压和电流。这些电压和电流的变化规律可以用 sine 函数表示，也可用 cosine 函数表示，本书采用 cosine 函数。设电流按正

弦规律变化，其表达式为

$$i(t) = I_{\mathrm{m}} \cos(\omega t + \psi_i) \qquad (9-1)$$

式中 I_{m} 为正弦量的振幅，它表示正弦量变化过程中的极大值，也称最大值；$(\omega t + \psi_i)$ 称为正弦量的相位或相角，它表示正弦量的变化进程，$t = 0$ 时的相位称为初相位（角），即 $(\omega t + \psi_i)|_{t=0} = \psi_i$；$\omega$ 称为正弦量的角频率，它表示相位随时间变化的快慢程度，即

$$\omega = \frac{\mathrm{d}}{\mathrm{d}t}(\omega t + \psi_i)$$

ω 也称为角速度，单位为弧度/秒（rad/s）。对一个正弦量而言，只要知道了正弦量的最大值、角频率和初相位，一个正弦量就唯一地确定了，所以这三个量称为正弦量的三要素。式（9-1）的电流波形如图 9-1 所示。

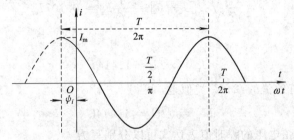

图 9-1　正弦量 $i(t)$ 的波形

正弦量的角频率与它的周期 T 和频率 f 之间的关系为

$$\omega = 2\pi f, \quad f = \frac{1}{T} \qquad (9-2)$$

周期 T 的单位是 s；频率 f 的单位为 1/s，称为赫兹（Hz，Hertz，简称赫）。如我国电力网正弦交流电的频率是 50 Hz，某电台的载波频率为 690 kHz 等。工程中常以频率范围区分电路，如音频（$20 \sim 20 \times 10^3$ Hz）电路、中频电路以及高频电路等。

由于 $i(t)$ 是随时间变化的，时刻不同其值也不同，所以常将其称为正弦量（电流）的瞬时值表达式。

9.1.2　有效值的定义、正弦量的有效值

工程上，对于周期变化的电流、电压而言，常常需要为它规定一个表征大小的特征值，这个特征值是根据周期电流或电压在一个周期内产生的平均效应换算得到的。如两个值相等的电阻 R，分别给它们通入直流电流 I 和周期变化的电流 i（设周期为 T），如果在相同的时间 T 内，设两个电阻消耗的能量相等，即

$$I^2 RT = \int_0^T i^2 R \, \mathrm{d}t$$

由该式得

$$I = \sqrt{\frac{1}{T} \int_0^T i^2 \, \mathrm{d}t} \qquad (9-3)$$

式（9-3）中 I 就是周期电流的有效值。就相同的电阻 R 而言，在相同时间内，当给电阻通入周期电流 i 时，电阻所消耗能量是相同时间内所通直流电流消耗电能的相当值。由式（9-3）可见，周期电流的有效值等于其瞬时值的平方在一个周期内积分的平均值的平方

根，故有效值又称方均根值。

类似地，可得周期电压 u 的有效值，即

$$U = \sqrt{\frac{1}{T} \int_0^T u^2 \, \mathrm{d}t}$$

若周期电流为正弦量，设 $i = I_\mathrm{m} \cos(\omega t + \psi_i)$，代入式(9-3)，有

$$
\begin{aligned}
I &= \sqrt{\frac{1}{T} \int_0^T I_\mathrm{m}^2 \cos^2(\omega t + \psi_i) \, \mathrm{d}t} \\
&= \sqrt{\frac{1}{T} \frac{I_\mathrm{m}^2}{2} \int_0^T [1 + \cos 2(\omega t + \psi_i)] \, \mathrm{d}t} \\
&= \frac{I_\mathrm{m}}{\sqrt{2}} \sqrt{\frac{1}{T}[T + 0]} = \frac{1}{\sqrt{2}} I_\mathrm{m} = 0.707 I_\mathrm{m}
\end{aligned}
$$

所以

$$I_\mathrm{m} = \sqrt{2} I = 1.414 I \tag{9-4}$$

可见，最大值 I_m 是有效值的 $\sqrt{2}$ 倍。类似地，可得

$$U_\mathrm{m} = \sqrt{2} U = 1.414 U \tag{9-5}$$

于是，正弦电流和正弦电压的瞬时值表达式可以分别写为

$$i(t) = \sqrt{2} I \cos(\omega t + \psi_i), \quad u(t) = \sqrt{2} U \cos(\omega t + \psi_u)$$

工程上常称 I 和 U 为正弦交流电流、电压的有效值，如电压为 220 V、380 V 和电流为 100 A 等都是有效值。另外电气设备铭牌上所标的额定电流、电压及交流电压表、电流表（电磁系仪表）所测的都是有效值。

9.1.3　正弦量的相位差

电路中，常用相位差的概念来描述两个同频率正弦量之间的相位关系。设两个同频率的正弦电压 u 和电流 i 分别为

$$u(t) = \sqrt{2} U \cos(\omega t + \psi_u)$$
$$i(t) = \sqrt{2} I \cos(\omega t + \psi_i)$$

其波形如图 9-2 所示。

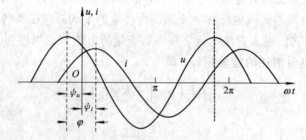

图 9-2　两个同频率正弦量的相位差

电压和电流之间的相位差为电压的相位减去电流的相位，即

$$\varphi = (\omega t + \psi_u) - (\omega t + \psi_i) = \psi_u - \psi_i \tag{9-6}$$

可见，相位差即为初相位之差，用 φ 表示。相位差是在主值范围内取值的。相位差反映了

同频率正弦量的"超前"或"滞后"的关系。

若 $\varphi>0$，称 u 超前 i，如图 9-2 所示，u 超前 i 说明 u 先到达正的最大值；若 $\varphi<0$，称 u 滞后 i；若 $\varphi=0$，称 u 和 i 同相位；若 $|\varphi|=\pi/2$，称 u 与 i 正交；若 $|\varphi|=\pi$，称 u 与 i 彼此反相。一般规定，$|\varphi|\leqslant180°$ 的角度称为相位差。

例 9-1　设有两个同频率的正弦电流分别为 $i_1(t)=10\sqrt{2}\cos(\omega t+135°)\mathrm{A}$，$i_2(t)=5\sqrt{2}\sin(\omega t)\mathrm{A}$，求它们的相位差，并说明超前、滞后关系。

解　首先将 i_2 改写成 cosine 函数的表示形式，即

$$i_2(t)=5\sqrt{2}\sin(\omega t)=5\sqrt{2}\cos(\omega t-90°)$$

根据式(9-6)，有

$$\varphi=\psi_1-\psi_2=135°-(-90°)=225°=-135°<0$$

因为 $\varphi<0$，所以 i_1 滞后 i_2 135°。

9.2　正弦量的相量表示

对于线性电路来说，如果激励为正弦量，则响应也为正弦量。为了求解一个正弦量激励的电路，如果直接用瞬时值表达式进行运算，计算将很繁琐，有时甚至是不可能的。为此，可借助复数来表示正弦量，进而简化正弦量之间的运算，使正弦稳态电路的分析和计算简单化。下面首先复习一下复数。

9.2.1　复数

将一个向量 F 放在复平面中，如图 9-3 所示，即向量 F（复数）可表示成

$$F=a+jb$$

式中 $j=\sqrt{-1}$ 为虚单位(因为电路中 i 表示电流，所以用 j)。对复数 F 取实部(Re, Real part)，即 $a=\mathrm{Re}[F]=|F|\cos\theta$，取虚部(Im, Imaginary part)，即 $b=\mathrm{Im}[F]=|F|\sin\theta$，所以 a、b 分别称为复数 F 的实部和虚部，$|F|$ 是复数 F 的模，$\theta=\arg[F]$ 为复数 F 的辐角(argument)。

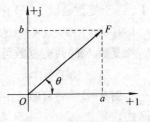

图 9-3　复数的表示

利用欧拉(Euler)公式 $e^{j\theta}=\cos\theta+j\sin\theta$，可得复数 F 的三角函数表达式、指数表达式以及极坐标表达式，即

$$F=a+jb=|F|\cos\theta+j|F|\sin\theta=|F|e^{j\theta}=|F|\angle\theta$$

下面复习复数的运算。设两个复数 $F_1=a_1+jb_1$ 和 $F_2=a_2+jb_2$，复数的加减运算为

$$F_1\pm F_2=(a_1+jb_1)\pm(a_2+jb_2)=(a_1\pm a_2)+j(b_1\pm b_2)$$

复数的加减运算可以在复平面上按平行四边形法求得，见图 9-4，其中图 9-4(a)为加运算 F_1+F_2，图 9-4(b)为减运算 F_1-F_2。

复数的乘法与除法运算用指数或极坐标形式比较方便，设两个复数 $F_1=|F_1|e^{j\theta_1}=|F_1|\angle\theta_1$ 和 $F_2=|F_2|e^{j\theta_2}=|F_2|\angle\theta_2$，它们的乘法和除法运算分别为

$$F_1 F_2 = |F_1| \mathrm{e}^{\mathrm{j}\theta_1} \cdot |F_2| \mathrm{e}^{\mathrm{j}\theta_2} = |F_1||F_2| \mathrm{e}^{\mathrm{j}(\theta_1+\theta_2)}$$
$$= |F_1||F_2| \angle(\theta_1+\theta_2)$$

$$\frac{F_1}{F_2} = \frac{|F_1| \mathrm{e}^{\mathrm{j}\theta_1}}{|F_2| \mathrm{e}^{\mathrm{j}\theta_2}} = \frac{|F_1|}{|F_2|} \mathrm{e}^{\mathrm{j}(\theta_1-\theta_2)} = \frac{|F_1|}{|F_2|} \angle(\theta_1-\theta_2)$$

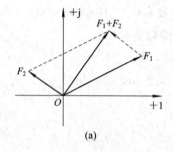 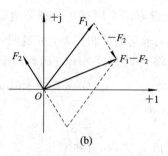

(a) (b)

图 9-4　复数的加法、减法运算图示法

图 9-5 所示为两个复数相乘的图解表示。两个复数相乘结果是模相乘，辐角相加；两个复数相除结果是模相除，辐角相减。可见，复数的乘、除运算用极坐标或指数形式方便，而加减运算用代数形式方便。

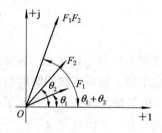

图 9-5　复数乘法运算的图示法

单位复数 $\mathrm{e}^{\mathrm{j}\theta}=1\angle\theta$ 是一个模为 1，辐角为 θ 的复数，任意复数 F 乘以单位复数 $\mathrm{e}^{\mathrm{j}\theta}$ 等于把复数 F 逆时针旋转一个角度 θ，而模值却不变，所以称单位复数 $\mathrm{e}^{\mathrm{j}\theta}$ 为旋转因子。

若 $\theta=\pm\pi/2$，则 $\mathrm{e}^{\pm\mathrm{j}90°}=\pm\mathrm{j}$，因此称 $\pm\mathrm{j}$ 为 90°旋转因子。一个复数乘以 $\pm\mathrm{j}$ 等于将该复数逆(或顺)时针旋转 90°。例如，$+1\times\mathrm{j}=+\mathrm{j}$，$+\mathrm{j}\times\mathrm{j}=-1$，$-1\times\mathrm{j}=-\mathrm{j}$ 和 $-\mathrm{j}\times\mathrm{j}=+1$，这就是复平面坐标关系。

复数 F 的共轭复数可以表示为

$$F^* = a - \mathrm{j}b = |F| \mathrm{e}^{-\mathrm{j}\theta} = |F| \angle -\theta$$

例 9-2　将复数 $F_1=5+\mathrm{j}10$，$F_2=-3+\mathrm{j}4$，$F_2=-4-\mathrm{j}3$ 和 $F_4=10-\mathrm{j}40$ 写成极坐标形式。

解　求解时注意复数所处的象限。

$$F_1 = 5+\mathrm{j}10 = \sqrt{5^2+10^2} \angle \arctan\left(\frac{10}{5}\right) = 11.18\angle 63.4°$$

$$F_2 = -3+\mathrm{j}4 = \sqrt{(-3)^2+4^2} \angle \arctan\left(\frac{4}{-3}\right) = 5\angle 126.9°$$

$$F_3 = -4-\mathrm{j}3 = \sqrt{(-4)^2+(-3)^2} \angle \arctan\left(\frac{-3}{-4}\right) = 5\angle -143.1°$$

$$F_4 = 10-\mathrm{j}40 = \sqrt{10^2+40^2} \angle \arctan\left(\frac{-40}{10}\right) = 41.23\angle -76.0°$$

例 9-3　设 $F_1=6+\mathrm{j}8$，$F_2=5\angle 135°$，求 F_1+F_2、$F_1 F_2$ 和 F_1/F_2。

解　$F_1=6+\mathrm{j}8=10\angle 53.1°$

$F_2=5\angle 135°=5(\cos 135°+\mathrm{j}\sin 135°)=-3.5+\mathrm{j}3.5$

则

$$F_1+F_2=6+\mathrm{j}8-3.5+\mathrm{j}3.5=2.5+\mathrm{j}11.5$$

$$=\sqrt{2.5^2+11.5^2}\angle\arctan\left(\frac{11.5}{2.5}\right)$$

$$=11.77\angle77.7°$$

$$F_1F_2=(10\angle53.1°)(5\angle135°)=50\angle188.1°=50\angle-171.9°$$

$$\frac{F_1}{F_2}=\frac{10\angle53.1°}{5\angle135°}=2\angle(53.1°-135°)=2\angle-81.9°$$

9.2.2　相量的定义

设复数 $F=|F|\mathrm{e}^{\mathrm{j}\theta}$，如果 $\theta=\omega t+\psi$，则

$$F=|F|\mathrm{e}^{\mathrm{j}(\omega t+\psi)}=|F|\cos(\omega t+\psi)+\mathrm{j}|F|\sin(\omega t+\psi)$$

取 F 的实部，即

$$\mathrm{Re}[F]=|F|\cos(\omega t+\psi)$$

由此可见，正弦量可以用复数表示，因为它包含了正弦量的三个要素，即正弦量的幅值为复数的模，正弦量的初相位为复数的辐角，并且复数以正弦量的角频率逆时针旋转。所以，正弦量和复数之间有一一对应的关系，即一个旋转的复数可以表示一个正弦量。

设正弦量电流为 $i(t)=\sqrt{2}I\cos(\omega t+\psi_i)$，则

$$i(t)=\mathrm{Re}[\sqrt{2}I\mathrm{e}^{\mathrm{j}(\omega t+\psi_i)}]=\mathrm{Re}[\sqrt{2}I\mathrm{e}^{\mathrm{j}\psi_i}\mathrm{e}^{\mathrm{j}\omega t}]=\mathrm{Re}[\sqrt{2}\dot{I}\mathrm{e}^{\mathrm{j}\omega t}]\qquad(9-7)$$

式中 $\dot{I}=I\mathrm{e}^{\mathrm{j}\psi_i}=I\angle\psi_i$ 是一个复数，$\sqrt{2}\dot{I}\mathrm{e}^{\mathrm{j}\omega t}$ 说明给复数 $\dot{I}$ 乘以 $\sqrt{2}$ 后，它以角速度 ω 逆时针方向旋转，旋转过程中在实轴上的投影就是正弦电流 $i(t)$，这一对应关系如图 9-6 所示。

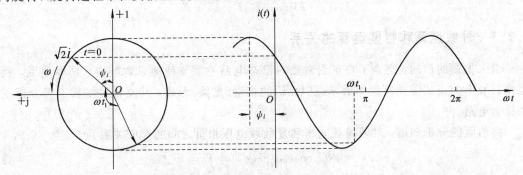

图 9-6　旋转复数与正弦量的对应关系

为了简单起见，在上述旋转的复数中去掉旋转因子 $\mathrm{e}^{\mathrm{j}\omega t}$ 和 $\sqrt{2}$，只保留复数 $\dot{I}=I\mathrm{e}^{\mathrm{j}\psi_i}=I\angle\psi_i$，则定义 $\dot{I}$ 为正弦电流 $i(t)$ 的"有效值"相量，称为电流相量。$\dot{I}$ 是一个复数，这里它代表正弦量的电流相量，为了与电流有效值区别，在字母 I 上打一个小圆点。可以将 $\dot{I}$ 画在复平面上，即如图 9-7 所示。可见，有效值相量是描述正弦量有效值和初相位的复数，它的模是正弦量的有效值，辐角是正弦量的初相位。有时也用最大值相量，即 $\dot{I}_\mathrm{m}=\sqrt{2}\dot{I}$。

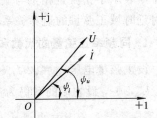

图 9-7　正弦量的相量图

同理，正弦量电压对应的相量定义为

$$\dot{U} = U\mathrm{e}^{\mathrm{j}\psi_u} = U\angle\psi_u$$

同样可以将其画在复平面上，如图 9-7 所示。由于复平面上表示的是相量，所以图 9-7 称为相量图。因为相量可以表示正弦量，并且可以画出其相量图，所以只有同频率的正弦量所对应的相量才可以画在同一个相量图上。

例 9-4　(1) 设电压 $u_1(t) = 311\cos(\omega t + 30°)\text{V}$，$u_2(t) = 380\sqrt{2}\sin(\omega t + 150°)\text{V}$，$i(t) = -3\sqrt{2}\cos(\omega t + 75°)\text{A}$，写出它们对应的相量。

(2) 已知相量 $\dot{U} = 110\angle-135°\text{V}$，$\dot{I}_m = 15\angle45°\text{A}$，$f = 50\text{ Hz}$，写出它们的瞬时表达式。

解　(1) 由式(9-7)，得

$$u_1(t) = 311\cos(\omega t + 30°) = \mathrm{Re}\left[\sqrt{2}\,\frac{311}{\sqrt{2}}\mathrm{e}^{\mathrm{j}30°}\mathrm{e}^{\mathrm{j}\omega t}\right] = \mathrm{Re}[\sqrt{2}\dot{U}_1\mathrm{e}^{\mathrm{j}\omega t}]$$

其中 $\dot{U}_1 = \dfrac{311}{\sqrt{2}}\mathrm{e}^{\mathrm{j}30°} = 220\angle30°\text{V}$ 是电压对应的相量；

因为我们是以 cosine 函数为参考的，所以首先要将 $u_2(t)$ 化为 cosine 函数，即

$$u_2(t) = 380\sqrt{2}\sin(\omega t + 150°) = 380\sqrt{2}\cos(\omega t + 60°)\text{V}$$

则有 $\dot{U}_2 = 380\angle120°\text{V}$；

电流 $i(t)$ 对应的相量为 $\dot{I} = -3\angle75° = 3\angle-105°\text{A}$。

(2) 由 $\omega = 2\pi f = 2\times\pi\times50 = 314$，则有电压相量 $\dot{U}$ 所对应的正弦量为

$$u(t) = 110\sqrt{2}\cos(314t - 135°)\text{V}$$

电流相量 $\dot{I}$ 对应的正弦量为

$$i(t) = 15\cos(314t + 45°)\text{ A}$$

9.2.3　时域运算和相量运算的关系

引入相量的目的，是为了在正弦激励的稳态电路中更方便地求解响应。具体地说，就是将时域中的正弦量变换到相量域(复数域)的相量(复数)形式，以便利用复数工具分析正弦稳态电路。

由前面的分析知道，时域正弦电压和复数域电压相量之间的对应关系为

$$\underset{\text{(时域)}}{u(t) = \sqrt{2}U\cos(\omega t + \psi_u)} \Longleftrightarrow \underset{\text{(相量域)}}{\dot{U} = U\angle\psi_u} \qquad (9-8)$$

式中 $\Longleftrightarrow$ 表示了正弦量相量与其对应的正弦量之间的映射关系，它们之间可以相互转换。下面讨论时域正弦量的运算关系映射到相量域的运算关系。

1. 同频率正弦量的代数和运算

设正弦量电压 $u_1 = \sqrt{2}U_1\cos(\omega t + \psi_1)$，$u_2 = \sqrt{2}U_2\cos(\omega t + \psi_2)$，$\cdots$，各自的相量分别为 $\dot{U}_1$，$\dot{U}_2$，$\cdots$，设它们的和仍为正弦量电压，则

$$\begin{aligned}u &= u_1 + u_2 + \cdots = \mathrm{Re}[\sqrt{2}\dot{U}_1\mathrm{e}^{\mathrm{j}\omega t}] + \mathrm{Re}[\sqrt{2}\dot{U}_2\mathrm{e}^{\mathrm{j}\omega t}] + \cdots \\ &= \mathrm{Re}[\sqrt{2}(\dot{U}_1 + \dot{U}_2 + \cdots)\mathrm{e}^{\mathrm{j}\omega t}] = \mathrm{Re}[\sqrt{2}\dot{U}\mathrm{e}^{\mathrm{j}\omega t}] \\ &= \sqrt{2}U\cos(\omega t + \psi_u)\end{aligned}$$

由此得

$$u = u_1 + u_2 + \cdots \Leftrightarrow \dot{U} = \dot{U}_1 + \dot{U}_2 + \cdots \tag{9-9}$$

可见，时域正弦量的代数和映射到相量域为对应各相量的代数和。

2. 微分运算

设正弦量电压 $u = \sqrt{2}U \cos(\omega t + \psi_u)$，它对应的相量为 $\dot{U}$，对 u 求导，则

$$\frac{\mathrm{d}u}{\mathrm{d}t} = \frac{\mathrm{d}}{\mathrm{d}t} \mathrm{Re}[\sqrt{2}\dot{U}\mathrm{e}^{\mathrm{j}\omega t}] = \mathrm{Re}\left[\frac{\mathrm{d}}{\mathrm{d}t}\sqrt{2}\dot{U}\mathrm{e}^{\mathrm{j}\omega t}\right]$$

$$= \mathrm{Re}[\sqrt{2}\mathrm{j}\omega\dot{U}\mathrm{e}^{\mathrm{j}\omega t}]$$

$$= \sqrt{2}\omega U \cos\left(\omega t + \psi_u + \frac{\pi}{2}\right)$$

可见，正弦量的导数仍是一个同频率的正弦量，但模增加了 ω 倍，并超前原正弦量 $90°$；其相量等于原相量 $\dot{U}$ 乘以 $\mathrm{j}\omega$。正弦量的时域微分和相量域之间的映射关系为

$$\frac{\mathrm{d}u}{\mathrm{d}t} \Leftrightarrow \mathrm{j}\omega\dot{U} \tag{9-10}$$

3. 积分运算

设正弦量电压 $u = \sqrt{2}U \cos(\omega t + \psi_u)$，它对应的相量为 $\dot{U}$，对 u 积分，则

$$\int u\,\mathrm{d}t = \int \mathrm{Re}[\sqrt{2}\dot{U}\mathrm{e}^{\mathrm{j}\omega t}]\mathrm{d}t = \mathrm{Re}\left[\int \sqrt{2}\dot{U}\mathrm{e}^{\mathrm{j}\omega t}\,\mathrm{d}t\right] = \mathrm{Re}\left[\sqrt{2}\frac{1}{\mathrm{j}\omega}\dot{U}\mathrm{e}^{\mathrm{j}\omega t}\right]$$

$$= \sqrt{2}\frac{U}{\omega}\cos\left(\omega t + \psi_u - \frac{\pi}{2}\right)$$

可见，正弦量的积分仍是一个同频率的正弦量，但模减小 ω 倍，且滞后原正弦量 $90°$；其相量等于原相量 $\dot{U}$ 除以 $\mathrm{j}\omega$。正弦量的时域积分和相量域之间的映射关系为

$$\int u\,\mathrm{d}t \Leftrightarrow \frac{1}{\mathrm{j}\omega}\dot{U} \tag{9-11}$$

例 9-5　已知 $i_1 = 4\sqrt{2}\cos(314t + 30°)\,\mathrm{A}$，$i_2 = 5\sqrt{2}\sin(314t - 20°)\,\mathrm{A}$，用相量映射关系求：

(1) $i = i_1 + i_2$；

(2) $\dfrac{\mathrm{d}i_1}{\mathrm{d}t}$；

(3) $\displaystyle\int i_2\,\mathrm{d}t$。

解　首先将 i_2 变成 cosins 函数，即

$$i_2 = 5\sqrt{2}\cos(314t - 110°)$$

然后写出它们对应的相量，即

$$\dot{I}_1 = 4\angle 30°\,\mathrm{A}, \quad \dot{I}_2 = 5\angle -110°\,\mathrm{A}$$

(1) 由式(9-9)，得

$$\dot{I} = \dot{I}_1 + \dot{I}_2 = 4\angle 30° + 5\angle -110° = 3.46 + \mathrm{j}2 - 1.71 - \mathrm{j}4.70$$

$$= 1.75 - \mathrm{j}2.70 = 3.22\angle -57.1°\,\mathrm{A}$$

将相量转换到时域，即

$$i = 3.22\sqrt{2}\cos(314t - 57.1°)\,\mathrm{A}$$

（2）用相量求解。由式（9-10）有

$$\frac{\mathrm{d}i_1}{\mathrm{d}t} \Leftrightarrow \mathrm{j}\omega\dot{I}_1 = \mathrm{j}314 \times 4\angle 30° = 1256\angle 120°$$

则有瞬时值表达式为

$$\frac{\mathrm{d}i_1}{\mathrm{d}t} = 1256\sqrt{2}\cos(314t + 120°)$$

（3）由式（9-11），$\int i_2\mathrm{d}t$ 的相量为

$$\frac{\dot{I}_2}{\mathrm{j}\omega} = \frac{5\angle -110°}{\mathrm{j}314} = 0.016\angle -200° = 0.016\angle 160°$$

则瞬时值表达式为

$$\int i_2\mathrm{d}t = 0.016\sqrt{2}\cos(314t + 160°)$$

由上所述，可以用复数（相量）表示正弦量。正弦量的代数和、微分、积分仍然是同频率的正弦量。时域正弦量代数和的关系映射到相量域仍然为代数和，而时域正弦量微分和积分关系映射到相量域相当于分别给原相量乘以或除以 $\mathrm{j}\omega$。

9.3　三种基本电路元件和电路定律的相量关系

由上一节知道，可以将正弦量电压或电流用相量表示，并知道了时域正弦量运算和相量域相量运算的映射（对应）关系。在此基础上，本节将讨论三种基本电路元件 R、L 和 C 的电压、电流相量域的约束关系（复数域的 VCR），即讨论 R、L 和 C 的 VCR 的相量形式。另外讨论电路定律 KCL、KVL 的相量形式。

9.3.1　电阻元件的相量关系

图 9-8(a)所示电路为电阻元件电路，设流过电阻的电流为

$$i_R = \sqrt{2}I_R\cos(\omega t + \psi_i)$$

由欧姆定律知，电阻上的电压为

$$u_R = Ri_R = \sqrt{2}RI_R\cos(\omega t + \psi_i) = \sqrt{2}U_R\cos(\omega t + \psi_u)$$

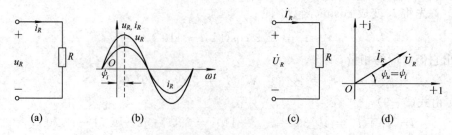

图 9-8　电阻上的电压、电流关系

可见，电阻上的电压和电流是同频率的正弦量，初相位相等（同相），即 $\psi_u = \psi_i$；波形如图 9-8(b)所示。由相量定义知 $\dot{I}_R = I_R\angle\psi_i$，$\dot{U}_R = U_R\angle\psi_u$，其中 $U_R = RI_R$，则

$$\dot{U}_R = R\dot{I}_R, \quad \dot{I}_G = G\dot{U}_R \tag{9-12}$$

式中 $G=1/R$，该式就是相量域欧姆定律。

式(9-12)表明电阻上电压、电流相量和有效值仍符合欧姆定律，由此可得 R 元件的相量域模型如图 9-8(c)所示，相量图如图 9-8(d)所示。

9.3.2　电感元件的相量关系

图 9-9(a)所示电路为电感元件电路，设流过电感的电流为

$$i_L = \sqrt{2}I_L \cos(\omega t + \psi_i)$$

则

$$\dot{I}_L = I_L \angle \psi_i$$

由电感的时域 VCR 知

$$u_L = L\frac{\mathrm{d}i_L}{\mathrm{d}t}$$

由式(9-10)，得

$$\dot{U}_L = \mathrm{j}\omega L\dot{I}_L = U_L \angle \psi_u = \omega L I_L \angle(\psi_i + 90°) \tag{9-13}$$

可见，$U_L = \omega L I_L$，$\psi_u = \psi_i + 90°$。

式(9-13)为电感 L 上电压、电流的相量关系，在量值上 U_L 是 I_L 的 ωL 倍，在相位上 u_L 超前 $i_L 90°$，如图 9-9(b)所示。电感元件的相量域模型如图 9-9(c)所示，相量图如图 9-9(d)所示。

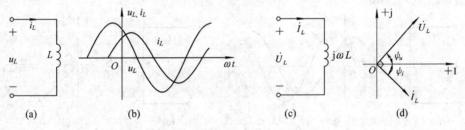

图 9-9　电感上的电压、电流关系

电感上电压、电流的关系不仅与 L 的值有关，还与角频率 ω 有关，在形式上类似于欧姆定律。ωL 是电压与电流的比值，量纲为欧姆(Ω)。在电压一定的情况下，ω 或者 L 越大，ωL 越大，则电流越小，所以它有抗拒电流的性质；另外，ωL 又是由电感引起的，因此称其为感抗，用 X_L 表示，即 $X_L = \omega L$。此时，式(9-13)可以写成

$$\dot{U}_L = \mathrm{j}X_L\dot{I}_L = \mathrm{j}\omega L\dot{I}_L \tag{9-14}$$

当 $\omega = 0$(直流)时 $X_L = 0$，所以 $U_L = 0$，可见电感对直流相当于短路，故电感有通直隔交的作用。

例 9-6　已知 $L=31.84 \text{ mH}$，电感两端的电压 $u(t)=220\sqrt{2}\cos(314t+60°)\text{V}$，求流过电感的电流 $i(t)$。

解　用相量法求解。先求感抗，即

$$X_L = \omega L = 314 \times 31.84 \times 10^{-3} = 10 \ \Omega$$

写出电压相量，即 $\dot{U} = 220\angle 60° \text{ V}$，由式(9-14)得

$$\dot{I} = \frac{\dot{U}}{\mathrm{j}X_L} = \frac{220\angle 60^\circ}{\mathrm{j}10} = 22.0\angle 60^\circ - 90^\circ = 22.0\angle -30^\circ \text{ A}$$

根据电流相量，则有

$$i(t) = 22.0\sqrt{2}\cos(314t - 30^\circ) \text{ A}$$

9.3.3　电容元件的相量关系

图 9-10(a)所示电路为电容元件电路，设流过电容的电流为

$$i_C = \sqrt{2}I_C\cos(\omega t + \psi_i)$$

则

$$\dot{I}_C = I_C\angle \psi_i$$

在正弦稳态下，若不考虑初值，则电容的 VCR 为

$$u_C = \frac{1}{C}\int i_C\,\mathrm{d}t$$

由式(9-11)得

$$\dot{U}_C = \frac{1}{\mathrm{j}\omega C}\dot{I}_C = U_C\angle \psi_u = \frac{1}{\omega C}I_C\angle(\psi_i - 90^\circ) \qquad (9-15)$$

其中 $U_C = \dfrac{1}{\omega C}I_C$，$\psi_u = \psi_i - 90^\circ$。

式(9-15)为电容 C 上电压、电流的相量关系，在量值上 U_C 是 I_C 的 $1/(\omega C)$ 倍，在相位上 u_C 滞后 i_C 90°，如图 9-10(b)所示。电容元件的相量域模型如图 9-10(c)所示，相量图如图 9-10(d)所示。

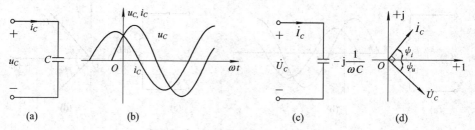

图 9-10　电容上的电压、电流关系

和电感元件类似，电容上电压、电流的关系与元件 C 的值有关，同时也与角频率 ω 有关，形式上也类似于欧姆定律。$1/(\omega C)$ 是电压、电流的比值，量纲也为欧姆(Ω)。在电压一定的情况下，ω 或者 C 越小，$1/(\omega C)$ 越大，则电流越小，所以它也有抗拒电流的性质；因为 $1/(\omega C)$ 是由电容引起的，因此称其为容抗，用 X_C 表示，即 $X_C = 1/(\omega C)$。则式(9-15)可改写为

$$\dot{U}_C = -\mathrm{j}X_C\dot{I}_C = \frac{1}{\mathrm{j}\omega C}\dot{I}_C \qquad (9-16)$$

当 $\omega = 0$(直流)时，$X_C = \infty$，则 $I_C = 0$，可见电容对直流相当于开路，故电容有通交隔直的作用。

9.3.4　KCL、KVL 的相量形式

设正弦电流电路中各支路电压、电流都是同频率的正弦量，在电路的结点上和回路中

仍然满足 KCL 和 KVL。下面讨论 KCL 和 KVL 的相量形式。

对电路中的任一结点或闭合面，根据 KCL，有

$$\sum i = 0$$

根据式(9-9)，得 KCL 的相量形式为

$$\sum \dot{I} = 0 \qquad\qquad (9-17)$$

可见，在相量域中 KCL 仍然成立。

同理，相量域中 KVL 也成立，即对电路中任一回路，KVL 的相量形式为

$$\sum \dot{U} = 0 \qquad\qquad (9-18)$$

例 9-7　RLC 串联电路如图 9-11(a)所示，设电路已达稳态，已知 $R = 30\ \Omega$，$L = 1\ \text{H}$，$C = 200\ \mu\text{F}$，$u_S = 12\sqrt{2}\cos(50t - 60°)\ \text{V}$，试求正弦稳态电流 $i(t)$。

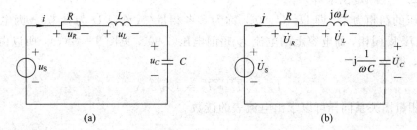

图 9-11　例 9-7 图

解　因为电路已达稳态，故可用相量法求解。根据各元件 VCR 的相量形式可以画出图 9-11(a)所示电路的相量域模型，如图 9-11(b)所示。

首先写出 u_S 对应的相量，即 $\dot{U}_S = 12\angle -60°\ \text{V}$，然后利用各元件 VCR 的相量形式，即 $\dot{U}_R = R\dot{I} = 30\dot{I}$，$\dot{U}_L = \text{j}\omega L\dot{I} = \text{j}X_L\dot{I} = \text{j}50\dot{I}$ 和 $\dot{U}_C = \dfrac{1}{\text{j}\omega C}\dot{I} = -\text{j}X_C\dot{I} = -\text{j}100\dot{I}$，根据 KVL 的相量形式，有

$$\dot{U}_S = \dot{U}_R + \dot{U}_L + \dot{U}_C = R\dot{I} + \text{j}X_L\dot{I} - \text{j}X_C\dot{I} = [R + \text{j}(X_L - X_C)]\dot{I} \qquad (9-19)$$

则

$$\dot{I} = \frac{\dot{U}_S}{R + \text{j}(X_L - X_C)} = \frac{12\angle 60°}{30 - \text{j}50} = 0.21\angle 119.0°\ \text{A}$$

将 $\dot{I}$ 变换到时域，即

$$i(t) = 0.21\sqrt{2}\cos(50t + 119.0°)\ \text{A}$$

式(9-19)表明了 RLC 串联正弦稳态电路中电压、电流的相量关系，与单个元件上的电压、电流相量关系相似，电流相量和 $[R + \text{j}(X_L - X_C)]$ 成反比。它由电阻、感抗和容抗组成，是一个复数，实部是电阻，虚部是感抗和容抗之差(称为电抗)，所以该复数称为(复)阻抗。有关阻抗的定义和意义将在下节进行讨论。

例 9-8　电路如图 9-12(a)所示，设电路处于正弦稳态，电流表 A₁、A₂ 的读数均为 10 A，求电流表 A 的读数。

解法一　用相量法。

首先将图 9-12(a)所示的电路转化成相量模型，如图 9-12(b)所示。设并联支路的电

压为 $\dot{U}=U\angle 0°$，由元件的 VCR 相量形式可确定各支路的电流，然后根据 KCL，得

$$\dot{I} = \dot{I}_1 + \dot{I}_2 = \frac{\dot{U}}{R} + j\omega C\dot{U} = I_1\angle 0° + I_2\angle 90° = 10 + j10 = 10\sqrt{2}\angle 45° \text{ A}$$

可知 $I=10\sqrt{2}$ A，即电流表 A 的读数为 14.1 A。

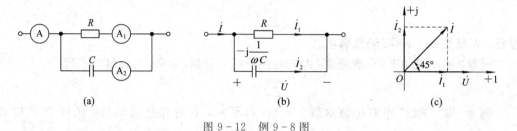

图 9 - 12 例 9 - 8 图

解法二 用相量图求解。

设电压的初相为零，即 $\dot{U}=U\angle 0°$，称为参考相量（或称以 $\dot{U}$ 为参考）。因电阻上的电流 $\dot{I}_1$ 与电压 $\dot{U}$ 同相，而电容上的电流 $\dot{I}_2$ 超前电压 $\dot{U}$ 90°，见图 9 - 12(c)，所以由相量图的几何关系，得

$$I = \sqrt{I_1 + I_2} = 10\sqrt{2} \text{ A}$$

可见，用相量图关系同样可以求出电流表的读数。

9.4 阻 抗 和 导 纳

上一节研究了正弦稳态电路中 R、L、C 元件上电压与电流的相量关系，以及 KCL 和 KVL 的相量形式，这些是正弦稳态电路分析的基础。引入阻抗和导纳的概念，可以将电阻电路的分析方法推广到正弦稳态电路中。

9.4.1 阻抗和导纳的定义

图 9 - 13(a)所示为一个含 R、L、C 以及线性受控源等元件的无独立源的一端口网络 N_0，设端口电压、电流的相量分别为 $\dot{U}$ 和 $\dot{I}$。一端口 N_0 端口阻抗的定义为 $\dot{U}$ 和 $\dot{I}$ 之比，即

$$Z = \frac{\dot{U}}{\dot{I}} = \frac{U\angle \psi_u}{I\angle \psi_i} = \frac{U}{I}\angle(\psi_u - \psi_i) = |Z|\angle \varphi_Z \qquad (9-20)$$

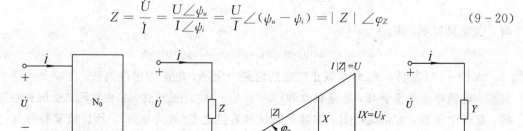

图 9 - 13 无源一端口的阻抗和导纳

可见，阻抗 Z 是一个复数（不是相量），所以称为复阻抗，单位为欧姆（Ω）。$|Z|=U/I$

称为阻抗的模；辐角 $\varphi_Z=\psi_u-\psi_i$ 称为阻抗角，其范围为 $-\pi/2\leqslant\varphi_Z\leqslant\pi/2$，它反映了 $\dot U$ 和 $\dot I$ 之间的相位关系。如果 $\varphi_Z=0$，表明端口电压、电流同相位，相当于纯电阻，则称 Z 为纯阻性；如果 $\varphi_Z=\pi/2$，端口上电压超前电流 90°，相当于纯电感，则称 Z 为纯感性；若 $0°<\varphi_Z<90°$，则电压超前电流 φ_Z 角，称 Z 为感性；若 $\varphi_Z=-\pi/2$，则电压滞后电流 90°，相当于纯电容，称 Z 为纯容性；若 $-90°<\varphi_Z<0°$，则电压滞后电流 φ_Z 角，称 Z 为容性。阻抗的电路符号与电阻相同，如图 9-13(b) 所示。

因为阻抗是一个复数，可以将其写成实部和虚部的形式，即

$$Z=|Z|\angle\varphi_Z=|Z|\cos\varphi_Z+\mathrm{j}|Z|\sin\varphi_Z=R+\mathrm{j}X \tag{9-21}$$

式中实部 $R=\mathrm{Re}[Z]=|Z|\cos\varphi_Z$，为等效电阻分量；虚部 $X=\mathrm{Im}[Z]=|Z|\sin\varphi_Z$，为等效电抗分量。当 $X>0$ 时，Z 为感性；当 $X<0$ 时，Z 为容性。阻抗的实部、虚部和模之间存在直角三角形关系，如图 9-13(c) 所示，该三角形称为阻抗三角形。若在式 (9-21) 的两边乘 $\dot I$，可得出电压三角形，如图 9-13(c) 所示。

如果一端口 N_0 的内部仅含单个 R、L、C 元件，则对应的阻抗分别为

$$Z_R=R,\quad Z_L=\mathrm{j}\omega L=\mathrm{j}X_L,\quad Z_C=-\mathrm{j}\frac{1}{\omega C}=-\mathrm{j}X_C$$

所以，电阻 R 阻抗的虚部为零，实部为 R；电感 L 阻抗的实部为零，虚部为 ωL；电容 C 阻抗的实部为零，虚部为 $-\dfrac{1}{\omega C}$。如果 N_0 内部是 RLC 串联电路（见例 9-7），则阻抗为

$$Z=R+\mathrm{j}(X_L-X_C)=R+\mathrm{j}X=|Z|\angle\varphi_Z$$

式中 $|Z|=\sqrt{R^2+X^2}$，$\varphi_Z=\arctan\dfrac{X}{R}$。当 $X>0$ 时，即 $X_L>X_C$，$0°<\varphi_Z<90°$，Z 呈感性；当 $X<0$ 时，即 $X_L<X_C$，$-90°<\varphi_Z<0°$，Z 呈容性。

由以上分析知道，阻抗不仅是 R、L 和 C 的函数，也是频率 ω 的函数，当激励源的频率变化时阻抗也随之变化。

若一端口 N_0 中含有受控源，可能会有 $\mathrm{Re}[Z]<0$，或 $|\varphi_Z|>90°$ 的情况出现。如仅是 R、L、C 元件的组合，必定有 $\mathrm{Re}[Z]\geqslant0$，或 $|\varphi_Z|\leqslant90°$。

同样，无源一端口 N_0 导纳（用 Y 表示）的定义为

$$Y=\frac{\dot I}{\dot U}=\frac{1}{Z}=\frac{I}{U}\angle(\psi_i-\psi_u)=|Y|\angle\varphi_Y \tag{9-22}$$

可见，阻抗和导纳互为倒数关系，Y 同样是一个复数，称为复导纳，其模值 $|Y|=I/U$ 称为导纳的模，辐角 $\varphi_Y=\psi_i-\psi_u$ 称为导纳角。导纳的单位和电导相同，为西门子(S)。其电路符号如图 9-13(d) 所示。

因为导纳是一个复数，同样可以写成实部和虚部的形式，即

$$Y=|Y|\angle\varphi_Y=|Y|\cos\varphi_Y+\mathrm{j}|Y|\sin\varphi_Y=G+\mathrm{j}B \tag{9-23}$$

实部 $G=\mathrm{Re}[Y]=|Y|\cos\varphi_Y$，为等效电导分量；虚部 $B=\mathrm{Im}[Y]=|Y|\sin\varphi_Y$，为等效电纳分量。

如果一端口 N_0 的内部仅含单个 R、L、C 元件，则对应的导纳分别为

$$Y_R=G=\frac{1}{R},\quad Y_L=\frac{1}{\mathrm{j}\omega L}=-\mathrm{j}\frac{1}{\omega L},\quad Y_C=\mathrm{j}\omega C$$

电阻 R 导纳的实部为电导 $G=\dfrac{1}{R}$，虚部为零；电感 L 导纳的实部为零，虚部为 $-\dfrac{1}{\omega L}$；电容 C 导纳的实部为零，虚部为 ωC。同样导纳也是 R、L、C 以及频率 ω 的函数。

9.4.2　阻抗和导纳的等效变换

阻抗和导纳是正弦量激励稳态电路的基本参数元件，若知道其中之一，就可以将其变换（等效）成另一个参数元件。由式（9−20）和式（9−22）知道

$$ZY=(|Z|\angle\varphi_Z)(|Y|\angle\varphi_Y)=|Z||Y|\angle(\varphi_Z+\varphi_Y)=1 \qquad (9-24)$$

可见，$|Z||Y|=1$，$\varphi_Z+\varphi_Y=0$。

若已知 $Z=R+\mathrm{j}X$，则等效导纳为

$$Y=G+\mathrm{j}B=\frac{1}{R+\mathrm{j}X}=\frac{R-\mathrm{j}X}{R^2+X^2}=\frac{R}{|Z|^2}-\mathrm{j}\frac{X}{|Z|^2}$$

所以，$G=\dfrac{R}{|Z|^2}$，$B=-\dfrac{X}{|Z|^2}$。等效导纳的实部不是阻抗实部的倒数，它不仅和 R 有关，还和电抗有关，即为频率 ω 的函数；虚部也不是阻抗的虚部的倒数，同样与电抗以及电阻有关，也是频率 ω 的函数。

和电阻与电导类似，阻抗和导纳也是对偶对，式（9−20）和式（9−22）也是对偶关系式，它们在形式上和欧姆定律相似，可以称为相量域欧姆定律。

例 9−9　电路如图 9−14 所示，已知 $u_S=100\sqrt{2}\cos(20t)$ V，求 u 和 i 的瞬时值表达式。

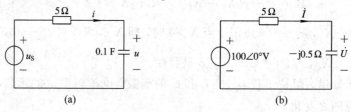

图 9−14　例 9−9 图

解　由已知得，$\dot{U}_S=100\angle0°$ V，$\omega=20$ rad/s，电路的相量域模型如图 9−14(b)所示，则等效阻抗 $Z=(5-\mathrm{j}0.5)\Omega$，因此，电流相量为

$$\dot{I}=\frac{\dot{U}}{Z}=\frac{100\angle0°}{5-\mathrm{j}0.5}=19.82+\mathrm{j}1.98=19.92\angle5.7° \text{ A}$$

电容上的电压为

$$\dot{U}=-\mathrm{j}X_c\dot{I}=-\mathrm{j}0.5\times19.92\angle5.7°=9.96\angle-84.3° \text{ V}$$

将它们转换为时域形式，即

$$i(t)=19.92\sqrt{2}\cos(20t+5.7°) \text{ A}$$

$$u(t)=9.96\sqrt{2}\cos(20t-84.3°) \text{ V}$$

9.5　阻抗（导纳）的串联和并联

在今后的电路分析中，经常会遇到阻抗（导纳）的串联或（和）并联，本节讨论阻抗和导纳的串、并联等效。可以将第 2 章电路等效的概念推广到相量域，对于如图 9−13(a)所示

的无源一端口 N_0 来说，由等效的概念以及阻抗和导纳的定义知，只要保持 N_0 端口上的电压、电流相量不变，就可以用一个阻抗或者导纳等效替换该一端口。和求取一端口等效电阻类似，仍然用电压法或电流法求取等效阻抗或导纳，所不同的是，此时的电压、电流为相量，是相量域阻抗的等效问题。

9.5.1　阻抗的串联

图 9-15(a)所示电路为 n 个阻抗 $Z_1,\cdots,Z_k,\cdots,Z_n$ 的串联电路，由于阻抗串联时，每个阻抗中流过同一个电流 $\dot{I}$，所以用电流法可以求得 $a-b$ 端口的等效阻抗 Z_{eq}。

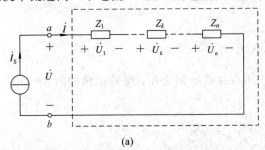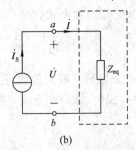

(a)　　　　　　　　　　　　　　(b)

图 9-15　阻抗的串联

根据 KVL，有

$$\dot{U} = \dot{U}_1 + \cdots + \dot{U}_k + \cdots + \dot{U}_n$$

再由相量域欧姆定律知，$\dot{U}_1 = Z_1 \dot{I},\cdots,\dot{U}_k = Z_k \dot{I},\cdots,\dot{U}_n = Z_n \dot{I}$，代入上式得

$$\dot{U} = (Z_1 + Z_2 + \cdots + Z_k + \cdots + Z_n)\dot{I}$$

利用阻抗的定义式(9-20)和上式，得

$$Z_{eq} = \frac{\dot{U}}{\dot{I}_S} = \frac{\dot{U}}{\dot{I}} = Z_1 + \cdots + Z_k + \cdots + Z_n = \sum_{k=1}^{n} Z_k \qquad (9-25)$$

可见，n 个阻抗的等效阻抗 Z_{eq} 等于所有串联阻抗之和。等效后的电路如图 9-15(b)所示。

如果已知端口电压 $\dot{U}$，可以求得每个阻抗上的电压，即

$$\dot{U}_k = Z_k \dot{I} = \frac{Z_k}{Z_{eq}}\dot{U} \qquad k = 1,2,\cdots,n \qquad (9-26)$$

式(9-26)就是阻抗串联时的分压公式。可见，当端电压确定以后，每个阻抗上的电压和该阻抗成正比。如果 $n=2$，即两个阻抗串联，分压公式为

$$\dot{U}_1 = \frac{Z_1}{Z_1 + Z_2}\dot{U}, \quad \dot{U}_2 = \frac{Z_2}{Z_1 + Z_2}\dot{U} \qquad (9-27)$$

9.5.2　阻抗(导纳)的并联

n 个阻抗并联连接的电路如图 9-16(a)所示，图中 $Y_1,\cdots,Y_k,\cdots,Y_n$ 分别是 n 个并联阻抗所对应的导纳。导纳并联时，所有导纳两端的电压 $\dot{U}$ 相同，用电压法可以求得等效导纳 Y_{eq}。

在图 9-16(a)所示电路中应用 KCL，有

$$\dot{I} = \dot{I}_1 + \cdots + \dot{I}_k + \cdots + \dot{I}_n$$

根据相量域欧姆定律，有 $\dot{I}_1 = Y_1 \dot{U},\cdots,\dot{I}_k = Y_k \dot{U},\cdots,\dot{I}_n = Y_n \dot{U}$，代入上式得

$$\dot{I} = (Y_1 + \cdots + Y_k + \cdots + Y_n)\dot{U}$$

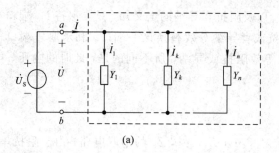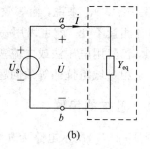

(a)　　　　　　　　　　　　　　　　(b)

图 9-16　阻抗的并联

根据式(9-22)和上式,得

$$Y_{eq} = \frac{\dot{I}}{\dot{U}_S} = \frac{\dot{I}}{\dot{U}} = Y_1 + \cdots + Y_k + \cdots + Y_n = \sum_{k=1}^{n} Y_k \tag{9-28}$$

可见,n 个导纳并联的等效导纳 Y_{eq} 等于所有并联导纳之和。等效电路如图 9-16(b)所示。

根据式(9-24)和上式,有

$$\frac{1}{Z_{eq}} = Y_{eq} = \sum_{k=1}^{n} Y_k \tag{9-29}$$

如果已知端口电流 $\dot{I}$,可以求得每个导纳上的电流,即

$$\dot{I}_k = Y_k \dot{U} = \frac{Y_k}{Y_{eq}} \dot{I} \qquad k = 1, 2, \cdots, n \tag{9-30}$$

该式是导纳并联时的分流公式。可见,如果已知端口电流,流过每个导纳的电流和该导纳成正比。如果 $n=2$,即两个导纳并联,则分流公式为

$$\dot{I}_1 = \frac{Y_1}{Y_1 + Y_2} \dot{I} = \frac{Z_2}{Z_1 + Z_2} \dot{I}, \quad \dot{I}_2 = \frac{Y_2}{Y_1 + Y_2} \dot{I} = \frac{Z_1}{Z_1 + Z_2} \dot{I} \tag{9-31}$$

例 9-10　图 9-17(a)所示电路为一端口网络,已知 $C_1 = 2$ mF, $C_2 = 10$ mF, $R_1 = 3$ Ω, $R_2 = 8$ Ω, $L = 0.2$ H, $\omega = 50$ rad/s,求端口的等效阻抗。

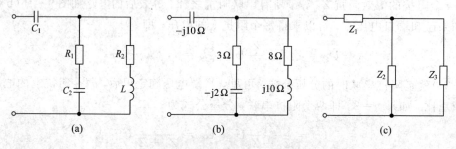

(a)　　　　　　　　　(b)　　　　　　　　　(c)

图 9-17　例 9-10 图

解　首先将图 9-17(a)所示电路变化成相量域模型,如图 9-17(b)所示,然后求图 9-17(c) 所示电路中各支路的等效阻抗,即

$$Z_1 = \frac{1}{j\omega C_1} = \frac{1}{j50 \times 2 \times 10^{-3}} = -j10 \ \Omega$$

$$Z_2 = 3 + \frac{1}{j\omega C_2} = 3 + \frac{1}{j50 \times 10 \times 10^{-3}} = (3 - j2) \ \Omega$$

$$Z_3 = 8 + j\omega L = 8 + j50 \times 0.2 = (8 + j10)\Omega$$

根据阻抗的串、并联关系求出等效阻抗,即

$$Z_{eq} = Z_1 + \frac{Z_2 Z_3}{Z_2 + Z_3} = -j10 + \frac{(3-j2)(8+j10)}{3-j2+8+j10}$$

$$= -j10 + 3.22 - j1.07 = (3.22 - j11.07)\ \Omega$$

可见，等效阻抗为容性。也可以先求出两个并联支路的导纳，然后用导纳并联公式求出两个并联支路的等效导纳，再将其转换成阻抗和 Z_1 串联即可。

　　本章讨论了正弦量的相量表示方法以及正弦量时域基本运算到相量域的映射关系，R、L 和 C 三种基本元件的 VCR 的相量形式以及电路定律 KCL、KVL 的相量形式，介绍了阻抗和导纳的概念以及它们的串、并联关系。引入相量的目的是为了将繁琐的正弦量时域运算问题转换为复数（相量）域的运算，使问题分析简单化。引入阻抗和导纳后，可以将正弦激励下求解微分方程的特解（稳态响应）变换为求解相量（复数）方程，这是分析正弦稳态电路的重要方法。下一章将讨论复杂正弦稳态电路的分析方法。

习　　题

9-1　将下列复数化为极坐标形式：

(1) $F_1 = 1 - j2$　　　　(2) $F_2 = 30 + j40$　　　　(3) $F_3 = -5 + j12$

(4) $F_4 = -6 - j8$　　　　(5) $F_5 = -j50$　　　　(6) $F_6 = 100$

9-2　将下列复数化为代数形式：

(1) $F_1 = 5\angle135°$　　　　(2) $F_2 = 10\angle-75°$　　　　(3) $F_3 = 12\angle-153°$

(4) $F_4 = 100\angle36.9°$　　　(5) $F_5 = 50\angle-180°$　　　(6) $F_6 = 3\angle90°$

9-3　计算下列各式：

(1) $10 + (5\angle45°)(5-j4)$

(2) $15\angle-65° - 4\angle-30° + 8\angle-165°$

(3) $\dfrac{50\angle-20°}{(2+j)(3-4j)} + \dfrac{10}{-5+j9}$

9-4　若 $220\angle0° + A\angle60° = 300\angle\theta$，试求 A 和 θ 的值。

9-5　已知 $u_1 = 20\sin(314t+60°)\text{V}$，$u_2 = -60\cos(314t-10°)\text{V}$。

(1) 画出它们的波形图，求有效值、周期、频率和相位差，写出它们的相量并分别画出相量图。

(2) 若将 u_2 表达式前面的负号去掉，重新回答问题(1)。

9-6　若已知两个同频率正弦电流的相量分别为 $\dot{I}_1 = -10\angle135°\text{A}$，$\dot{I}_2 = 6\angle75°\text{A}$，频率 $f = 60\text{Hz}$，求 i_1、i_2 的时域表达式和它们的相位差。

9-7　应用相量法，求下面电路方程中稳态电流的解。

$$10\int i\,\mathrm{d}t + \frac{\mathrm{d}i}{\mathrm{d}t} + 6i = 5\cos(10t+30°)$$

9-8　电路如题 9-8 图所示，已知电压表的读数，其中 (V$_1$) 为 100 V，(V$_2$) 为 60 V，(V$_3$) 为 10 V，求电源电压的有效值。

9-9　电路如题 9-9 图所示，求：

(1) 电流表Ⓐ的读数。

（2）如果维持Ⓐ的读数不变，而把电源的频率降低一倍，再求电流表Ⓐ的读数。

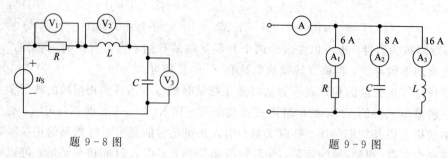

题 9-8 图　　　　　　　　　　　　题 9-9 图

9-10　求题 9-10 图所示电路的端口等效阻抗和导纳，已知图(a)中 $\omega=10\ \text{rad/s}$，图(b)和(c)中 $\omega=10^3\ \text{rad/s}$。

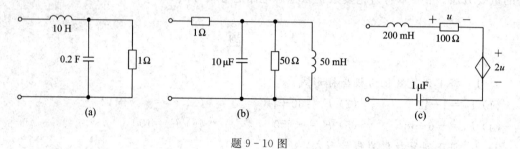

题 9-10 图

9-11　求题 9-11 图所示电路的端口等效阻抗和导纳，已知：图(b)中，$Z_1=(2+j5)\,\Omega$，$Z_2=(4-j6)\,\Omega$，$Z_3=10\ \Omega$，$Z_4=(8+j12)\,\Omega$；图(c)中，$Z_1=(1-j)\,\Omega$，$Z_2=(1+j2)\,\Omega$，$Z_3=j5\,\Omega$，$Z_4=(1+j3)\,\Omega$。

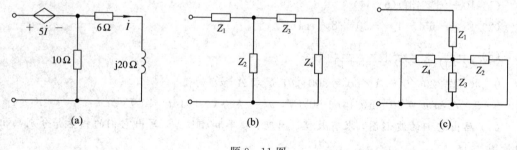

题 9-11 图

9-12　电路如题 9-12 图所示，已知电路中的频率为 ω，求电路的输入阻抗 Z_{in}；若改变 ω，Z_{in} 是否变化？

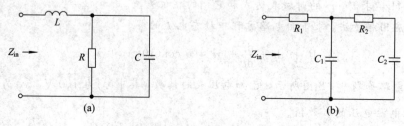

题 9-12 图

9-13　已知题 9-13 图示电路中 $I_1 = I_2 = 5$ A，求 $\dot{I}_1$，$\dot{I}_2$ 和 $\dot{I}$ 并画出相量图。

9-14　已知题 9-14 图所示电路中 $\dot{I}_S = 4 \angle 0°$ A，求电压 $\dot{U}$。

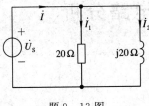

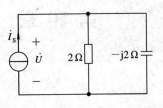

题 9-13 图　　　　　　　　　　　　　　　题 9-14 图

9-15　已知题 9-15 图(a)中 $i_S = 2\sqrt{2}\cos(5t)$ A，题 9-15 图(b)中 $u_S = 50\sqrt{2} \cdot \cos(100\pi t + 30°)$ V，求图中的未知变量。

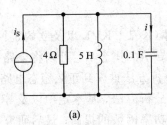

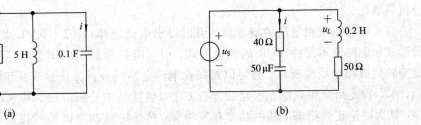

(a)　　　　　　　　　　　　　　　　　　(b)

题 9-15 图

9-16　如题 9-16 图所示电路，已知 $Z_1 = (50 + j40)$ Ω，$Z_2 = -j20$ Ω，$Z_3 = (30 + j60)$ Ω，$\dot{I}_S = 2 \angle 30°$ A，求 $\dot{U}_1$ 和 $\dot{U}_2$。

9-17　如题 9-17 图所示电路，已知 $Z_1 = 10$ Ω，$Z_2 = (10 - j5)$ Ω，$Z_3 = (40 + j50)$ Ω，$Z_4 = -j20$ Ω，$\dot{U}_S = 220 \angle 60°$ V，求电流 $\dot{I}_1$ 和 $\dot{I}_3$。

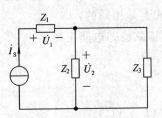

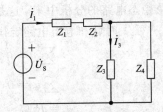

题 9-16 图　　　　　　　　　　　　　　　题 9-17 图

第 10 章　正弦稳态电路分析

上一章我们引入了相量的概念，于是可以借助相量（复数）分析时域正弦稳态电路。由于相量和正弦量之间存在着一一对应的关系，所以时域正弦量的基本运算可以映射到相量域。因此，可以将时域正弦稳态电路分析转换到相量域进行分析，从而使正弦稳态电路的分析简单化。

有了相量以及相量域的概念后，可以得出电路定律（KCL、KVL 以及欧姆定律）的相量形式和电路基本元件 VCR 的相量形式。引入阻抗和导纳的概念后，可以将电路的时域模型转换成相量域模型，于是可以将线性电阻电路的分析方法推广到正弦稳态电路中。为此，本章首先研究正弦稳态电路的分析方法，包括基本分析方法、基本定理以及等效变换等；其次讨论正弦稳态电路的功率和复功率；然后讨论功率因数的提高；最后研究正弦稳态电路的最大功率传输问题。

10.1　正弦稳态电路的分析方法

引入正弦量的相量、阻抗和导纳以后，可以将电阻电路的各种分析方法、电路定律等推广到正弦稳态电路的分析中来。这是因为两者在形式上是相同的，即

$$\begin{array}{cc}
\text{时域和电阻电路定律} & \text{相量域正弦稳态电路定律} \\
\sum i = 0 & \sum \dot{I} = 0 \\
\sum u = 0 & \sum \dot{U} = 0 \\
u = Ri\,(i = Gu) & \dot{U} = Z\dot{I}\,(\dot{I} = Y\dot{U})
\end{array}$$

电阻电路中的基本分析方法（支路法、网孔法、回路法以及结点法等）以及电路定理均是建立在 KCL、KVL 的基础之上的，因此，可以将电阻电路中的各种方程形式直接推广到相量域的正弦稳态电路中。区别在于正弦稳态电路的相量域方程是复数形式，计算为复数运算，所求的响应是相量域响应，该响应对应的时域响应才是电路的真实响应。在实际工程中，往往只求出相量域的响应就足以说明问题了。

为了得到电路的相量域方程，首先要将时域电路模型转换为相量域模型，然后依据该模型列写电路方程。由于实际中没有用复数来计量的电压、电流，故相量模型是一种假想模型，仅仅是为了分析方便而已。

下面以举例的方式说明正弦稳态电路的相量域分析方法。

例 10 - 1　电路如图 10 - 1(a)所示，已知 $u_\text{S} = 20\sqrt{2}\cos(2t + 90°)$ V，$i_\text{S} = 5\sqrt{2}\cos(2t)$ V，试用网孔法求解 i_0。

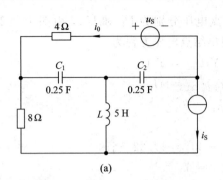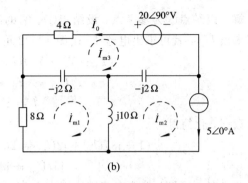

图 10 – 1　例 10 – 1 图

解　首先将时域模型转化为相量模型，因为

$$\dot{U}_S = 20\angle 90° \text{ V}, \quad \dot{I}_S = 5\angle 0° \text{ A}$$

$$\frac{1}{j\omega C_1} = \frac{1}{j\omega C_2} = -j2 \ \Omega$$

$$j\omega L = j10 \ \Omega$$

所以，相量模型如图 10 – 1(b)所示。在图中，设网孔电流分别为 $\dot{I}_{m1}$、$\dot{I}_{m2}$、$\dot{I}_{m3}$，由图 10 – 1(b)看出 $\dot{I}_0 = -\dot{I}_{m3}$，只要求出 $\dot{I}_{m3}$ 即可。由网孔法列出电路方程为

$$(8 - j2 + j10)\dot{I}_{m1} - j10\dot{I}_{m2} - (-j2)\dot{I}_{m3} = 0$$

$$\dot{I}_{m2} = 5\angle 0°$$

$$-(-j2)\dot{I}_{m1} - (-j2)\dot{I}_{m2} + (4 - j2 - j2)\dot{I}_{m3} = -20\angle 90°$$

因为 $\dot{I}_{m2}$ 为已知，代入另外两式，整理得

$$(4 + j4)\dot{I}_{m1} + j1\dot{I}_{m3} = j25$$

$$j1\dot{I}_{m1} + (2 - j2)\dot{I}_{m3} = -j15$$

以上两式联立求解，根据克莱姆法则求出 $\dot{I}_{m3}$，即

$$\dot{I}_{m3} = \frac{\Delta_3}{\Delta} = \frac{\begin{vmatrix} 4+j4 & j25 \\ j1 & -j15 \end{vmatrix}}{\begin{vmatrix} 4+j4 & j1 \\ j1 & 2-j2 \end{vmatrix}} = \frac{85 - j60}{17} = \frac{104.04\angle -35.2°}{17} = 6.14\angle -35.2° \text{A}$$

所以，有 $\dot{I}_0 = -\dot{I}_{m3} = 6.14\angle 144.8°$ A，得 $i_0 = 6.14\sqrt{2}\cos(2t + 144.8°)$ A。

例 10 – 2　电路如图 10 – 2 所示，已知 $Z_1 = 10 \ \Omega$，$Z_2 = -j1 \ \Omega$，$Z_3 = j5 \ \Omega$，$Z_4 = 2 \ \Omega$，$Z_5 = j3 \ \Omega$，$\dot{U}_S = 20\angle -30°$ V，试用结点法求电流 $\dot{I}$。

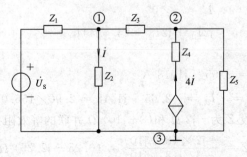

图 10 – 2　例 10 – 2 图

解　以结点③为参考点，设结点①、②的结点电压分别为 $\dot{U}_{n1}$ 和 $\dot{U}_{n2}$，由图 10-2 知，只要求出 $\dot{U}_{n1}$，就可求出电流 $\dot{I}$。由图 10-2 可列出结点电压方程为

$$(Y_1 + Y_2 + Y_3)\dot{U}_{n1} - Y_3\dot{U}_{n2} = Y_1\dot{U}_S$$

$$-Y_3\dot{U}_{n1} + (Y_3 + Y_5)\dot{U}_{n2} = 4\dot{I}$$

$$\dot{I} = Y_2\dot{U}_{n1}$$

代入数据，化简得

$$(1+j8)\dot{U}_{n1} + j2\dot{U}_{n2} = 20\angle-30° = 17.32 - j10$$

$$j57\dot{U}_{n1} + j8\dot{U}_{n2} = 0$$

以上两式联立求解，根据克莱姆法则求出 $\dot{U}_{n1}$，即

$$\dot{U}_{n1} = \frac{\Delta_1}{\Delta} = \frac{\begin{vmatrix} 17.32-j10 & j2 \\ 0 & j8 \end{vmatrix}}{\begin{vmatrix} 1+j8 & j2 \\ j57 & j8 \end{vmatrix}} = \frac{80+j138.56}{50+j8} = \frac{159.996\angle-35.2°}{50.636\angle9.09°} = 3.16\angle50.9° \text{ V}$$

则有

$$\dot{I} = \frac{\dot{U}_{n1}}{Z_2} = \frac{3.16\angle50.9°}{-j1} = 3.16\angle140.9° \text{ A}$$

例 10-3　电路如图 10-1(b)所示，试用叠加定理求解 $\dot{I}_0$。

解　用叠加定理求解。当 i_S 单独作用时，电路的相量模型如图 10-3(a)所示，当 u_S 单独作用时，电路的相量模型如图 10-3(b)所示。

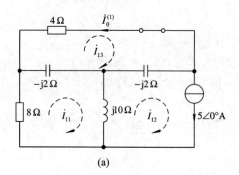 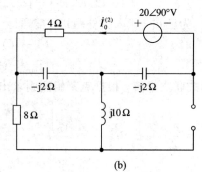

(a)　　　　　　　　　　　　　　　(b)

图 10-3　例 10-3 图

在图 10-3(a)中，设回路电流分别为 $\dot{I}_{l1}$、$\dot{I}_{l2}$、$\dot{I}_{l3}$，则电路方程分别为

$$(8+j8)\dot{I}_{l1} - j10\dot{I}_{l2} + j2\dot{I}_{l3} = 0$$

$$\dot{I}_{l2} = 5\angle0°$$

$$j2\dot{I}_{l1} + j2\dot{I}_{l2} + (4-j4)\dot{I}_{l3} = 0$$

解得

$$\dot{I}_{l3} = 2.65 - j1.18 \text{ A}$$

$$\dot{I}_0^{(1)} = -\dot{I}_{l3} = -2.65 + j1.18 = 2.90\angle156.0° \text{ A}$$

在图 10-3(b)中，设 Z 为 $-j2$ Ω 和 $(8+j10)$ Ω 并联的等效阻抗，则有

$$Z = \frac{-j2\times(8+j10)}{-j2+8+j10} = (0.25-j2.25) \text{ Ω}$$

$$\dot{I}_0^{(2)} = \frac{\mathrm{j}20}{4 - \mathrm{j}2 + Z} = (-2.35 + \mathrm{j}2.35)\ \mathrm{A}$$

由叠加定理,得

$$\dot{I}_0 = \dot{I}_0^{(1)} + I_0^{(2)} = -2.65 + \mathrm{j}1.18 - 2.35 + \mathrm{j}2.35 = -5 + \mathrm{j}3.53 = 6.12\angle 144.8°\ \mathrm{A}$$

可见,和例 10-1 所计算的结果相同。注意,如果 u_S 和 i_S 的频率不同,就不能在相量域用叠加定理,只有在时域才可以。

例 10-4　求图 10-4(a)所示电路一端口的戴维南等效电路。

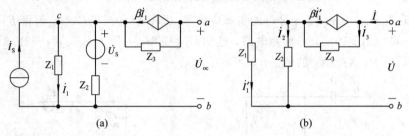

(a)　　　　　　　　　　　　　(b)

图 10-4　例 10-4 图

解　戴维南等效电路的开路电压 $\dot{U}_{oc}$ 和等效阻抗 Z_{eq} 的求解与电阻电路相似。先求 $\dot{U}_{oc}$,由图 10-4(a)得

$$\dot{U}_{oc} = -Z_3\beta\dot{I}_1 + Z_1\dot{I}_1$$

再由结点电压法和欧姆定律,有

$$(Y_1 + Y_2)\dot{U}_{cb} = \dot{I}_S + Y_2\dot{U}_S$$

$$\dot{I}_1 = Y_1\dot{U}_{cb} = \frac{Y_1(\dot{I}_S + Y_2\dot{U}_S)}{Y_1 + Y_2}$$

将 $\dot{I}_1$ 代入 $\dot{U}_{oc}$ 式,得

$$\dot{U}_{oc} = \frac{(Y_3 - \beta Y_1)(\dot{I}_S + Y_2\dot{U}_S)}{Y_3(Y_1 + Y_2)}$$

将一端口内部的独立源置零得图 10-4(b)所示电路,然后求等效阻抗 Z_{eq},即在端口 a-b 处外加一个电压 $\dot{U}$,求电流 $\dot{I}$,则 $Z_{eq} = \dot{U}/\dot{I}$。由图 10-4(b)知

$$\dot{U} = Z_3\dot{I}_3 + Z_3\dot{I}' = Z_3(\dot{I} - \beta\dot{I}_1') + Z_1\dot{I}_1' = Z_3\dot{I} + (Z_1 - Z_3\beta)\dot{I}_1'$$

$$\dot{I} = \dot{I}_1' + \dot{I}_2' = \dot{I}_1' + \frac{Z_1\dot{I}_1'}{Z_2} = \left(1 + \frac{Z_1}{Z_2}\right)\dot{I}_1'$$

解得

$$Z_{eq} = \frac{\dot{U}}{\dot{I}} = \frac{Z_1 - \beta Z_3}{1 + Z_1 Y_2} + Z_3$$

例 10-5　电路如图 10-5 所示,已知 $Z_1 = (10 + \mathrm{j}50)\ \Omega$,$Z_2 = (40 + \mathrm{j}100)\ \Omega$,问 R 为何值时,可使 $\dot{I}_2$ 与 $\dot{U}$ 相位差为 $\pi/2$。

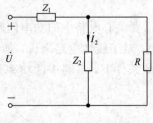

图 10-5　例 10-5 图

解　由阻抗串、并联关系，欧姆定律以及分流公式，有

$$\dot{I}_2 = \frac{\dot{U}}{Z_1 + \dfrac{Z_2 R}{Z_2 + R}} \times \frac{R}{Z_2 + R} = \frac{\dot{U}R}{Z_1 Z_2 + Z_1 R + Z_2 R}$$

$$= \frac{\dot{U}R}{(10+j50)(40+j100) + (10+j50)R + (40+j100)R}$$

$$= \frac{\dot{U}R}{-4600 + 50R + j(3000 + 150R)}$$

欲使 $\dot{I}_2$ 与 $\dot{U}$ 相位差为 $\pi/2$，则分母的实部应为零，即 $-4600 + 50R = 0$，解得 $R = 92\ \Omega$。

　　例 10-6　如图 10-6(a) 所示电路，已知 $U_S = 9$ V，$I_R = 3$ A，$\varphi_Z = -36.9°$，且有 $\dot{U}_S$ 与 $\dot{U}_2$ 正交，求 R、X_L、X_C 的值。

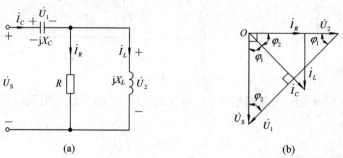

(a)　　　　　　　　　　　　(b)

图 10-6　例 10-6 图

　　解　本题用相量图求解。设以 $\dot{U}_2$ 为参考，画出图 10-6(a) 所示电路的相量图，如图 10-6(b) 所示。由相量图得

$$Z = \frac{\dot{U}_S}{\dot{I}_C} = \frac{U_S \angle -(\varphi_1 + \varphi_2)}{I_C \angle -\varphi_2} = \frac{U_S}{I_C} \angle -\varphi_1 = |Z| \angle \varphi_Z$$

由已知条件知 $\varphi_1 + \varphi_2 = 90°$ 和 $\varphi_1 = -\varphi_Z = 36.9°$，求得 $\varphi_2 = 90° - \varphi_1 = 53.1°$，再由相量图得

$$U_1 = \frac{U_S}{\sin\varphi_1} = 15\ \text{V}, \qquad U_2 = U_1 \cos\varphi_1 = 12\ \text{V}$$

$$I_C = \frac{I_R}{\cos\varphi_2} = 5\ \text{A}, \qquad I_L = I_C \sin\varphi_2 = 4\ \text{A}$$

故得

$$R = \frac{U_2}{I_R} = \frac{12}{3} = 4\ \Omega, \ X_L = \frac{U_2}{I_L} = \frac{12}{4} = 3\ \Omega, \ X_C = \frac{U_1}{I_C} = \frac{15}{5} = 3\ \Omega$$

10.2　正弦稳态电路的功率

　　研究电路响应的同时，往往需要关心电路中的功率问题。特别对于电力网络，功率（或电能的计量）是一个很重要的问题。对于线性电路来说，如果激励为正弦量，则电路中的响应（电压、电流）均为正弦量。在此条件下，电路中的功率是如何表现的，如何求取这样的功率，这是本节将要讨论的问题。

10.2.1　瞬时功率

图 10 - 7(a)所示为一端口网络 N，设端口电压、电流为关联参考方向，并均为正弦量，即

$$u = \sqrt{2}U \cos(\omega t + \psi_u)$$

$$i = \sqrt{2}I \cos(\omega t + \psi_i)$$

根据功率的定义，有

$$p = ui = \sqrt{2}U \cos(\omega t + \psi_u) \times \sqrt{2}I \cos(\omega t + \psi_i)$$

$$= UI \cos(\psi_u - \psi_i) + UI \cos(2\omega t + \psi_u + \psi_i)$$

可见，功率是随时间变化的，所以该功率称为瞬时功率。如果令 $\varphi = \psi_u - \psi_i$，$\varphi$ 是电压、电流的相位差，则上式可以写为

$$p = UI \cos\varphi + UI \cos(2\omega t + 2\psi_u - \varphi) \tag{10 - 1}$$

由式(10 - 1)可以看出，瞬时功率有两个分量，第一个为恒定量，第二个为正弦量(频率为电压或电流的两倍)瞬时功率的波形如图 10 - 7(b)所示。

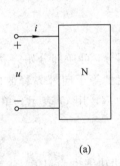

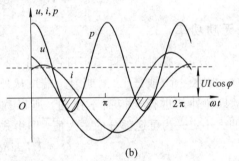

(a)　　　　　　　　　　　　　　　　(b)

图 10 - 7　一端口电路的功率

利用三角函数关系，式(10 - 1)可以进一步写为

$$p = UI \cos\varphi + UI \cos\varphi \cos(2\omega t + 2\psi_u) + UI \sin\varphi \sin(2\omega t + 2\psi_u)$$

$$= UI \cos\varphi\{1 + \cos[2(\omega t + \psi_u)]\} + UI \sin\varphi \sin[2(\omega t + \psi_u)] \tag{10 - 2}$$

当 $\varphi \leqslant |\pi/2|$ 时，式(10 - 2)中的第一项永远大于或等于零，它是瞬时功率中的不可逆部分，该项说明一端口 N 始终从外界吸收能量；式(10 - 2)中的第二项是瞬时功率中的可逆部分，它说明 N 始终和外界进行能量交换，交换的频率为正弦电压或电流的两倍。

10.2.2　有功功率和功率因数

由于瞬时功率随时间是变化的，对于工程而言，研究的意义不大，另外也不便于测量，因此引入平均功率的概念。平均功率定义为瞬时功率在一个周期上的平均值，即

$$P = \frac{1}{T}\int_0^T p \, dt = \frac{1}{T}\int_0^T [UI \cos\varphi + UI \cos(2\omega t + \psi_u + \psi_i)]dt$$

$$= UI \cos\varphi \tag{10 - 3}$$

可见，平均功率是式(10 - 1)(瞬时功率)中的恒定量，当 $\varphi \leqslant |\pi/2|$ 时，它始终大于等于零。如果端口的电压和电流以及它们之间的相位差一定，则该功率就是定值，它说明网络 N 一直在消耗(或吸收)能量，因此该功率也称为有功功率，单位为 W。

另外，当端口的电压和电流确定以后，有功功率的大小由 $\cos\varphi$ 决定，因此称其为功率因数，并用 λ 表示，即

$$\lambda = \cos\varphi \leqslant 1 \tag{10-4}$$

如果一端口内不含独立源，则端口上电压、电流的相位差 φ 即为阻抗角 φ_Z，又称功率因数角。可见，当端口的电压和电流确定以后，阻抗角决定着端口内部消耗功率的大小。因此，它是衡量传输电能效果的一个很重要的量。

例 10-7　已知阻抗 $Z = 30 - j70\ \Omega$，设它两端的电压 $\dot{U} = 127\angle 30°$ V，求阻抗所消耗的有功功率 P 和功率因数。

解　先求出流过阻抗的电流。设阻抗上的电压、电流为关联参考方向，由相量域欧姆定律有

$$\dot{I} = \frac{\dot{U}}{Z} = \frac{127\angle 30°}{30 - j70} = \frac{127\angle 30°}{76.16\angle -66.8°} = 1.67\angle 96.8°\ \text{A}$$

根据式(10-3)得

$$P = UI\cos\varphi_Z = 127 \times 1.67\cos(-66.8°) = 83.55\ \text{W}$$

$$\lambda = \cos\varphi_Z = \cos(-66.8°) = 0.39$$

10.2.3　无功功率

由式(10-2)知，瞬时功率除了不可逆部分之外还有可逆部分，可逆部分始终和外界进行能量交换，即在一个(或半个)周期内一端口从外界吸收的能量等于向外界释放的能量。因为该能量只和外部进行交换而不作功，所以称其为无功功率，用 Q 表示，单位为乏(var)。它的大小定义为可逆部分的最大值，即由式(10-2)知

$$Q = UI\sin\varphi \tag{10-5}$$

可见，当端口的电压和电流以及它们之间的相位差一定后，无功功率也为定值。

10.2.4　视在功率

由有功和无功功率的定义可知，电压和电流相位差 φ 的大小决定着它们的大小。如果将一个交流正弦电源接在如图 10-7(a)所示的一端口上，电源提供有功和无功功率的大小由一端口内部的参数决定。具体地说，若电源电压 U 和电压所能提供的电流 I 一定，则电源向外界所能提供的有功功率和无功功率由 φ 角决定。当 $\varphi = 0$ 时，电源所提供的有功功率为最大值，而无功功率为最小值，可见此时电源只向外界提供有功功率，而不和外界进行能量交换。换句话说，电源将它所具有的能量全部用来作功了。工程上将电源所具有的这种能力定义为视在(看起来有)功率，用 S 表示，即

$$S = UI \tag{10-6}$$

可见，视在功率表明电源设备的能力，即设备的容量。对于发电机来说，这个容量就是发电机可能输出的最大功率，它标志着发电机的发电潜力，至于发电机实际输出的功率则和它外接的用电设备有关。若外接的负载一定，即负载的阻抗角 φ 一定，则电源所能提供的最大有功功率为 $P = UI\cos\varphi = S\cos\varphi$，此时的无功功率为 $Q = UI\sin\varphi = S\sin\varphi$。

由视在功率的定义式(10-6)得出，视在功率的单位为伏安(VA)。视在功率不满足功率守恒。

10.2.5　R、L、C 元件的有功和无功功率

有了有功和无功功率的定义后，下面讨论 R、L、C 元件上的有功和无功功率。可以将它们看做无源一端口的特例。

对于电阻 R，有 $\varphi = \psi_u - \psi_i = 0°$，由式(10-3)和式(10-5)可得电阻的有功功率和无功功率分别为

$$P_R = UI \cos 0° = UI = RI^2 = GU^2 \qquad (10-7a)$$

$$Q_R = UI \sin 0° = 0 \qquad (10-7b)$$

可见，电阻元件只消耗有功功率，不和外界进行能量交换。从形式上讲，电阻消耗有功功率的公式和直流条件下相同，但需要注意的是，这里的电压与电流是正弦量的有效值。

对于电感，有 $\varphi = \psi_u - \psi_i = 90°$，可得电感的有功功率和无功功率分别为

$$P_L = UI \cos \varphi = UI \cos 90° = 0 \qquad (10-8a)$$

$$Q_L = UI \cos \varphi = UI \sin 90° = UI = X_L I^2 = \frac{U^2}{X_L} \qquad (10-8b)$$

可见，电感元件不消耗有功功率，只和外界进行能量交换。

对于电容，有 $\varphi = \psi_u - \psi_i = -90°$，可得电容的有功和无功功率分别为

$$P_C = UI \cos \varphi = UI \cos(-90°) = 0 \qquad (10-9a)$$

$$Q_C = UI \sin \varphi = UI \sin(-90°) = -UI = -X_C I^2 = -\frac{U^2}{X_C} \qquad (10-9b)$$

可见，电容元件也不消耗有功功率，只和外界进行能量交换。

由式(10-8b)和式(10-9b)可以看出，在相同的参考电流下，电感和电容上的无功功率互为反向，当一个在释放功率时而另一个在吸收功率，可见它们之间有互补作用。因为实际电网中多为感性负载，所以可以用附加电容和感性负载进行能量交换，以减少电源与感性负载之间的能量交换，提高了电源的利用率。

10.3　复　功　率

在正弦稳态电路中，用相量法可以得出电路的相量域响应。同时，用相量域的电压、电流也可直接求得功率。因为相量域中的电压和电流是复数，所以此处的功率定义为复功率。下面给出复功率的定义。

设一端口的电压相量为 $\dot{U} = U\angle\psi_u$，电流相量为 $\dot{I} = I\angle\psi_i$（共轭 $\dot{I}^* = I\angle-\psi_i$），则复功率的定义为

$$\begin{aligned}
\bar{S} &= \dot{U}\dot{I}^* = U\angle\psi_u \cdot I\angle-\psi_i = UI\angle\psi_u - \angle\psi_i = UI\angle\varphi \\
&= UI \cos\varphi + jUI \sin\varphi = P + jQ \qquad (10-10)
\end{aligned}$$

可见，复功率的实部为有功功率 P，虚部为无功功率 Q，模为视在功率 S，辐角 φ 为电压、电流的相位差。复功率的单位为伏安(VA)。另外，P、Q、S 可以用一个三角形表示其关系，如图 10-8 所示，称为功率三角形。将功率三角形每项均除以 I，可得出电压三角形；每项均除以 I^2，可得阻抗三角形。再返回看看图 9-13(c)的电压三角形和阻抗三角形。

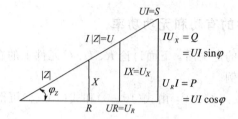

图 10-8　功率三角形、电压三角形和阻抗三角形

可以证明，在一个封闭的正弦稳态电路中，复功率是守恒的，即

$$\sum \bar{S} = 0, \qquad \sum P = 0, \qquad \sum Q = 0 \qquad\qquad (10-11)$$

复功率守恒，意味着有功功率和无功功率分别守恒。

10.4　功率因数的提高

功率因数是正弦交流电路的重要参数之一。由以上分析可知，电压、电流的相位差 φ（或者说负载的阻抗角 φ_Z）决定着功率因数的高低。另外，负载功率因数的大小直接影响电源潜能的发挥和电源效率的提高。以电动机为例，额定负载下的功率因数为 0.8 左右，而轻载下通常只有 0.4～0.5 左右。因此，设法提高功率因数对于提高电网（电源）的利用率，减小电能消耗等有着很重要的意义。

一般来说，提高功率因数有两方面的意义。一是可以减小线路上的功率损耗。因为负载总是在一定的电压 U 和有功功率 P 的条件下工作，由式（10-3）有 $I = P/(U \cos\varphi)$，可知功率因数越低，线路上的电流就越大，则线路上铜耗（$\Delta P = I^2 R$，R 为线路电阻）越大；另外，线路上的电流越大，则线路上的压降（$\Delta U = IR$）就越大，从而导致负载端的电压降低，影响供电质量。二是可以提高供电设备（如发电机、变压器等）的利用率。因为任何供电设备，其额定的视在功率是一定的，由图 10-8 可知，功率因数越高，所能提供有功功率的比例越大，而无功功率（交换能量的规模）的比例就越小，从而可以提高供电设备的利用率。例如，容量为 15 000 kVA 的发电机，若功率因数由 0.6 提高到 0.8 时，就可以使发电机实际输出能力提高 3000 kW。

实际中，电网所接的负载大多是感性的，提高功率因数通常的做法是在感性负载两端并联电容。因为电容和电感元件上无功功率有互补作用，所以在电网中接入电容可以减小感性负载和电网之间的无功交换，即可以提高负载的功率因数。

例 10-8　一电动机（感性）负载如图 10-9(a) 所示，已知功率 $P = 1$ kW，功率因数 $\lambda_1 = 0.6$，接在电压 $U = 220$ V，频率 $f = 50$ Hz 的正弦交流电源上，若使电路的功率因数提高到 $\lambda = 0.9$。试求：

（1）与负载并联的电容值（图中虚线所示）。

（2）电容并联前后电源提供的电流和无功功率。

解　用相量图求解。以电压为参考，画出图 10-9(a) 所示电路的相量图如图 10-9(b) 所示。

（1）为了求并联电容的大小，首先求出电容电流，然后利用电容上的 VCR 求出电容值。因为只有电阻消耗有功功率，所以并联电容前后有功功率 P 不变；又因为电压 $\dot{U}$ 不

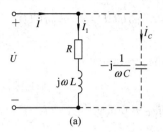 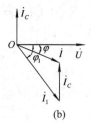

图 10-9　例 10-8 图

变，并联电容前后，感性负载中的电流也不变，则由相量图知

$$I_C = I_1 \sin\varphi_1 - I \sin\varphi = \frac{P}{U \cos\varphi_1}\sin\varphi_1 - \frac{P}{U \cos\varphi}\sin\varphi = \frac{P}{U}(\tan\varphi_1 - \tan\varphi)$$

再利用 $I_C = \dfrac{U}{X_C} = \omega CU$，结合上式，有

$$C = \frac{P}{\omega U^2}(\tan\varphi_1 - \tan\varphi) \tag{10-12}$$

由已知条件 $\lambda_1 = 0.6$，得 $\varphi_1 = 53.1°$，$\lambda = 0.9$，得 $\varphi = 25.8°$，代入式(10-12)得 $C = 55.93\ \mu F$。

（2）因为功率不变，则并联电容前，电源提供的电流和无功功率分别为

$$I_1 = \frac{P}{U \cos\varphi_1} = \frac{1 \times 10^3}{220 \times 0.6} = 7.58\ \text{A}$$

$$Q_1 = UI_1 \sin\varphi_1 = 220 \times 7.58 \times 0.8 = 1334.08\ \text{var}$$

并联电容后，电源提供的电流和无功功率分别为

$$I = \frac{P}{U \cos\varphi} = \frac{1 \times 10^3}{220 \times 0.9} = 5.05\ \text{A}$$

$$Q_1 = UI \sin\varphi = 220 \times 5.05 \times 0.436 = 484.40\ \text{var}$$

可见，感性负载并联电容后，无功功率变小了，从而减少了电源与负载之间的能量交换，感性负载所需无功功率的大部分由电容提供，从而使电源容量得到充分利用。并且电源提供的电流也减少了，在线路电阻一定的情况下线路损耗和线路压降均减小了。

对于例 10-8 的问题，也可以用复功率守恒来求解。感性负载支路在并联电容前后的复功率没有变化，并联电容以后电容提供的无功功率补偿了感性支路的无功功率，从而使电源所提供的无功功率降低了。根据式(10-11)的复功率守恒知，此时电源所提供的复功率和负载(感性支路和电容支路并联)所吸收的复功率守恒，即

$$\bar{S} = \bar{S}_1 + \bar{S}_C$$

由该式得

$$\bar{S}_C = \bar{S} - \bar{S}_1 = P + jQ - P_1 - jQ_1$$

因为只有感性支路的电阻消耗有功功率，所以并联电容前后负载所消耗的有功功率不变，即有 $P = P_1$，则上式变为

$$\bar{S}_C = j(Q - Q_1) = j(UI\sin\varphi - UI_1 \sin\varphi_1)$$

$$= j\left(U\frac{P}{U\cos\varphi}\sin\varphi - U\frac{P_1}{U\cos\varphi_1}\sin\varphi\right)$$

$$= jP(\tan\varphi - \tan\varphi_1)$$

再由

$$\overline{S}_C = \dot{U}\dot{I}_C^* = \dot{U}(j\omega C\dot{U})^* = -j\omega C\dot{U}\dot{U}^* = -j\omega CU^2$$

比较以上两式，得

$$\omega CU^2 = P(\tan\varphi_1 - \tan\varphi)$$

所以有

$$C = \frac{P}{\omega U^2}(\tan\varphi_1 - \tan\varphi)$$

该式和式(10 - 12)相同。

10.5 正弦稳态最大功率传输

现在分析在正弦稳态情况下，当含源一端口 N_S 外接负载时，负载阻抗如何变化，负载上才可以获得最大功率。

图 10 - 10(a)所示为正弦稳态含源一端口电路 N_S，外接负载阻抗 Z_L 可以任意变化，求 Z_L 获得最大功率的条件。为此，首先用戴维南定理将 N_S 等效，则等效电路如图 10 - 10(b) 所示。

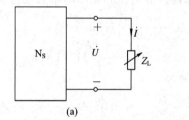
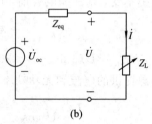

图 10 - 10 最大功率传输

设 $Z_{eq} = R_{eq} + jX_{eq}$，$Z_L = R_L + jX_L$，则负载吸收的有功功率为

$$P = I^2 R_L = \frac{U_{oc}^2 R_L}{(R_{eq} + R_L)^2 + (X_{eq} + X_L)^2} \tag{10-13}$$

对于一个给定的 N_S，其戴维南等效参数 $\dot{U}_{oc}$ 和 Z_{eq} 是不变的。由式(10-13)可见，如果 R_L 和 X_L 任意变化，N_S 传输给 Z_L 的有功功率将随之变化。为了求得最大功率传输的条件，为简单起见，首先令

$$X_{eq} + X_L = 0$$

将该条件代入式(10-13)，得

$$P = \frac{U_{oc}^2 R_L}{(R_{eq} + R_L)^2}$$

为了使 Z_L 获得最大功率，上式对 R_L 求导并令其等于零，即

$$\frac{d}{dR_L}\left[\frac{U_{oc}^2 R_L}{(R_{eq} + R_L)^2}\right] = U_{oc}^2 \frac{R_{eq} + R_L - 2R_L}{(R_{eq} + R_L)^3} = 0$$

由此可得，当 $R_L = R_{eq}$ 时，Z_L 能获得最大功率的条件为

$$Z_L = R_{eq} - jX_{eq} = Z_{eq}^* \tag{10-14}$$

此时获得的最大功率为

$$P_{max} = \frac{U_{oc}^2}{4R_{eq}} \tag{10-15}$$

如果用诺顿定理将 N_s 等效，则用类似的方法可以求得负载导纳 Y_L 上能获得最大功率的条件为

$$Y_L = Y_{eq}^* \qquad (10-16)$$

满足上述条件称最佳匹配(或共轭匹配)。工程上还有其它匹配条件，如模匹配等，在此不一一讲述了。

例 10-9 如图 10-11(a)所示电路，已知 $R_1 = 30\ \Omega$，$R_2 = 200\ \Omega$，$1/(\omega C) = 200\ \Omega$，$\dot{U}_S = 6\angle 0°\ \text{V}$，求最佳匹配时的最大功率。

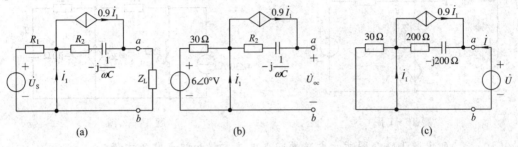

图 10-11 例 10-9 图

解 首先求 $a-b$ 端的戴维南等效电路。由图 10-11(b)可求得电流 $\dot{I}_1$ 和一端口的开路电压分别为

$$\dot{I}_1 = -\frac{6\angle 0°}{30} = -0.2\angle 0°\ \text{A}$$

$$\dot{U}_{oc} = \left(R_2 - \text{j}\frac{1}{\omega C}\right) \times 0.9\dot{I}_1 = (200 - \text{j}200) \times 0.9\dot{I}_1 = 36\sqrt{2}\angle 135°\ \text{V}$$

再求等效阻抗 Z_{eq}，如图 10-11(c)所示，用外加电压法，有

$$\dot{U} = (200 - \text{j}200)(\dot{I} + 0.9\dot{I}_1)$$

因为 $\dot{I}_1 = -\dot{I}$，所以 $\dot{U} = (200 - \text{j}200) \times 0.1\dot{I}$，故 $Z_{eq} = \dot{U}/\dot{I} = (20 - \text{j}20)\ \Omega$。

根据式(10-14)，当

$$Z_L = Z_{eq}^* = (20 + \text{j}20)\ \Omega$$

时，负载可获得最大功率，由式(10-15)求得最大功率为

$$P_{L\text{max}} = \frac{U_{oc}^2}{4R_{eq}} = \frac{(36\sqrt{2})^2}{4 \times 20} = 32.4\ \text{W}$$

由本章的分析知道，有了电路的相量域模型后，就可以将电阻电路的分析方法推广到正弦稳态电路中。应该注意的是，根据相量域的分析方法，所列的电路方程为复数方程，求出的响应为相量域响应，响应为复数形式。对于简单的电路，可以用相量图直接求解。正弦稳态电路中的功率和直流中的不相同，除瞬时功率外，还有平均功率(有功功率)、无功功率、视在功率和复功率等。一般并不关心瞬时功率，而更关心有功功率、无功功率和视在功率。平均功率反映了电路实际所消耗的功率；无功功率反映了电路和外界进行能量交换的规模；视在功率通常指供电设备的容量或能力；而复功率是为了计算方便而引入的一个复数，复功率的引入使有功、无功、视在功率融为一体，使它们的计算简单了。有功功率、无功功率、复功率均是守恒的。当电压和电流确定以后，功率因数决定了有功功率的大小，为了经济的原因，通常采用在感性负载两端并联电容的方法提高电路的功率因数。当电路中的负载变化时，负载和有源一端口实现共轭匹配时负载上可以获得最大功率。

习　题

10-1　如题 10-1 图所示电路，已知 $\dot{U}_{S1}=220\angle0°$ A，$\dot{U}_{S2}=220\angle-20°$ V，$Z_1=$ j20 Ω，$Z_2=$ j10 Ω，$Z_3=40$ Ω，用支路电流法求解各支路的电流。

10-2　如题 10-2 图所示电路，用网孔法求 $\dot{U}_1$ 和 $\dot{I}_0$。

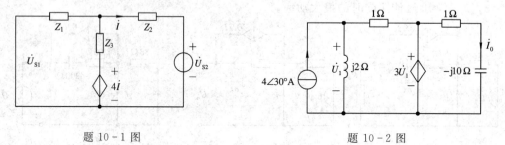

題 10-1 图　　　　　　　　　　　題 10-2 图

10-3　列出题 10-3 图所示电路的回路电流方程和结点电压方程。

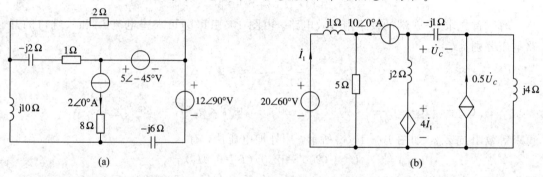

(a)　　　　　　　　　　　(b)

題 10-3 图

10-4　电路如题 10-4 图所示，已知 $i_S=10\sqrt{2}\cos(2t)$ A，用结点法求结点电压 u_1 和 u_2。

10-5　电路如题 10-5 图所示，写出 $\dot{U}$ 的表达式，若使 $U_S=U$，求 C 的值。

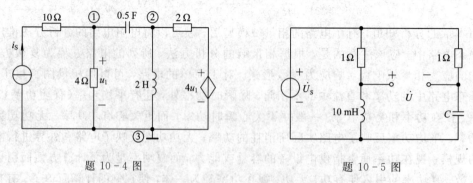

題 10-4 图　　　　　　　　　　　題 10-5 图

10-6　如题 10-6 图所示电路，已知 $\dot{U}_S=20\angle0°$ V，试求 $\dot{U}$。

10-7　如题 10-7 图所示电路，已知 $u_{S1}=5\sqrt{2}\cos(4t)$ V，$u_{S2}=10$ V，$i_S=2\sqrt{2}\cos(5t)$ V，试求电压 u。

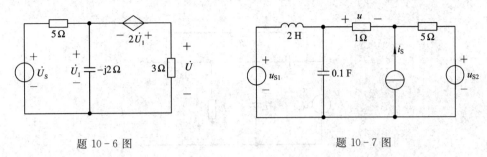

题 10-6 图   题 10-7 图

10-8 求题 10-8 图所示一端口的戴维南(或诺顿)等效电路。

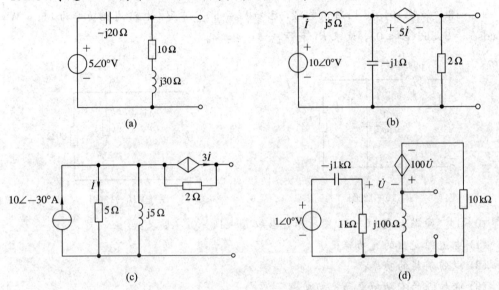

题 10-8 图

10-9 电路如题 10-9 图所示，已知 $i_S = 15\sqrt{2}\cos(\omega t)$ V，$L = 2$ H，$C = 1$ F。R 可变，在什么条件下 u 保持不变？求出电压 u。

10-10 题 10-10 图所示电路中，$\dot{U}_S$ 为正弦电压源。问电容 X_C 为何值时才能使电流 I 达到最大。

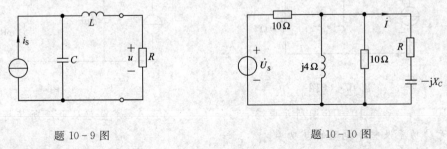

题 10-9 图   题 10-10 图

10-11 如题 10-11 图所示电路，已知 $R_1 = 100\ \Omega$，$X_C = 100\ \Omega$。如果要使开路电压 $\dot{U}_{oc} = 0$，问 R_2 及 X_L 值各为多少？

10-12 如题 10-12 图所示电路，已知 $U_1 = U_2 = U = 100$ V，$\omega L = 20\ \Omega$，$\dfrac{1}{\omega C} = 10\ \Omega$。求 Z 及各支路的电流并画出电路的相量图，计算 Z 所吸收的复功率，并验证整个电路的复功率守恒。

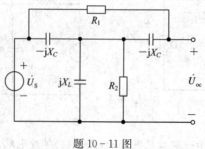

题 10 - 11 图

10 - 13 如题 10 - 13 图所示电路，已知 $\dot{U}_S = 50\angle 0°$ V，电路消耗功率为 86.6 W，端口 $\cos\varphi_Z = 0.866(\varphi_Z < 0)$，试求 R_1 和 X_L。

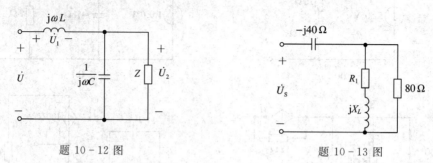

题 10 - 12 图   题 10 - 13 图

10 - 14 电路如题 10 - 14 图所示，已知 $\dot{I}_S = 10\angle 0°$ A。求：

(1) 电流源发出的复功率；

(2) 电阻消耗的功率；

(3) 受控源的有功功率和无功功率。

10 - 15 如题 10 - 15 图所示电路，已知 $i_s = 20\sqrt{2}\cos(10^4 t + 30°)$ A，求各元件的 P 和 Q，并验证有功功率和无功功率守恒。

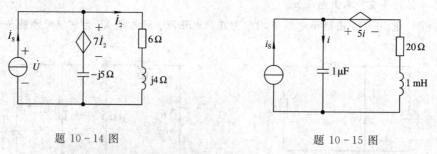

题 10 - 14 图   题 10 - 15 图

10 - 16 如题 10 - 16 图所示电路，已知 $\dot{I}_S = 5\angle 0°$ A，求电路从电源所获得的有功功率和无功功率及整个电路的复功率。

10 - 17 如题 10 - 17 图所示电路，已知 $U_S = 220$ V，$f = 50$ Hz，$R_1 = 100\ \Omega$，$R_2 = 5\ \Omega$，$L = 20$ mH。

(1) 求电路的 P，Q，S 和 $\cos\varphi$；

(2) 若要将电路的功率因数提高到 0.9，应并联多大电容？此时 I 为多少？比较并联电容前后的电流值。

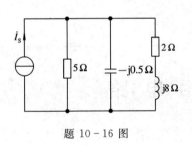

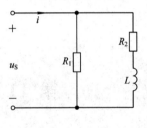

题 10 - 16 图　　　　　　　　　　　　　　题 10 - 17 图

10 - 18　如题 10 - 18 图所示电路，已知 $\dot{I}_S = 10\angle-45°$ A，设 Z 可任意变动，求它能获得的最大功率。

10 - 19　如题 10 - 19 图所示电路，已知 $\dot{U}_S = 2\angle0°$ V，当负载为多少时，可获最大功率? 并求此最大功率。

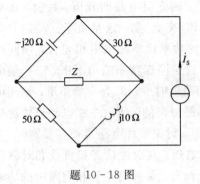

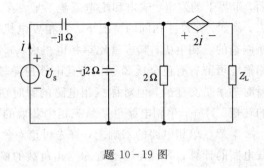

题 10 - 18 图　　　　　　　　　　　　　题 10 - 19 图

第 11 章　三 相 电 路

　　上两章我们已经学过了正弦稳态交流电路的分析,当一个电路只有一个正弦交流电压激励时,称为单相交流电路。本章讨论的对象是一个同时有三个正弦交流电压源激励的电路,所以称为三相交流电路,下面的任务就是研究三相交流电路的分析。目前,在动力方面,世界上的发电、输电和配电系统一般都采用三相(交流)制,这是由于三相制有很多优点。例如,在尺寸相同的情况下,三相发电机输出的功率比单相发电机要大,用同样材料所制造的三相电机,其容量比单相电机大 50%;在输送同样功率的情况下,三相输电较单相输电可节省有色金属 25%,而且电能损耗较单相输电时少。由上一章知道,单相电路的瞬时功率是交变的,但对称三相电路的瞬时功率却是恒定的,所以三相电动机能产生恒定的转矩。另外,单相电路也是从三相中获取的,因而,讨论三相电路是很必要的。

　　本章在单相电路的基础上,首先讨论对称三相电压;其次讨论三相负载和对称三相负载电路的计算;然后介绍不对称三相负载的概念及计算;最后讨论三相电路中的功率计算与测量问题。

11.1　三相对称电压

　　三相(交流)电压是由三相发电机产生的,由于产生的三相电压是三个频率相同、幅值相等、初相位彼次互差 120°的正弦交流电压,所以称为三相对称电压。

11.1.1　三相对称电压的产生

　　三相交流发电机主要由定子(电枢)和转子(磁极)组成。定子铁芯中放置有三相绕组,每相绕组的匝数相同,并且在空间上相隔 120°,所以称为对称三相绕组。它们的始端分别标记为 A、B 和 C,末端标记为 X、Y 和 Z。当转子磁极转动时,因为定子绕组切割磁感线,所以在定子绕组上就感应出电势。由于发电机的特殊结构,感应出的电势(电压)随时间是按正弦规律变化的;另外,因为三相绕组是对称的,所以感应出的正弦交流电压的频率相同、幅值也相等。

　　三相绕组与感应出的三相电压如图 11-1(a)所示,图中 A、B、C 分别为三个绕组的始端(头),X、Y、Z 分别为三个绕组的末端(尾),e_A、e_B、e_C 则为三相绕组的感应电势,u_A、u_B、u_C 分别为三相绕组的感应电压。图 11-1(a)中的感应电压可以分别由图 11-1(b)中的电压源符号表示。

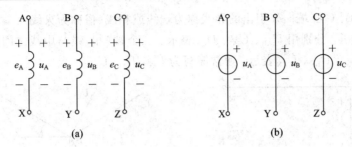

图 11-1 三相绕组与三相电压

由于三相电压是三个频率相同、幅值相等、初相位依次相差 120° 的正弦电压，这样的电压称为对称三相电压。若以 A 相电压 u_A 为参考，则它们的电压分别为

$$u_A = \sqrt{2}U\cos(\omega t) \tag{11-1a}$$

$$u_B = \sqrt{2}U\cos(\omega t - 120°) \tag{11-1b}$$

$$u_C = \sqrt{2}U\cos(\omega t - 240°) = \sqrt{2}U\cos(\omega t + 120°) \tag{11-1c}$$

它们对应的相量分别为

$$\dot{U}_A = U\angle 0° \tag{11-2a}$$

$$\dot{U}_B = U\angle -120° = \alpha^2\dot{U}_A \tag{11-2b}$$

$$\dot{U}_C = U\angle 120° = \alpha\dot{U}_A \tag{11-2c}$$

式中 $\alpha = 1\angle 120°$，是工程上为了方便计算引入的单位相量算子。

三个电压到达最大值的次序称为相序。A-B-C-A 称为正序或顺序；与此相反，A-C-B-A 称为负序或逆序。电力系统中一般采用正序。对称三相电压的波形和相量图分别如图11-2(a)和图 11-2(b)所示。

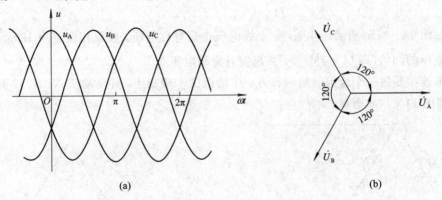

图 11-2 三相电压的波形与相量图

由式(11-1)和式(11-2)知，对称三相电压的瞬时值或相量之和等于零，即

$$u_A + u_B + u_C = 0 \quad \text{或} \quad \dot{U}_A + \dot{U}_B + \dot{U}_C = 0$$

11.1.2 三相电源的连接、线电压与相电压

三相发电机(或三相电源)有两种连接方式，即星形连接和三角形连接，或者称为 Y 形连接和△(形)连接。Y 形连接是将上述三个绕组的末端 X、Y、Z 连接到一个公共点 N 上，如图 11-3(a)所示，公共点 N 称为中性(Neutral)点。从中性点 N 引出的导线称为中线(俗

称为零线），A、B、C 三端向外引出的导线称为端线或相线（俗称为火线）。端线 A、B、C 之间的电压称线电压，分别用 $\dot{U}_{AB}$、$\dot{U}_{BC}$、$\dot{U}_{CA}$ 表示。三个端（相）线与中线之间的电压称为相电压，分别用 $\dot{U}_{AN}$、$\dot{U}_{BN}$、$\dot{U}_{CN}$ 表示，通常简写为 $\dot{U}_A$、$\dot{U}_B$、$\dot{U}_C$。

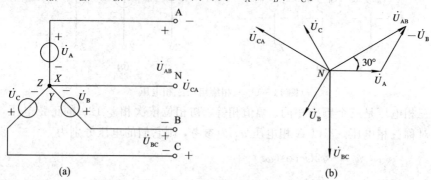

图 11-3　电源的 Y 形连接

下面讨论 Y 形连接电源的线电压和相电压之间的关系。设三个相电压分别为

$$\dot{U}_A = U_p\angle 0°,\ \dot{U}_B = \alpha^2\dot{U}_A,\ \dot{U}_C = \alpha\dot{U}_A$$

式中 U_p[①] 表示相电压的有效值。

由图 11-3(a)和 KVL，得三个线电压分别为

$$\dot{U}_{AB} = \dot{U}_A - \dot{U}_B = (1 - \alpha^2)\dot{U}_A = \sqrt{3}\dot{U}_A\angle 30° = U_l\angle 30° \tag{11-3a}$$

$$\dot{U}_{BC} = \dot{U}_B - \dot{U}_C = (1 - \alpha^2)\dot{U}_B = \sqrt{3}\dot{U}_B\angle 30° = U_l\angle -90° \tag{11-3b}$$

$$\dot{U}_{CA} = \dot{U}_C - \dot{U}_A = (1 - \alpha^2)\dot{U}_C = \sqrt{3}\dot{U}_C\angle 30° = U_l\angle 150° \tag{11-3c}$$

式中 U_l[②] 表示线电压的有效值。由式(11-3)知，三个线电压的相量和等于零，即

$$\dot{U}_{AB} + \dot{U}_{BC} + \dot{U}_{CA} = 0$$

相量图如图 11-3(b)所示。可见，三个线电压也是对称电压，彼此相位差为 120°，其有效值是相电压的 $\sqrt{3}$ 倍（即 $U_l = \sqrt{3}U_p$），并超前对应相电压 30°。

△形连接是将一个绕组的始端和另一个绕组的末端相连，并从端子 A、B、C 引出三条端线，如图 11-4(a)所示。

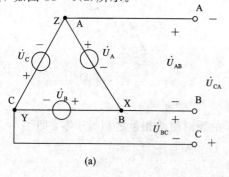

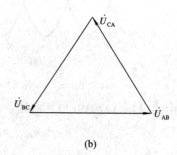

图 11-4　电源的 △ 形连接

---

①　下标 p 为相(phase)的缩写。

②　下标 l 为线(line)的缩写。

△形接法没有中线，由图可见线电压等于对应相的相电压。相量图如图 11 - 4(b)所示。如果在三角形接法中将任何一相绕组的头尾接反，将使三个相电压之和不为零，因而在三角形连接的闭合回路中就会产生很大的短路电流，将烧毁绕组，实际中要特别注意。

11.2 三 相 负 载

上节介绍了三相电源绕组的连接方式以及 Y 形和△形连接下的线电压和相电压。在三相系统中，负载也是三相，其连接方式也有星形（Y）和三角形（△）两种。

11.2.1 三相负载的连接

如果将三个负载阻抗接成星形，就构成 Y 形负载，如图 11 - 5 所示。当 $Z_A = Z_B = Z_C = Z$ 时，称为对称（或平衡）三相负载。图中 Z_1 为线路阻抗，N 为电源中性点，N′ 为负载中性点。

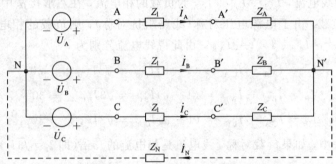

图 11 - 5 负载的星形接法

若将三个负载阻抗接成三角形，就构成△形负载，如图 11 - 6 所示。当 $Z_{A'B'} = Z_{B'C'} = Z_{C'A'} = Z$ 时，称为对称三相负载。

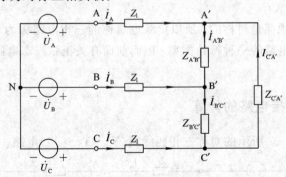

图 11 - 6 负载的三角形接法

三相电源有两种连接方式，三相负载也有两种连接方式，故三相电路共有四种连接方式。即 Y - Y（Y 形电源，Y 形负载），如图 11 - 5 所示（虚线除外）；Y -△（Y 形电源，△形负载），如图 11 - 6 所示；还有△- Y 接法和△-△接法（没有列举）。在 Y - Y 接法中，如将电源的中性点 N 和负载的中点 N′ 连接起来，如图 11 - 5 中虚线所示，称为三相四线制，此时的连接方式可表述为 $Y_0 - Y_0$ 方式，Z_N 为中线阻抗。其余为三相三线制。注意，在以后针对三相负载的讨论中，不再画出三相电源。因为一般认为三相电源是对称的，所以只要知道三相电源的相电压或线电压即可。

11.2.2　三相负载中的电流和电压

对于三相负载来说，负载两端的电压称为相电压，流过负载的电流称为相电流，电源和负载端线的电流称为线电流，中线的电流称为中线电流。电源和负载的连接端(或三相负载与外界的连接端)之间的电压称为负载的线电压。如图 11-5 所示，$\dot{U}_{A'B'}$、$\dot{U}_{B'C'}$、$\dot{U}_{C'A'}$ 为负载的线电压，$\dot{U}_{A'N'}$、$\dot{U}_{B'N'}$、$\dot{U}_{C'N'}$ 为负载的相电压，$\dot{I}_A$、$\dot{I}_B$、$\dot{I}_C$ 为负载的线电流和相电流。

星形接法中，线电流等于相电流；如果负载对称，则线电压与相电压之间的关系与电源星形接法时相同，即线电压是相电压的 $\sqrt{3}$ 倍，线电压超前对应相电压 $30°$，若设 $\dot{U}_{A'N'}=U\angle0°$，则 $\dot{U}_{A'B'}=\sqrt{3}\dot{U}_{A'N'}\angle30°$，$\dot{U}_{B'C'}=\sqrt{3}\dot{U}_{B'N'}\angle30°$，$\dot{U}_{C'A'}=\sqrt{3}\dot{U}_{C'N'}\angle30°$。

在图 11-6 所示的△形接法中，$\dot{U}_{A'B'}$、$\dot{U}_{B'C'}$、$\dot{U}_{C'A'}$ 既是负载的线电压，也是负载的相电压，$\dot{I}_A$、$\dot{I}_B$、$\dot{I}_C$ 为线电流，$\dot{I}_{A'B'}$、$\dot{I}_{B'C'}$、$\dot{I}_{C'A'}$ 为负载的相电流。在△形接法中，线电压等于相电压。对于对称负载，由于电源电压对称(线路阻抗对称)，则负载的相电流也是对称的，分别为 $\dot{I}_{A'B'}$、$\dot{I}_{B'C'}=\alpha^2\dot{I}_{A'B'}$、$\dot{I}_{C'A'}=\alpha\dot{I}_{A'B'}$，由此得线电流分别为

$$\dot{I}_A = \dot{I}_{A'B'} - \dot{I}_{C'A'} = (1-\alpha)\dot{I}_{A'B'} = \sqrt{3}\dot{I}_{A'B'}\angle-30° \tag{11-4a}$$

$$\dot{I}_B = \dot{I}_{B'C'} - \dot{I}_{A'B'} = (1-\alpha)\dot{I}_{B'C'} = \sqrt{3}\dot{I}_{B'C'}\angle-30° \tag{11-4b}$$

$$\dot{I}_C = \dot{I}_{C'A'} - \dot{I}_{B'C'} = (1-\alpha)\dot{I}_{C'A'} = \sqrt{3}\dot{I}_{C'A'}\angle-30° \tag{11-4c}$$

可见，在△形接法中，如果负载对称，线电流是相电流的 $\sqrt{3}$ 倍(即 $I_l=\sqrt{3}I_p$)，并滞后对应相电流 $30°$。

11.3　对称三相电路的计算

一般认为三相电源都是对称的，所以负载也对称的三相电路称为对称三相电路。由于三相电路是正弦交流电路的一种特殊类型，因而前面有关正弦稳态电路的分析方法完全适用于三相稳态电路。

11.3.1　负载 Y 连接电路的计算

首先分析如图 11-7 所示的对称三相四线制($Y_0 - Y_0$ 连接)电路。

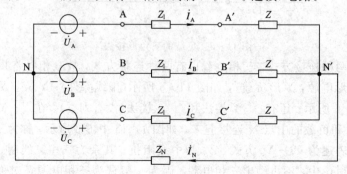

图 11-7　对称三相四线制($Y_0 - Y_0$ 连接)电路

在图 11-7 中，设负载中性点到电源中性点的电压为 $\dot{U}_{N'N}$，由结点电压法，得

$$\left(\frac{3}{Z+Z_1}+\frac{1}{Z_N}\right)\dot{U}_{N'N}=\frac{1}{Z+Z_1}(\dot{U}_A+\dot{U}_B+\dot{U}_C)$$

因为 $\dot{U}_A+\dot{U}_B+\dot{U}_C=0$，所以 $\dot{U}_{N'N}=0$，则各线电流（相电流）与中线电流分别为

$$\dot{I}_A=\frac{\dot{U}_A-\dot{U}_{N'N}}{Z+Z_1}=\frac{\dot{U}_A}{Z+Z_1}$$

$$\dot{I}_B=\frac{\dot{U}_B}{Z+Z_1}=\alpha^2\dot{I}_A$$

$$\dot{I}_C=\frac{\dot{U}_C}{Z+Z_1}=\alpha\dot{I}_A$$

$$\dot{I}_N=\dot{I}_A+\dot{I}_B+\dot{I}_C=0$$

可见，在对称的 $Y_0 - Y_0$ 电路中，中线上的电流为零，所以中线不起作用。

因为 $\dot{U}_{N'N}=0$，所以 N 和 N′ 之间相当于短路，于是图 11-7 所示电路可以分解为图 11-8 所示的三个单相电路。由于三相对称且各相相对独立，只要分析其中一相即可，根据对称性可以得出其他两相的计算结果。这就是对称三相电路归为一相的计算方法。

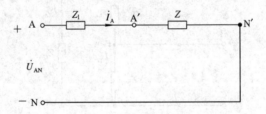

图 11-8 一相电路计算

对于无中线的对称 Y-Y 接法电路，由于负载对称，同样可以得出上述的结论，即可以归结为一相进行计算。

例 11-1 三相对称电路如图 11-9 所示。已知负载 $Z=100\angle60°\ \Omega$，$Z_1=(1+j2)\ \Omega$，电源电压为 $U_1=380\ V$，求线电流和负载的相电流。

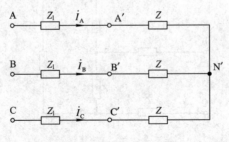

图 11-9 例 11-1 图

解 由于负载对称，所以按一相计算法求解。设 $\dot{U}_{AB}=U_1\angle30°=380\angle30°\ V$，由对称电源关系得 $\dot{U}_A=220\angle0°\ V$，则 A 相线电流为

$$\dot{I}_A=\frac{\dot{U}_A}{Z+Z_1}=\frac{220\angle0°}{100\angle60°+1+j2}=2.15\angle-60.1°\ A$$

所以，由负载的对称关系，得

$$\dot{I}_B=\alpha^2\dot{I}_A=2.15\angle179.9°\ A$$

$$\dot{I}_C = \alpha \dot{I}_A = 2.15\angle 59.9° \text{ A}$$

由于是 Y 形接法,所以负载的相电流就等于对应的线电流。

11.3.2 负载△连接电路的计算

由于负载对称,在△形连接的负载电路中仍然可以用一相法进行求解。在△形接法中,负载的相电压和线电压始终是相等的,可以先求出一相的相电流,然后由对称关系求出其他两相的相电流,再利用式(11-4)求出各线电流。如图 11-10 所示的△形连接电路,设 $Z_{A'B'} = Z_{B'C'} = Z_{C'A'} = Z$,即负载对称,则各相负载的相电流分别为

$$\dot{I}_{A'B'} = \frac{\dot{U}_{AB}}{Z}, \quad \dot{I}_{B'C'} = \alpha^2 \dot{I}_{A'B'}, \quad \dot{I}_{C'A'} = \alpha \dot{I}_{A'B'}$$

由式(11-4)得线电流分别为

$$\dot{I}_A = \sqrt{3}\dot{I}_{A'B'}\angle -30°, \quad \dot{I}_B = \alpha^2 \dot{I}_A, \quad \dot{I}_C = \alpha \dot{I}_A$$

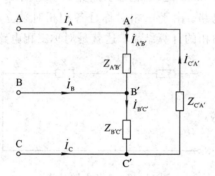

图 11-10　△连接对称负载

例 11-2　如图 11-11 所示三相对称电路,已知负载 $Z = (60+j60)$ Ω,$Z_1 = (2+j3)$ Ω,电源电压 $U_1 = 380$ V,求相电流、线电流和负载两端的电压。

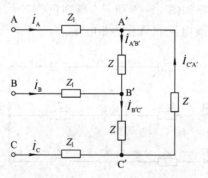

图 11-11　例 11-2 图

解　该电路的负载虽然是△形连接,但由于存在线路阻抗 Z_1,所以不能用△形方法直接求解。其求解方法是,首先将△形负载变换成 Y 形负载,根据式(2-16),并注意由时域换到相量域,则有

$$Z' = \frac{1}{3}Z = (20+j20) \text{ Ω}$$

于是图 11-11 就变成图 11-9 所示的电路形式,然后利用 Y 形连接的一相电路计算方法,即设 $\dot{U}_{AB} = 380\angle 30°$ V,有 $\dot{U}_A = 220\angle 0°$ V,则各线电流分别为

$$\dot{I}_A = \frac{\dot{U}_A}{Z' + Z_1} = \frac{220\angle 0°}{20 + j20 + 2 + j3} = 6.91\angle -46.3° \text{ A}$$

$$\dot{I}_B = \alpha^2 \dot{I}_A = 6.91\angle -166.3° \text{ A}$$

$$\dot{I}_C = \alpha \dot{I}_A = 6.91\angle 73.7° \text{ A}$$

利用式(11-4)可以求出各负载的相电流分别为

$$\dot{I}_{A'B'} = \frac{\dot{I}_A}{\sqrt{3}}\angle 30° = 3.99\angle -16.3° \text{ A}$$

$$\dot{I}_{B'C'} = 3.99\angle -136.3° \text{ A}$$

$$\dot{I}_{C'A'} = 3.99\angle 103.7° \text{ A}$$

各负载的相电压分别为

$$\dot{U}_{A'B'} = Z\dot{I}_{A'B'} = 338.56\angle 28.7° \text{ V}$$

$$\dot{U}_{B'C'} = 338.56\angle -91.3° \text{ V}$$

$$\dot{U}_{C'A'} = 338.56\angle 148.7° \text{ V}$$

11.4 不对称三相电路的计算

对于三相电路,只要有一部分不对称就称为不对称三相电路。例如,三相负载不对称,对称三相电源的某一条端线断开,或某一相负载发生短路或开路等,均为不对称三相电路。本节只讨论三相负载不对称的情况。

不对称三相电路不能按对称电路的一相计算法计算,但可以应用上一章学过的分析方法求解。对于 Y 形连接的不对称负载,一般可应用结点分析法求解;而对于不对称的△形连接的三相负载,可应用△-Y 等效变换或者直接求解。

该图 11-12(a)所示的电路为不对称($Z_A \neq Z_B \neq Z_C$)的三相电路,可按一般正弦电路的分析方法来计算。当开关 S 打开时(即不接中线),设中性点电压为 $\dot{U}_{N'N}$,由结点电压法,得

$$\dot{U}_{N'N} = \frac{\dot{U}_A Y_A + \dot{U}_B Y_B + \dot{U}_C Y_C}{Y_A + Y_B + Y_C}$$

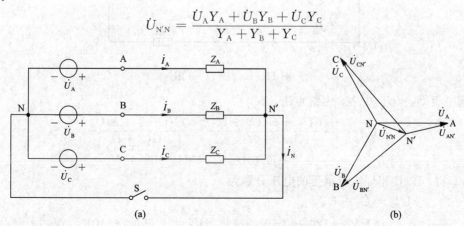

(a)　　　　　　　　　(b)

图 11-12 三相不对称电路

由于负载不对称,由上式可知 $\dot{U}_{N'N} \neq 0$,即 N 和 N′点的电位不相等,由 KVL 可得各相负载相电压分别为 $\dot{U}_{AN'} = \dot{U}_A - \dot{U}_{N'N}$、$\dot{U}_{BN'} = \dot{U}_B - \dot{U}_{N'N}$ 和 $\dot{U}_{CN'} = \dot{U}_C - \dot{U}_{N'N}$。可以画出电路

的相量图如图 11-12(b)所示。由相量图看出，由于 $\dot{U}_{N'N}\neq 0$，所以 N 和 N′点不重合，这一现象称为中性点位移或偏移。如果电源对称，则可以根据中性点的偏移情况判断负载端的不对称程度。当中性点偏移较大时，会造成负载端电压严重不对称，各负载上相电压的值不相等，有的大于(或小于)电源的相电压；相位之间也不再对称，从而使负载的工作不正常。此外，由于负载不对称，各相之间将相互影响。这种现象随着不对称负载的变化而变化。

对于图 11-12(a)所示的不对称电路，可以求出各线电流分别为

$$\dot{I}_A = \frac{\dot{U}_{AN'}}{Z_A}, \quad \dot{I}_B = \frac{\dot{U}_{BN'}}{Z_B} \neq \alpha^2\dot{I}_A, \quad \dot{I}_C = \frac{\dot{U}_{CN'}}{Z_C} \neq \alpha\dot{I}_A$$

当合上开关 S 时(接上中线)，则可强行使 $\dot{U}_{N'N}=0$，这时负载两端的电压就是电源电压(对称电压)，则三相互不影响，可以独立计算各相电流。由于负载不对称，电流也不再对称，由 KCL，有

$$\dot{I}_N = \dot{I}_A + \dot{I}_B + \dot{I}_C \neq 0$$

可见，此时中线上的电流不为零。

在三相四线制系统中，由于负载不对称引起中性点偏移，从而导致各相负载电压不对称。为了克服这一缺点，保证负载相电压对称，必须接上中线，且不能断开，这点要特别注意。

当△形接法的负载不对称时，由于线电压对称，可以按三相单独计算的方法计算，但此时相电流和线电流不再对称。

例 11-3　如图 11-13 所示是一种相序指示器电路，图中的 R 可以用两个相同的白炽灯泡代替。如果使 $\frac{1}{\omega C}=R=\frac{1}{G}$，则可以根据两个灯泡的亮度判断电源的相序。

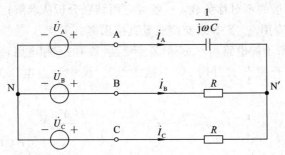

图 11-13　例 11-3 图

解　设 $\dot{U}_A=U\angle 0°$ V，由结点法，有

$$\dot{U}_{N'N} = \frac{j\omega C\dot{U}_A + G(\dot{U}_B + \dot{U}_C)}{j\omega C + 2G} = \frac{G(j + \alpha^2 + \alpha)\dot{U}_A}{G(2 + j)}$$

$$= (-0.2 + j0.6)U = 0.63U\angle 108.4° \text{ V}$$

由 KVL 得，B、C 相灯泡所承受的电压分别为

$$\dot{U}_{BN'} = \dot{U}_B - \dot{U}_{N'N}$$

$$= U\angle -120° - (-0.2 + j0.6)U = 1.5U\angle -101.5° \text{ V}$$

$$\dot{U}_{CN'} = \dot{U}_C - \dot{U}_{N'N}$$

$$= U\angle 120° - (-0.2 + j0.6)U = 0.4U\angle 133.4° \text{ V}$$

即

$$U_{BN'} = 1.5U, \quad U_{CN'} = 0.4U$$

由于 $U_{BN'} > U_{CN'}$，故灯泡较亮的一相为 B 相，较暗的一相为 C 相。

11.5 三相电路的功率

前面几节讨论了三相电路的构成与计算。和单相电路一样，实际中同样要关心电路中的功率。本节讨论三相电路的功率计算与测量方法。

11.5.1 三相电路的功率

无论 Y 形接法还是△形接法，或者负载对称与否，都有三相负载的瞬时功率等于各相负载瞬时功率之和。以 Y 形接法的感性对称负载为例，三相负载的瞬时功率为

$$
\begin{aligned}
p &= p_A + p_B + p_C = u_{AN} i_A + u_{BN} i_B + u_{CN} i_C \\
&= \sqrt{2} U_P \cos(\omega t) \sqrt{2} I_P \cos(\omega t - \varphi) \\
&\quad + \sqrt{2} U_P \cos(\omega t - 120°) \sqrt{2} I_P \cos(\omega t - 120° - \varphi) \\
&\quad + \sqrt{2} U_P \cos(\omega t + 120°) \sqrt{2} I_P \cos(\omega t + 120° - \varphi) \\
&= 3 U_P I_P \cos\varphi + U_P I_P [\cos(2\omega t - \varphi) + \cos(2\omega t - 240° - \varphi) + \cos(\omega t + 240° - \varphi)] \\
&= 3 U_P I_P \cos\varphi = 3 P_A
\end{aligned}
$$

上式表明，对称三相电路的瞬时功率是一个常量，其值等于三相平均功率之和，这是对称三相电路的一个优越的性能。习惯上把这一性能称为瞬时功率平衡。

三相电路吸收的有功功率是三相负载吸收的有功功率之和，即

$$P = P_A + P_B + P_C$$
$$P = P_{AB} + P_{BC} + P_{CA}$$

前式负载为 Y 形连接，后式负载为△形连接。当负载对称时，有

$$P = 3 U_P I_P \cos\varphi = \sqrt{3} U_l I_l \cos\varphi \qquad (11-5)$$

其中负载为 Y 形连接时，有 $I_l = I_P$，$U_l = \sqrt{3} U_P$；负载为△形连接时，有 $I_l = \sqrt{3} I_P$，$U_l = U_P$。φ 是相电压与相电流的相位差，$\cos\varphi$ 是负载的功率因数。

根据以上的分析以及 10.2 和 10.3 节的知识，三相对称负载下的无功功率和视在功率分别为

$$Q = 3 U_P I_P \sin\varphi = \sqrt{3} U_l I_l \sin\varphi \qquad (11-6)$$
$$S = 3 U_P I_P = \sqrt{3} U_l I_l = \sqrt{P^2 + Q^2} \qquad (11-7)$$

三相电路吸收的复功率等于各相复功率之和，即

$$\overline{S} = \overline{S}_A + \overline{S}_B + \overline{S}_C$$

在对称负载下，有

$$\overline{S} = 3 \overline{S}_A \qquad (11-8)$$

11.5.2 三相电路功率的测量

在三相三线制电路中，不论负载对称与否，均可以使用两个功率表测量三相功率。两

个功率表的接法如图 11-14(a)所示。两个功率表的电流线圈分别串入两个端线中,电压线圈分别并接在两个线电压之间,其中"*"表示电压、电流线圈的同极性端。可以看出,这种测量方法中功率表的接线与负载和电源的连接方式无关。这种方法习惯上称为二瓦计法。

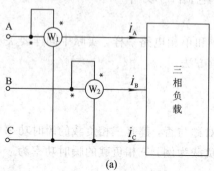 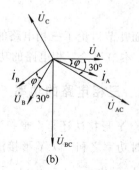

图 11-14   二瓦计法

可以证明,图 11-14 所示电路中两个瓦特表读数的代数和为三相三线制电路吸收的平均功率。以图 11-14 为例,设两个功率表的读数分别用 P_1 和 P_2 表示,根据功率表的工作原理和接线方式,有

$$P_1 = \text{Re}[\dot{U}_{AC}\dot{I}_A^*], \quad P_2 = \text{Re}[\dot{U}_{BC}\dot{I}_B^*]$$

所以

$$P_1 + P_2 = \text{Re}[\dot{U}_{AC}\dot{I}_A^* + \dot{U}_{BC}\dot{I}_B^*] \tag{11-9}$$

因为 $\dot{U}_{AC} = \dot{U}_A - \dot{U}_C$,$\dot{U}_{BC} = \dot{U}_B - \dot{U}_C$,$\dot{I}_A^* + \dot{I}_B^* = -\dot{I}_C^*$,代入式(11-9),有

$$P = P_1 + P_2 = \text{Re}[\dot{U}_A\dot{I}_A^* + \dot{U}_B\dot{I}_B^* + \dot{U}_C\dot{I}_C^*] = \text{Re}[\overline{S}_A + \overline{S}_B + \overline{S}_C] = \text{Re}[\overline{S}]$$

式中 $\text{Re}[\overline{S}]$ 为三相复功率取实部,即为三相有功功率。

若图 11-14 所示电路为对称负载(感性),阻抗角为 φ,则图 11-14(a)所示电路的相量图如图 11-14(b)所示,由图可得

$$P_1 = \text{Re}[\dot{U}_{AC}\dot{I}_A^*] = U_{AC}I_A\cos(\varphi - 30°)$$

$$P_2 = \text{Re}[\dot{U}_{BC}\dot{I}_B^*] = U_{BC}I_B\cos(\varphi + 30°)$$

注意,在某些条件下(例如 $\varphi > 60°$ 时),两个功率表的读数可能为负(当功率表反偏时将电压或电流线圈的同极性端倒向),求代数和时该读数应取负值。一般来讲,单独一个功率表的读数是没有意义的。

不对称的三相四线制不能用二瓦计法测量三相功率,因为一般情况下 $\dot{I}_A + \dot{I}_B + \dot{I}_C \neq 0$,此时三相分别测量即可。

例 11-4   如图 11-15 所示电路,已知电源线电压为 380 V,接有两组对称负载,一组为 Y 形连接,一组为三相电动机。已知 $Z_1 = (40 + j30)$ Ω,电动机的功率为 2 kW,功率因数为 0.866(感性)。

(1) 求线电流及电源提供的总功率;

(2) 画出用二瓦计法测电动机功率的接线图,并求两个功率表的读数。

解   设电源的线电压 $\dot{U}_{AB} = 380\angle 30°$ V,即相电压 $\dot{U}_A = 220\angle 0°$ A,则

$$\dot{I}_1 = \frac{\dot{U}_A}{Z_1} = \frac{220\angle 0°}{40 + j30} = 4.4\angle -36.9° \text{ A}$$

设电动机为对称负载,每相阻抗为 Z_2 并接成星形,根据式(11-5),有

$$I_2 = \frac{P_2}{\sqrt{3}U_{AB}\cos\varphi_2} = \frac{2000}{\sqrt{3}\times 380 \times 0.866} \approx 3.51 \text{ A}$$

由 $\lambda = \cos\varphi_2 = 0.866$(感性),得 $\varphi_2 = 30°$,即 Z_2 的阻抗角为 $30°$,由此可得 $\dot{I}_2$ 的初相位为

$$\psi_{i2} = 0° - \varphi_2 = -30°$$

故得

$$\dot{I}_2 = I_2 \angle -30° = 3.51 \angle -30° \text{ A}$$

再根据 KCL,有

$$\dot{I}_A = \dot{I}_1 + \dot{I}_2 = 4.40 \angle -36.9° + 3.51 \angle -30°$$

$$= 6.55 - j4.39 = 7.89 \angle -33.8° \text{ A}$$

由式(11-5)得电源发出的总功率为

$$P = \sqrt{3}U_{AB}I_A \cos\varphi_Z = \sqrt{3}\times 380 \times 7.89 \times \cos[0° - (-33.8°)]$$

$$= 4315.20 \text{ W}$$

用二瓦计法测量三相功率的接线如图 11-15 中的虚线所示,由星形连接方式可知

$$\dot{U}_{AC} = 380 \angle -30° \text{ V}, \quad \dot{I}_A = 7.89 \angle -33.8° \text{ A}$$

$$\dot{U}_{BC} = 380 \angle -90° \text{ V}, \quad \dot{I}_B = 7.89 \angle -153.8° \text{ A}$$

则两个功率表的读数分别为

$$P_1 = \text{Re}[\dot{U}_{AC}\dot{I}_2^*] = \text{Re}[380 \times 3.51 \angle 0°] = 1333.8 \text{ W}$$

$$P_2 = \text{Re}[\dot{U}_{BC}\dot{I}_{2B}^*] = \text{Re}[380 \times 3.51 \angle 60°] = 666.9 \text{ W}$$

$$P = P_1 + P_2 = 2000.7 \text{ W}$$

所得结果和已知相同。

如果欲测整个电路的功率,结果如何? 表接在何处?

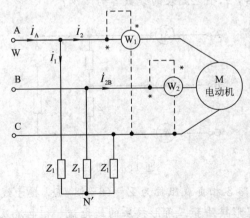

图 11-15 例 11-4 图

本章讨论了三相稳态电路的分析与计算。三相对称电源是由三个频率相同、幅值相等、初相位依次相差 $120°$ 的三相正弦电压源组成的。对于对称负载,三相可以归结为一相进行求解。不对称负载要根据具体情况进行求解。无论接法如何,或者负载对称与否,均有三相有功功率、无功功率和复功率等于对应的各相功率之和。对称三相电路的瞬时功率是一个常量,其值等于平均功率。三相电路功率的测量采用二瓦计法。

习　题

11-1　电路采用对称三相电路负载星形接法，电源线电压为 380 V，负载阻抗为 $Z=(10+j8)\ \Omega$，线路阻抗为 $Z_1=(3-j2)\ \Omega$，中线阻抗为 $Z_N=(1+j0.5)\ \Omega$。求负载端的线电流和线电压，并画出电路的相量图。

11-2　某电路采用对称星形负载与三相电源相连，已知线电流 $\dot{I}_A=5\angle 20°$ A，线电压 $\dot{U}_{AB}=380\angle 75°$ V，试求此负载每相的阻抗。

11-3　已知电源线电压为 380 V，对称三角形负载阻抗为 $Z=(12-j9)\ \Omega$，端线阻抗为 $Z_1=(1+j2)\ \Omega$，求电路的线电流和负载的相电流，并作相量图。

11-4　题 11-4 图所示为对称 Y-Y 连接电路，已知电压表的读数为 600 V，负载阻抗为 $Z=(25+j50)\ \Omega$，线路阻抗为 $Z_1=(1+j1)\ \Omega$，求电流表的读数和电源侧的线电压 $\dot{U}_{AB}$。

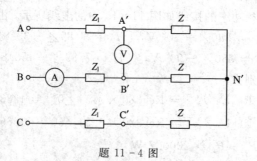

题 11-4 图

11-5　题 11-5 图所示为三相对称电路，当开关 S 接通时，三个电流表的读数为 17.3 A。问：当 S 断开后，三个电流表的读数各为多少？

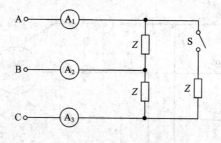

题 11-5 图

11-6　对称三相电路各相负载阻抗为 $Z=(6+j8)\ \Omega$，接于线电压为 380 V 的三相电源上，分别计算负载为星形接法和三角形接法的线电流、相电流及吸收的总功率，并讨论所得结果。

11-7　如题 11-7 图所示三相对称电路，已知三相电动机额定线电压为 380 V，额定功率为 4.5 kW，功率因数 $\lambda=0.6$（感性），线路阻抗为 $Z_1=(1+j4)\ \Omega$。

(1) 若要求负载端端电压为 380 V，问电源的线电压应为多大；

(2) 若电源线电压为 380 V，求负载端线电压和负载实际消耗的平均功率。

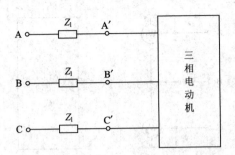

题 11-7 图

11-8 电路如题 11-8 图所示,线路阻抗 $Z_1=(0.2+j0.3)\ \Omega$, Z_1、Z_2 均为感性负载, Y 形负载的总功率 7.5 kW, $\cos\varphi_1=0.88$; △形负载的总功率为 10 kW, $\cos\varphi_2=0.8$。已知负载侧线电压为 380 V, 求电源侧的线电压。

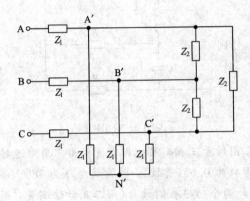

题 11-8 图

11-9 题 11-9 图所示电路电源对称,相电压为 220 V,负载是三个白炽灯,其额定工作电压为 220 V,A、B 两相灯泡为 100 W,C 相灯泡为 25 W。求:

(1) 当开关 S 打开时,各相灯泡承受的电压以及它们消耗的功率;

(2) 当开关 S 闭合时的中线电流 $\dot{I}_{N'N}$。

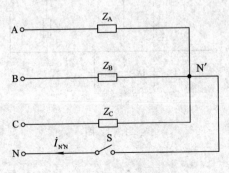

题 11-9 图

11-10 如题 11-10 图所示电路,已知三相对称负载的功率因数为 0.75(感性),线电压为 380 V,三相负载吸收的功率为 8 kW,求图中两个功率表的读数。

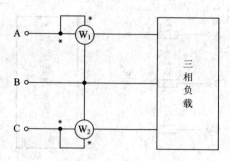

题 11 - 10 图

11-11 如题 11-11 图所示电路是小功率星形对称电阻性负载从单相电源获得三相对称电压的电路。已知每相负载电阻为 $10\ \Omega$，电源频率为 $50\ \text{Hz}$，试求所需 L 和 C 的值。

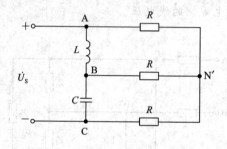

题 11 - 11 图

11-12 如题 11-12 图所示三相对称电路，负载为三角形连接，已知负载所吸收的有功功率为 $2.5\ \text{kW}$，功率因数为 0.65（感性），电源线电压为 $380\ \text{V}$，频率为 $50\ \text{Hz}$。

（1）求电流表的读数和两个功率表的读数（用二瓦计法测量，图中未画出）；

（2）欲将功率因数提高到 0.9，现并联对称的 Y 形连接的三相电容，求电容的值和电流表的读数。

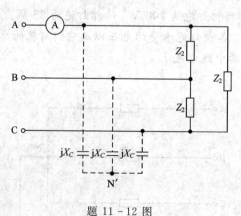

题 11 - 12 图

第 12 章　耦合电感电路

由第 6 章可知,电感是一种可以将电能和磁场能相互转换的电路元件。当给线圈通入电流时,线圈中就产生磁通,并在线圈内部及周围形成磁场。该磁场除了在自身感应出电势(或电压)外,也会对周围的其他电感线圈产生影响。换句话说,当一个线圈中的磁场发生变化时,它同时也会引起周围线圈中的磁通发生变化,于是这些线圈上也会感应出电势(或电压)。这种当一个线圈中的磁通变化时,在另外的线圈中产生电势的现象称为磁耦合现象,这样的线圈称为耦合(或互感)线圈。本章将讲解含有互感线圈电路的分析方法。

在实际中,互感线圈有着广泛的应用,变压器就是互感线圈应用的一个典型的例子。在电力系统中,它不仅可以传输和转换电能,同时也能变换交流电压和电流;在通信和电子电路中,除能量传输和电压、电流变换外,它还可以用于变换阻抗和信号隔离等。

本章首先在复习自感线圈的基础上引入互感(耦合电感)的概念,并讨论耦合线圈的伏安特性以及耦合系数的概念;然后讨论耦合线圈的串、并联和去耦等效电路;其次分析空芯变压器的工作原理与等效电路;最后介绍一种新的电路元件——理想变压器,同时分析该理想元件的电压、电流变换关系以及阻抗变换等。

12.1　耦　合　电　感

一个线圈中的磁通变化可以在另一个线圈上感应出电势(或电压),这种现象称为磁耦合现象。因为磁耦合现象是相互的,所以当后一个线圈中的磁通变化时,同样也可以在前一个线圈上感应出电势(或电压)。这样的线圈称为耦合线圈或者耦合电感线圈,简称为耦合电感(或互感)。

12.1.1　耦合电感及其伏安关系

为了讨论耦合电感,先复习一下 6.2 节所讨论的电感(元件)。图 12 - 1(a)是图 6 - 4(b)所示电感线圈,当给线圈通入电流 i 时,线圈中就产生磁通 Φ,线圈上就会感应出电势 e。设电流 i 和磁通 Φ 的参考方向符合右手螺旋关系,因为电势 e 和电流 i 同方向,所以电势的参考方向为上负下正,电压和电势的参考方向相反为上正下负,可见,在这样的假设体系下电压和电流的参考方向是关联的。电感线圈的符号如图 12 - 2(b)所示。对于线性电感来说,感应电势(或电压)的大小为

$$u = -e = \frac{\mathrm{d}\Psi}{\mathrm{d}t} = L\frac{\mathrm{d}i}{\mathrm{d}t} \tag{12-1}$$

式中，$\Psi = N\Phi = Li$ 为磁链（N 为线圈的匝数），L 为线圈的电感系数。因为感应电压是由其自身通入电流产生的磁通所感应的，所以该电压称为自感电压，这样的线圈称为自感线圈，简称为自感，所以 L 也称为自感系数。

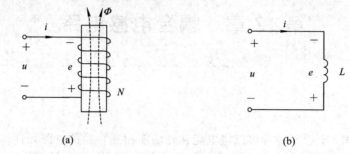

图 12-1　自感线圈与符号

图 12-2(a)所示是匝数分别为 N_1 和 N_2 的两个有耦合的线圈，它们的绕向相同。设给线圈 1 通入电流 i_1，产生的磁通为 Φ_1（和 i_1 成正比），它们的方向符合右手螺旋关系。如果磁通 Φ_1 和线圈 1 全交链，则自感磁链为

$$\Psi_{11} = N_1\Phi_1 = L_1 i_1 \qquad (12-2)$$

式中，L_1 为线圈 1 的自感系数。当 i_1 变化时，在线圈 1 中感应的电压为

$$u_{11} = \frac{\mathrm{d}\Psi_{11}}{\mathrm{d}t} = L_1\frac{\mathrm{d}i_1}{\mathrm{d}t} \qquad (12-3)$$

该电压称为自感电压，和 i_1 的方向关联。

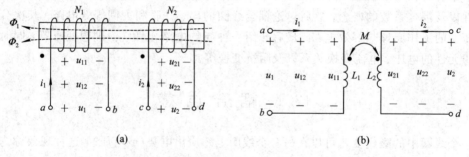

图 12-2　两个线圈之间的耦合电感与符号

如果磁通 Φ_1 也和线圈 2 全交链，交链的磁链称为耦合（或互感）磁链，它可以写为

$$\Psi_{21} = N_2\Phi_1 = M_{21} i_1 \qquad (12-4)$$

式中，M_{21} 为线圈 2 和线圈 1 的耦合（或互感）系数，简称为互感。当 i_1 变化时，由于耦合磁通链变化，在线圈 2 中感应的电压为

$$u_{21} = \frac{\mathrm{d}\Psi_{21}}{\mathrm{d}t} = M_{21}\frac{\mathrm{d}i_1}{\mathrm{d}t} \qquad (12-5)$$

该电压称为互感电压，参考方向如图 12-2(a)所示。

磁链、电压、互感系数下标的标记方法为，第 1 个数字表示线圈编号，第 2 个数字表示流入线圈电流的编号。例如，u_{21} 表示第 1 个线圈的电流在第 2 个线圈上的感应电压。

为了判断自感和互感电压的参考方向，需引入同极性端的概念。在同一个电流（所产生磁通）的作用下，感应的自感和互感电压极性相同的端称为同极性端。例如在图 12-2(a)所示电路中，在 i_1 的作用下感应出 u_{11}（a 端正、b 端负）和 u_{21}（c 端正、d 端负），由于线圈 1

的 a 端和线圈 2 的 c 端极性相同，所以它们为同极性端；b 端和 d 端也是同极性端。一般用小圆点或星号表示同极性端，如在 a 端和 c 端标上"·"，表示这两端是同极性端，或者也可以在 b、d 端标出。同极性端有时也称为同名端，耦合线圈的非同极性端常称为异名端。

　　同理，如果给线圈 2 通入电流 i_2，产生的磁通为 Φ_2（和 i_2 成正比），其方向符合右手螺旋关系。如果磁通 Φ_2 和线圈 1、2 全交链，则自感磁链和耦合磁链分别为

$$\Psi_{22} = N_2\Phi_2 = L_2 i_2 \tag{12-6}$$

$$\Psi_{12} = N_1\Phi_2 = M_{12} i_2 \tag{12-7}$$

式中，L_2 为线圈 2 的自感系数，M_{12} 为线圈 1 和线圈 2 的耦合（或互感）系数。当 i_2 变化时，线圈 2 中感应的自感电压和在线圈 1 中感应的互感电压分别为

$$u_{22} = \frac{\mathrm{d}\Psi_{22}}{\mathrm{d}t} = L_2 \frac{\mathrm{d}i_2}{\mathrm{d}t} \tag{12-8}$$

$$u_{12} = \frac{\mathrm{d}\Psi_{12}}{\mathrm{d}t} = M_{12} \frac{\mathrm{d}i_2}{\mathrm{d}t} \tag{12-9}$$

可以证明，两个线圈之间的耦合系数（互感，Mutural induclance）是相等的，即

$$M_{12} = M_{21} = M \tag{12-10}$$

　　图 12-2(a) 所示耦合电感的符号如图 12-2(b) 所示。给出符号以后，感应电压的方向就不能用上述的方法来判断了。其判断方法是，已知电流的方向，根据自感电压和电流方向的关联关系判断出自感电压的方向，然后根据同名端判断出互感电压的方向。例如对于图 12-2(b) 所示电路，已知 i_1，u_{11} 和 i_1 关联，则 a 正 b 负（由同名端指向异名端）；根据同极性端，由 i_1 在线圈 2 上感应的互感电压 u_{21} 是 c 正 d 负（因为 c 和 a 是同名端，也由同名端指向异名端）。同理可以判断 u_{22}（c 正 d 负）和 i_2 关联，由同极性判断出 u_{12}（a 正 b 负）。设线圈 1 上的总电压为 u_1，其方向和 i_1 是关联的；线圈 2 上的总电压为 u_2，方向和 i_2 是关联的。根据图 12-2 和式(12-3)、式(12-5)、式(12-8)、式(12-9)及式(12-10)，则两个耦合电感线圈上的总电压分别为

$$u_1 = u_{11} + u_{12} = L_1 \frac{\mathrm{d}i_1}{\mathrm{d}t} + M \frac{\mathrm{d}i_2}{\mathrm{d}t} \tag{12-11}$$

$$u_2 = u_{21} + u_{22} = M \frac{\mathrm{d}i_1}{\mathrm{d}t} + L_2 \frac{\mathrm{d}i_2}{\mathrm{d}t} \tag{12-12}$$

这就是两个互感线圈上的伏安关系。

　　例 12-1　图 12-3 所示为两个互感线圈电路，互感系数为 M，写出两个线圈上的电压。

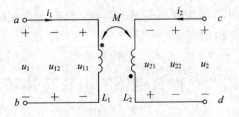

图 12-3　例 12-1 图

　　解　因为自感电压 u_{11} 和 i_1 是关联的（由 a 指向 b），则 i_1 在线圈 2 上感应的互感电压 u_{21} 由同名端指向异名端，即 d 正 c 负；u_{22} 和 i_2 是关联的（由 c 指向 d），根据同名端互感

电压 u_{12} 由 b 指向 a。由 KVL 得出两个线圈上的电压分别为

$$u_1 = u_{11} - u_{12} = L_1 \frac{\mathrm{d}i_1}{\mathrm{d}t} - M \frac{\mathrm{d}i_2}{\mathrm{d}t} \tag{12-13}$$

$$u_2 = -u_{21} + u_{22} = -M \frac{\mathrm{d}i_1}{\mathrm{d}t} + L_2 \frac{\mathrm{d}i_2}{\mathrm{d}t} \tag{12-14}$$

例 12-2　在例 12-1 中，如果设电流 $i_1 = \sqrt{2} I_1 \cos(\omega t + \psi_{i1})$，$i_2 = \sqrt{2} I_2 \cos(\omega t + \psi_{i2})$ 为正弦量，求正弦稳态情况下互感线圈上电压、电流的相量关系。

解　在正弦稳态情况下，根据式(12-13)和式(12-14)，并将其转换到相量域，则有

$$\dot{U}_1 = \dot{U}_{11} - \dot{U}_{12} = \mathrm{j}\omega L_1 \dot{I}_1 - \mathrm{j}\omega M \dot{I}_2$$

$$\dot{U}_2 = -\dot{U}_{21} + \dot{U}_{22} = -\mathrm{j}\omega M \dot{I}_1 + \mathrm{j}\omega L_2 \dot{I}_2$$

由此可以画出图 12-3 所示互感线圈电路的相量模型，如图 12-4(a)所示，等效电路如图 12-4(b)所示。从图 12-4(b)可以看出，在相量域中互感电压可以表示成 CCVS 的形式。

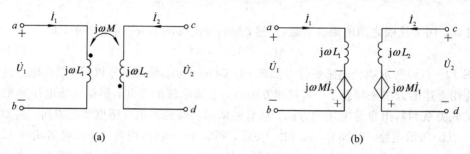

(a)　　　　　　　　　　　　　　　　　(b)

图 12-4　两个互感线圈的相量模型与等效电路

12.1.2　耦合电感的耦合系数

工程上用耦合系数定量地描述两个耦合线圈耦合的紧疏程度，将互感磁链与自感磁链比值的几何平均值定义为耦合电感的耦合系数，记为 k，即

$$k = \sqrt{\frac{|\boldsymbol{\Psi}_{12}|}{\boldsymbol{\Psi}_{11}} \times \frac{|\boldsymbol{\Psi}_{21}|}{\boldsymbol{\Psi}_{22}}}$$

将 $\boldsymbol{\Psi}_{11} = L_1 i_1$，$|\boldsymbol{\Psi}_{12}| = M i_2$，$\boldsymbol{\Psi}_{22} = L_2 i_2$ 和 $|\boldsymbol{\Psi}_{21}| = M i_1$ 代入上式，得

$$k = \frac{M}{\sqrt{L_1 L_2}} \leqslant 1 \tag{12-15}$$

k 的大小取决于两个线圈的匝数、结构、相互位置以及周围的磁介质等，改变或调整它们都将会改变耦合系数的大小。因为有漏磁通的存在，只有在全交链的情况下耦合磁链才会和自感磁链相等，所以通常情况下 $k \leqslant 1$。

12.2　耦合电感的串联与并联

在实际的电路中，有时会遇到电感的串联或者并联。当电感之间有耦合时，由于互感的存在，线圈上的电压比无耦合时复杂了。下面就研究耦合电感的串、并联电路以及它们的去耦等效电路。

12.2.1 耦合电感的串联

图 12-5(a)和(b)所示是两个耦合电感的串联电路。两电路的不同之处是，在图 12-5(a)中，第二个线圈的同名端和第一个线圈的异名端相连，这种连接称为顺接；在图 12-5(b)中，两个异名端(两个异名端也是同名端)直接相连，这种连接称为反接。

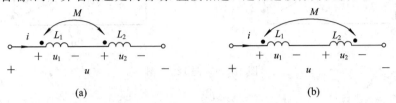

图 12-5 耦合电感的串联电路

对于图 12-5(a)所示的顺接电路，由于电流 i 都是从同名端流入，自感电压均由同名端指向异名端，所以两个线圈上的互感电压也是由同名端指向异名端，则

$$u_1 = L_1 \frac{\mathrm{d}i}{\mathrm{d}t} + M \frac{\mathrm{d}i}{\mathrm{d}t} = (L_1 + M) \frac{\mathrm{d}i}{\mathrm{d}t}$$

$$u_2 = M \frac{\mathrm{d}i}{\mathrm{d}t} + L_2 \frac{\mathrm{d}i}{\mathrm{d}t} = (M + L_2) \frac{\mathrm{d}i}{\mathrm{d}t}$$

根据 KVL，有

$$u = u_1 + u_2 = (L_1 + L_2 + 2M) \frac{\mathrm{d}i}{\mathrm{d}t} = L_{\mathrm{eq}} \frac{\mathrm{d}i}{\mathrm{d}t} \tag{12-16}$$

式中，$L_{\mathrm{eq}} = (L_1 + L_2 + 2M)$，为顺接电路的等效电感。可见顺接耦合电感电路的总电感比单纯两个电感串联时增大了，互感起"增强"作用。

对于图 12-5(b)所示的反接电路，由于电流 i 从线圈 1 的同名端和线圈 2 的异名端流入，自感电压和 i 的方向关联(均由左指向右端)，而两个互感电压则与各自的自感电压方向相反，则

$$u_1 = L_1 \frac{\mathrm{d}i}{\mathrm{d}t} - M \frac{\mathrm{d}i}{\mathrm{d}t} = (L_1 - M) \frac{\mathrm{d}i}{\mathrm{d}t}$$

$$u_2 = -M \frac{\mathrm{d}i}{\mathrm{d}t} + L_2 \frac{\mathrm{d}i}{\mathrm{d}t} = (L_2 - M) \frac{\mathrm{d}i}{\mathrm{d}t}$$

根据 KVL，有

$$u = u_1 + u_2 = (L_1 + L_2 - 2M) \frac{\mathrm{d}i}{\mathrm{d}t} = L_{\mathrm{eq}} \frac{\mathrm{d}i}{\mathrm{d}t} \tag{12-17}$$

式中，$L_{\mathrm{eq}} = (L_1 + L_2 - 2M)$，为反接电路的等效电感。可见反接耦合电感起"削弱"作用，即电路的总电感减小了。

例 12-3 如图 12-6(a)所示电路，已知 $u_{\mathrm{S}} = \sqrt{2} U_{\mathrm{S}} \cos(\omega t)$ V，求稳态响应电流 i。

解 图 12-6(a)所示电路的相量模型如图 12-6(b)所示，根据 KVL，有

$$\dot{U}_{\mathrm{S}} = \dot{U}_1 + \dot{U}_2 = [R_1 + \mathrm{j}\omega(L_1 - M)]\dot{I} + [R_2 + \mathrm{j}\omega(L_2 - M)]\dot{I}$$

$$= [(R_1 + R_2) + \mathrm{j}\omega(L_1 + L_2 - 2M)]\dot{I}$$

$$= [(R_1 + R_2) + \mathrm{j}\omega L_{\mathrm{eq}}]\dot{I}$$

其中，L_{eq} 为反接等效电感，于是可以求出

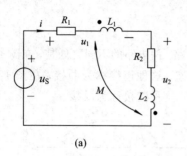 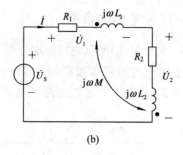

图 12-6 例 12-3 图

$$\dot{I} = \frac{\dot{U}_S}{(R_1 + R_2) + j\omega L_{eq}} = \frac{\dot{U}_S}{Z_{eq}}$$

式中，$Z_{eq} = (R_1 + R_2) + j\omega L_{eq}$，为等效阻抗，则电流为

$$i = \sqrt{2}I \cos(\omega t + \varphi)$$

其中，$I = |\dot{I}|$，$\varphi = -\arctan\dfrac{\omega L_{eq}}{R_1 + R_2}$。

12.2.2 耦合电感的并联

图 12-7(a)所示是两个耦合电感的同名端连接在同一侧的并联电路，这种连接称为同侧并联。

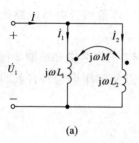 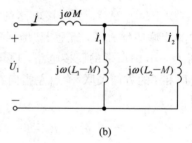

图 12-7 耦合电感的同侧并联电路

对于同侧并联电路，自感电压和互感电压都是由同名端指向异名端，在正弦稳态情况下，支路 1 和支路 2 的 KVL 方程分别为

$$\dot{U} = j\omega L_1 \dot{I}_1 + j\omega M \dot{I}_2$$
$$\dot{U} = j\omega M \dot{I}_1 + j\omega L_2 \dot{I}_2$$

用 $\dot{I}_2 = \dot{I} - \dot{I}_1$ 消去第 1 式中的 $\dot{I}_2$，用 $\dot{I}_1 = \dot{I} - \dot{I}_2$ 消去第 2 式中的 $\dot{I}_1$，得

$$\dot{U} = j\omega M \dot{I} + j\omega(L_1 - M)\dot{I}_1 \tag{12-18}$$
$$\dot{U} = j\omega M \dot{I} + j\omega(L_2 - M)\dot{I}_2 \tag{12-19}$$

根据式(12-18)和式(12-19)可得到无耦合等效电路，如图 12-7(b)所示，该电路是同侧并联耦合电感电路的去耦等效电路。在去耦等效电路中，支路 1 和支路 2 的等效电感分别为 $(L_1 - M)$ 和 $(L_2 - M)$，第 3 条支路的等效电感为 M。

图 12-8(a)所示是一个线圈的同名端和另一个线圈的异名端连在同一侧的并联电路，这种连接称为异侧并联。

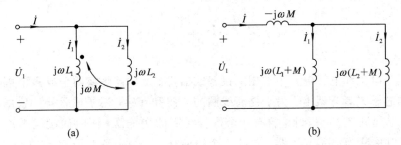

图 12-8 耦合电感的异侧并联电路

对于异侧并联电路,自感电压和支路电流的方向关联,互感电压和自感电压的方向相反,在正弦稳态情况下,支路 1 和支路 2 的 KVL 方程分别为

$$\dot{U} = j\omega L_1 \dot{I}_1 - j\omega M \dot{I}_2$$
$$\dot{U} = -j\omega M \dot{I}_1 + j\omega L_2 \dot{I}_2$$

用 $\dot{I}_2 = \dot{I} - \dot{I}_1$ 消去第 1 式中的 $\dot{I}_2$,用 $\dot{I}_1 = \dot{I} - \dot{I}_2$ 消去第 2 式中的 $\dot{I}_1$,得

$$\dot{U} = -j\omega M \dot{I} + j\omega(L_1 + M)\dot{I}_1 \tag{12-20}$$
$$\dot{U} = -j\omega M \dot{I} + j\omega(L_2 + M)\dot{I}_2 \tag{12-21}$$

根据式(12-20)和式(12-21)可得到无耦合等效电路,如图 12-8(b)所示,该电路是异侧并联电路的去耦等效电路。在去耦等效电路中,支路 1 和支路 2 的等效电感分别为 $(L_1 + M)$ 和 $(L_2 + M)$,第 3 条支路的等效电感为 $-M$。

由此可见,对于同侧和异侧并联耦合电感的去耦等效电路的等效电感可总结为:第 3 条支路为 $\pm M$,同侧取"+",异侧取"−";支路 1 和支路 2 分别为 $(L_1 \mp M)$ 和 $(L_2 \mp M)$,同侧 M 前取"−",异侧 M 前取"+"。

例 12-4 电路如图 12-9(a)所示,已知 $L_1 = 2$ H, $L_2 = 3$ H, $M = 1$ H, $R_1 = 5$ Ω, $R_2 = 6$ Ω, $\omega = 10$ rad/s,求 a、b 端的等效阻抗。

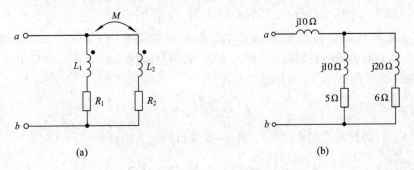

图 12-9 例 12-4 图

解 图 12-9(a)所示电路为同侧并联电路,由去耦等效电路知,第 3 条支路的等效电感为 $M = 1$ H,支路 1 和支路 2 的等效电感分别为

$$L_1 - M = 1 \text{ H}, \quad L_2 - M = 2 \text{ H}$$

可得图 12-9(a)的相量域去耦等效电路如图 12-9(b)所示,则 a、b 端的等效阻抗为

$$Z_{ab} = j10 + \frac{(5+j10)(6+j20)}{5+j10+6+j20} = j10 + \frac{-170+j160}{11+j30}$$
$$= (2.87 + j16.72) \text{ Ω}$$

12.3　空芯变压器

变压器是电工和电子电路中常用的设备或器件。变压器是将两个或多个耦合线圈绕在一个共同的芯子或者骨架上。为了提高线圈的自感和互感，芯子或骨架一般由磁性材料制成。为了简单起见，这里只讨论含有两个耦合线圈的变压器，同时假设线圈被绕在非磁性材料上，所以称其为空芯变压器。它的一个线圈作为输入，称为原边（或初级）绕组；另一个作为输出，称为副边（或次级）绕组。本节一方面将研究负载通过耦合是如何反映到原边的，另一方面研究原边的电压如何通过耦合传递到副边的。为此，图 12-10 给出空芯变压器在正弦稳态条件下的电路模型，其中 R_1 和 R_2 分别为原、副边绕组的等效电阻，L_1 和 L_2 分别为原、副边的自感，M 是互感，$\dot{U}_S$ 为原边所接电源，Z_L 副边所接的为负载阻抗。

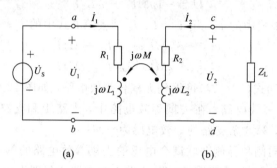

(a)　　　　　　　　　　(b)

图 12-10　空芯变压器的电路模型

对于图 12-10 所示的原边和副边回路，根据 KVL，有

$$(R_1 + j\omega L_1)\dot{I}_1 + j\omega M\dot{I}_2 = \dot{U}_1 = \dot{U}_S \tag{12-22a}$$

$$j\omega M\dot{I}_1 + (R_2 + j\omega L_2 + Z_L)\dot{I}_2 = 0 \tag{12-22b}$$

$$\dot{U}_2 = j\omega M\dot{I}_1 + (R_2 + j\omega L_2)\dot{I}_2 \tag{12-22c}$$

为了知道负载是如何反映到原边的，令原边的阻抗 $Z_1 = R_1 + j\omega L_1$，副边的阻抗 $Z_2 = R_2 + j\omega L_2$，副边的回路阻抗 $Z_{22} = Z_2 + Z_L$ 和耦合阻抗 $Z_M = j\omega M$，然后由式（12-22b）解出

$$\dot{I}_2 = -\frac{Z_M}{Z_{22}} = \dot{I}_1$$

将式（12-23）代入式（12-22a），得 $a-b$ 端口的输入阻抗为

$$Z_{ab} = \frac{\dot{U}_1}{\dot{I}_1} = Z_1 + (\omega M)^2 Y_{22} = Z_1 + Z_{r2} \tag{12-23}$$

式中，$Y_{22} = 1/Z_{22}$，是副边的回路导纳，$Z_{r2} = (\omega M)^2 Y_{22}$[①] 称为反映阻抗，它是副边反映到原边的阻抗。$Z_{r2}$ 与 Z_{22} 的性质相反，即感性（容性）变为容性（感性）。由式（12-23）可以得出相对于原边的等效电路，如图 12-12(a) 所示。可见，副边的回路阻抗（$Z_{22} = 1/Y_{22}$）通过耦合阻抗（ωM）反映到了原边。

在图 12-10(a) 所示的电路中，对负载 Z_L 来说，c、d 端左边的电路为含源的一端口，

---

① 下标 r 为反映阻抗（reflected impedance）的缩写。

可由戴维南定理求出该含源–端口的等效电路。将 c、d 端开路和令 $\dot{U}_S = 0$，得电路图分别如图 12 – 11(a) 和图 12 – 11(b) 所示。

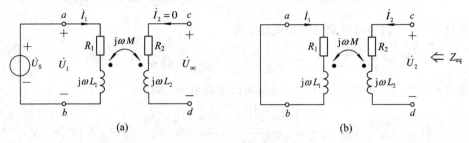

图 12 – 11　空心变压器戴维南等效电路求解图

由图 12 – 11(a) 有

$$\begin{cases} \dot{U}_{oc} = j\omega M \dot{I}_1 \\ (R_1 + j\omega L_1)\dot{I}_1 = \dot{U}_S \end{cases}$$

解得开路电压为

$$\dot{U}_{oc} = \frac{j\omega M \dot{U}_S}{R_1 + j\omega L_1} = j\omega M Y_1 \dot{U}_S \qquad (12 - 24a)$$

式中 $Y_1 = \dfrac{1}{R_1 + j\omega L_1} = \dfrac{1}{Z_1}$，称为原边导纳。

由图 12 – 11(b) 求图 12 – 11(a) 图含源一端口的等效阻抗，由图得

$$\begin{cases} \dot{U}_2 = (R_2 + j\omega M)\dot{I}_2 + j\omega M \dot{I}_1 \\ (R_1 + j\omega L_1)\dot{I}_1 + j\omega M \dot{I}_2 = 0 \end{cases}$$

解得

$$\dot{U}_2 = Z_2 \dot{I}_2 + Z_M \frac{Z_M}{Z_1} \dot{I}_2$$

即

$$Z_{eq} = \frac{\dot{U}_2}{\dot{I}_2} = Z_2 + (\omega M)^2 Y_1 = Z_2 + Z_{r1} \qquad (12 - 24b)$$

式中 $Z_{r1} = (\omega M)^2 Y_1$ 为原边反映到副边的反映阻抗。由式 (12 – 24) 可得出相对于副边的等效电路，如图 12 – 12(b) 所示。可见，原边的电压和阻抗是通过耦合阻抗传递到副边的。

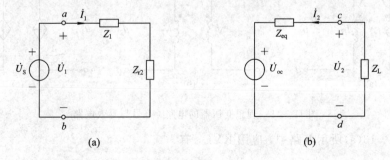

图 12 – 12　空芯变压器的原、副边等效电路

例 12 – 5　如图 12 – 10 所示电路，已知 $Z_1 = j20\ \Omega$，$Z_2 = j40\ \Omega$，$Z_M = j10\ \Omega$，$Z_L = (60 + j80)\ \Omega$，$\dot{U}_S = 100\angle 30°$ V，求原、副边的电流 $\dot{I}_1$ 和 $\dot{I}_2$。

解 副边反映到原边的反映阻抗为

$$Z_{r2} = (\omega M)^2 Y_{22} = \frac{10^2}{60 + j120} = 0.745 \angle -63.4° \; \Omega$$

根据图 12 - 12(a)可以求出原边电流，即

$$\dot{I}_1 = \frac{\dot{U}_S}{Z_1 + Z_{r2}} = \frac{100 \angle 30°}{j20 + 0.745 \angle -63.4°} = 5.17 \angle -59.0° \; A$$

然后根据式(12 - 24)和图 12 - 12(b)可以求出副边电流，即

$$\dot{I}_2 = -\frac{\dot{U}_{oc}}{Z_{eq} + Z_L} = -\frac{j10 \times \frac{1}{j20} \times 100 \angle 30°}{10^2 \frac{1}{j20} + j40 + 60 + j80} = -0.39 \angle -32.4° \; A$$

12.4 理想变压器

如果对空芯变压器的参数作一些理想化的假设，就可以得到一种理想的变压器。理想变压器是一个理想的 4 端电路元件，用该元件可以实现电压、电流变换以及阻抗变换等。

12.4.1 理想变压器的理想条件

如图 12 - 10 中的空芯变压器如果满足以下 3 个条件，便称为理想变压器。

(1) 变压器的损耗为零，即 $R_1 = R_2 = 0$。

(2) 原、副边线圈为全耦合，即 $k = 1$，由式(12 - 15)得 $M = \sqrt{L_1 L_2}$。

(3) 原、副边的自感和互感均为无穷大，即 L_1、L_2、$M \rightarrow \infty$，而 $\sqrt{\dfrac{L_1}{L_2}} = \dfrac{N_1}{N_2} = n$（$N_1$、$N_2$ 分别为原、副边线圈的匝数，n 为匝数比）。

12.4.2 理想变压器的电压、电流关系

根据图 12 - 10 所示的空芯变压器模型，首先令空芯变压器的损耗为零，即无损空芯变压器的电路如图 12 - 13(a)所示。

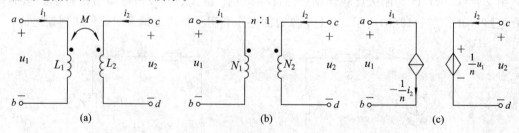

图 12 - 13 理想变压器的电路、符号与等效电路

在图 12 - 13(a)所示电路中，应用 KVL，有

$$u_1 = L_1 \frac{di_1}{dt} + M \frac{di_2}{dt} \tag{12 - 25a}$$

$$u_2 = M \frac{di_1}{dt} + L_2 \frac{di_2}{dt} \tag{12 - 25b}$$

将全耦合条件 $M = \sqrt{L_1 L_2}$ 代入方程式(12－25a)和式(12－25b)，得

$$u_1 = L_1 \frac{\mathrm{d}i_1}{\mathrm{d}t} + \sqrt{L_1 L_2} \frac{\mathrm{d}i_2}{\mathrm{d}t}$$

$$u_2 = \sqrt{L_1 L_2} \frac{\mathrm{d}i_1}{\mathrm{d}t} + L_2 \frac{\mathrm{d}i_2}{\mathrm{d}t}$$

两式相比，即

$$\frac{u_1}{u_2} = \frac{L_1 \dfrac{\mathrm{d}i_1}{\mathrm{d}t} + \sqrt{L_1 L_2} \dfrac{\mathrm{d}i_2}{\mathrm{d}t}}{\sqrt{L_1 L_2} \dfrac{\mathrm{d}i_1}{\mathrm{d}t} + L_2 \dfrac{\mathrm{d}i_2}{\mathrm{d}t}} = \frac{\sqrt{L_1}}{\sqrt{L_2}}$$

再利用理想条件 $\sqrt{\dfrac{L_1}{L_2}} = \dfrac{N_1}{N_2} = n$，得

$$\frac{u_1}{u_2} = \sqrt{\frac{L_1}{L_2}} = \frac{N_1}{N_2} = n \tag{12－26}$$

可见，理想变压器原、副边电压之比等于匝数比。

根据式(12－25a)和全耦合条件可以得出

$$i_1 = \frac{1}{L_1} \int u_1 \mathrm{d}t - \frac{M}{L_1} \int \frac{\mathrm{d}i_2}{\mathrm{d}t} \mathrm{d}t = \frac{1}{L_1} \int u_1 \mathrm{d}t - \sqrt{\frac{L_2}{L_1}} \int \mathrm{d}i_2$$

用条件(3)中 $L_1 \to \infty$ 和 $\sqrt{\dfrac{L_1}{L_2}} = \dfrac{N_1}{N_2} = n$，得

$$\frac{i_1}{i_2} = -\frac{N_2}{N_1} = -\frac{1}{n} \tag{12－27}$$

由式(12－26)和式(12－27)可以看出，理想变压器的电压、电流关系只与原、副边的匝数(或匝数比)有关，所以理想变压器的电路模型可以表述成图 12－13(b)所示的形式，其等效电路如图 12－13(c)所示。

如果理想变压器原、副边电压、电流的参考方向可以任意假设，同名端的标法和原、副边的匝数比可以任意选取。在这样的情况下，如果直接应用式(12－26)和式(12－27)的结果就会产生错误，因为该两式描述的电压、电流关系只是针对图 12－13(b)所示的理想变压器，其匝比、同名端以及电压、电流参考方向的标法是给定的，这只是诸多可能(标法)中的一种。为了不产生错误，下面介绍一种常用的方法。

无论原、副边电流的参考方向如何，变压器中的磁通都是由这两个电流共同产生的。设变压器中的磁通为 Φ，根据电磁感应定理，有

$$u_1 = N_1 \frac{\mathrm{d}\Phi}{\mathrm{d}t}$$

$$u_2 = N_2 \frac{\mathrm{d}\Phi}{\mathrm{d}t}$$

然后根据参考方向可以得出原、副边的电压关系为

$$\frac{u_1}{u_2} = \pm \frac{N_1}{N_2} = \pm n \tag{12－28}$$

因为理想变压器是无损的，所以原、副边的功率之和为零，即

$$p_1 + p_2 = 0 \tag{12－29}$$

利用这一条件可以求出原、副边的电流关系。这里要注意功率的定义及电压、电流的参考方向。

例 12-6　如图 12-14 所示的理想变压器，匝数比为 1∶4，已知 $R_1=2\ \Omega$，$R_L=20\ \Omega$，$u_S=6\sqrt{2}\cos(100t)$ V，求电流 i_2。

解　和图 12-13(b) 相比，该例中副边电流的参考方向、同名端的标法以及匝数比均发生了变化。根据式(12-28)，得

$$\frac{u_1}{u_2}=-\frac{N_1}{N_2}=-\frac{1}{4}$$

再利用式(12-29)有 $u_1i_1-u_2i_2=0$，于是得

$$\frac{i_1}{i_2}=\frac{u_2}{u_1}=-\frac{N_2}{N_1}=-4$$

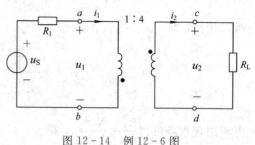

图 12-14　例 12-6 图

图 12-14 所示电路方程为

$$\begin{cases} R_1i_1+u_1=u_S \\ R_Li_2-u_2=0 \end{cases}$$

求解以上方程组，并代入数据，得

$$i_2=-\frac{4u_S}{R_L+16R_1}=-0.46\sqrt{2}\cos(100t)\ \text{A}$$

12.4.3　理想变压器的阻抗变换

理想变压器的另一个作用是可以进行阻抗变换。图 12-15(a) 所示是在理想变压器的副边接有负载阻抗 Z_L 的电路，根据理想变压器的等效电路将该图画成图 12-15(b) 所示的形式，由此可以求出原边 a-b 端口的输入阻抗，即

$$Z_{ab}=\frac{\dot U_1}{\dot I_1}=\frac{n\dot U_2}{-\frac{1}{n}\dot I_2}=n^2\frac{\dot U_2}{-\dot I_2}=n^2Z_L \qquad (12-30)$$

n^2Z_L 就是副边反映到原边的等效阻抗。可见，理想变压器可以进行阻抗变换，改变其匝数比就可以改变阻抗的大小。

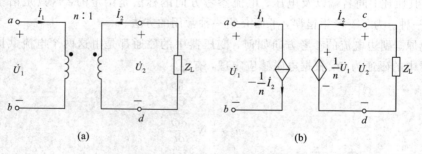

(a)　　　　　　　　(b)

图 12-15　理想变压器的阻抗变换

本章讨论了具有耦合电感线圈的电路，当线圈之间存在互感时，线圈上的电压是自感和互感电压的叠加。由于互感的存在，使这一类电路的分析比无互感电路复杂了。分析的方法可以归纳为两种，其一是根据互感电压大小和方向直接列写电路方程；其二是利用本

章给出的去耦等效电路，首先对含有互感的电路进行去耦等效，然后对电路进行求解。变压器是利用互感的原理制成的，对于空芯变压器而言，负载可以通过互感反映到原边，同时电源可以通过互感反映到副边。理想变压器是电路中的一个理想元件，利用它可以实现变压、变流以及阻抗变换等。

习　题

12-1　电路如题 12-1 图所示，已知 $L_1=4$ H，$L_2=3$ H，$M=2$ H，$i_S=[1+0.2\sin(50t)]$ A，求：

(1) 图中的 u_1 和 u_2。

(2) 两个线圈的耦合系数 k。

12-2　电路如题 12-2 图所示，已知 $L_1=3$ H，$L_2=8$ H，$M=2$ H，$u_S=5e^{-2t}$ V，求 u_2。

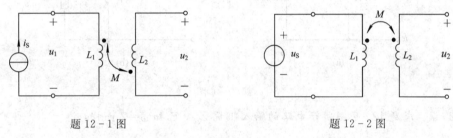

题 12-1 图　　　　　　　　　题 12-2 图

12-3　电路如题 12-3 图所示，求电压 $\dot{U}_1$。

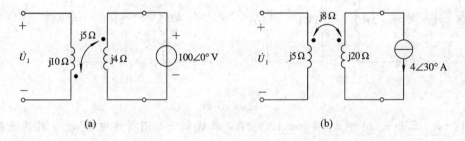

(a)　　　　　　　　　　　(b)

题 12-3 图

12-4　求题 12-4 图所示电路 a-b 端的等效电感。

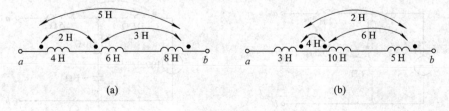

(a)　　　　　　　　　　　(b)

题 12-4 图

12-5　证明题 12-5 图所示电路的等效电感分别为

$$L_{ab}=\frac{L_1L_2-M^2}{L_1+L_2-2M},\quad L_{cd}=L_1+\frac{L_2L_3+2ML_3-M^2}{L_2+L_3}$$

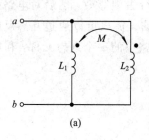

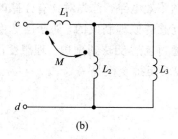

题 12-5 图

12-6　求题 12-6 图所示电路的输入阻抗 Z_{ab}，已知 $\omega=5$ rad/s。

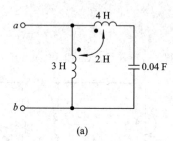

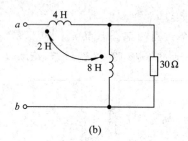

题 12-6 图

12-7　求题 12-7 图所示电路的输入阻抗 Z_{ab}，已知 $\omega=2$ rad/s。

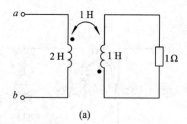

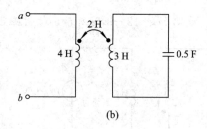

题 12-7 图

12-8　已知 $i_S(t)=[2+4\cos(10t)]$ A，求题 12-8 图所示电路 a-b 端的开路电压 $u_{oc}(t)$。

12-9　求题 12-9 图所示电路 a-b 端的戴维南等效电路。

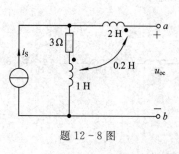

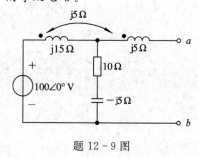

题 12-8 图　　　　　　　　　题 12-9 图

12-10　如题 12-10 图所示电路，已知 $\dot{U}_1=12\angle 0°$ V。求：

(1) 开关 S 打开和闭合时的电流 $\dot{I}_1$。

(2) S 闭合时的复功率。

12-11　求题 12-11 图所示电路中的电流 $\dot{I}_1$ 和 $\dot{I}_2$。

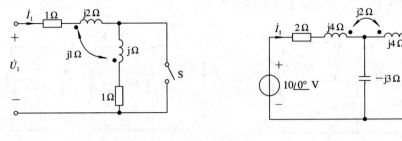

题 12-10 图　　　　　　　　　　　　题 12-11 图

12-12　求题 12-12 图所示电路中的电流 $\dot{I}$。

12-13　列出题 12-13 图所示电路的网孔电流方程。

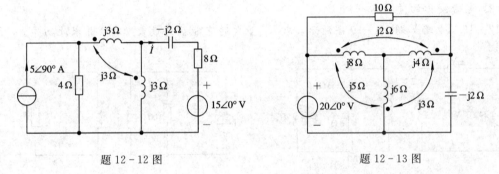

题 12-12 图　　　　　　　　　　　　题 12-13 图

12-14　已知 $u_S = 127\sqrt{2}\cos(314t)$ V，用戴维南定理求题 12-14 图所示电路中的电流 i_2。

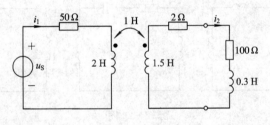

题 12-14 图

12-15　已知 $u_S = 18\sqrt{2}\cos(1000t)$ V，求题 12-15 图所示电路中的电压 u_2。

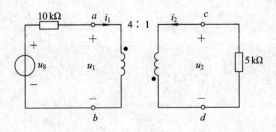

题 12-15 图

12-16　求题12-16图所示电路中的电流 $\dot{I}_2$。

12-17　求题12-17图所示电路中的电流 $\dot{I}_2$。

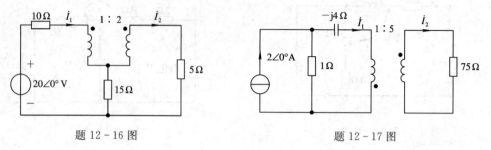

题 12-16 图　　　　　　　　　　题 12-17 图

12-18　电路如题12-18图所示，求：

(1) $\dot{I}_1$ 和 $\dot{U}_o$。

(2) 电源发出的复功率。

12-19　电路如题12-19图所示，求 R_L 多大时它能获得最大功率，并求此功率。

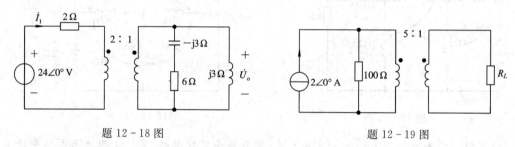

题 12-18 图　　　　　　　　　　题 12-19 图

12-20　用戴维南定理求题12-20图所示电路中的电流 $\dot{I}_3$。

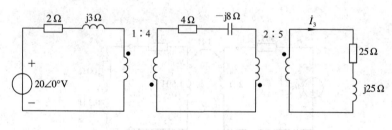

题 12-20 图

第 13 章　电路的频率响应

在正弦稳态电路的分析中,我们假设激励源的频率是不变的,所以利用相量法可以求出电路中的响应(电压和电流)。在稳态时,如果假设正弦激励源的幅值保持不变而频率变化,那么电路的响应将随其变化而变化,称为正弦稳态频率响应。在实际中,有时不仅关心响应的量值大小和变化,同时更关心电路响应随频率变化的关系(称为频率特性和频率响应)。所以本章的任务主要是分析电路的频率特性和频率响应。频率特性分析的典型电路是滤波器电路,它被广泛应用于通信和其他领域中,该类电路允许含有某些频率的信号通过,或者抑制某些无用的频率信号。

为了研究电路的频率特性和频率响应,本章首先以 RLC 串、并联电路为例讨论电路的频率响应与谐振的概念、条件和特性等;其次,为了更好地分析电路的频率响应,给出了正弦稳态下电路频域网络函数的定义以及网络函数的幅频特性和相频特性;然后介绍波特图的概念与画法;最后简要介绍滤波器的概念与分类等。

13.1　串联电路的频域响应与谐振

在正弦稳态分析中,只有同频率的正弦量才能用相量法分析。如果多个频率的正弦量同时激励一个线性电路,这时就要将不同频率的激励源分开并分别求取响应,然后在时域用叠加定理将时域响应进行叠加,从而得到电路在多个频率的正弦量激励下的响应。如果电路由一个频率变化的正弦量激励源激励,那么电路响应将随频率变化。从本节开始我们将研究当激励的频率变化时响应随频率的变化关系,即电路的频率响应。为了简单,下面首先讨论 RLC 串联电路的频率响应。

13.1.1　RLC 串联电路的频率响应

图 13-1(a)所示为 RLC 串联电路,设激励(输入)为 u_1,响应(输出)为 u_2,并设 u_1 按正弦规律变化。用相量法求电路的相应,其相量模型如图 13-1(b)所示,由图中可知响应 $\dot{U}_2$ 为

$$\dot{U}_2 = \dot{I}R = \frac{\dot{U}_1 R}{R + j\left(\omega L - \frac{1}{\omega C}\right)} = \frac{R}{Z(j\omega)}\dot{U}_1 = |\dot{U}_2(j\omega)| \angle \psi_2(\omega) \qquad (13-1)$$

式中,$Z(j\omega)$ 为输入阻抗,即

$$Z(\mathrm{j}\omega) = R + \mathrm{j}\left(\omega L - \frac{1}{\omega C}\right) = R + \mathrm{j}X(\omega) = |Z(\mathrm{j}\omega)| \angle \varphi_Z(\omega)$$

(13 - 2)

$$|\dot{U}_2(\mathrm{j}\omega)| = \left|\frac{R\dot{U}_1(\mathrm{j}\omega)}{Z(\mathrm{j}\omega)}\right|, \quad \psi_2(\omega) = \psi_{u_1} - \varphi_Z(\omega)$$

其中, $|Z(\mathrm{j}\omega)| = \sqrt{R^2 + X^2(\omega)}$, $\varphi_Z(\omega) = \arctan[X(\omega)/R]$。可见, 它们是频率 ω 的函数。

当频率 ω 变化时, 如果 R、L 和 C 的值不变, 阻抗的模 $|Z(\mathrm{j}\omega)|$ 将随频率变化, 其变化曲线如图 13 - 1(c)所示; 如果输入 u_1 的模不变, 则输出 u_2 的模 $|\dot{U}_2(\mathrm{j}\omega)|$ 随频率的变化曲线如图 13 - 1(d)所示。另外, 由于 $\dot{I}(\mathrm{j}\omega) = \dot{U}_1(\mathrm{j}\omega)/Z(\mathrm{j}\omega) = \dot{U}_2(\mathrm{j}\omega)/R$, 所以电流 $\dot{I}(\mathrm{j}\omega)$ 和 $\dot{U}_2(\mathrm{j}\omega)$ 随频率有着相同的变化规律。由此可见, 当激励的频率变化时响应也随频率而变化。将这种由于激励的频率变化而引起响应的变化称为频率响应。

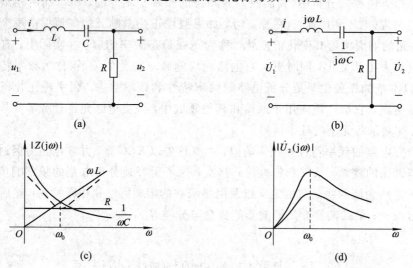

(a)

(b)

(c)

(d)

图 13 - 1 RLC 串联电路的频率响应

13.1.2 *RLC* 串联电路谐振的条件与特点

由第 9 章知道, 对于含有电感和电容两种储能元件的一端口来说, 输入电压与输入电流一般是不同相的。但是, 如果改变输入电压的频率或者调节电路参数, 可使电压和电流达到同相位, 工程上将电路的这种工作状况称为谐振。换句话说, 对于含有 L、C 元件的一端口而言, 如果端口电压和电流同相, 则称电路发生谐振。由阻抗的定义知, 如果输入阻抗的虚部为零, 则输入端口的电压和电流同相, 即

$$\mathrm{Im}[Z(\mathrm{j}\omega)] = 0$$

(13 - 3)

对于图 13 - 1(b)所示的 *RLC* 串联电路, 如果发生谐振, 则

$$\mathrm{Im}[Z(\mathrm{j}\omega_0)] = \mathrm{Im}\left[R + \mathrm{j}\left(\omega_0 L - \frac{1}{\omega_0 C}\right)\right] = 0$$

由此得 *RLC* 串联电路的谐振频率为

$$\omega_0 = \frac{1}{\sqrt{LC}}, \quad f_0 = \frac{1}{2\pi\sqrt{LC}}$$

(13 - 4)

可见, 改变输入电压的频率或者电路参数(L 或 C)均可使电路发生谐振。值得指出的是, 电路的谐振与力学系统的共振概念相似。电路的谐振频率是由电路的自身结构和电路

参数决定的,称为"固有频率",与外部激励无关。它和力学系统一样,只有当外加激励的频率等于系统的"固有频率"时,系统才发生谐振。

当电路发生谐振时,电路中会出现一些特有的性能(特点)。例如,对 RLC 串联电路而言,当电路谐振时,输入阻抗为

$$Z(\mathrm{j}\omega_0) = R + \mathrm{j}\left(\omega_0 L - \frac{1}{\omega_0 C}\right) = R$$

此时输入阻抗为最小值(且为纯电阻),如图 13-1(c)所示。输入电流和输出电压分别为

$$\dot{I}(\mathrm{j}\omega_0) = \frac{\dot{U}_1}{R + \mathrm{j}\left(\omega_0 L - \frac{1}{\omega_0 C}\right)} = \frac{\dot{U}_1}{R} = \dot{I}_{\max}$$

$$\dot{U}_2(\mathrm{j}\omega_0) = \dot{U}_1(\mathrm{j}\omega_0)$$

输入电流和输出电压均达最大值,且输出电压与输入电压相等。串联谐振电路的一个最大特点就是,当电路满足 $\omega_0 L = \frac{1}{\omega_0 C} \gg R$ 时,L 和 C 上的电压$\left(U_L = U_C = \omega_0 L I_{\max} = \frac{I_{\max}}{\omega_0 C}\right)$将远远大于输入电压 U_1。因此,串联谐振也称为电压谐振。在供电等大功率电路系统中,如果 L 和 C 上的电压远远大于输入(电源)电压(称为过电压现象),将造成元器件或设备的损坏,所以要尽量避免谐振情况的出现。在弱电信号(如通信)系统中,正是利用电压谐振的这一特点使微弱信号的选取和放大成为可能。

图 13-1(b)所示电路在谐振与非谐振时的相量图分别如图 13-2(a)~(c)所示。

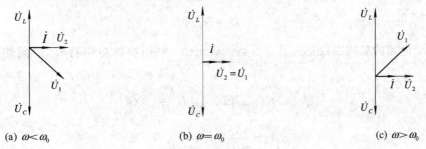

(a) $\omega < \omega_0$　　　　　(b) $\omega = \omega_0$　　　　　(c) $\omega > \omega_0$

图 13-2　RLC 串联电路的相量图

13.1.3　谐振电路的通频带、品质因数和选择性

研究电路谐振的目的是为了工程应用。事实上,工程上常用一些特殊的指标参数衡量谐振电路的性能,其主要参数有谐振频率 ω_0、带宽 BW(Bandwidth)、品质因数 Q 和选择性等。

由式(13-1)可以求出电路电流的有效值为

$$I = \frac{U_1}{\sqrt{R^2 + \left(\omega L - \dfrac{1}{\omega C}\right)^2}} \qquad (13-5)$$

电路消耗的平均功率和谐振时消耗的最大平均功率分别为

$$P(\omega) = I^2 R, \quad P_{\max} = P(\omega_0) = I_{\max}^2 R \qquad (13-6)$$

可见,电路的平均功率随频率而变化。当电路参数和输入电压不变时,谐振时的功率不变,且为最大值。当频率偏离谐振频率时,功率将下降。工程上将功率下降到最大值一半时所

对应的频率之差定义为谐振电路的带宽 BW。

设功率下降到最大值一半时所对应的频率分别为 ω_1 和 ω_2，即半功率为

$$p(\omega_1) = P(\omega_2) = \frac{P(\omega_0)}{2}$$

将式(13-5)和式(13-6)代入上式，得

$$R^2 + \left(\omega L - \frac{1}{\omega C}\right)^2 = 2R^2$$

可得 RLC 串联电路的两个半功率点的频率分别为

$$\omega_1 = -\frac{R}{2L} + \sqrt{\left(\frac{R}{2L}\right)^2 + \frac{1}{LC}}, \quad \omega_2 = \frac{R}{2L} + \sqrt{\left(\frac{R}{2L}\right)^2 + \frac{1}{LC}} \tag{13-7}$$

得带宽为

$$BW = \omega_2 - \omega_1 = \frac{R}{L} \tag{13-8}$$

可见，RLC 串联电路的频带由其电路参数决定。当 L 的值一定时，BW 由 R 确定。

谐振电路的品质或工作特征还可以用品质因数 Q 描述，即

$$Q = \frac{\omega_0}{BW} = \frac{\omega_0}{\omega_2 - \omega_1} \tag{13-9}$$

可见，Q 和频带成反比，Q 越大频带越窄，Q 越小频带越宽。将式(13-8)代入式(13-9)，可得 RLC 串联电路的品质因数为

$$Q = \frac{\omega_0 L}{R} \tag{13-10}$$

可见，一个电路的品质因数是由其自身特性决定的。利用参数 Q 可将 L、C 元件上的电压表达为

$$U_L(\omega_0) = \omega_0 L I = \omega_0 L \frac{U_1}{R} = Q U_1$$

$$U_C(\omega_0) = \frac{1}{\omega_0 C} I = \frac{U_1}{\omega_0 CR} = Q U_1$$

因此，品质因数还可以表述为

$$Q = \frac{U_L(\omega_0)}{U_1} = \frac{U_C(\omega_0)}{U_1} = \frac{\omega_0 L}{R} = \frac{1}{\omega_0 CR} = \frac{1}{R}\sqrt{\frac{L}{C}} \tag{13-11}$$

可见，当 $\omega_0 L \gg R$ 时，则 $Q \gg 1$，有 $U_L(\omega_0) = U_L(\omega_0) \gg U_1$。因此，当输入电压一定时，$Q$ 值越大，电感或电容上的电压越大。

从能量的角度看，品质因数的大小反映了电路对外部输入电能的储存能力。或消耗电能速度的快慢程度。因此，还可从能量角度将 Q 定义为

$$Q = \frac{\text{一个周期电路储存的电能量}}{\text{一个周期电路消耗的电能量}}$$

由图 13-1(b)和式(13-5)得

$$U_2(\omega) = RI(\omega) = \frac{RU_1(\omega)}{\sqrt{R^2 + \left(\omega L - \frac{1}{\omega C}\right)^2}} = \frac{U_1(\eta \omega_0)}{\sqrt{1 + Q^2\left(\eta - \frac{1}{\eta}\right)^2}} = U_2(\eta)$$

式中 $\eta = \omega/\omega_0$，称为相对频率或标幺频率，即当电路谐振时 $\eta = 1$。由上式可得

$$\frac{U_2(\eta)}{U_1(\eta)} = \frac{1}{\sqrt{1 + Q^2 \left(\eta - \dfrac{1}{\eta}\right)^2}}$$

该式称为频率响应特性。引入相对频率 η 的优点是便于比较不同电路的频率响应。在 η 坐标下，频率响应曲线与品质因数 Q 的大小有关，Q 值越大，曲线越瘦（越尖锐，带宽越窄），Q 值越小，曲线越胖（带宽越宽）。频率响应曲线随相对频率 η 的变化曲线如图 13 - 3 所示。由图可见，只有当 $\eta=1$（谐振点）时，曲线达到最大值；当输入的幅值一定时，在谐振点附近输出才有较大的输出幅度，电路的这种性能称为选择性。Q 值越大，选择性越好，即电路对非谐振点附近的频率信号抑制能力越强。

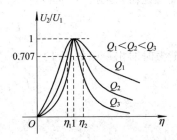

图 13 - 3　串联谐振电路的频率响应曲线

13.2　并　联　谐　振

上节讨论了 RLC 串联电路的谐振条件及其特点，本节讨论 GLC 并联谐振电路的谐振条件与特点，它是另一种典型的谐振电路。

13.2.1　并联电路谐振的条件

图 13 - 4(a)所示是 GLC 并联电路。根据谐振的定义，如果端口的电压 $\dot{U}$ 和电流 $\dot{I}$ 同相，则称电路发生谐振。对于并联电路来说，如果端口输入导纳的虚部为零，则电压电流同相，即

$$\text{Im}\big[Y(\text{j}\omega_0)\big] = \text{Im}\Big[G + \text{j}\Big(\omega_0 C - \frac{1}{\omega_0 L}\Big)\Big] = 0$$

于是得

$$\omega_0 = \frac{1}{\sqrt{LC}}, \qquad f_0 = \frac{1}{2\pi\sqrt{LC}} \tag{13-12}$$

可见，GLC 并联电路的谐振频率和 RLC 串联谐振电路相同，它也是电路的固有频率。

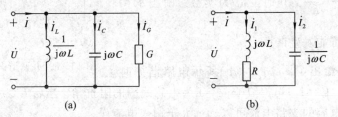

图 13 - 4　并联谐振电路

13.2.2　并联谐振电路的特点

当 GLC 并联电路谐振时，电路的输入导纳 $|Y(\text{j}\omega)| = |Y(\text{j}\omega_0)| = G$，为最小，即

$$Y(\mathrm{j}\omega_0) = G + \mathrm{j}\left(\omega_0 C - \frac{1}{\omega_0 L}\right) = G$$

或者说输入阻抗 $|Z(\mathrm{j}\omega_0)| = R$ 最大。因此当输入电流一定时，则端电压达到最大，即

$$U(\mathrm{j}\omega_0) = |Z(\mathrm{j}\omega_0)| I = \frac{I}{G} = U_{\max}$$

谐振时的相量图如图 13-5(a)所示。根据 KCL 知，并联谐振时 $\dot{I}_L + \dot{I}_C = 0$，则

$$\dot{I}_L(\mathrm{j}\omega_0) = \frac{1}{\mathrm{j}\omega_0 L}\dot{U} = -\mathrm{j}\frac{1}{\omega_0 LG}\dot{I} = -\mathrm{j}Q\dot{I}$$

$$\dot{I}_C(\mathrm{j}\omega_0) = \mathrm{j}\omega_0 C\dot{U} = \mathrm{j}\frac{\omega_0 C}{G}\dot{I} = \mathrm{j}Q\dot{I}$$

可见，谐振时 L 和 C 中的电流为输入电流的 Q 倍，所以并联谐振又称为电流谐振。式中 Q 称为并联电路的品质因数，由上式得

$$Q = \frac{I_L(\mathrm{j}\omega_0)}{I} = \frac{I_C(\mathrm{j}\omega_0)}{I} = \frac{1}{\omega_0 LG} = \frac{\omega_0 C}{G} = \frac{1}{G}\sqrt{\frac{C}{L}} \qquad (13-13)$$

由以上分析可以看出，GLC 并联谐振电路和 RLC 串联谐振电路的对应关系式均存在着对偶关系。由对偶原理以及式(13-8)可得 GLC 谐振电路的通频带为

$$BW = \frac{G}{C} \qquad (13-14)$$

可见，当 ω_0 一定时，G 越小，BW 越窄。

因为线圈均是导线绕制而成的，所以实际中不存在单独的电感元件，因此工程上常采用电感线圈和电容并联的谐振电路，如图 13-4(b)所示。根据谐振定义，有

$$\mathrm{Im}[Y(\mathrm{j}\omega_0)] = \mathrm{Im}\left[\mathrm{j}\omega_0 C + \frac{1}{R + \mathrm{j}\omega_0 L}\right] = 0$$

于是得

$$\omega_0 C - \frac{\omega_0 L}{R^2 + (\omega_0 L)^2} = 0$$

可得谐振频率与电路参数的关系为

$$\omega_0 = \frac{1}{\sqrt{LC}}\sqrt{1 - \frac{CR^2}{L}} \qquad (13-15)$$

显然，只有当 $1 - \dfrac{CR^2}{L} > 0$ 时，ω_0 为实数。即当 $R <$

$\sqrt{\dfrac{L}{C}}$ 时，电路才可能发生谐振。

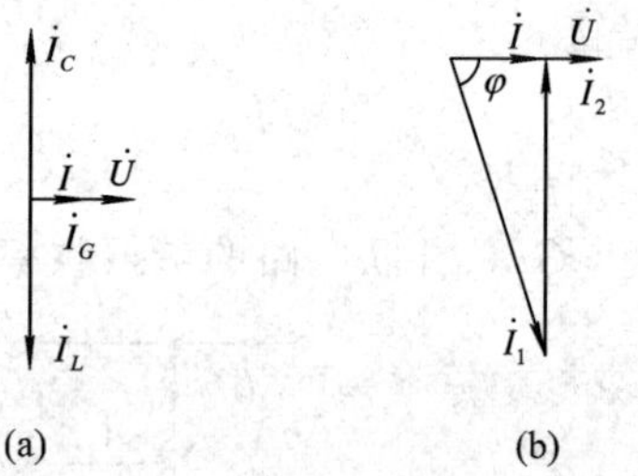

图 13-5(b)给出了图 13-4(b)所示电路谐振时的相量图。图中，$I_2 = I_1 \sin\varphi = I \tan\varphi$，$\varphi$ 为电感线圈的阻抗角。当 $\omega_0 L \gg R$(即 φ 接近 $90°$)时，通过电感或电容的支路电流可以远远大于输入电流。

(a)　　　　(b)

图 13-5　并联谐振电路的相量图

13.3　正弦稳态网络函数

如前所述，当电路中激励源的频率变化时，电路的响应也随频率变化(是频率的函数)。为了便于研究电路的频率响应，本节给出网络函数的一般定义以及网络函数的幅频

特性和相频特性等。

13.3.1　频域网络函数的定义

在单一正弦量激励下，电路的网络函数定义为响应 $R(j\omega)$（Response）与激励 $E(j\omega)$（Excitation）之比，即

$$H(j\omega) = \frac{R(j\omega)}{E(j\omega)} \tag{13-16}$$

式中，$R(j\omega)$ 和 $E(j\omega)$ 既可以是电压，也可以是电流。若激励和响应取自电路（网络）的同一端口，$H(j\omega)$ 称为驱动点函数，其余称为转移函数。输入阻抗 $Z(j\omega)$ 和输入导纳 $Y(j\omega)$ 均为驱动点函数。转移函数有四种，分别为电压转移函数 $A_u(j\omega) = \dfrac{U_R(j\omega)}{U_E(j\omega)}$、电流转移函数 $A_i(j\omega) = \dfrac{I_R(j\omega)}{I_E(j\omega)}$、转移阻抗函数 $Z_T(j\omega) = \dfrac{U_R(j\omega)}{I_E(j\omega)}$ 和转移导纳函数 $Y_T(j\omega) = \dfrac{I_R(j\omega)}{U_E(j\omega)}$ 等。

13.3.2　网络函数的幅频特性和相频特性

因为激励是正弦量，对于线性电路而言响应也是正弦量。由正弦稳态的相量域分析方法知，激励和响应均为复数形式，由网络函数的定义式（13-16）可知，网络函数 $H(j\omega)$ 是以 $j\omega$ 为复变量的分式，是一个复数函数，它可以表述成模与辐角的形式，即

$$H(j\omega) = |H(j\omega)| e^{j\varphi(\omega)} = |H(j\omega)| \angle \varphi(\omega) \tag{13-17}$$

式中，$|H(j\omega)|$、$\varphi(\omega)$ 分别称为网络函数 $H(j\omega)$ 的幅频特性和相频特性。幅频特性反映了激励和响应的模的比随频率变化的特性，而相频特性反映了响应和激励的相位差随频率变化的特性。

例 13-1　求图 13-6 所示电路的转移导纳 $\dfrac{I_2(j\omega)}{U_1(j\omega)}$。

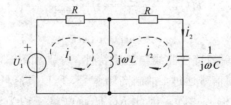

图 13-6　例 13-1 图

解　借用相量法分析。设网孔电流分别为 $\dot{I}_1$ 和 $\dot{I}_2$，由网孔法得

$$(R + j\omega L)\dot{I}_1 - j\omega L \dot{I}_2 = \dot{U}_1$$

$$-j\omega L \dot{I}_1 + \left[R + j\left(\omega L - \frac{1}{\omega C} \right) \right] \dot{I}_2 = 0$$

联立求解以上两式，得

$$Y_T = \frac{I_2(j\omega)}{U_1(j\omega)} = \frac{\dot{I}_2}{\dot{U}_1} = \frac{j\omega^2 LC}{\omega(R^2 C + L) + j(2\omega^2 RLC - R)}$$

可见，网络函数 $H(j\omega) = Y_T(j\omega)$ 只与电路参数和结构有关，与外加激励无关。

若令 $R = 1\ \Omega$，$L = 1\ H$，$C = 1\ F$，则得转移导纳为

$$H(j\omega) = Y_T(j\omega) = \frac{I_2(j\omega)}{U_1(j\omega)} = \frac{j\omega^2}{2\omega + j(2\omega^2 - 1)}$$

$$= \frac{\omega^2}{\sqrt{(2\omega)^2 + (2\omega^2 - 1)^2}} \angle \left[90° - \arctan\left(\frac{2\omega^2 - 1}{2\omega}\right) \right]$$

其转移导纳的幅频特性和相频特性分别为

$$|H(j\omega)| = \frac{|I_2(j\omega)|}{|U_1(j\omega)|} = \frac{\omega^2}{\sqrt{(2\omega)^2 + (2\omega^2 - 1)^2}}$$

$$\varphi(\omega) = 90° - \arctan\left(\frac{2\omega^2 - 1}{2\omega}\right)$$

由该式看出：当 $\omega \to 0$ 时，$\dfrac{I_2}{U_1} \to 0$，$\varphi(\omega) \to 180°$；当 $\omega \to \infty$ 时，$|H(j\omega)| \to \dfrac{1}{2}$，$\varphi(\omega) \to 0°$。

例 13 - 2　求图 13 - 7 所示的 RC 低通电路的电压转移函数 $A_u = \dfrac{U_2(j\omega)}{U_1(j\omega)}$，并绘出幅频特性曲线和相频特性曲线。

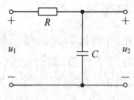

图 13 - 7　例 13 - 2 图

解　利用图 13 - 7 所示电路所对应的相量模型，可以写出

$$H(j\omega) = \frac{U_2(j\omega)}{U_1(j\omega)} = \frac{\dot{U}_2}{\dot{U}_1} = \frac{\frac{1}{j\omega C}}{R + \frac{1}{j\omega C}} = \frac{1}{1 + j\omega RC} = \frac{1}{\sqrt{1 + R^2 C^2 \omega^2}} \angle - \arctan(\omega RC)$$

$$|H(j\omega)| = \frac{U_2}{U_1} = \frac{1}{\sqrt{1 + \omega^2 R^2 C^2}}$$

$$\varphi = - \arctan(\omega RC)$$

由此可以画出电路的幅频特性曲线与相频特性，分别如图 13 - 8(a) 和 13 - 8(b) 所示。可见，该 RC 电路允许低频信号通过，抑制高频信号，所以具有低通频率特性。其相频特性表明其输出电压总是滞后输入电压，因此 RC 低通电路又称为滞后网络。需要说明，图 13 - 8 所示频率特性曲线的横坐标为 $\omega/\omega_C = \omega RC$，其中 $\omega_C = 1/RC$ 为半功率频率。

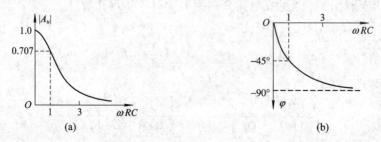

图 13 - 8　RC 低通电路的频率响应

以上举例说明，当已知网络结构和元件参数时，可以求出网络的网络函数及其频率特

性。否则，只能用实验方法测定其频率特性。

*13.4　波　特　图

13.4.1　对数坐标与分贝的概念

图解法是分析系统频率响应的基本方法，用一般频率坐标表述频率响应特性曲线的空间分布过于松散。为了便于掌握电路响应在整个频域的变化特征，将频率坐标用对数表示，这样可以放大低频部分(放大镜)，压缩高频部分(望远镜)，如图 13 - 9 所示，(a)图为一般频率坐标，(b)图为对数频率坐标。事实上，对数频率标尺不仅能够相对集中和清晰地表现电路的频率响应特性，而且特别有利于频率响应特性曲线的绘制。这将极大地方便复杂电路系统的分析和系统设计。工程上，将以对数频率为坐标画出的幅频特性曲线和相频特性曲线称为波特图。

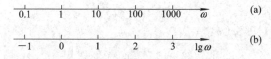

图 13 - 9　频率坐标和对数频率坐标的关系

对网络函数 $H(j\omega) = |H(j\omega)|\exp[j\varphi(\omega)]$ 取自然对数，并将其分解为模 $|H(j\omega)|$ 和 $\varphi(\omega)$ 两个部分，则有

$$\ln[H(j\omega)] = \ln|H(j\omega)| + j\varphi(\omega) \tag{13 - 18}$$

式中，$\ln|H(j\omega)|$ 和 $\varphi(\omega)$ 都是 ω 的实函数。它们的单位分别为奈培(Neper)和弧度。

除了自然对数外，实际工程还使用 $\lg|H(j\omega)|$。$\lg|H(j\omega)|$ 的单位有贝尔(Bel)和分贝(dB)两种，实际中分贝更为常用。它们的换算关系为

$$1(\text{Bel}) = 10(\text{dB})$$

历史上，贝尔最先使用 $\lg(P_2/P_1)$ 或 $10\lg(P_2/P_1)$ 来描述系统的功率响应，并规定它们的单位分别为贝尔和分贝。因此，如果 $P_2/P_1 = 10$，就说 P_2 比 P_1 高 1 Bel 或 10 dB。在分析电路的频率响应时，借用分贝的概念，又因为 $P = U^2/R = I^2 R$，所以

$$10\lg\frac{P_2}{P_1} = 20\lg\frac{U_2}{U_1} = 20\lg\frac{I_2}{I_1}$$

于是就建立起分贝与网络函数幅频特性之间的关系。

表 13 - 1 给出了比值 $A = U_2/U_1$ 及其对数标尺的对应关系。由于 $20\lg A = 8.68\ln A$，所以，奈培与分贝间的换算关系为

$$\text{分贝数} = 8.68 \times \text{奈培数}$$

表 13 - 1　比值 A 及其对数标尺

A	0.001	0.01	0.1	0.2	0.707	1	2	3	10	100	1000
$\lg A$(Bel)	−3	−2	−1	−0.699	−0.151	0	0.301	0.477	1	2	3
$20\lg A$(dB)	−60	−40	−20	−14	−3.0	0	6.0	9.5	20	40	60

其中常用的对应关系有：1 dB 时 A 大约变化 12%；6 dB 时 A 大约变化 1 倍；20 dB 时 A 变化 10 倍。

13.4.2　幅频特性和相频特性的波特图

如上所述，用对数坐标描述电路频率响应特性的波特图，不仅具有放大镜和望远镜的作用，另外由于对数算子能够将乘除运算转化为相对简单的加减运算，因此波特图还便于实现频率响应解析式与其图解曲线的相互转化，这在系统分析和系统设计中是十分有用的。下面介绍任意网络函数波特图的作图方法。

对于网络函数，我们可以将其写成如下的形式，即

$$H(\mathrm{j}\omega) = \frac{R(\mathrm{j}\omega)}{E(\mathrm{j}\omega)} = \frac{K(\mathrm{j}\omega)\left(1 + \dfrac{\mathrm{j}\omega}{z_1}\right)\left(1 + \dfrac{\mathrm{j}\omega}{z_2}\right)\cdots}{\left(1 + \dfrac{\mathrm{j}\omega}{p_1}\right)\left(1 + \dfrac{\mathrm{j}\omega}{p_2}\right)\cdots\left[1 + \mathrm{j}2\xi_1\dfrac{\omega}{\omega_k} + \left(\dfrac{\mathrm{j}\omega}{\omega_k}\right)^2\right]\cdots} \tag{13-19}$$

对式(13-19)取对数，得

$$
\begin{aligned}
\ln[H(\mathrm{j}\omega)] &= \ln\left[\,|H(\mathrm{j}\omega)|\,\mathrm{e}^{\mathrm{j}\varphi(\omega)}\right] \\
&= \ln|H(\mathrm{j}\omega)| + \mathrm{j}\varphi(\omega) \\
&= \ln K + \ln|\mathrm{j}\omega| + \ln\left|1 + \frac{\mathrm{j}\omega}{z_1}\right| + \cdots - \ln\left|1 + \frac{\mathrm{j}\omega}{p_1}\right| - \cdots - \ln\left|1 + \frac{\mathrm{j}2\xi_1\omega}{\omega_k} + \left(\frac{\mathrm{j}\omega}{\omega_k}\right)^2\right| - \cdots \\
&\quad + \mathrm{j}\left[0° + 90° + \arctan\left(\frac{\omega}{z_1}\right) + \cdots - \arctan\left(\frac{\omega}{p_1}\right) - \arctan\left(\frac{2\xi_1\omega/\omega_k}{1 - \omega^2/\omega_k^2}\right) - \cdots\right]
\end{aligned}
$$
$$\tag{13-20}$$

若以分贝为单位，结合式(13-20)，则式(13-19)中网络函数的幅频特性为

$$
\begin{aligned}
G_{\mathrm{dB}}(\omega) &= 20\lg|H(\omega)| \\
&= 20\lg K + 20\lg|\mathrm{j}\omega| + 20\lg\left|1 + \frac{\mathrm{j}\omega}{z_1}\right| + \cdots \\
&\quad - 20\lg\left|1 + \frac{\mathrm{j}\omega}{p_1}\right| - \cdots - 20\lg\left|1 + \frac{\mathrm{j}2\xi_1\omega}{\omega_k} + \left(\frac{\mathrm{j}\omega}{\omega_k}\right)^2\right| - \cdots
\end{aligned}
\tag{13-21}
$$

工程上将 $G_{\mathrm{dB}}(\omega)$ 称为网络的增益，由式(13-21)可见，增益 $G_{\mathrm{dB}}(\omega)$ 是由 $20\lg K$、$20\lg|\mathrm{j}\omega|$、$20\lg\left|1 + \dfrac{\mathrm{j}\omega}{z_1}\right|$、$20\lg\left|1 + \dfrac{\mathrm{j}\omega}{p_1}\right|$ 和 $20\lg\left|1 + \dfrac{\mathrm{j}2\xi_1\omega}{\omega_k} + \left(\dfrac{\mathrm{j}\omega}{\omega_k}\right)^2\right|$ 等基本项叠加而成的。

由式(13-20)可得式(13-19)网络函数的相频特性为

$$\varphi(\omega) = 0° + 90° + \arctan\left(\frac{\omega}{z_1}\right) + \cdots - \arctan\left(\frac{\omega}{p_1}\right) - \cdots - \arctan\left(\frac{2\xi_1\omega/\omega_k}{1 - \omega^2/\omega_k^2}\right) - \cdots$$
$$\tag{13-22}$$

由此可见，相频特性同样是由和幅频特性相对应的基本项叠加而成的。

由式(13-19)式可见，网络函数是由 K、$\mathrm{j}\omega$、$\left(1 + \dfrac{\mathrm{j}\omega}{z_1}\right)$、$\left(1 + \dfrac{\mathrm{j}\omega}{p_1}\right)$ 和 $\left[1 + \dfrac{\mathrm{j}2\xi_1\omega}{\omega_k} + \left(\dfrac{\mathrm{j}\omega}{\omega_k}\right)^2\right]$ 等基本因子组合而成的，若分别求出这些基本因子的幅频特性和相频特性的波特图，由式(13-21)和式(13-22)就可以求出网络函数的幅频特性和相频特性的波特图。下面分别讨论它们。

基本因子为 K（称为常数项）的波特图。由式(13-21)和式(13-22)知幅频特性

$G_{dB} = 20 \lg K$ 为一个定值，相频特性 $\varphi(\omega) = 0°$，即可得波特图如图 13-10 所示。

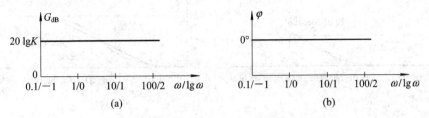

图 13-10 基本因子为 K 的波特图

(a) 幅频特性；(b) 相频特性

基本因子为 $j\omega$ 的波特图。幅频特性 $G_{dB} = 20 \lg |j\omega|$ 为一经过（$\omega = 1$，$G_{dB} = 0$）点，且每 10 倍频程为 20 dB（20 dB/decade）的直线，在整个频域中相频特性 $\varphi(\omega) = 90°$，即波特图如图 13-11 所示。

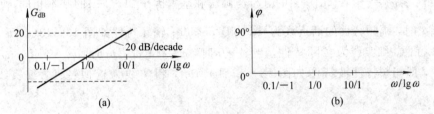

图 13-11 基本因子为 $j\omega$ 的波特图

(a) 幅频特性；(b) 相频特性

基本因子为 $\left(1 + \dfrac{j\omega}{z_1}\right)$ 的波特图。对于该因子的幅频特性 $G_{dB}(\omega) = 20 \lg \left| 1 + \dfrac{j\omega}{z_1} \right|$，有

$$\begin{cases} G_{dB} \Rightarrow 20 \lg 1 = 0, & \omega \ll z_1 \text{ 或 } \omega \to 0 \\ G_{dB} \Rightarrow 20 \lg \dfrac{\omega}{z_1}, & \omega \gg z_1 \text{ 或 } \omega \to \infty \end{cases}$$

可见，当 $\omega \ll z_1$（小于 10 倍以上）或 $\omega \to 0$ 时，幅频特性为 $G_{dB} \Rightarrow 0$ 的一条直线（称为渐近线）；当 $\omega \gg z_1$（大于 10 倍以上）或 $\omega \to \infty$ 时，G_{dB} 为 20 dB/decade 的直线（称为渐近线）；两条渐近线相交于横轴 $\omega = z_1$ 点，幅频特性如图 13-12(a) 中的粗实线所示。当 $\omega = z_1$ 时，$G_{dB} = 20 \lg \sqrt{2} = 3.0$ dB，所以在 $\omega = z_1$ 附近，幅频特性不在两条渐近线上，实际的幅频特性如图 13-12(a) 中的细实线所示。

其相频特性

$$\varphi(\omega) = \arctan\left(\dfrac{\omega}{z_1}\right) \Rightarrow \begin{cases} 0°, & \ll z_1 \text{ 或 } \omega \to 0 \\ 45°, & \omega = z_1 \\ 90°, & \omega \gg z_1 \text{ 或 } \omega \to \infty \end{cases}$$

可见，当 $\omega \ll z_1$ 或 $\omega \to 0$ 时，相频特性为 $\varphi \Rightarrow 0°$ 的一条渐近线；当 $\omega \gg z_1$ 或 $\omega \to \infty$ 时，相频特性为 $\varphi = 90°$ 的一条渐近线；当 $\omega = z_1$ 时，$\varphi = 45°$，所以可以用一条通过（$\omega = z_1$，$\varphi = 45°$）点的每 10 倍频程 45°（45°/decade）的直线将以上两条渐近线连接起来，如图 13-12(b) 中的粗实线所示，即为近似的相频特性。用渐近线表述相频特性只有在（$\omega \to 0$，$\varphi = 0°$）、（$\omega = z_1$，$\varphi = 45°$）和（$\omega \to \infty$，$\varphi = 90°$）才是准确的，所以实际的相频特性如图 13-12(b) 中的细实线所示。

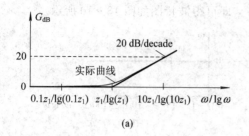 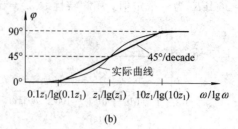

(a)   (b)

图 13 - 12　基本因子为 $\left(1+\dfrac{j\omega}{z_1}\right)$ 的波特图

(a) 幅频特性；(b) 相频特性

基本因子为 $\left(1+\dfrac{j\omega}{p_1}\right)$ 的波特图。该因子波特图的幅频特性 $G_{dB}(\omega) = -20\lg\left|1+\dfrac{j\omega}{p_1}\right|$，

和相频特性 $\varphi(\omega) = -\arctan\left(\dfrac{\omega}{p_1}\right)$ 的分析与画法和基本因子 $\left(1+\dfrac{j\omega}{z_1}\right)$ 的基本相同，所不同的

是当 $\omega \gg p_1$ 时，幅频特性的渐近线为 -20 dB/decade；幅频特性如图 13 - 13(a) 所示，粗实线为近似特性，细实线为实际特性。当 $\omega \to 0$ 时，$\varphi = 0°$；$\omega = p_1$ 时，$\varphi = -45°$；$\omega \to \infty$ 时，$\varphi = -90°$，即相频特性波特图如图 13 - 13(b) 所示，粗实线为近似特性，细实线为实际特性。

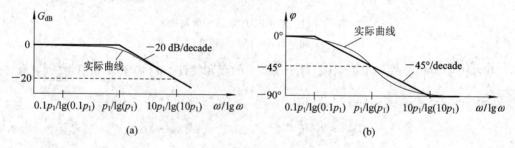

(a)   (b)

图 13 - 13　基本因子为 $\left(1+\dfrac{j\omega}{p_1}\right)$ 的波特图

(a) 幅频特性；(b) 相频特性

基本因子为 $\left[1+\dfrac{j2\xi_1\omega}{\omega_k}+\left(\dfrac{j\omega}{\omega_k}\right)^2\right]$ 的波特图。该因子的幅频特性为

$$G_{dB}(\omega) = -20\lg\left|1+\dfrac{j2\xi_1\omega}{\omega_k}+\left(\dfrac{j\omega}{\omega_k}\right)^2\right|$$

有

$$\begin{cases} G_{dB} \Rightarrow -20\lg 1 = 0, & \omega \ll \omega_k \ \text{或} \ \omega \to 0 \\ G_{dB} \Rightarrow -40\lg\dfrac{\omega}{\omega_k}, & \omega \gg \omega_k \ \text{或} \ \omega \to \infty \end{cases}$$

可见，当 $\omega \ll \omega_k$ 或 $\omega \to 0$ 时，幅频特性为 $G_{dB} \Rightarrow 0$ 的一条渐近线；当 $\omega \gg \omega_k$ 或 $\omega \to \infty$ 时，G_{dB} 为 -40 dB/decade 的渐近线；两条渐近线相交于横轴 $\omega = \omega_k$ 处，即幅频特性如图 13 - 13(a) 中的粗实线所示。在 $\omega = \omega_k$ 附近，由于受该因子中参数 ξ_1 的影响，不同 ξ_1 会导致幅频特性曲线的差异很大，所以实际的幅频特性如图 13 - 12(a) 中的细实线所示。

其相频特性

$$\varphi(\omega) = -\arctan\left(\frac{2\xi_1\omega/\omega_k}{1-\omega^2/\omega_k^2}\right) \Rightarrow \begin{cases} 0°, & \omega \ll \omega_k \text{ 或 } \omega \to 0 \\ -90°, & \omega = \omega_k \\ -180°, & \omega \gg \omega_k \text{ 或 } \omega \to \infty \end{cases}$$

可见，当 $\omega \ll \omega_k$ 或 $\omega \to 0$ 时，$\varphi \Rightarrow 0°$（渐近线）；当 $\omega \gg \omega_k$ 或 $\omega \to \infty$ 时，$\varphi = -180°$（渐近线）；当 $\omega = \omega_k$ 时，$\varphi = -90°$，所以可以用一条通过（$\omega = \omega_k$，$90°$）点的 $-90°/\mathrm{decade}$ 的直线将以上两条渐近线连接起来，如图 13 - 14(b) 中的粗实线所示，即为近似的相频特性。同样由于参数 ξ_1 的不同，会导致相频特性曲线有很大差异，所以实际的幅频特性如图 13 - 14(b) 中的细实线所示。

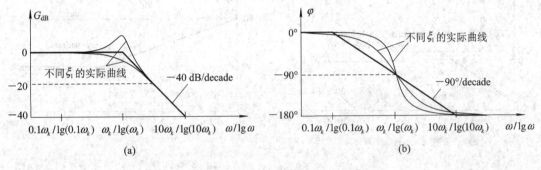

图 13 - 14　基本因子为 $\left[1+\dfrac{\mathrm{j}2\xi_1\omega}{\omega_k}+\left(\dfrac{\mathrm{j}\omega}{\omega_k}\right)^2\right]$ 的波特图

(a) 幅频特性；(b) 相频特性

例 13 - 3　电路如图 13 - 15(a) 所示，已知 $R = 3\ \Omega$、$L = 1\ \mathrm{H}$ 和 $C = 0.5\ \mathrm{F}$，试写出网络函数 $H(\mathrm{j}\omega) = \dfrac{I_o(\mathrm{j}\omega)}{I_S(\mathrm{j}\omega)}$，并画出的波特图。

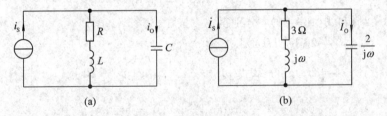

图 13 - 15　例 13 - 3 图

解　首先画出图 13 - 15(a) 电路对应的相量域模型如图 13 - 15(b) 所示，根据分流公式得网络函数并整理，即

$$H(\mathrm{j}\omega) = \frac{I_o(\mathrm{j}\omega)}{I_S(\mathrm{j}\omega)} = \frac{\dot{I}_o}{\dot{I}_S} = \frac{3+\mathrm{j}\omega}{3+\mathrm{j}\omega+\dfrac{2}{\mathrm{j}\omega}} = \frac{\mathrm{j}\omega(3+\mathrm{j}\omega)}{(\mathrm{j}\omega)^2+3(\mathrm{j}\omega)+2}$$

将该函数整理成式 (13 - 19) 的形式，即

$$H(\mathrm{j}\omega) = \frac{\mathrm{j}\omega(3+\mathrm{j}\omega)}{(\mathrm{j}\omega+1)(\mathrm{j}\omega+2)} = \frac{1.5\mathrm{j}\omega\left(1+\dfrac{\mathrm{j}\omega}{3}\right)}{(1+\mathrm{j}\omega)\left(1+\dfrac{\mathrm{j}\omega}{2}\right)}$$

对比知 $z_1 = 3$，$p_1 = 1$ 和 $p_2 = 2$。

根据式 (13 - 21)，有

$$G_{dB}(\omega) = 20 \lg |H(\omega)|$$

$$= 20 \lg 1.5 + 20 \lg |j\omega| + 20 \lg \left|1 + \frac{j\omega}{3}\right| - 20 \lg |1 + j\omega| - 20 \lg \left|1 + \frac{j\omega}{2}\right|$$

结合前面讲述的方法，可以画出该网络函数的幅频特性的波特图如图 13-16(a)所示。

再根据式(13-22)，有

$$\varphi(\omega) = 0° + 90° + \arctan\left(\frac{\omega}{3}\right) - \arctan(\omega) - \arctan\left(\frac{\omega}{2}\right)$$

可以画出该网络函数的相频特性的波特图如图 13-16(b)所示。

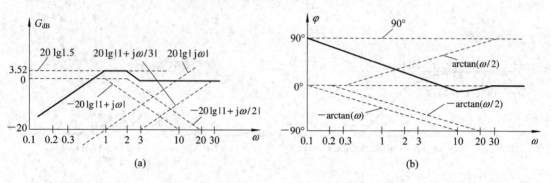

(a)　　　　　　　　　　　　　　(b)

图 13-16　例 13-3 的波特图

(a) 幅频特性；(b) 相频特性

例 13-4　试画出网络函数 $H(j\omega) = \dfrac{5(j\omega + 2)}{j\omega(j\omega + 10)}$ 的波特图。

解　根据式(13-19)，则有

$$H(j\omega) = \frac{(1 + j\omega/2)}{j\omega(1 + j\omega/10)}$$

再根据式(13-21)和式(13-22)，分别得

$$G_{dB}(\omega) = 20 \lg |H(\omega)|$$

$$= 20 \lg 1 + 20 \lg \left|1 + \frac{j\omega}{2}\right| - 20 \lg |j\omega| - 20 \lg \left|1 + \frac{j\omega}{10}\right|$$

$$\varphi(\omega) = 0° + \arctan\left(\frac{\omega}{2}\right) - 90° - \arctan\left(\frac{\omega}{10}\right)$$

由此画出网络函数的幅频特性和相频特性的波特图分别如图 13-17(a)和图 13-17(b)所示。

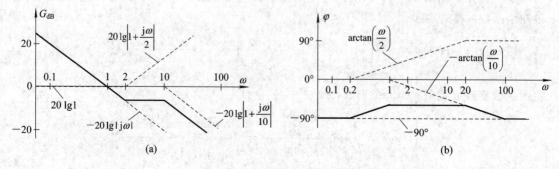

(a)　　　　　　　　　　　　　　(b)

图 13-17　例 13-4 的波特图

(a) 幅频特性；(b) 相频特性

*13.5　滤　波　器

滤波器是只允许有用的信号通过、抑制无用信号或者干扰信号通过的电子或电气装置。滤波器有模拟滤波器和数字滤波器之分，本书只介绍模拟滤波器。

模拟滤波器有无源滤波器和有源滤波器两大类。无源滤波器是不含有源器件的滤波器，它主要由无源元件 R、L 和 C 组成，图 13-18 所示为简单的无源滤波器。有源滤波器是由运算放大器和 R、C 元件组成的有源电路。由于无源滤波器只有 R、L 和 C 元件，所以它存在无法补偿有用信号衰减的缺点。有源滤波器由于使用了运算放大器等有源器件，其在滤除无用信号的同时，能够补偿电路对有用信号的衰减。因此，有源滤波器特别适用于对微弱有用信号的滤波和处理。

图 13-18　简单的无源滤波器
(a) 低通滤波器；(b) 高通滤波器

根据滤波器幅频特性曲线的形状，将输入信号能够通过的频率范围称为通带；将阻碍或抑制输入信号通过的频率范围称为阻带；将通带和阻带的交界频率称为截止频率或过度带。

理想滤波电路在有用信号的通带内，应具有衰减为零的幅频特性和线性相位特性，在阻带内幅值衰减应为无限大，如图 13-19 所示。按照通带和阻带相互位置的不同，可将滤波器作以下分类：

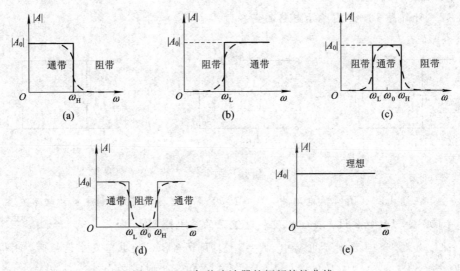

图 13-19　各种滤波器的幅频特性曲线

(1) 低通滤波器：其幅频响应如图 13-19(a)所示，实线表示理想特性，虚线表示实际特性(下同)。若用 A 表示滤波器的增益，图 13-19 中 $|A_0|$ 为滤波器的通带增益的幅值，ω_H 为截止频率。低通滤波器的基本功能是让频率低于 ω_H 的所有低频信号通过滤波器，衰减频率高于 ω_H 的信号。滤波器带宽 $BW=\omega_H$。

(2) 高通滤波器：幅频特性如图 13-19(b)所示，ω_L 为截止频率。该滤波器的阻带为 $0<\omega<\omega_L$，通带频率为 $\omega>\omega_L$，理想带宽 $BW=\infty$。考虑到器件性能的局限，实际滤波器的带宽是有限的。

(3) 带通滤波器：幅频特性如图 13-19(c)所示。图中 ω_L 和 ω_H 分别为滤波器的下限和上限截止频率，ω_0 为中心频率。其两个阻带分别为 $0<\omega<\omega_L$ 和 $\omega>\omega_H$，$BW=\omega_H-\omega_L$。

(4) 带阻滤波器：幅频响应如图 13-19(d)所示。它有两个通带，$0<\omega<\omega_L$ 和 $\omega>\omega_H$；一个阻带 $\omega_L<\omega<\omega_H$。由于电路器件的局限，通带 $\omega>\omega_H$ 也是有限的，其中心频率 ω_0 的含义如图 13-19(d)所示。

(5) 全通滤波器：全通滤波器是一种理想滤波器，其幅频特性如图 13-19(e)所示。它没有阻带，其通带从零至无穷大，但其相频特性可随频率变化。

电路的频率特性是电路性能研究的一个重要方面。本章从串、并联谐振电路入手，介绍了电路网路函数的定义、网络函数的幅频特性和相频特性以及其波特图的画法。读者在今后的学习中将会看到，设计满足一定频率响应特性的网络是电路分析的基本任务之一。由于网络函数具有在整个频域上反映电路响应的特点，所以在信号分析和电路设计中有着重要的应用。

习　题

13-1　串联电路的谐振条件能否表示为 $\mathrm{Im}[Y(j\omega)]=0$？并联电路的谐振条件能否表示为 $\mathrm{Im}[Z(j\omega)]=0$？

13-2　计算题 13-2 图所示电路的谐振频率。

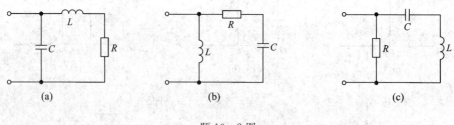

(a)　　　　　　　　　　(b)　　　　　　　　　　(c)

题 13-2 图

13-3　在题 13-3 图所示电路中，$\dot{I}_S=1\angle 0°$ A，当 $\omega_0=1000$ rad/s 时电路发生谐振，$R_1=R_2=100$ Ω，$L=0.2$ H。求 C 的值和电流源的端电压 $\dot{U}$。

13-4　如题 13-4 图所示电路中，$R=5$ Ω。调节电容 C 使电路发生谐振时，测得 $I_1=10$ A，$I_2=6$ A，$U_Z=113$ V，电路总功率 $P=1140$ W，求阻抗 Z。

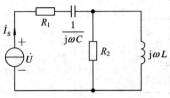
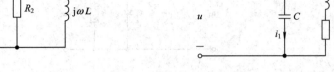

题 13 - 3 图   题 13 - 4 图

13 - 5   某 RLC 电路的固有频率 $\omega_0 = 500$ rad/s，频率响应带宽为 $BW = 20$ rad/s，求该电路的品质因数 Q 为多少。

13 - 6   电路如题 13 - 6 图所示，试求 $Z(j\omega)$，讨论 $\omega = 0$、1、∞ rad/s 时的幅值和辐角，并说明 $\omega = 0$ 和 $\omega = \infty$ 的物理意义。

13 - 7   电路如题 13 - 7 图所示，已知网络 N 的输入阻抗为

$$Z(j\omega) = \frac{j\omega\big[(j\omega)^2 + 4\big]}{(j\omega)^2 + 1}$$

(1) 已知 $R = 2\ \Omega$、$L = 1$ H，当电流源 $i_S(t) = 2\cos(2t)$ A 经过 RL 并联电路作用于网络 N 时，求 N 两端的电压。

(2) 用阻值为 $1\ \Omega$ 的电阻替换 RL 并联电路，且将电流源改为电压源 $u_S(t) = 2\cos(2t)$ V 时，求流入网络 N 的电流。

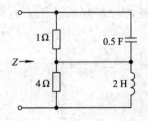
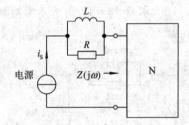

题 13 - 6 图   题 13 - 7 图

13 - 8   求题 13 - 8 图所示电路的网络函数 $H(j\omega) = \dfrac{I_o(j\omega)}{I_S(j\omega)}$。

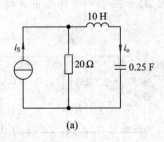
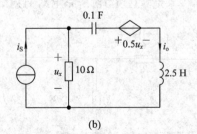

(a)   (b)

题 13 - 8 图

13-9 试分析题 13-9 图所示超前滞后电路电压转移函数的幅频特性和相频特性。

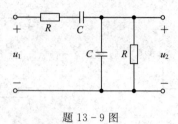

题 13-9 图

13-10 试求题 13-10 图所示电路的 A_u。其中哪一个有低通特性，哪一个有高通特性。绘制其频率响应曲线的草图。

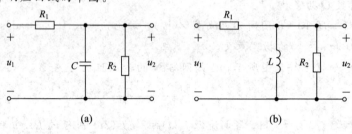

(a)   (b)

题 13-10 图

13-11 在电子电路中，经过放大的电压如果因为发生相位超前而产生放大误差，可以用滞后网络予以补偿。题 13-11 图所示为一种常见的滞后网络。试求 $f = 50$ Hz 时其输出对输入的相移。

13-12 求题 13-12 图所示滞后网络的波特图，设两转折频率 ω_1、ω_2 的数值关系为 $\omega_2 = 10\omega_1$。

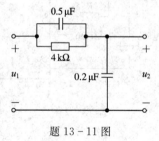

题 13-11 图

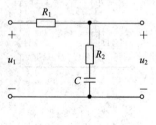

题 13-12 图

13-13 求题 13-13 图所示超前网络的波特图。

13-14 求题 13-14 图所示电路的网络函数 $H(j\omega) = \dfrac{I(j\omega)}{U_S(j\omega)}$，并画出波特图。

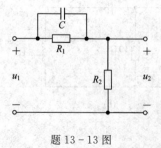

题 13-13 图

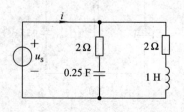

题 13-14 图

13-15　求题 13-15 图所示电路的网络函数 $H(j\omega) = \dfrac{U_o(j\omega)}{U_i(j\omega)}$，已知 $R = 10\ \Omega$、$C_1 = 0.02\ F$ 和 $C_2 = 0.01\ F$，试画出波特图。

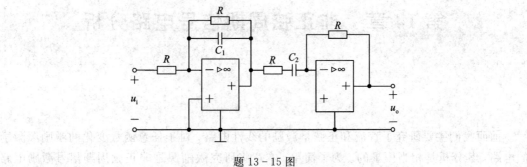

题 13-15 图

第 14 章 非正弦周期信号电路分析

前面我们主要研究了直流和正弦量激励的线性电路,对于任意函数变化的激励源激励的电路,其分析是相当困难的。为了简单,本章将研究激励源是非正弦周期信号激励电路的稳态分析。其分析方法是,首先用傅里叶分解的方法将非正弦周期激励(函数)分解为直流和一系列不同频率正弦量的组合,然后用前面学过的直流和正弦稳态电路的分析方法分别分析各分量激励下的响应,最后在时域对各个响应进行叠加,即可得到电路在非正弦周期信号激励下的响应。这种分析法称为谐波分析法。

本章首先介绍非正弦周期信号及其傅里叶分解方法,并建立信号频谱的概念;其次讨论非正弦周期信号的有效值、平均值和平均功率;然后介绍非正弦周期信号电路的分析方法和对称三相电路中的高次谐波;最后概述傅里叶级数的指数形式和傅里叶变换。

14.1 非正弦周期信号及傅里叶分解

周期信号是指在一定周期内按照某一规律重复变化的信号,非正弦周期信号是不按正弦规律变化的一切周期信号。

例如,交流发电机发出的实际电压波形与正弦波比较,或多或少是有差别的,严格来说,是非正弦周期波;交流电经过整流所获得的半波与全波电压;当电路中存在非线性元件,在正弦激励将产生非正弦周期的电压或电流;以及计算机和通信领域的时钟信号等均是非正弦周期信号。

傅里叶分解是一种数学工具,利用它可以将非正弦周期信号分解成直流信号和一系列不同频率的正弦周期信号,因此可以用前面学过的知识分析非正弦周期信号激励下的电路。

14.1.1 非正弦周期信号

若用 T 表示周期,则周期信号 $f(t)$ 的一般数学表达式为

$$f(t) = f(t + kT) \qquad k = 0, 1, 2, \cdots \qquad (14-1)$$

非正弦周期信号的典型例子如图 14-1 所示,图 14-1(a)所示是方波(或矩形波)电压周期信号,图 14-1(b)所示是锯齿波电压周期信号,图 14-1(c)所示是脉冲电流周期信号,图 14-1(d)所示是半波整流电压信号。

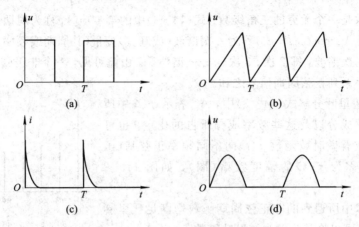

图 14-1　非正弦周期信号的波形

14.1.2　非正弦周期信号的傅里叶分解

一个周期为 T 的函数 $f(t)$，若在区间 $[-T/2，T/2]$ 上满足狄里赫利条件：$f(t)$ 在 $[-T/2，T/2]$ 上连续，或只存在有限个第一类间断点和极值点，则它一定能展开成收敛的傅里叶级数，即

$$f(t) = a_0 + \sum_{k=1}^{\infty} \left[a_k \cos(k\omega_1 t) + b_k \sin(k\omega_1 t) \right] \tag{14-2}$$

或

$$f(t) = A_0 + \sum_{k=1}^{\infty} A_{km} \cos(k\omega_1 t + \varphi_k) \tag{14-3}$$

上面两式各系数的关系为

$$A_0 = a_0$$

$$A_{km} = \sqrt{a_k^2 + b_k^2}$$

$$a_k = A_{km} \cos\varphi_k$$

$$b_k = -A_{km} \sin\varphi_k$$

$$\varphi_k = \arctan\left(-\frac{b_k}{a_k}\right)$$

其中

$$a_0 = \frac{1}{T} \int_0^T f(t) \mathrm{d}t = \frac{1}{T} \int_{-T/2}^{T/2} f(t) \mathrm{d}t \tag{14-4a}$$

$$a_k = \frac{2}{T} \int_0^T f(t) \cos(k\omega_1 t) \mathrm{d}t = \frac{2}{T} \int_{-T/2}^{T/2} f(t) \cos(k\omega_1 t) \mathrm{d}t$$

$$= \frac{1}{\pi} \int_0^{2\pi} f(t) \cos(k\omega_1 t) \mathrm{d}(\omega_1 t) = \frac{1}{\pi} \int_{-\pi}^{\pi} f(t) \cos(k\omega_1 t) \mathrm{d}(\omega_1 t) \tag{14-4b}$$

$$b_k = \frac{2}{T} \int_0^T f(t) \sin(k\omega_1 t) \mathrm{d}t = \frac{2}{T} \int_{-T/2}^{T/2} f(t) \sin(k\omega_1 t) \mathrm{d}t$$

$$= \frac{1}{\pi} \int_0^{2\pi} f(t) \sin(k\omega_1 t) \mathrm{d}(\omega_1 t) = \frac{1}{\pi} \int_{-\pi}^{\pi} f(t) \sin(k\omega_1 t) \mathrm{d}(\omega_1 t) \tag{14-4c}$$

上述各式中 $k = 1，2，3，\cdots$。

傅里叶级数是一个无穷的三角级数。式(14-3)中的第1项 A_0 称为周期函数 $f(t)$ 的直流分量；第2项 $A_{1m}\cos(\omega_1 t + \varphi_1)$ 称为一次谐波(或基波)分量(其周期或频率与 $f(t)$ 相同)；其他各项称为高次谐波，即2次、3次、……谐波等。由此可见，一个非正弦周期信号可以分解成直流和一系列正弦周期信号之和。

在 $f(t)$ 的傅里叶分解式(14-3)中，A_{km} 表示 $f(t)$ 中所包含的那些频率成分以及这些频率成分所占的比重。也可以将傅里叶级数看做时域函数 $f(t)$ 向不同频率正弦基(函数)上的投影，称为 $f(t)$ 的幅度频谱(图)，如图14-2所示。

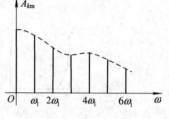

图 14-2 幅度频谱图

在电工技术中所遇到的非正弦周期函数均满足狄里赫里条件，因此都可以将其分解为傅里叶级数。

学习傅里叶级数的目的是分析电路。对于线性电路来说，可以先将非正弦周期激励信号分解为直流和一系列不同频率的正弦量，并分别计算它们单独作用时电路的响应，然后利用叠加定理在时域对各响应分量进行叠加，就可得到非正弦周期信号激励下的响应。这种分析电路的方法称为谐波分析法。需要指出的是，谐波分析法是针对稳态电路而言的。

例 14-1 求图14-3(a)所示周期性矩形信号 $f(t)$ 的傅里叶展开式及其频谱。

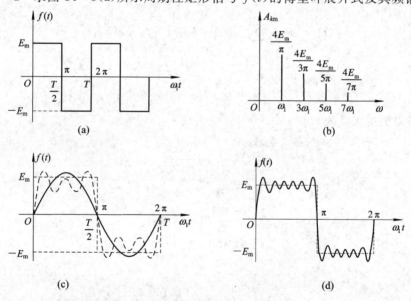

图 14-3 例 14-1图

解 $f(t)$ 在第一个周期内的解析表达式为

$$f(t) = \begin{cases} E_m & 0 < t < \dfrac{T}{2} \\ -E_m & \dfrac{T}{2} < t < T \end{cases}$$

根据式(14-4)求取傅里叶系数，即

$$a_0 = \frac{1}{T}\int_0^T f(t)\,\mathrm{d}t = 0$$

$$a_k = \frac{1}{\pi} \int_0^{2\pi} f(t) \cos(k\omega_1 t) \mathrm{d}(\omega_1 t) = 0$$

$$b_k = \frac{1}{\pi} \int_0^{2\pi} f(t) \sin(k\omega_1 t) \mathrm{d}(\omega_1 t) = \frac{2E_\mathrm{m}}{k\pi}[1 - \cos(k\pi)]$$

当 k 分别取偶数和奇数时，有 $b_k = 0$，$b_k = \dfrac{4E_\mathrm{m}}{k\pi}$，代入式(14-2)，得

$$f(t) = \frac{4E_\mathrm{m}}{\pi}\left[\sin(\omega_1 t) + \frac{1}{3}\sin(3\omega_1 t) + \frac{1}{5}\sin(5\omega_1 t) + \cdots\right]$$

因为傅里叶展开式只有基波和奇次谐波项，所以称其为奇谐波函数。图 14-3(b)所示是 $f(t)$ 的幅度频谱图。图 14-3(c)和 14-3(d)所示是 $f(t)$ 信号及其傅里叶展开式示意图，其中图 14-3(c)中的虚线是展开式前三项之和，即 k 取到 5 次谐波时画出的合成曲线；图 14-3(d)所示是取到 11 次谐波时的合成曲线。

因为傅里叶级数是一个无穷级数，理论上需用无穷多傅里叶级数展开项来逼近 $f(t)$。但在实际运用中，只能截取其有限项来近似实际信号。显然，截取项数越多，近似程度越好。

表 14-1 给出几种常见的非正弦周期函数与傅里叶展开式。

表 14-1　几种周期函数及傅里叶级数展开式

名称	波　形	傅里叶级数展开式
锯齿波		$f(t) = A_\mathrm{m}\left[\dfrac{1}{2} - \dfrac{1}{\pi}\left(\sin(\omega_1 t) + \dfrac{1}{2}\sin(2\omega_1 t) + \dfrac{1}{3}\sin(3\omega_1 t) + \cdots\right)\right]$
三角波		$f(t) = \dfrac{8A_\mathrm{m}}{\pi^2}\left(\sin(\omega_1 t) - \dfrac{1}{9}\sin(3\omega_1 t) + \dfrac{1}{25}\sin(5\omega_1 t) + \cdots + \dfrac{(-1)^{\frac{k-1}{2}}}{k^2}\sin(k\omega_1 t) + \cdots\right)$　k 为奇数
全波整流波		$f(t) = \dfrac{4A_\mathrm{m}}{\pi}\left(\dfrac{1}{2} + \dfrac{1}{1\times3}\cos(2\omega_1 t) - \dfrac{1}{3\times5}\cos(4\omega_1 t) + \dfrac{1}{5\times7}\cos(6\omega_1 t) - \cdots\right)$

14.2　有效值、平均值和平均功率

当电路中的电压、电流是非正弦周期信号时，工程上常常需要计算它们的有效值、平均值以及电路元件上的平均功率等。

14.2.1　非正弦周期信号的有效值

交流电路常用有效值表示电压和电流的大小。第 9 章已经指出，如果电流为周期函数，则有效值的定义为

$$I = \sqrt{\frac{1}{T} \int_0^T i^2 \, dt} \tag{14-5}$$

式中，T 为周期信号的周期。

值得注意，尽管可根据上式计算出周期电流的有效值，但对线性电路而言，这里关心的是非正弦周期信号有效值与其各次谐波有效值的关系。假设非正弦周期电流 i 可以展开为傅里叶级数，即

$$i = I_0 + \sum_{k=1}^{\infty} I_{km} \cos(k\omega_1 t + \varphi_k)$$

将其代入式(14-5)，有

$$I = \sqrt{\frac{1}{T} \int_0^T \left[I_0 + \sum_{k=1}^{\infty} I_{km} \cos(k\omega_1 t + \varphi_k) \right]^2 \, dt}$$

展开上式的平方项，并分别计算其积分，有

$$\frac{1}{T} \int_0^T I_0^2 \, dt = I_0^2$$

$$\frac{1}{T} \int_0^T I_{km}^2 \cos^2(k\omega_1 t + \varphi_k) \, dt = I_k^2$$

$$\frac{1}{T} \int_0^T 2 I_0 I_{km} \cos(k\omega_1 t + \varphi_k) \, dt = 0$$

利用正弦函数的正交性，有

$$\frac{1}{T} \int_0^T 2 I_{km} \cos(k\omega_1 t + \varphi_k) I_{qm} \cos(q\omega_1 t + \varphi_q) \, dt = 0 \quad k \neq q$$

可以求得 i 的有效值为

$$I = \sqrt{I_0^2 + I_1^2 + I_2^2 + \cdots} = \sqrt{I_0^2 + \sum_{k=1}^{\infty} I_k^2} \tag{14-6}$$

可见，非正弦周期电流的有效值等于其直流分量的平方与各次谐波有效值的平方和的开方。

14.2.2　非正弦周期信号的平均值

实际工程中常常用到平均值，这里仍以电流为例说明平均值的概念。非正弦周期电流 i 的平均值定义为

$$I_{av} = \frac{1}{T} \int_0^T |i| \, dt \, [1] \tag{14-7}$$

---

[1]　下标 av 是 average 的缩写。

若电流 i 为正弦电流，则根据以上定义可以计算出电流的平均值为

$$I_{av} = \frac{1}{T} \int_0^T |I_m \cos(\omega t)| \, dt = \frac{4 I_m}{T} \int_0^{T/4} \cos(\omega t) \, dt$$

$$= \frac{4 I_m}{\omega T} \sin(\omega t) \Big|_0^{T/4} = 0.637 I_m = 0.898 I$$

有关平均值的数学运算可以用全波整流电路来实现。

在实际的电工测量中，由于电工仪表的结构和原理不同，所测的值也不同。如磁电系仪表（直流仪表）所测的是直流分量；电磁系仪表所测的是有效值；全波整流仪表所测的是平均值。因此，在电工测量时，要注意仪表类型的选择及其仪表读数的含义。

14.2.3 非正弦周期信号的平均功率

现在讨论非正弦周期电路的功率问题。设一端口电路的电压、电流分别为非正弦周期信号，它们的参考方向是关联的。由功率的定义知，一端口吸收的瞬时功率为

$$p = ui = \left[U_0 + \sum_{k=1}^{\infty} U_{km} \cos(k\omega_1 t + \psi_{uk}) \right] \times \left[I_0 + \sum_{k=1}^{\infty} I_{km} \cos(k\omega_1 t + \psi_{ik}) \right]$$

其平均功率为

$$P = \frac{1}{T} \int_0^T p \, dt$$

在上述积分式中，根据三角函数的正交性（不同频率正弦量乘积的积分为零），只有同频率正弦电压与电流乘积的积分不为零，即

$$P_k = \frac{1}{T} \int_0^T U_{km} \cos(k\omega_1 t + \psi_{uk}) I_{km} \cos(k\omega_1 t + \psi_{ik}) dt$$

$$= \frac{1}{T} \int_0^T \frac{1}{2} U_{km} I_{km} [\cos(\psi_{uk} - \psi_{ik}) + \cos(2k\omega_1 t + \psi_{uk} + \psi_{ik})] dt$$

$$= U_k I_k \cos\varphi_k$$

考虑到直流分量的功率 $P_0 = U_0 I_0$，所以有

$$P = U_0 I_0 + U_1 I_1 \cos\varphi_1 + U_2 I_2 \cos\varphi_2 + \cdots + U_k I_k \cos\varphi_k + \cdots \tag{14-8}$$

式中

$$U_k = \frac{U_{km}}{\sqrt{2}}, \ I_k = \frac{I_{km}}{\sqrt{2}}, \ \varphi_k = \psi_{uk} - \psi_{ik} \qquad k = 1, 2, \cdots$$

其中，φ_k 是第 k 次谐波电压、电流的相位差。可见，平均功率等于其直流分量的功率与各次谐波平均功率的代数和。

14.3 非正弦周期电路的分析

如上所述，当电路的激励是非正弦周期信号时，一般情况下响应是很难分析计算的。对线性电路而言，可以应用傅里叶分解将非正弦激励信号表示为直流分量和一系列不同频率的正弦量（各次谐波）之和，然后分别计算直流分量和各次谐波正弦激励下的稳态响应，再应用叠加定理求出电路的时域响应。注意，对于正弦量表示的各次谐波，首先将它们转换到相量域，然后求出相量域的响应，再将其转换成时域响应，最后在时域才能应用叠加

定理。需要指出的是，不同频率下的响应在相量域是不能叠加的。

例 14-2　如图 14-4(a)所示，已知 $u_S = [3 + 20\sqrt{2}\cos(\omega_1 t) + 10\sqrt{2}\cos(3\omega_1 t + 30°)]$ V，$\omega_1 = 2$ rad/s，设电路达到稳态，求电流 i 及其有效值。

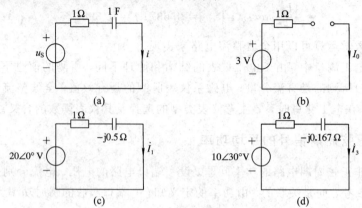

图 14-4　例 14-2 图

解　图 14-4(a)所示为线性电路，所以可利用叠加定理计算非正弦电压源产生的电流 i。因为在稳态时，电容对直流相当于开路，所以直流分量单独激励时的电路如图 14-4(b)所示，易得 $I_0 = 0$；由于是稳态，对于基波和 3 次谐波分量激励可以用相量法求解，电路的相量模型分别如图 14-4(c)和图 14-4(d)所示，由图分别得

$$\dot{I}_1 = \frac{20\angle 0°}{1 - j0.5} = \frac{20}{\sqrt{1 + 0.5^2}} \angle \left[0° - \arctan\left(\frac{-0.5}{1}\right)\right] = 17.89\angle 26.6° \text{ A}$$

$$\dot{I}_3 = \frac{10\angle 30°}{1 - j0.167} = \frac{10}{\sqrt{1 + 0.167^2}} \angle \left[30° - \arctan\left(\frac{-0.167}{1}\right)\right] = 9.86\angle 39.5° \text{ A}$$

将它们分别转换到时域，即

$$i_1 = 17.89\sqrt{2}\cos(2t + 26.6°) \text{ A}$$

$$i_3 = 9.86\sqrt{2}\cos(6t + 39.5°) \text{ A}$$

最后在时域应用叠加定理求出电流 i，即

$$i = I_0 + i_1 + i_3 = [17.89\sqrt{2}\cos(2t + 26.6°) + 9.86\sqrt{2}\cos(6t + 39.5°)] \text{ A}$$

根据式(14-6)，得电流有效值为

$$I = \sqrt{I_0^2 + I_1^2 + I_3^2} = \sqrt{0 + 17.89^2 + 9.86^2} = 20.43 \text{ A}$$

例 14-3　如图 14-5(a)所示，已知 $i_S = [2 + 10\sqrt{2}\cos(t + 10°) + 6\sqrt{2}\cos(3t + 35°)]$ A，$R_1 = 1$ Ω，$R_2 = 2$ Ω，$L = 0.5$ H，试求电压 u 和电流源发出的平均功率。

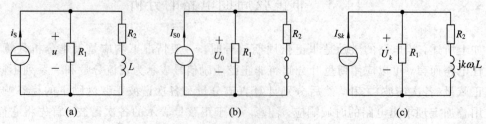

图 14-5　例 14-3 图

解　先画出图 14-5(a)电路在直流单独激励时的电路图如图 14-5(b)所示，由图得

$$U_0 = \frac{R_1 R_2}{R_1 + R_2} I_{S0} = \frac{1 \times 2}{1 + 2} \times 2 = \frac{4}{3} = 1.33 \text{ V}$$

然后画出图 14-5(a)电路在基波和 3 次谐波激励时的相量模型如图 14-5(c)所示，根据图得

$$\dot{U}_k = Z_k \dot{I}_{Sk} = \frac{R_1 \times (R_2 + jk\omega_1 L)}{R_1 + R_2 + jk\omega_1 L} \dot{I}_{Sk}$$

代入数据，得

$$\dot{U}_1 = Z_1 \dot{I}_{S1} = \frac{1 \times (2 + j0.5)}{1 + 2 + j0.5} \times 10 \angle 10° = \frac{2.062 \angle 14.04° \times 10 \angle 10°}{3.041 \angle 9.46°}$$

$$= 6.78 \angle 14.6° \text{ V}$$

$$\dot{U}_3 = Z_3 \dot{I}_{S3} = \frac{1 \times (2 + j1.5)}{1 + 2 + j1.5} \times 6 \angle 35° = \frac{2.5 \angle 36.87° \times 6 \angle 35°}{3.354 \angle 26.56°}$$

$$= 4.47 \angle 45.3° \text{ V}$$

在时域用叠加定理，则电压 u 为

$$u = \left[1.33 + 6.78\sqrt{2} \cos(t + 14.6°) + 4.47 \cos(3t + 45.3°) \right] \text{ V}$$

根据式(14-6)，可以求出电压的有效值，即

$$U = \sqrt{U_0^2 + U_1^2 + U_3^2} = \sqrt{1.33^2 + 6.78^2 + 4.47^2} = 8.23 \text{ V}$$

根据式(14-8)，电流源发出的平均功率为

$$P = U_0 I_0 + U_1 I_1 \cos\varphi_1 + U_3 I_3 \cos\varphi_3$$

$$= 1.33 \times 2 + 6.78 \times 10 \cos(14.6° - 10°) + 6 \times 4.47 \cos(45.3° - 35°)$$

$$= 2.66 + 67.58 + 26.39 = 96.63 \text{ W}$$

*14.4　对称三相电路中的高次谐波

　　实际中三相发电机发出的电压不是完全的正弦波形，含有一定的谐波分量；由于铁心的非线性特性，变压器的励磁电流是非正弦周期波，含有高次谐波分量；另外，因为现代变流装置的大量应用，也使得电网中电压、电流的波形发生畸变。所以，在实际的三相对称电路中，电压、电流都含有高次谐波。本节对三相电路中的高次谐波进行简要分析。

14.4.1　对称三相非正弦的周期量

　　三相对称非正弦周期电路中，设激励为对称的三相非正弦的周期量。根据三相对称电路的知识，由于对称，所以三相电压和电流在时间上依次滞后 $\frac{1}{3}$ 周期（正序），其变化规律是相同的。以电压为例，设三相对称非正弦周期电压分别为

$$u_A = u(t) \tag{14-9a}$$

$$u_B = u\left(t - \frac{T}{3}\right) \tag{14-9b}$$

$$u_C = u\left(t - \frac{2T}{3}\right) = u\left(t + \frac{T}{3}\right) \tag{14-9c}$$

由于式(14-9)均为非正弦周期函数，所以利用傅里叶分解可以将它们分解成傅里叶级数。在三相电路中，一般由于电压为奇函数(如例14-1)，所以其分解的结果为奇谐波函数，即

$$u_A(t) = \sum_{k=1}^{\infty} U_{km} \cos(k\omega_1 t + \psi_k) \tag{14-10a}$$

$$u_B(t) = \sum_{k=1}^{\infty} U_{km} \cos\left(k\omega_1 t + \psi_k - \frac{2k\pi}{3}\right) \tag{14-10b}$$

$$u_C(t) = \sum_{k=1}^{\infty} U_{km} \cos\left(k\omega_1 t + \psi_k + \frac{2k\pi}{3}\right) \tag{14-10c}$$

式中 k 取奇数。下面通过相位比较讨论各次谐波电压的对称性。

(1) 令 $k=6n+1$，$n=0, 1, 2, \cdots$，即 $k=1, 7, 13, \cdots$。该系列谐波各相电压的初相分别为

A 相：(ψ_k)　　B 相：$\left(\psi_k - 4n\pi - \frac{2}{3}\pi\right)$　　C 相：$\left(\psi_k + 4n\pi + \frac{2}{3}\pi\right)$

如果去掉 $\pm 4n\pi$ 整周期因子，可见这些谐波的相位互差 120°，且相序为 A-B-C-A，所以称这些谐波分量为正序对称的三相电压。

(2) 令 $k=6n+3$，$n=0, 1, 2, \cdots$，即 $k=3, 9, 15, \cdots$。电压的初相分别为

A 相：(ψ_k)　　B 相：$(\psi_k - 2\pi(2n+1))$　　C 相：$(\psi_k + 2\pi(2n+1))$

若去掉 $\pm 2\pi(2n+1)$ 整周期因子可见，这些谐波中各次谐波分量的初相都是相等的，每相各次谐波的幅值都相同，所以称这些谐波为零序对称三相电压。

(3) 令 $k=6n+5$，$n=0, 1, 2, \cdots$，即 $k=5, 11, 17, \cdots$。该系列谐波各相电压的初相分别为

A 相：(ψ_k)　　B 相：$\left(\left[\psi_k - (2n+2)2\pi + \frac{2}{3}\pi\right]\right)$　　C 相：$\left(\left[\psi_k + (2n+2)2\pi - \frac{2}{3}\pi\right]\right)$

去掉 $\pm 2\pi(2n+2)$ 的整周期因子，可见这些谐波的相位互差 120°，且相序为 A-C-B-A，所以称这些谐波为负序对称三相电压。

由以上分析可知，三相对称非正弦周期量(正序，奇谐波)的傅里叶级数展开式中包含有三类谐波对称组，即正序对称组、零序对称组和负序对称组。

14.4.2　零序谐波激励下的对称电路分析

在三相对称电路中，如果三相电源的电压为三相对称非正弦周期量，则由上述分析可知，电源中就含有正序、负序和零序对称组的谐波电压。如果将这样的三相对称非正弦周期电压的电源连接于三相对称负载，对于正序和负序组中的各次谐波分量，就可以利用对称三相电路中的方法和本章谐波激励分析方法分别进行计算。但对于零序谐波组，情况就不同了。下面根据三相对称电源的不同接法分别进行讨论。

电源和负载 Y 形连接(无中线)的电路如图 14-6 所示(打开开关 S)。

对于零序组分量，即 $\dot{U}_{kA} = \dot{U}_{kB} = \dot{U}_{kC} = \dot{U}_{kS}$，由结点法有

$$\left(\frac{1}{Z} + \frac{1}{Z} + \frac{1}{Z}\right)\dot{U}_{kN'N} = \frac{\dot{U}_{kA}}{Z} + \frac{\dot{U}_{kB}}{Z} + \frac{\dot{U}_{kC}}{Z}$$

则零序组中性点之间的电压为

$$\dot{U}_{kN'N} = \dot{U}_{kS} \tag{14-11}$$

各相零序电流为

$$\dot{I}_{kA} = \dot{I}_{kB} = \dot{I}_{kC} = \frac{\dot{U}_{kS} - \dot{U}_{kN'N}}{Z} = 0 \tag{14-12a}$$

各次谐波的线电压分别为

$$\dot{U}_{kAB} = \dot{U}_{kA} - \dot{U}_{kB} = 0 \tag{14-12b}$$

$$\dot{U}_{kBC} = \dot{U}_{kCA} = 0 \tag{14-12c}$$

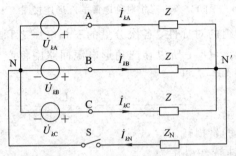

图 14-6   Y-Y 连接电路

可见，在无中线的 Y-Y 系统中，只有电源相电压和中性点电压中含有零序分量，系统中其余部分的电压、电流均不含零序分量。所以 Y 形连接电源线电压一般小于 $\sqrt{3}$ 倍的相电压，即 $U_l < \sqrt{3} U_p$。

若在图 14-6 中，合上开关 S，即构成三相四线制系统。由结点有

$$\left(\frac{3}{Z} + \frac{1}{Z_N}\right)\dot{U}_{kN'N} = \frac{3}{Z}\dot{U}_{kS}$$

整理得

$$\dot{U}_{kN'N} = \frac{3Z_N \dot{U}_{kS}}{Z + 3Z_N} \tag{14-13}$$

各相零序电流为

$$\dot{I}_{kA} = \dot{I}_{kB} = \dot{I}_{kC} = \dot{I}_{k1} = \frac{\dot{U}_{kS} - \dot{U}_{kN'N}}{Z} = \frac{1}{Z}\dot{U}_{kS}\left(1 - \frac{2Z_N}{Z + 3Z_N}\right) = \frac{\dot{U}_{kS}}{Z + 3Z_N} \tag{14-14a}$$

各次谐波下的相电压、线电压和中线电流分别为

$$\dot{U}_{kAN'} = \dot{U}_{kBN'} = \dot{U}_{kCN'} = \dot{I}_{k1}Z = \frac{Z\dot{U}_{kS}}{Z + 3Z_N} \tag{14-14b}$$

$$\dot{I}_{kN} = 3\dot{I}_{k1} = \frac{3\dot{U}_{kS}}{Z + 3Z_N} \tag{14-14c}$$

对电源而言，由于 $\dot{U}_{kA} = \dot{U}_{kB} = \dot{U}_{kC}$，所以有

$$\dot{U}_{kAB} = \dot{U}_{kBC} = \dot{U}_{kCA} = 0 \tag{14-14d}$$

可见，在三相四线制对称系统中，中性点电压、线电流、相电流、中线电流都含有零序组分量，只有线电压不含零序分量。

若将三相对称非正弦周期电源接成△形连接，如图 14-7 所示。

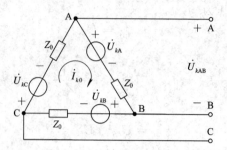

图 14-7　三相对称电源的△形连接图

根据正序和负序谐波组的对称性，各次分量的三相电压之和恒为零。对于零序谐波组而言，由于 $\dot{U}_{kA} = \dot{U}_{kB} = \dot{U}_{kC} = \dot{U}_{kS}$，所以在三角形电源回路中将产生零序谐波电流，称为零序环流，设其为 $\dot{I}_{k0}$，由图 14-7 得

$$\dot{I}_{k0} = \frac{\dot{U}_{kA} + \dot{U}_{kB} + \dot{U}_{kC}}{3Z_0} = \frac{3\dot{U}_{kS}}{3Z_0} = \frac{\dot{U}_{kS}}{Z_0} \qquad (14-15a)$$

该环流会引起电源内部的能量损耗。

由于有环流的存在，零序线电压为

$$\dot{U}_{kAB} = \dot{U}_{kBC} = \dot{U}_{kCA} = \dot{U}_{kS} - \dot{I}_{k0} Z_0 = 0 \qquad (14-15b)$$

可见，三角形连接电源的线电压中不含零序谐波。

由上述分析知，在三种不同连接的情况中，就电源而言，电源的线电压都不含零序组分量，只有三相四线制系统中的电源电流含有零序组分量，△形连接的电源中含有零序环流。

*14.5　傅里叶级数的指数形式

傅里叶级数除了写成三角级数的形式外，还可以写成指数级数形式。重写式(14-3)，即

$$f(t) = A_0 + \sum_{k=1}^{\infty} A_{km} \cos(k\omega_1 t + \psi_k)$$

利用欧拉公式，有

$$A_{km} \cos(k\omega_1 t + \psi_k) = \frac{1}{2} A_{km} \left[\left(e^{j(k\omega_1 t + \psi_k)} + e^{-j(k\omega_1 t + \psi_k)} \right) \right]$$

$$= c_k e^{jk\omega_1 t} + c_k^* e^{-jk\omega_1 t}$$

式中，$c_k = \frac{1}{2} A_{km} e^{j\psi_k}$，$c_k^* = \frac{1}{2} A_{km} e^{-j\psi_k}$，它们互为共轭。设 $a_0 = A_0$，于是有

$$f(t) = a_0 + \sum_{k=1}^{\infty} c_k e^{jk\omega_1 t} + \sum_{k=1}^{\infty} c_k^* e^{-jk\omega_1 t} \qquad (14-16)$$

上式中的 $c_k e^{jk\omega_1 t}$ 可以看作是以角速度 $k\omega_1$ 逆时针旋转的向量，$c_k e^{-jk\omega_1 t}$ 是以同角速度顺时针旋转的向量，第 k 次谐波就是这两个向量之和。

由式(14-2)知，$a_k = A_{km} \cos\varphi_k$，$b_k = -A_{km} \sin\varphi_k$，所以有 $A_{km} e^{j\varphi_k} = a_k - jb_k$，再根据 $c_k = \frac{1}{2} A_{km} e^{j\varphi_k}$ 和式(14-4)中 a_k 和 b_k 的关系，有

$$c_k = \frac{1}{2} A_{km} \mathrm{e}^{\mathrm{j}\varphi_k} = \frac{1}{2}(a_k - \mathrm{j}b_k)$$

$$= \frac{1}{T} \int_{-T/2}^{T/2} f(t) \cos(k\omega_1 t)\mathrm{d}t - \mathrm{j}\frac{1}{T}\int_{-T/2}^{T/2} f(t)\sin(k\omega_1 t)\mathrm{d}t$$

$$= \frac{1}{T} \int_{-T/2}^{T/2} f(t)[\cos(k\omega_1 t) - \mathrm{j}\sin(k\omega_1 t)]\mathrm{d}t$$

$$= \frac{1}{T} \int_{-T/2}^{T/2} f(t)\mathrm{e}^{-\mathrm{j}k\omega_1 t}\mathrm{d}t$$

同理可得

$$c_k^* = \frac{1}{T}\int_{-T/2}^{T/2} f(t)\mathrm{e}^{\mathrm{j}k\omega_1 t}\mathrm{d}t$$

若令 c_k 中的"k"为"$-k$"，则 c_k 就等于 c_k^*，并令 $a_0 = c_0$，则式(14 - 16)可以写成

$$f(t) = c_0 + \sum_{k=1}^{\infty} c_k \mathrm{e}^{\mathrm{j}k\omega_1 t} + \sum_{k=-1}^{-\infty} c_k \mathrm{e}^{\mathrm{j}k\omega_1 t}$$

由此可得傅立叶级数的指数形式为

$$f(t) = \sum_{k=-\infty}^{\infty} c_k \mathrm{e}^{\mathrm{j}k\omega_1 t} = \frac{1}{T}\sum_{k=-\infty}^{\infty}\left[\int_{-T/2}^{T/2} f(t)\mathrm{e}^{-\mathrm{j}k\omega_1 t}\,\mathrm{d}t\right]\mathrm{e}^{\mathrm{j}k\omega_1 t} \qquad (14-17)$$

　　根据式(14 - 17)可画出函数 $f(t)$ 的幅度频谱，它关于纵轴是对称的，同时也可以画出相位频谱。将傅里叶级数写成指数形式在有些情况下会给运算带来便利。

*14.6　傅里叶变换简介

　　根据傅里叶理论，非周期性函数不能直接用傅里叶级数表示，但对其经过周期性延拓后才能用傅里叶级数表示。另外，如果非周期信号的周期趋于无穷大，那么其极限形式的傅里叶展开式称为非周期函数的傅里叶积分。

14.6.1　傅里叶积分

　　设信号 $f(t)$ 为 $(-\infty, \infty)$ 上的非周期函数，在有限区间 $[-T/2, T/2]$ 上满足狄氏条件，且 $\int_{-\infty}^{\infty}|f(t)|\,\mathrm{d}t$ 存在，若将 $f(t)$ 看作周期为无限大的周期函数，则根据式(14 - 17)有

$$f(t) = \lim_{T\to\infty}\frac{1}{T}\sum_{k=-\infty}^{\infty}\left[\int_{-T/2}^{T/2} f(\tau)\mathrm{e}^{-\mathrm{j}k\omega_1 \tau}\,\mathrm{d}\tau\right]\mathrm{e}^{\mathrm{j}k\omega_1 t}$$

$$= \frac{1}{2\pi}\int_{-\infty}^{\infty}\left[\int_{-\infty}^{\infty} f(\tau)\mathrm{e}^{-\mathrm{j}\omega\tau}\,\mathrm{d}\tau\right]\mathrm{e}^{\mathrm{j}\omega t}\,\mathrm{d}\omega \qquad (14-18)$$

　　由 $\omega = 2\pi f = 2\pi\frac{1}{T}$ 知，当 $T\to\infty$ 时，$\frac{1}{T}\to\frac{1}{2\pi}\mathrm{d}\omega$，$k\omega_1$ 就变成连续变量 ω。当 $f(t)$ 的周期为无穷大或 $f(t)$ 为非周期量时，傅里叶展开式(14 - 2)、式(14 - 3)和式(14 - 17)将从级数和变为积分和。$f(t)$ 的傅里叶频谱也将由有限分立谱变为光滑的连续谱。如果说傅里叶级数反映了周期函数的频谱分布(离散频谱)，那么傅里叶积分所反映的就是非周期函数的频谱分布(连续频谱)。

14.6.2　傅里叶变换

若令

$$F(\omega) = \int_{-\infty}^{\infty} f(t) e^{-j\omega t}\, dt \qquad (14-19a)$$

则 $f(t)$ 的傅里叶积分式(14-18)可以表示为

$$f(t) = \frac{1}{2\pi} \int_{-\infty}^{\infty} F(\omega) e^{j\omega t}\, d\omega \qquad (14-19b)$$

可见，$f(t)$ 与 $F(\omega)$ 能够通过积分运算互相表达，记作

$$F(\omega) = \mathscr{F}[f(t)] \qquad (14-20a)$$

$$f(t) = \mathscr{F}^{-1}[F(\omega)] \qquad (14-20b)$$

式(14-20)称为傅里叶(傅氏)变换和傅氏反变换，它们是一对可逆变换。在工程应用中，傅氏变换能够将时域信号 $f(t)$ 变换到频率域中，从频域角度分析其信号特性；傅氏反变换则是把频域函数 $F(\omega)$ 还原为时域信号 $f(t)$，分析 $F(\omega)$ 各次谐波对 $f(t)$ 的贡献。

通常情况下，$F(\omega)$ 为复变函数，即

$$F(\omega) = \mathrm{Re}[F(\omega)] + j\mathrm{Im}[F(\omega)] \qquad (14-21a)$$

$$|F(\omega)| = \sqrt{\{\mathrm{Re}[F(\omega)]\}^2 + \{\mathrm{Im}[F(\omega)]\}^2}$$

$$\varphi(\omega) = \arctan\left\{\frac{\mathrm{Im}[F(\omega)]}{\mathrm{Re}[F(\omega)]}\right\} \qquad (14-21b)$$

式中，$F(\omega)$ 称为 $f(t)$ 的频率特性；$|F(\omega)|$ 称为幅频特性或幅度频谱；$\varphi(\omega)$ 称为相频特性或相位频谱。

例 14-4　求图 14-8(a)所示指数函数(衰减信号)的频谱，已知

$$f(t) = \begin{cases} 0 & t < 0 \\ A e^{-\beta t} & t \geqslant 0,\ \beta > 0 \end{cases}$$

解　根据式(14-19a)，则 $f(t)$ 的傅氏变换为

$$F(\omega) = \int_{-\infty}^{\infty} f(t) e^{-j\omega t}\, dt = \int_{0}^{\infty} A e^{-(\beta+j\omega)t}\, dt = \frac{A}{\beta + j\omega}$$

其幅度频谱为

$$|F(\omega)| = \frac{A}{\sqrt{\beta^2 + \omega^2}}$$

幅度频谱如图 14-8(b)所示。

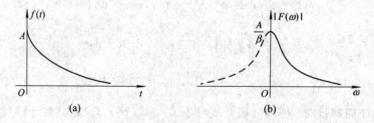

图 14-8　例 14-4 图

如果 $f(x) = \delta(t)$，请读者求出它的频域函数。

习　题

14-1　傅里叶分解理论的基本内容是什么？利用其分析电路响应的前提条件是什么？如何保证傅里叶分析结果的准确性？

14-2　试求题 14-2 图所示信号的傅里叶级数，画出其幅度频谱。

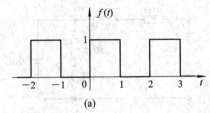 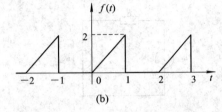

(a)　　　　　　　　　　　　　　　(b)

题 14-2 图

14-3　如题 14-3 图所示电路，已知 $u_S = 10\cos(5t)$ V，$i_S = 2\cos(2t)$ A，求电流 i_o。

14-4　如题 14-4 图所示电路，电压源电压波形分别如题 14-2 图所示，试分别求响应 u_o。

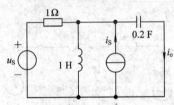 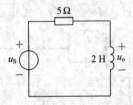

题 14-3 图　　　　　　　　　　　题 14-4 图

14-5　如题 14-5 图所示，幅度为 200 V，周期为 1 ms 的方波作用于 RL 串联电路，已知 $R = 50\ \Omega$，$L = 25$ mH，方波的傅里叶级数为

$$u_S(t) = \left[100 + \frac{400}{\pi}\left(\cos(\omega_1 t) - \frac{1}{3}\cos(3\omega_1 t) + \frac{1}{5}\cos(5\omega_1 t) - \cdots\right)\right] \text{V}$$

式中，$\omega_1 = 2\pi \times 10^3$ rad/s。试求稳态时的电感电压 u。

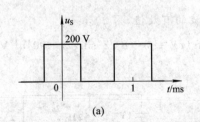 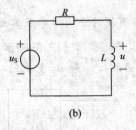

(a)　　　　　　　　　　　　　　　(b)

题 14-5 图

14-6　一个 RLC 串联电路，已知 $R = 11\ \Omega$，$L = 0.015$ H，$C = 70\ \mu$F，外加电压为

$$u(t) = \left[11 + 100\sqrt{2}\cos(1000t) - 25\sqrt{2}\sin(2000t)\right] \text{V}$$

试求电路中的电流 $i(t)$ 和电路消耗的功率。

14-7　如题 14-7 图所示电路，已知 $R = 100\ \Omega$，试分别求出：

(1) $u_{S1}(t)=10\cos(314t+60°)$ V，$u_{S2}(t)=5\cos(314t)$ V

(2) $u_{S1}(t)=10\cos(314t+60°)$ V，$u_{S2}(t)=5$ V

(3) $u_{S1}(t)=10\cos(314t+60°)$ V，$u_{S2}(t)=10\cos(471t)$ V

这三种情况下 R 消耗的平均功率。

14-8 电路如题 14-8 图所示，已知电源电压为

$$u_S(t)=[50+100\sin(314t)-40\cos(628t)+10\sin(942t+20°)]\text{ V}$$

试求电流 $i(t)$、电源发出的功率及电源电压和电流的有效值。

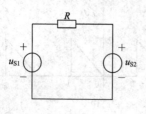

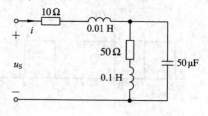

题 14-7 图 题 14-8 图

14-9 题 14-9 图所示电路中的 $u_S(t)$ 为非正弦周期电压，其中含有 $3\omega_1$ 和 $7\omega_1$ 谐波分量。如果要使输出电压 $u(t)$ 中不含以上谐波分量，则 L、C 应为多少？

14-10 题 14-10 图所示电路中，已知 $i_S(t)=[5+\cos(10t-20°)-5\sin(30t+60°)]$ A，$L_1=L_2=2$ H，$M=0.5$ H。求 u_2 及电流表和电压表的读数。

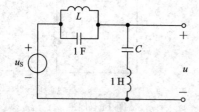

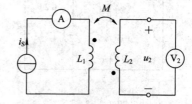

题 14-9 图 题 14-10 图

14-11 如题 14-11 图所示，一端口网络 N 的端口电压和端口电流分别为

$$u(t)=\left[3\cos\left(t+\frac{\pi}{2}\right)+\cos\left(2t-\frac{\pi}{4}\right)+2\cos\left(3t-\frac{\pi}{3}\right)\right]\text{ V}$$

$$i=\left[5\sqrt{2}\cos\left(t+\frac{\pi}{4}\right)+2\cos\left(3t+\frac{\pi}{3}\right)\right]\text{ A}$$

试求该网络消耗的平均功率及其端口电压和电流的有效值。

14-12 如题 14-12 图所示电路，已知 $u_S(t)=[3+8\sqrt{2}\sin(2t+90°)]$ V，$i_S(t)=5\cos(10t)$ A。求 i_S 和 u_S 发出的功率。

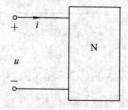

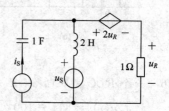

题 14-11 图 题 14-12 图

第 15 章　拉普拉斯变换及其在电路中的应用

我们知道，电路分析的任务是已知电路求响应，电路的响应分为稳态(强制)响应和暂态(自由)响应，它们的组合为全响应。对于静态电路来说，由于没有过渡过程，电路只有一种响应，即稳态响应；而对于动态电路，求全响应就是求稳态响应和暂态响应。在第7、8章，我们研究了直流激励下的一阶和二阶电路的分析与求解；在第9、10章研究了正弦稳态激励下电路的稳态响应。但问题是，如果电路中存在多个储能元件，或者电路激励源的函数除了直流和正弦以外还有其他(如指数)函数，如何求电路中的响应，这是本章将要解决的问题。

如前所述，描述动态电路的方程是微分方程，当方程简单(一阶和二阶)时，求解较为容易；当方程复杂(三阶或高阶)时，求解将变得十分繁琐和困难。但是，如果利用数学变换，即拉普拉斯变换将时域中的微分方程变换为 s 域中的代数方程，就可以回避那些复杂的微积分运算，方便电路的分析和求解。事实上，拉普拉斯变换及其反变换是一对可逆变换。利用该变换可以将描述电路的微分方程变换为 s 域的代数方程，可以求出 s 域的解；然后，通过拉普拉斯反变换将电路方程 s 域的解，变换为人们习惯的时域解，如图 15-1 所示。与相量法相似，引入拉普拉斯变换后，以往的物理概念和电路分析方法可以照搬到 s 域中。所不同的是，电路 s 域的解经过反变换后得到的时域解是动态电路的全响应。

$$\sum_{n=0}^{N} a_n \frac{d^n u(t)}{dt^n} = f(t) \qquad\qquad \left[\sum_{n=0}^{N} a_n s^n\right] U(s) = F(s)$$

时域电路方程　　拉普拉斯变换　　　　　　　 s 域电路方程

拉普拉斯反变换

求解 $u(t)$ 困难　　　　　　　　　　　　　　求解 $U(s)$ 容易

图 15-1　动态电路拉普拉斯求解过程示意图

本章首先介绍拉普拉斯变换的定义与性质；其次介绍 s 域电路模型和电路定律，拉普拉斯反变换的部分分式分解方法和拉普拉斯变换在电路分析中的应用；然后讨论 s 域网络函数的定义与应用；最后讨论时域直接求响应的方法，即卷积积分法。

15.1　拉普拉斯变换的定义

一个定义在 $[0, \infty)$ 上的函数 $f(t)$，其拉普拉斯变换(简称拉氏变换)定义为

$$F(s) = \int_{0_-}^{\infty} f(t) \mathrm{e}^{-st} \, \mathrm{d}t \qquad (15-1)$$

式中，$s = \sigma + \mathrm{j}\omega$，称为复频率，$F(s)$ 称为 $f(t)$ 的像函数，记作 $F(s) = \mathscr{L}\left[f(t)\right]$[①]，$f(t)$ 为 $F(s)$ 的原函数。由于 $F(s)$ 是复变量 s 的函数，所以 $F(s)$ 称为 s 域函数。

拉氏变换是积分变换，其存在的条件是积分式(15-1)为有限值，e^{-st} 为收敛因子。对于 $f(t)$，如果存在正的有限常数 M 和 c，使

$$\left| f(t) \right| \leqslant M \mathrm{e}^{ct}$$

则 $F(s)$ 总是存在的。拉氏积分变换从 $t = 0_-$ 开始，可以顾及初始时刻的冲激作用。在实际电路问题中，电路方程都能满足上述条件，其拉氏变换总是存在的，所以利用拉氏变换可以将时域中难以分析的电路问题转换到 s 域进行。

如果已知 $F(s)$，可以通过拉氏反变换求取它的原函数 $f(t)$，拉氏反变换的定义为

$$f(t) = \frac{1}{\mathrm{j}2\pi} \int_{c-\mathrm{j}\infty}^{c+\mathrm{j}\infty} F(s) \mathrm{e}^{st} \, \mathrm{d}s \qquad (15-2)$$

式中 c 为正的有限常数。通常拉氏反变换记作 $f(t) = \mathscr{L}^{-1}[F(s)]$。

例 15-1　求以下函数的像函数。

(1) 单位阶跃函数。

(2) 单位冲激函数。

(3) 指数函数。

解　阶跃函数和冲激函数是两种“基本”函数。从数学分析角度看，任何激励信号都是由单位阶跃信号(或单位冲激信号)构成的，所以研究以上基本函数特别有意义。

(1) 由拉氏变换的定义求单位阶跃函数 $f(t) = \varepsilon(t)$ 的像函数，即

$$F(s) = \mathscr{L}\left[f(t)\right] = \int_{0_-}^{\infty} \varepsilon(t) \mathrm{e}^{-st} \, \mathrm{d}t = -\frac{1}{s} \mathrm{e}^{-st} \Big|_{0_-}^{\infty} = \frac{1}{s}$$

(2) 求单位冲激函数 $f(t) = \delta(t)$ 的像函数。

$$F(s) = \mathscr{L}\left[f(t)\right] = \mathscr{L}\left[\delta(t)\right] = \int_{0_-}^{\infty} \delta(t) \mathrm{e}^{-st} \, \mathrm{d}t = \int_{0_-}^{0_+} \delta(t) \mathrm{e}^{-st} \, \mathrm{d}t = \mathrm{e}^{0} = 1$$

可见，拉氏变换从 0_- 开始能够顾及 $t = 0$ 时刻 $f(t)$ 的剧烈变化。

(3) 求指数函数 $f(t) = \mathrm{e}^{\alpha t}$ (α 为实数)的像函数。

$$F(s) = \mathscr{L}\left[\mathrm{e}^{\alpha t}\right] = \int_{0_-}^{\infty} \mathrm{e}^{\alpha t} \mathrm{e}^{-st} \, \mathrm{d}t = -\frac{\mathrm{e}^{-(s-\alpha)t}}{s-\alpha} \Big|_{0_-}^{\infty} = \frac{1}{s-\alpha}$$

15.2　拉普拉斯变换的性质

拉氏变换有许多性质，本节只介绍几个基本性质，即线性性质、微分性质、积分性质和延迟性质。

15.2.1　线性性质

设 $f_1(t)$ 和 $f_2(t)$ 的像函数分别为 $F_1(s)$ 和 $F_2(s)$，k_1 和 k_2 为任意实常数，则

---

① $\mathscr{L}$ 表示拉普拉斯变换(Laplace Transform)。

$$\mathscr{L}\left[k_1 f_1(t) + k_2 f_2(t)\right] = k_1 F_1(s) + k_2 F_2(s) \qquad (15-3)$$

证明

$$\mathscr{L}\left[k_1 f_1(t) + k_2 f_2(t)\right] = \int_{0_-}^{\infty}\left[k_1 f_1(t) + k_2 f_2(t)\right]\mathrm{e}^{-st}\,\mathrm{d}t$$

$$= k_1\int_{0_-}^{\infty} f_1(t)\mathrm{e}^{-st}\,\mathrm{d}t + k_2\int_{0_-}^{\infty} f_2(t)\mathrm{e}^{-st}\,\mathrm{d}t$$

$$= k_1 F_1(s) + k_2 F_2(s)$$

例 15-2　函数 $f(t)=\sin(\omega t)$ 和 $f(t)=K(1-\mathrm{e}^{-at})$ 的定义域均为 $[0,\infty)$，求它们的像函数。

解　由拉氏变换的线性性质有

(1)　$\mathscr{L}\left[\sin(\omega t)\right]=\mathscr{L}\left[\dfrac{1}{2\mathrm{j}}(\mathrm{e}^{\mathrm{j}\omega t}-\mathrm{e}^{-\mathrm{j}\omega t})\right]=\dfrac{1}{2\mathrm{j}}\left(\dfrac{1}{s-\mathrm{j}\omega}-\dfrac{1}{s+\mathrm{j}\omega}\right)=\dfrac{\omega}{s^2+\omega^2}$

(2)　$\mathscr{L}\left[K(1-\mathrm{e}^{-at})\right]=\mathscr{L}\left[K\right]-\mathscr{L}\left[K\mathrm{e}^{-at}\right]=\dfrac{K}{s}-\dfrac{K}{s+\alpha}=\dfrac{K\alpha}{s(s+\alpha)}$

可见，求原函数乘以常数的像函数，可以先求取原函数的像函数，然后再给像函数乘以该常数即可；求几个原函数和的像函数，可以先分别求取各自的像函数，然后将像函数求和即可。

15.2.2　微分性质

若 $f(t)$ 的像函数为 $F(s)$，则其导数 $f'=\dfrac{\mathrm{d}f(t)}{\mathrm{d}t}$ 的像函数为

$$\mathscr{L}\left[\dfrac{\mathrm{d}f(t)}{\mathrm{d}t}\right]=sF(s)-f(0_-) \qquad (15-4)$$

证明　令 $\mathrm{e}^{-st}=u$，$f'(t)\mathrm{d}t=\mathrm{d}v$，则 $\mathrm{d}u=-s\mathrm{e}^{-st}\mathrm{d}t$，$v=f(t)$，由拉氏变换和分部积分 $\int u\mathrm{d}v = uv - \int v\mathrm{d}u$，有

$$\int_{0_-}^{\infty} f'(t)\mathrm{e}^{-st}\,\mathrm{d}t = f(t)\mathrm{e}^{-st}\bigg|_{0_-}^{\infty} - \int_{0_-}^{\infty} f(t)(-s\mathrm{e}^{-st})\,\mathrm{d}t$$

$$= -f(0_-) + s\int_{0_-}^{\infty} f(t)\mathrm{e}^{-st}\,\mathrm{d}t$$

$$= sF(s) - f(0_-)$$

只要 s 的实部 σ 取足够大，当 $t\to\infty$ 时，$\mathrm{e}^{-st}f(t)\to 0$，则 $F(s)$ 存在，所以有

$$\mathscr{L}\left[f'(t)\right] = sF(s) - f(0_-)$$

对于 $f(t)$ 的 n 段导数，其拉氏变换为

$$\mathscr{L}\left[\dfrac{\mathrm{d}^n f}{\mathrm{d}f^n}\right] = s^n F(s) - s^{n-1} f(0_-) - S^{n-2} f'(0_-) - \cdots - s^0 f^{(n-1)}(0_-)$$

若 $n=2$，则有

$$f\left[f''(t)\right] = s^2 - sf(0_-) - f'(0_-)$$

例 15-3　应用拉氏变换的微分性质求下列函数的像函数。

(1)　$f(t)=\cos(\omega t)$

(2) $f(t) = \delta(t)$

解 (1) 由于 $\cos(\omega t) = \dfrac{1}{\omega} \dfrac{\mathrm{d}[\sin(\omega t)]}{\mathrm{d}t}$，$\mathscr{L}[\sin(\omega t)] = \dfrac{\omega}{s^2 + \omega^2}$，所以

$$\mathscr{L}[\cos(\omega t)] = \mathscr{L}\left\{\dfrac{1}{\omega} \dfrac{\mathrm{d}[\sin(\omega t)]}{\mathrm{d}t}\right\} = \dfrac{1}{\omega}\left(s \cdot \dfrac{\omega}{s^2 + \omega^2} - 0\right) = \dfrac{s}{s^2 + \omega^2}$$

(2) 由于 $\delta(t) = \dfrac{\mathrm{d}\varepsilon(t)}{\mathrm{d}t}$，$\mathscr{L}[\varepsilon(t)] = \dfrac{1}{s}$，所以

$$\mathscr{L}[\delta(t)] = \mathscr{L}\left[\dfrac{\mathrm{d}\varepsilon(t)}{\mathrm{d}t}\right] = s \cdot \dfrac{1}{s} - 0 = 1$$

本结果与例 15-1 相同。

15.2.3 积分性质

若 $f(t)$ 的像函数为 $F(s)$，则其积分 $\displaystyle\int_{0_-}^{t} f(\xi)\mathrm{d}\xi$ 的像函数为

$$\mathscr{L}\left[\int_{0_-}^{t} f(\xi)\mathrm{d}\xi\right] = \dfrac{F(s)}{s} \qquad\qquad (15-5)$$

证明 令 $u = \displaystyle\int f(t)\mathrm{d}t$，$\mathrm{d}v = \mathrm{e}^{-st}\mathrm{d}t$，则 $\mathrm{d}u = f(t)\mathrm{d}t$，$v = -\dfrac{\mathrm{e}^{-st}}{s}$，由拉氏变换和分部积分法，有

$$\int_{0_-}^{\infty}\left[\int_{0_-}^{t} f(\xi)\mathrm{d}\xi\right]\mathrm{e}^{-st}\mathrm{d}t = \left(\int_{0_-}^{t} f(\xi)\mathrm{d}\xi\right)\dfrac{\mathrm{e}^{-st}}{-s}\bigg|_{0_-}^{\infty} - \int_{0_-}^{\infty} f(t)\left(-\dfrac{\mathrm{e}^{-st}}{s}\right)\mathrm{d}t$$

若 s 的实部 σ 足够大，当 $t \to \infty$ 和 $t = 0_-$ 时，等式右边第一项为零，因此有

$$\mathscr{L}\left[\int_{0_-}^{t} f(\xi)\mathrm{d}\xi\right] = \dfrac{F(s)}{s}$$

例 15-4 利用拉氏变换的积分性质求 $f(t) = t$ 的像函数。

解 由于 $f(t) = t = \displaystyle\int_{0}^{t}\varepsilon(\xi)\mathrm{d}\xi$，所以

$$\mathscr{L}[f(t)] = \dfrac{1}{s} \cdot \dfrac{1}{s} = \dfrac{1}{s^2}$$

15.2.4 延迟性质

若 $f(t)$ 的像函数为 $F(s)$，则其延迟函数 $f(t-t_0)$ 的像函数为

$$\mathscr{L}[f(t-t_0)] = \mathrm{e}^{-st_0} F(s) \qquad\qquad (15-6)$$

其中，当 $t < t_0$ 时，$f(t-t_0) = 0$。

证明 令 $\tau = t - t_0$，根据拉氏变换定义，有

$$\mathscr{L}[f(t-t_0)] = \int_{0_-}^{\infty} f(t-t_0)\mathrm{e}^{-st}\mathrm{d}t = \int_{t_0}^{\infty} f(t-t_0)\mathrm{e}^{-st}\mathrm{d}t$$

$$= \mathrm{e}^{-st_0}\int_{0_-}^{\infty} f(\tau)\mathrm{e}^{-s\tau}\mathrm{d}\tau = \mathrm{e}^{-st_0} F(s)$$

例 15-5 求图 15-2 所示矩形脉冲 $f(t) = \varepsilon(t) - \varepsilon(t-\tau)$ 的像函数。

解 由于 $\mathscr{L}[\varepsilon(t)] = \dfrac{1}{s}$，$\mathscr{L}[\varepsilon(t-\tau)] = \dfrac{1}{s}\mathrm{e}^{-s\tau}$，所以

$$\mathscr{L}\left[f(t)\right]=\mathscr{L}\left[\varepsilon(t)-\varepsilon(t-\tau)\right]=\frac{1}{s}-\frac{1}{s}\mathrm{e}^{-s\tau}=\frac{1}{s}(1-\mathrm{e}^{-s\tau})$$

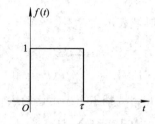

图 15 - 2　例 15 - 5 图

根据拉氏变换的定义及其基本性质，还可求得其他常用函数的像函数，如表 15 - 1 所示。

表 15 - 1　常用拉氏变换表

原函数 $f(t)$	像函数 $F(s)$	原函数 $f(t)$	像函数 $F(s)$
$K\delta(t)$	K	$\mathrm{e}^{-at}\cos(\omega t)$	$\dfrac{s+\alpha}{(s+\alpha)^2+\omega^2}$
$K\varepsilon(t)$	$\dfrac{K}{s}$	$t\mathrm{e}^{-at}$	$\dfrac{1}{(s+\alpha)^2}$
$K\mathrm{e}^{-at}$	$\dfrac{K}{s+\alpha}$	t	$\dfrac{1}{s^2}$
$1-\mathrm{e}^{-at}$	$\dfrac{\alpha}{s(s+\alpha)}$	$\sinh(\alpha t)$	$\dfrac{\alpha}{s^2-\alpha^2}$
$\sin(\omega t)$	$\dfrac{\omega}{s^2+\omega^2}$	$\cosh(\alpha t)$	$\dfrac{s}{s^2-\alpha^2}$
$\cos(\omega t)$	$\dfrac{s}{s^2+\omega^2}$	$(1-\alpha t)\mathrm{e}^{-at}$	$\dfrac{s}{(s+\alpha)^2}$
$\sin(\omega t+\varphi)$	$\dfrac{s\sin\varphi+\omega\cos\varphi}{s^2+\omega^2}$	t^2	$\dfrac{2}{s^3}$
$\cos(\omega t+\varphi)$	$\dfrac{s\cos\varphi-\omega\sin\varphi}{s^2+\omega^2}$	t^n	$\dfrac{n!}{s^{n+1}}$
$\mathrm{e}^{-at}\sin(\omega t)$	$\dfrac{\omega}{(s+\alpha)^2+\omega^2}$	$t^n\mathrm{e}^{-at}$	$\dfrac{n!}{(s+\alpha)^{n+1}}$

15.3　s 域电路定律和运算电路模型

我们已经熟悉了时域电路定律以及电路模型。由上一节知道，经过拉氏变换可以将时域函数变换成 s 域函数，所以根据拉氏变换可以由电路的时域关系得到 s 域关系。例如，可以得到 KCL 和 KVL 的 s 域表达式，也可以得到电路元件的 s 域 VCR。有了电路元件的 s 域 VCR 后，就可以得出电路各元件的 s 域模型，进而得出 s 域的电路模型。

15.3.1　s 域电路定律

如前所述，基尔霍夫定律的时域表示为

$$\text{KCL} \qquad \sum i(t) = 0 \qquad\qquad (15-7a)$$

$$\text{KVL} \qquad \sum u(t) = 0 \qquad\qquad (15-7b)$$

根据拉氏变换的线性性质可以得出 s 域基尔霍夫定律的表达式为

$$\text{KCL} \qquad \sum I(s) = 0 \qquad\qquad (15-8a)$$

$$\text{KVL} \qquad \sum U(s) = 0 \qquad\qquad (15-8b)$$

可见，在 s 域中，基尔霍夫定律仍然保持时域中的数学形式。下面讨论基本电路元件在 s 域中的约束关系。

15.3.2　基本电路元件的 s 域模型

图 15-3(a)所示为电阻元件，其时域 VCR 为 $u(t)=Ri(t)$，两边取拉氏变换，得

$$U(s) = RI(s) \qquad\qquad (15-9)$$

由此关系得出电阻元件的 s 域电路模型(称为运算电路模型)如图 15-3(b)所示。

(a) (b)

图 15-3　电阻的运算电路模型

图 15-4(a)所示为电感元件，其时域 VCR 为 $u(t)=L\dfrac{\mathrm{d}i(t)}{\mathrm{d}t}$，两边取拉氏变换并应用拉氏变换的微分性质，得

$$U(s) = sLI(s) - Li(0_-) \qquad\qquad (15-10a)$$

式中 sL 称为电感的运算阻抗，$i(0_-)$ 为电感的初始电流。由式 15-10(a)可以得出电感元件运算电路的模型如图 15-4(b)所示，其中 $Li(0_-)$ 是附加电压源的电压，它反映电感中初始电流的作用。将式(15-10a)改写为

$$I(s) = \frac{1}{sL}U(s) + \frac{i(0_-)}{s} \qquad\qquad (15-10b)$$

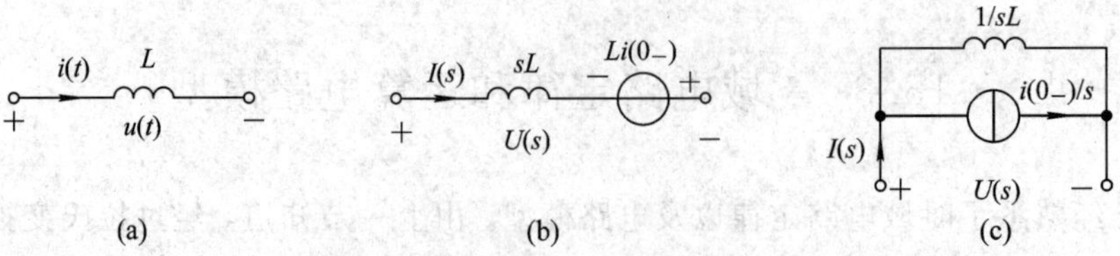

(a) (b) (c)

图 15-4　电感元件及运算电路模型

由此得出电感的另外一种运算电路模型，如图 15 - 4(c)所示。其中 $\dfrac{1}{sL}$ 为电感的运算导纳，

$\dfrac{i(0_-)}{s}$ 为附加电流源的电流。

图 15 - 5(a)所示为电容元件，其时域 VCR 为 $u(t) = \dfrac{1}{C}\displaystyle\int_{0_-}^{t} i(\xi)\mathrm{d}\xi + u(0_-)$，取拉氏变

换并应用拉氏变换的积分性质，得

$$U(s) = \frac{1}{sC}I(s) + \frac{u(0_-)}{s} \tag{15-11a}$$

再将 $I(s)$ 设为因变量，$U(s)$ 设为自变量，则

$$I(s) = sCU(s) - Cu(0_-) \tag{15-11b}$$

式(15 - 11)中的 $\dfrac{1}{sC}$ 和 sC 分别称为电容元件的运算阻抗和运算导纳，$\dfrac{u(0_-)}{s}$ 和 $Cu(0_-)$ 分别

反映电容初始电压的附加电压源的电压和附加电流源的电流。由此得出电容元件的运算电
路模型分别如图 15 - 5(b) 和图 15 - 5(c)所示。

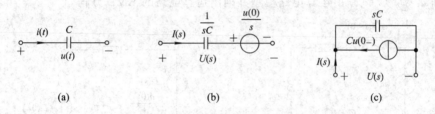

图 15 - 5　电容元件及运算电路模型

值得注意，图 15 - 4(b)和图 15 - 4(c)所示电感元件的 s 域电路模型由 $sL\left(\text{或}\dfrac{1}{sL}\right)$ 和

$Li(0_-)$(或 $i(0_-)/s$)两部分组成；图 15 - 5(b)和图 15 - 5(c)所示电容元件的 s 域电路模型

由 $\dfrac{1}{sC}$(或 sC)和 $u(0_-)/s$(或 $Cu(0_-)$)两部分组成。如果初始条件为零，则模型可以分别简

化为 sL 和 $\dfrac{1}{sC}$。

对于图 15 - 6(a)所示的含有耦合的电感电路，其时域电路方程分别为

$$u_1 = L_1\frac{\mathrm{d}i_1}{\mathrm{d}t} + M\frac{\mathrm{d}i_2}{\mathrm{d}t}$$

$$u_2 = L_2\frac{\mathrm{d}i_2}{\mathrm{d}t} + M\frac{\mathrm{d}i_1}{\mathrm{d}t}$$

两边取拉氏变换，有

$$
\begin{aligned}
U_1(s) &= sL_1 I_1(s) - L_1 i_1(0_-) + sM I_2(s) - M i_2(0_-) \\
U_2(s) &= sL_2 I_2(s) - L_2 i_2(0_-) + sM I_1(s) - M i_1(0_-)
\end{aligned} \tag{15-12}
$$

式中，sM 称为互感运算阻抗；$Mi_1(0_-)$ 和 $Mi_2(0_-)$ 为附加电压源，附加电压源方向与 i_1、
i_2 的参考方向有关。由式(15 - 12)可以得出图 15 - 6(a)所示含有耦合电感电路的运算电路
模型，如图 15 - 6(b)所示。

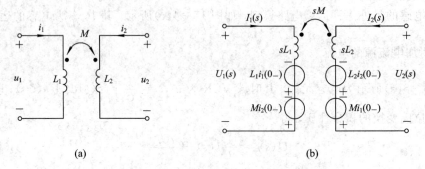

图 15 - 6 耦合电感及运算电路模型

15.3.3 s 域电路方程

有了基本元件的 s 域电路(运算电路)模型以后,就可以将时域电路模型转换成 s 域的运算电路模型,然后根据 s 域的 KCL 和 KVL 以及基本分析方法列出 s 域电路方程。

例 15 - 6 RLC 串联电路如图 15 - 7(a)所示。设电感初始电流和电容初始电压分别为 $i_L(0_-)$ 和 $u_C(0_-)$,试画出运算电路模型并列出运算电路的 KVL 方程。

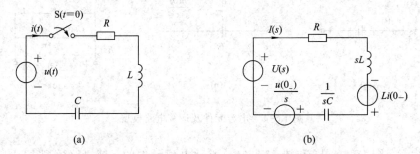

图 15 - 7 RLC 串联电路的运算电路模型

解 利用图 15 - 4(b)和图 15 - 5(b)的运算电路模型画出图 15 - 7(a)所示电路的运算电路如图 15 - 7(b)所示。对图 15 - 7(b)所示电路应用 KVL,有

$$RI(s) + sLI(s) - Li(0_-) + \frac{1}{sC}I(s) + \frac{u_C(0_-)}{s} = U(s)$$

整理得

$$\left(R + sL + \frac{1}{sC}\right)I(s) = U(s) + Li(0_-) - \frac{u_C(0_-)}{s}$$

定义 RLC 串联电路的运算阻抗 $Z(s) = R + sL + \frac{1}{sC}$,则有

$$Z(s)I(s) = U(s) + Li(0_-) - \frac{u_C(0_-)}{s} \qquad (15-13)$$

若在零初始条件下,即 $i(0_-) = 0$ 和 $u(0_-) = 0$,可得

$$Z(s)I(s) = U(s) \qquad (15-14)$$

式(15 - 14)称为运算电路的欧姆定律。它与我们熟悉的时域欧姆定律具有相同的数学形式。

以上分析表明,利用 s 域中的运算电路模型,可以得出运算电路的电路方程,从而可以进行动态电路的分析和计算。

15.4　$F(s)$的分解及拉普拉斯反变换

在例 15-6 中，如果需要求出时域（响应）电流 $i(t)$，可以先从式（15-13）中求出 s 域响应 $I(s)$，然后通过拉氏反变换 $i(t)=\mathscr{L}^{-1}[I(s)]$ 求得时域响应。由式（15-13）解出电流 $I(s)$，即

$$I(s)=\frac{U(s)+Li(0_-)-\dfrac{u_C(0_-)}{s}}{R+sL+\dfrac{1}{sC}}=\frac{sC[U(s)+Li(0_-)]-Cu_C(0_-)}{s^2LC+sRC+1} \tag{15-15}$$

这是一个关于 s 域的多项式分式。对上式进行反变换即可得出时域响应，即 $i(t)=\mathscr{L}^{-1}[I(s)]$。

对上式求取拉氏反变换，可以由反变换的定义式（15-2）求得，但该计算过程涉及到复变函数的积分，一般比较复杂。常用的方法是将 s 域函数（多项式分式）分解为若干个简单函数之和的形式，然后通过查表（如表 15-1）得到原函数（时域函数）。

同式（15-15）一样，电路的 s 域响应通常为有理分式形式，它是分子和分母两个实系数的 s 多项式之比，即

$$F(s)=\frac{N(s)^{①}}{D(s)}=\frac{b_ms^m+b_{m-1}s^{m-1}+\cdots+b_0}{a_ns^n+a_{n-1}s^{n-1}+\cdots+a_0} \tag{15-16}$$

式中，m 和 n 都为正整数，且 $n\geqslant m$。

将 $F(s)$ 分解成若干个简单函数项之和，这种方法称为部分分式展开法或分解定理。然后通过查拉氏变换表得到这些简单函数的原函数，从而得到 $F(s)$ 的原函数 $f(t)$。

用部分分式展开法将有理分式 $F(s)$ 展开为简单分式项之和，需要首先把有理分式化为真分式（称 $n>m$ 的 $F(s)$ 为真分式）。若 $n=m$，则

$$F(s)=A+\frac{N_0(s)}{D(s)} \tag{15-17}$$

式中，A 为常数，其对应的时间函数为 $A\delta(t)$；余项 $\dfrac{N_0(s)}{D(s)}$ 是真分式。下面针对真分式并根据 $F(s)$ 分母多项式方程 $D(s)=0$ 根的不同情况，介绍 $F(s)$ 的分解方法。

15.4.1　单根情况

设 $D(s)=0$ 有 n 个单根 p_1，p_2，$\cdots$，p_n，则根据代数学知识，$F(s)$ 可以展开为

$$F(s)=\frac{K_1}{s-p_1}+\frac{K_2}{s-p_2}+\cdots+\frac{K_n}{s-p_n}=\sum_{j=1}^{n}\frac{K_j}{s-p_j} \tag{15-18}$$

式中 K_1，K_2，$\cdots$，K_n 为待定系数。下面介绍确定待定系数的具体方法。

将上式两边乘以 $(s-p_i)$，得

---

① N 为分子（numerator）的缩写，D 为分母（denominator）的缩写。

$$(s - p_i)F(s) = K_i + (s - p_i)\left(\sum_{j \neq i}^{n} \frac{K_j}{s - p_j}\right)$$

令 $s = p_i$，则上式右端除第一项外均为零，可得待定系数 K_i 为

$$K_i = \left[(s - p_i)F(s)\right]_{s = p_i} \qquad i = 1, 2, \cdots, n \tag{15-19}$$

另外，因为 p_i 是 $D(s) = 0$ 的一个根，式(15-19)是 $\dfrac{0}{0}$ 不定型，所以可以用洛必达法则求出 K_i 的另一个表达式(该方法也称为留数法)，即

$$K_i = \left.\frac{N(s)}{D'(s)}\right|_{s = p_i} \qquad i = 1, 2, \cdots, n \tag{15-20}$$

确定了各个待定系数 K_i 后，可得响应的原函数为

$$f(t) = \mathscr{L}^{-1}\left[F(s)\right] = \sum_{i=1}^{n} K_i e^{p_i t} = \sum_{i=1}^{n} \frac{N(p_i)}{D'(p_i)} e^{p_i t} \tag{15-21}$$

例 15-7　求 $F(s) = \dfrac{2s+1}{s^2+2s}$ 的原函数 $f(t)$。

解　因为 $D(s) = 0$ 有二个单根，即 $p_1 = 0$，$p_2 = -2$，所以

$$F(s) = \frac{2s+1}{s^2+2s} = \frac{2s+1}{s(s+2)} = \frac{K_1}{s} + \frac{K_2}{s+2}$$

下面用两种方法求出系数 K_1 和 K_2。

方法一：留数法。

因为 $D'(s) = 2s + 2$，根据式(15-20)确定系数，即

$$K_1 = \left.\frac{N(s)}{D'(s)}\right|_{s = p_1} = \left.\frac{2s+1}{2s+2}\right|_{s=0} = 0.5$$

$$K_2 = \left.\frac{N(s)}{D'(s)}\right|_{s = p_2} = \left.\frac{2s+1}{2s+2}\right|_{s=-2} = 1.5$$

方法二：代数法(也称为待定系数法)。

用 $s(s+2)$ 乘 $\dfrac{2s+1}{s(s+1)} = \dfrac{K_1}{s} + \dfrac{K_2}{s+2}$ 的两边，得

$$2s + 1 = K_1 s + 2K_1 + K_2 s$$

设该式两边 s 幂次相同项的系数相等，即

$$s^0 : 2K_1 = 1$$

$$s^1 : K_1 + K_2 = 2$$

解得，$K_1 = 0.5$，$K_2 = 1.5$，和留数法结果相同。

查拉氏变换表(表 15-1)，可得

$$f(t) = \mathscr{L}^{-1}\left[F(s)\right] = \mathscr{L}^{-1}\left[\frac{0.5}{s} + \frac{1.5}{s+2}\right] = 0.5 + 1.5 e^{-2t}$$

15.4.2　共轭复根情况

设 $D(s) = 0$ 有共轭复根 $p_1 = \alpha + j\omega$，$p_2 = \alpha - j\omega$，根据式(15-19)和式(15-20)，有

$$K_1 = \left[(s - \alpha - j\omega)F(s)\right]_{s = \alpha + j\omega} = \left.\frac{N(s)}{D'(s)}\right|_{s = \alpha + j\omega} \tag{15-22a}$$

$$K_2 = \left[(s - \alpha + j\omega)F(s)\right]_{s = \alpha - j\omega} = \left.\frac{N(s)}{D'(s)}\right|_{s = \alpha - j\omega} \tag{15-22b}$$

由于 $F(s)$ 是实系数多项式之比，所以通常 K_1、K_2 为共轭复数。设 $K_1 = |K_1| e^{j\theta_1}$，则 $K_2 = |K_1| e^{-j\theta_1}$，所以有

$$f(t) = K_1 e^{(\alpha+j\omega)t} + K_2 e^{(\alpha-j\omega)t} = |K_1| e^{j\theta_1} e^{(\alpha+j\omega)t} + |K_1| e^{-j\theta_1} e^{(\alpha-j\omega)t}$$

$$= |K_1| e^{\alpha t} [e^{j(\omega t+\theta_1)} + e^{-j(\omega t+\theta_1)}] = 2|K_1| e^{\alpha t} \cos(\omega t + \theta_1) \qquad (15-22c)$$

例 15-8　求 $F(s) = \dfrac{s+3}{s^2+2s+5}$ 的原函数。

解　**方法一：留数法。**

$D(s)=0$ 有共轭复根 $p_1 = -1+j2$，$p_2 = -1-j2$，由公式(15-22)可得

$$K_1 = \left.\frac{N(s)}{D'(s)}\right|_{s=p_1} = \left.\frac{s+3}{2s+2}\right|_{s=-1+j2} = 0.5 - j0.5 = 0.5\sqrt{2}\, e^{-j\pi/4}$$

$$K_2 = |K_1| e^{-j\theta_1} = 0.5\sqrt{2}\, e^{j\pi/4}$$

$$f(t) = 2|K_1| e^{-t} \cos\left(2t - \frac{\pi}{4}\right) = \sqrt{2}\, e^{-t} \cos\left(2t - \frac{\pi}{4}\right)$$

方法二：代数法。

用代数法变换 $F(s)$ 式，令

$$F(s) = \frac{s+3}{s^2+2s+5} = \frac{A(s+1)}{(s+1)^2+2^2} + \frac{2B}{(s+1)^2+2^2}$$

用 s^2+2s+5 乘该式的两边，得

$$A(s+1) + 2B = s+3$$

即得

$$s^0: A + 2B = 3$$
$$s^1: A = 1$$

解得 $A=1$，$B=1$，所以有

$$F(s) = \frac{s+1}{(s+1)^2+2^2} + \frac{2}{(s+1)^2+2^2}$$

查拉氏变换表(表 15-1)得

$$f(t) = \mathscr{L}^{-1}[F(s)] = e^{-t}[\cos(2t) + \sin(2t)] = \sqrt{2}\, e^{-t} \cos\left(2t - \frac{\pi}{4}\right)$$

可见，两种方法结果相同。

15.4.3　重根情况

设 $D(s)=0$ 有一重根因子 $(s-p_i)^3$，其余为单根，则根据分解定理 $F(s)$ 可分解为

$$F(s) = \frac{K_{i3}}{s-p_i} + \frac{K_{i2}}{(s-p_i)^2} + \frac{K_{i1}}{(s-p_i)^3} + \left(\frac{K_j}{s-p_j} + \cdots\right) \qquad (15-23)$$

式(15-23)中，单根项系数 K_j 的确定方法同前。重根系数 K_{i1}、K_{i2} 和 K_{i3} 的确定方法是用 $(s-p_i)^3$ 乘以式(15-23)的两边，首先将 K_{i1} 分离出来，即

$$(s-p_i)^3 F(s) = (s-p_i)^2 K_{i3} + (s-p_i) K_{i2} + K_{i1} + (s-p_i)^3 \left(\frac{K_j}{s-p_j} + \cdots\right)$$

$$(15-24)$$

由于 $s=p_i$，式(15-24)右边含有 $(s-p_i)$ 的项均为零，所以可得

$$K_{i1} = (s - p_i)^3 F(s) \Big|_{s=p_i} \tag{15-25a}$$

再将式(15-24)对 s 求导，可将 K_{i2} 分离出来，即

$$\frac{\mathrm{d}}{\mathrm{d}s}[(s - p_i)^3 F(s)] = 2(s - p_i)K_{i3} + K_{i2} + \frac{\mathrm{d}}{\mathrm{d}s}\Big[(s - p_i)^3 \Big(\frac{K_j}{s - p_j} + \cdots\Big)\Big]$$

显然

$$K_{i2} = \frac{\mathrm{d}}{\mathrm{d}s}[(s - p_i)^3 F(s)] \Big|_{s=p_i} \tag{15-25b}$$

同理，将式(15-25b)再对 s 求导，得

$$K_{i3} = \frac{1}{2}\frac{\mathrm{d}^2}{\mathrm{d}s^2}[(s - p_i)^3 F(s)] \Big|_{s=p_i} \tag{15-25c}$$

若 $D(s)=0$ 有一 q 重根因子 $(s-p_i)^q$，则系数 K_{iq} 可由下式求得

$$K_{iq} = \frac{1}{(q-1)!}\frac{\mathrm{d}^{q-1}}{\mathrm{d}s^{q-1}}[(s - p_i)^q F(s)] \Big|_{s=p_i} \tag{15-25d}$$

例 15-9　求 $F(s) = \dfrac{1}{(s+1)^2 s^2}$ 的原函数 $f(t)$。

解　$D(s)=(s+1)^2 s^2 = 0$ 有重根。$p_1 = -1$ 和 $p_2 = 0$ 均为二重根，根据式(15-23)，则

$$F(s) = \frac{K_{12}}{s+1} + \frac{K_{11}}{(s+1)^2} + \frac{K_{22}}{s} + \frac{K_{21}}{s^2}$$

方法一：留数法。

用 $(s+1)^2$ 乘 $F(s)$ 式两边，得

$$(s+1)^2 F(s) = \frac{1}{s^2}$$

应用公式(15-25)，得

$$K_{11} = \frac{1}{s^2} \Big|_{s=-1} = 1$$

$$K_{12} = \frac{\mathrm{d}}{\mathrm{d}s}\Big(\frac{1}{s^2}\Big) \Big|_{s=-1} = \frac{-2}{s^3} \Big|_{s=-1} = 2$$

同理，由 $s^2 F(s) = \dfrac{1}{(s+1)^2}$ 可计算得 $K_{21}=1$，$K_{22}=-2$，所以

$$F(s) = \frac{1}{(s+1)^2 s^2} = \frac{2}{s+1} + \frac{1}{(s+1)^2} - \frac{2}{s} + \frac{1}{s^2}$$

方法二：代数法。

用 $(s+1)^2 s^2$ 乘 $\dfrac{1}{(s+1)^2 s^2} = \dfrac{K_{12}}{s+1} + \dfrac{K_{11}}{(s+1)^2} + \dfrac{K_{22}}{s} + \dfrac{K_{21}}{s^2}$ 的两边，得

$$K_{12}(s+1)s^2 + K_{11}s^2 + K_{22}(s+1)^2 s + K_{21}(s+1)^2 = 1$$

或

$$K_{12}(s^3 + s^2) + K_{11}s^2 + K_{22}(s^3 + 2s^2 + s) + K_{21}(s^2 + 2s + 1) = 1$$

比较等式两边 s 的幂次系数，即

$$s^0: K_{21} = 1$$

$$s^1: K_{22} + 2K_{21} = 0$$

$$s^2: K_{12} + K_{11} + 2K_{22} + K_{21} = 0$$

$$s^3: K_{12} + K_{22} = 0$$

解之得，$K_{21}=1$，$K_{22}=-2$，$K_{12}=2$ 和 $K_{11}=1$，和留数法所求相同。由表 15-1 得

$$f(t)=\mathscr{L}^{-1}[F(s)]=2\mathrm{e}^{-t}+t\mathrm{e}^{-t}-2+t$$

15.5　拉普拉斯变换在线性电路分析中的应用

在第 9 章，为了分析正弦量激励下的稳态电路，我们引入了相量以及相量法。相量法是将正弦稳态线性电路的时域分析变换到复数域（相量域），借助于复数分析电路。这里我们利用拉氏变换这一数学工具，将线性动态电路的分析转换到复频域（s 域），从而可以将动态电路求解微分方程的问题转换到 s 域求解代数方程的问题，使问题简单化。利用拉氏变换分析电路的方法称为运算法。

和相量法类似，在用运算法分析动态电路时，首先应将时域电路模型转换成运算电路模型，然后根据 s 域电路的 KCL 和 KVL 以及电路的基本分析方法列出 s 域电路方程，求解方程便可以得出电路的 s 域响应，最后通过拉氏反变换得出电路的时域响应。有了电路的运算模型以后就可以将电阻电路中学过的各种分析方法和定理等移植到 s 域电路中。下面举例具体说明运算电路的分析方法。

例 15-10　已知图 15-8(a)所示电路处于稳态，电容 C 上的原始储能为零。在 $t=0$ 时将开关 S 闭合，试用运算法求解电流 i_1。

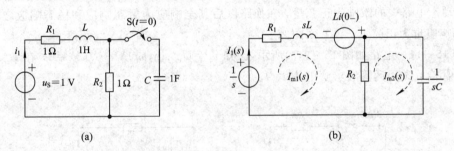

图 15-8　例 15-10 图

解　由已知得 $u_C(0_-)=0$ V，再根据图 15-8(a)所示电路易得电路的初始条件为 $i_L(0_-)=0.5$ A，画出运算电路如图 15-8(b)所示。应用网孔电流法，设网孔电流分别为 $I_{m1}(s)$ 和 $I_{m2}(s)$，则网孔电流方程分别为

$$(R_1+sL+R_2)I_{m1}(s)-R_2I_{m2}(s)=\frac{1}{s}+Li(0_-)$$

$$-R_2I_{m1}(s)+\left(R_2+\frac{1}{sC}\right)I_{m2}(s)=0$$

代入已知数据，有

$$(2+s)I_{m1}(s)-I_{m2}(s)=\frac{1}{s}+0.5$$

$$-I_{m1}(s)+\left(1+\frac{1}{s}\right)I_{m2}(s)=0$$

解之，得

$$I_1(s) = I_{m1}(s) = \frac{0.5s^2 + 1.5s + 1}{s(s^2 + 2s + 2)}$$

应用代数法分解该分式,即

$$I_1(s) = \frac{1}{2} \cdot \frac{s^2 + 3s + 2}{s(s^2 + 2s + 2)} = \frac{1}{2}\left[\frac{A}{s} + \frac{Bs + C}{(s+1)^2 + 1}\right]$$

用 $s(s^2 + 2s + 2)$ 乘上式的后两项,得

$$A(s^2 + 2s + 2) + Bs(s+1) + Cs = s^2 + 3s + 2$$

即得

$$s^0: 2A = 2$$
$$s^1: 2A + B + C = 3$$
$$s^2: A + B = 1$$

解之得 $A=1$,$B=0$ 和 $C=1$,即有

$$I_1(s) = \frac{1}{2}\left[\frac{1}{s} + \frac{1}{(s+1)^2 + 1}\right]$$

由拉氏反变换得

$$i_1(t) = \mathscr{L}^{-1}[I_1(s)] = \frac{1}{2}(1 + e^{-t} \sin t) \text{ A}$$

在第 7、8 章所讲述的一、二阶动态电路中,为了分析简单起见,电路的外加激励均设为直流电源,按已有的知识,在换路以后电路的全响应为稳态(强制)响应和暂态(自由)响应。若动态电路中的激励为正弦量,在换路以后其全响应为暂态响应和稳态响应之和,此时稳态响应也为正弦量。看下面的例子。

例 15-11 电路如图 15-9(a)所示,已知 $u_S = U_m \sin(\omega t)$V,$i(0_-) = 0$,在 $t=0$ 时将开关 S 闭合,试用运算法求解电流 $i(t)$。

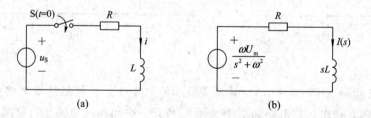

图 15-9 例 15-11 图

解 根据初始条件和激励函数 $U_S(s) = \mathscr{L}^{-1}[u_S] = \mathscr{L}^{-1}[U_m \sin(\omega t)] = \dfrac{\omega U_m}{s^2 + \omega^2}$ 画出图 15-9(a)的运算电路如图 15-9(b)所示。由图 15-9(b)得

$$I(s) = \frac{\omega U_m}{(sL + R)(s^2 + \omega^2)} = \frac{\omega U_m / L}{(s + R/L)(s^2 + \omega^2)} = \frac{\omega U_m}{L}\left[\frac{K_1}{(s + R/L)} + \frac{K_2 s + K_3}{(s^2 + \omega^2)}\right]$$

两边同乘 $(s + R/L)(s^2 + \omega^2)$,得

$$K_1 s^2 + K_1 \omega^2 + K_2 s^2 + K_3 s + K_2 \frac{R}{L}s + K_3 \frac{R}{L} = 1$$

比较系数并求解得 $K_1 = -K_2 = \dfrac{1}{\omega^2 + (R/L)^2}$,$K_3 = \dfrac{R/L}{\omega^2 + (R/L)^2}$,代入上式,即

$$I(s) = \frac{\omega U_m}{L} \frac{1}{\omega^2 + (R/L)^2} \left[\frac{1}{(s+R/L)} + \frac{-s+1}{(s^2+\omega^2)} \right]$$

$$= \frac{\omega U_m}{R^2 + (\omega L)^2} \frac{1}{s+R/L} + \frac{1}{\sqrt{R^2 + (\omega L)^2}}$$

$$\times \left[\frac{\omega}{s^2 + \omega^2} \frac{R/L}{\sqrt{R^2+(\omega L)^2}} - \frac{s}{s^2+\omega^2} \frac{\omega}{\sqrt{R^2+(\omega L)^2}} \right]$$

取拉氏反变换，得

$$i(t) = \mathscr{L}^{-1}[I(s)] = \frac{\omega U_m}{|Z|^2} e^{-\frac{t}{\tau}} + \frac{U_m}{|Z|} \sin(\omega t - \theta) = i'' + i'$$

可见，电流的全响应为暂态响应 i'' 和强制响应 i' 之和，强制响应就是稳态响应（当该电路进入稳态后可用相量法求解，可得同样的结果）。式中 $|Z| = \sqrt{R^2 + (\omega L)^2}$ 是电路阻抗的模，$\tau = L/R$ 为时间常数，$\theta = \arctan(\omega L/R)$ 为阻抗角。

在图 15-9 中，设 $u_S = \sqrt{2}220\sin(314t)$V、$R = 100\ \Omega$ 和 $L = 15.9$ mH，得 $|Z| = 329.54\ \Omega$、$\tau = 0.01$ s、$\theta = 72.3°$ 代入上式得

$$i(t) = 0.899e^{-100t} + 0.944\sin(314t - 72.3°) = i'' + i'$$

由该式画出电流 i 的波形图如图 15-10 所示，图中 i'' 是自由响应，i' 是稳态响应，当过度过程结束后，全响应 i 就等于稳态响应 i'。

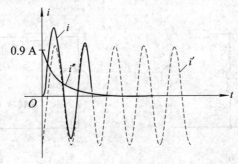

图 15-10　例 15-11 电流 i 的波形图

例 15-12　图 15-11(a) 所示为 RC 并联电路，激励为电流源 $i_S(t)$，在下列两种情况下，试求电路响应 $u(t)$。

(1) $i_S(t) = \varepsilon(t)$ A

(2) $i_S(t) = \delta(t)$ A

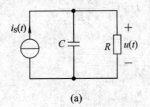

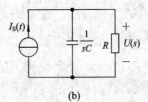

(a)　　　　　　　　　　　(b)

图 15-11　例 15-12 图

解　运算电路如图 15-11(b) 所示。

(1) 当 $i_S(t) = \varepsilon(t)$ A 时，$I_S(s) = \dfrac{1}{s}$。对图 15-11(b) 所示运算电路运用欧姆定律，有

$$U(s) = Z(s)I_S(s) = \frac{R \cdot \dfrac{1}{sC}}{R + \dfrac{1}{sC}} \cdot \frac{1}{s} = \frac{1}{sC\left(s + \dfrac{1}{RC}\right)} = \frac{R}{s} - \frac{R}{s + \dfrac{1}{RC}}$$

取拉氏反变换，即

$$u(t) = \mathscr{L}^{-1}[U(s)] = R(1 - e^{-\frac{t}{RC}})\varepsilon(t) \text{ V}$$

该结果就是 RC 并联电路的阶跃响应。

（2）当 $i_S(t) = \delta(t)$ A 时，$I_S(s) = 1$。因此

$$U(s) = Z(s)I_S(s) = \frac{R \cdot \dfrac{1}{sC}}{R + \dfrac{1}{sC}} = \frac{1}{C} \cdot \frac{1}{s + \dfrac{1}{RC}}$$

其拉氏反变换为

$$u(t) = \mathscr{L}^{-1}[U(s)] = \frac{1}{C}e^{-\frac{t}{RC}}\varepsilon(t) \text{ V}$$

其结果是 RC 并联电路的冲激响应。

例 15 - 13　图 15 - 12(a)所示电路处于稳态，在 $t = 0$ 时将开关 S 闭合，已知 $u_{S1} = 5e^{-2t}$ V，$i_S = 2$ A，$R_1 = R_2 = 5 \ \Omega$，$L = 1$ H，求 $t \geqslant 0$ 时的 $u_L(t)$。

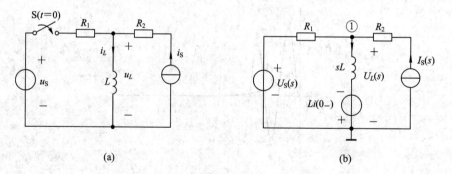

图 15 - 12　例 15 - 13 图

解　运算电路见图 15 - 12(b)，其中，$U_S(s) = \mathscr{L}[u_S] = 5/(s+2)$，$I_S(s) = \mathscr{L}[i_S] = 2/s$，电感电流初始值 $i_L(0_-) = i_S = 2$ A。参考点如图 15 - 12(b)所示，结点电压 $U_{n1}(s)$ 就是 $U_L(s)$。利用结点电压法，有

$$\left(\frac{1}{R_1} + \frac{1}{sL}\right)U_L(s) = \frac{U_S(s)}{R_1} + I(s) - \frac{Li(0_-)}{sL}$$

代入已知数据，得

$$\left(\frac{1}{5} + \frac{1}{s}\right)U_L(s) = \frac{5}{5(s+2)} + \frac{2}{s} - \frac{2}{s}$$

$$U_L(s) = \frac{5s}{(s+2)(s+5)} = \frac{-\dfrac{10}{3}}{s+2} + \frac{\dfrac{25}{3}}{s+5}$$

取拉氏反变换，得时域响应，即

$$u_L(t) = \mathscr{L}^{-1}[U_L(s)] = \frac{5}{3}(5e^{-5t} - 2e^{-2t}) \text{ V}$$

例 15 - 14　图 15 - 13(a)所示电路中，$R_1 = 1\ \Omega$，$R_2 = 2\ \Omega$，$L_1 = 2\ H$，$L_2 = 1\ H$，$M = 1\ H$，$u_S = 6\varepsilon(t)\ V$。试求电压 $u_2(t)$。

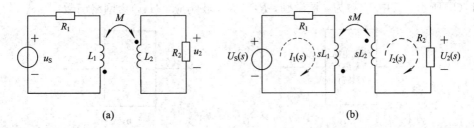

图 15 - 13　例 15 - 14 图

解　运算电路如图 15 - 13(b)所示，其中 $U(s) = \dfrac{6}{s}\ V$，设回路电流分别为 $I_1(s)$ 和 $I_2(s)$，只要求出 $I_2(s)$ 就可以得到 $U_2(s)$。其回路电流方程为

$$(R_1 + sL_1)I_1(s) + sMI_2(s) = U_S(s)$$
$$sMI_1(s) + (R_2 + sL_2)I_2(s) = 0$$

代入已知数据，有

$$(1 + 2s)I_1(s) + sI_2(s) = \frac{6}{s}$$
$$sI_1(s) + (2 + s)I_2(s) = 0$$

解之并分解分式，得

$$I_2(s) = -\frac{6}{s^2 + 5s + 2} = 1.456 \times \left(\frac{1}{s + 4.56} - \frac{1}{s + 0.44}\right)$$

由欧姆定律，有

$$U_2(s) = R_2 I_2(s) = 2 \times 1.456 \times \left(\frac{1}{s + 4.56} - \frac{1}{s + 0.44}\right)$$

则时域响应为

$$u_2(t) = \mathscr{L}^{-1}[U_2(s)] = 2.91(\mathrm{e}^{-4.56t} - \mathrm{e}^{-0.44t})\ V$$

15.6　s 域网络函数

在第 13 章，我们讨论了正弦稳态(频域)网络函数，研究频域网络函数的目的是研究电路的频率响应特性。同样，研究 s 域网络函数的目的是研究电路的 s 域特性，进而研究电路的时域响应。

15.6.1　s 域网络函数的定义

电路(或网络)在单一独立激励下，零状态响应 $r(t)$ 的像函数 $R(s)$ 与其激励 $e(t)$ 的像函数 $E(s)$ 的比定义为网络函数 $H(s)$，即

$$H(s) = \frac{R(s)}{E(s)} \tag{15 - 26}$$

网络函数的定义可以由图 15-14 表示。图 15-14(a)所示为线性电路(网络或系统)的框图,设零状态条件下,在 $e(t)$ 激励下产生的响应为 $r(t)$;电路转换到 s 域的框图如图 15-14(b)所示,其中 $E(s)$ 为 s 域激励,$R(s)$ 为 s 域响应,$H(s)$ 为网络函数。

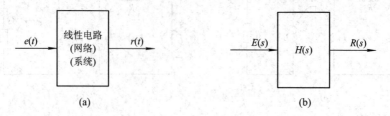

图 15-14　网络函数定义框图

在电路中,$R(s)$ 和 $E(s)$ 可以是电压,也可以是电流。和频域网络函数类似,s 域网络函数可以是驱动点阻抗 $Z(s)$、驱动点导纳 $Y(s)$、电压转移函数 $A_u(s)$、电流转移函数 $A_i(s)$ 以及转移阻抗 $Z_T(s)$ 和转移导纳 $Y_T(s)$ 等。

由式(15-26)可以看出,如果 $E(s)=1$,则 $R(s)=H(s)$,即响应就是网络函数。由前面分析知道,当 $e(t)=\delta(t)$ 时,其像函数为 $E(s)=1$,则网络函数的原函数就是单位冲激响应 $h(t)$,即

$$h(t) = \mathscr{L}^{-1}\big[H(s)\,|_{E(s)=1}\big] = \mathscr{L}^{-1}[R(s)] = r(t) \tag{15-27}$$

式(15-27)说明网络函数 $H(s)$ 可通过测试网络零状态下的单位冲激响应 $r(t)$ 来获得。

值得注意,尽管 $H(s)$ 在形式上用响应和激励之比定义,但其本质是由网络(电路)内部的拓扑结构和元件参数决定的。研究网络函数的意义在于:一旦掌握了线性电路的网络函数 $H(s)$,就可根据

$$R(s) = H(s)E(s) \tag{15-28}$$

求得任意激励 $E(s)$ 下的电路响应。

例 15-15　图 15-15(a)所示为 RLC 串联电路,已知激励为电压源 u_S,响应为电容电压 u_C,求网络函数 $H(s) = \dfrac{U_C(s)}{U_S(s)}$。

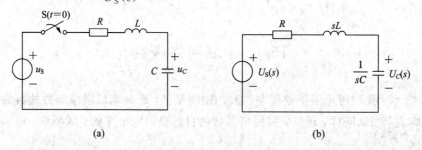

图 15-15　例 15-15 图

解　因为网络函数是零状态条件下响应与激励之比,所以由 s 域电路模型图 15-15(b),得

$$H(s) = \frac{U_C(s)}{U_S(s)} = \frac{1}{R+sL+\dfrac{1}{sC}} \cdot \frac{1}{sC} = \frac{1}{LCs^2+RCs+1} = \frac{1}{LC\left(s^2+\dfrac{R}{L}s+\dfrac{1}{LC}\right)}$$

可见,网络函数只与电路的结构和参数有关,而与激励无关。

例 15 - 16　求图 15 - 16 所示电路的网络函数 $H(s) = \dfrac{I_o(s)}{I_S(s)}$。求冲激响应 $h(t)$，若 $i_S(t) = \varepsilon(t) - \varepsilon(t-2)$，计算在该激励下的响应 $i_o(t)$。

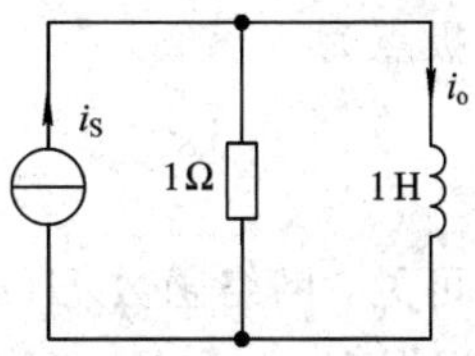

图 15 - 16　例 15 - 16 图

解　根据运算电路模型和分流公式可得其网络函数，即

$$H(s) = \frac{I_o(s)}{I_S(s)} = \frac{1}{s+1}$$

则冲激响应为

$$h(t) = \mathscr{L}^{-1}[H(s)] = \mathrm{e}^{-t}$$

再由拉氏变换知

$$I_S(s) = \mathscr{L}[i_S(t)] = \mathscr{L}[\varepsilon(t) - \varepsilon(t-2)] = \frac{1}{s} - \frac{\mathrm{e}^{-2s}}{s}$$

所以，由 $I_S(s)$ 激励的 s 域响应 $I_o(s)$ 为

$$I_o(s) = H(s)I_S(s) = \frac{1}{s(s+1)} - \frac{\mathrm{e}^{-2s}}{s(s+1)}$$

得时域响应为

$$i_o(t) = \mathscr{L}^{-1}[I_o(s)] = \begin{cases} 1 - \mathrm{e}^{-t} & 0 \leqslant t \leqslant 2 \\ 1 - \mathrm{e}^{-t} - [1 - \mathrm{e}^{-(t-2)}] = \mathrm{e}^{-t}(\mathrm{e}^2 - 1) & t > 2 \end{cases}$$

或

$$i_o(t) = (1 - \mathrm{e}^{-t})\varepsilon(t) - [1 - \mathrm{e}^{-(t-2)}]\varepsilon(t-2)$$

15.6.2　s 域网络函数的零点和极点

由上面的分析知道，电路的网络函数是网络(电路)零状态下的激励与响应之比，其结果和激励无关，而是由电路的结构和参数决定，在形式上网络函数 $H(s)$ 是 s 域的有理分式，即分子和分母都是 s 的多项式，它的一般数学表达式为

$$\begin{aligned}
H(s) &= \frac{N(s)}{D(s)} = \frac{b_m s^m + b_{m-1} s^{m-1} + \cdots + b_0}{a_n s^n + a_{n-1} s^{n-1} + \cdots + a_0} \\
&= H_0 \frac{(s - z_1)(s - z_2) \cdots (s - z_i) \cdots (s - z_m)}{(s - p_1)(s - p_2) \cdots (s - p_j) \cdots (s - p_n)} \\
&= H_0 \frac{\displaystyle\prod_{i=1}^{m}(s - z_i)}{\displaystyle\prod_{j=1}^{n}(s - p_j)}
\end{aligned} \tag{15-29}$$

式中，H_0 为常数，$z_i(i = 1, 2, \cdots, m)$ 是 $N(s) = 0$ 的根，$p_j(j = 1, 2, \cdots, n)$ 为 $D(s) = 0$ 的根。当 $s = z_i$ 和 $s = p_j$ 时，$H(s)$ 分别为零和趋于无穷大，所以 z_i 和 p_j 分别称为网络函数的零点和极点。

将例 15 - 15 的网络函数重新写为

$$H(s) = \frac{U_C(s)}{U_S(s)} = \frac{1}{LCs^2 + RCs + 1} = \frac{1}{LC} \frac{1}{(s - p_1)(s - p_2)}$$

得其极点为

$$p_{1,2} = -\frac{R}{2L} \pm \sqrt{\left(\frac{R}{2L}\right)^2 - \frac{1}{LC}} \tag{15-30}$$

可见，网络函数 $H(s)$ 零点与极点的数目和数值是完全由电路自身的结构和参数决定的。根据 R、L 和 C 的不同，$H(s)$ 的极点可为两个不相等的负实数、两个相等的负实数、一对共轭复数和一对虚数等。

例 15-17　电路如图 15-17(a)所示已达稳态，已知 $R=4\ \Omega$，$L=1\ \mathrm{H}$，$C=0.02\ \mathrm{F}$，求网络函数 $H(s) = I_o(s)/U_S(s)$，零点、极点以及冲激响应 $h(t)$。

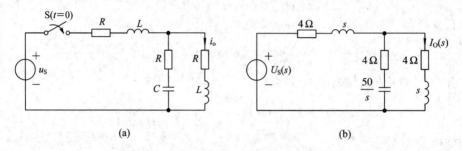

图 15-17　例 15-17 图

解　画出 15-17(a)所示电路在 $t \geqslant 0_+$ 时的运算电路模型如图 15-17(b)所示，由欧姆定律和分流公式，得

$$H(s) = \frac{I_o(s)}{U_S(s)} = \frac{\dfrac{4+50/s}{4+50/s+4+s}}{(s+4) + \dfrac{(4+50/s)(s+4)}{4+50/s+4+s}} = \frac{4s+50}{(s+4)(s^2+12s+100)} = \frac{N(s)}{D(s)}$$

令 $N(s)=0$ 得极点 $z=12.5$，有一个零点；令 $D(s)=0$ 得极点 $p_1=12.5$，$p_{2,3}=-6\pm\mathrm{j}8$，有 3 个极点，其中有一对共轭复数极点。为了求冲激响应先分解该网络函数，即

$$H(s) = \frac{4s+50}{(s+4)(s^2+12s+100)} = \frac{A}{s+4} + \frac{Bs+C}{s^2+12s+100}$$

用代数法求得 $A=-B=0.5$，$C=0$，代入上式并变换，即

$$H(s) = \frac{0.5}{s+4} + \frac{-0.5s}{s^2+12s+100} = \frac{0.5}{s+4} - \frac{0.5(s+6)}{(s+6)^2+8^2} + \frac{0.5\times6\times8/8}{(s+6)^2+8^2}$$

取拉氏反变换，得冲激响应，即

$$h(t) = \mathscr{L}^{-1}[H(s)] = 0.5\mathrm{e}^{-4t} - 0.5\mathrm{e}^{-6t}[1\times\cos(8t) - 0.75\times\sin(8t)]$$
$$= 0.5\mathrm{e}^{-4t} - 0.625\mathrm{e}^{-6t}\cos(8t+36.9°)$$

可见，冲激响应是由网络函数的极点决定的。

在求取拉氏反变换的过程中，对于具有共轭复根的项 $\dfrac{0.5s}{s^2+12s+100} = \dfrac{N_1(s)}{D_1(s)}$，也可以利用 15.4.2 节的方法求得，即

$$D_1(s) = s^2 + 12s + 100$$
$$D_1'(s) = 2s + 12$$
$$K_1 = \left.\frac{N_1(s)}{D_1'(s)}\right|_{p_2} = \left.\frac{0.5s}{2(s+6)}\right|_{p_2=-6+\mathrm{j}8} = 0.3125\angle 36.9°$$

$$h_1(t) = \mathscr{L}^{-1}\left[\frac{0.5s}{s+12s+100}\right] = 2\,|K_1|\cos(8t+36.9°) = 0.625\cos(8t+36.9°)$$

15.6.3　极点与冲激响应

网络函数的零点和极点可能是实数，也可能是虚数或者复数，如例 15-17 所示。因为 $s = \sigma + j\omega$，若以实部 σ 为横轴，虚部 $j\omega$ 为纵轴，就可以得到一个关于 s 的复频率平面，简称为复平面或 s 平面。在复平面上，若 $H(s)$ 的零点用"。"表示，极点用"×"表示，于是就可以得到零点与极点在 s 平面的分布图。零点与极点在 s 平面上的分布情况与其时域响应有着密切的关系。

由式(15-28)知，电路的零状态响应为

$$R(s) = H(s)E(s) = \frac{N(s)}{D(s)} \cdot \frac{P(s)}{Q(s)} \tag{15-31}$$

如上所述，零状态响应是由 $D(s) \cdot Q(s) = 0$ 的根决定的，其中 $D(s) = 0$（网络函数的极点）决定着响应的暂态分量或自由分量，而 $Q(s) = 0$ 决定着响应的稳态分量或强制分量。

一般情况下，$h(t)$ 的特性就是时域响应中自由分量的特性，所以分析网络函数的极点与冲激响应的关系可以帮助我们了解一般网络的时域响应的特征。若网络函数为真分式，并设分母多项式为单根或共轭复根，则网络函数的冲激响应为

$$h(t) = \mathscr{L}^{-1}[H(s)] = \mathscr{L}^{-1}\left[\sum_{i=1}^{n}\frac{K_i}{s-p_i}\right] = \sum_{i=1}^{n}K_i e^{p_i t} \tag{15-32}$$

式中 p_i 是 $H(s)$ 的极点。由式(15-32)可见，当 p_i 为负实根时，$e^{p_i t}$ 是衰减的指数函数；当 p_i 为正实根时，$e^{p_i t}$ 是增长的指数函数。$|p_i|$ 越大，衰减或增长速度愈快。当 p_i 位于 s 平面的负实轴上时，$h(t)$ 将随 t 的增大而衰减，这种电路（或系统）是稳定的；若某极点位于 s 平面的正实轴上，则 $h(t)$ 将随 t 的增大而增大，这种电路是不稳定的。当极点是共轭复根 $p_i = \alpha_i \pm j\omega_i$ 时，根据前面的分析知道，$h(t) = 2|K_i|e^{\alpha_i t}\cos(\omega_i t + \theta_i)$，这是以指数函数为包络的正弦函数，其共轭复根实部的正负决定着正弦项的增长或者衰减，实部的正负同样决定着电路的稳定与否。若极点位于虚轴上，则 $h(t)$ 是正弦函数，这是一种稳定状态。上述网络函数的极点在 s 平面上的分布与冲激响应的波形图如图 15-18 所示。

值得指出的是：

(1) $H(s)$ 的极点 p_i 位置是由网络自身结构和参数决定的，所以将 p_i 称为固有频率或自然频率。

(2) 根据傅里叶的观点，虚部较小的极点 p_i 对应于 $h(t)$ 的基频成分，所以 $h(t)$ 的特征主要由靠近原点的极点决定。

(3) $H(s)$ 是从复频域描述电路内部固有特性的。在复频域分析线性动态电路不仅简化了分析过程，而且为其赋予了鲜明的物理意义。

下面以 RLC 串联电路网络函数的零点与极点在 s 平面上的分布为例，讨论电路的冲激响应。根据例 15-14 的分析结果，并由式(15-30)知：

(1) 若 $R > 2\sqrt{L/C}$，则有两个负实极点，位于 s 平面的负实轴上，冲激响应 $u_C(t)$ 为两个指数衰减的函数。

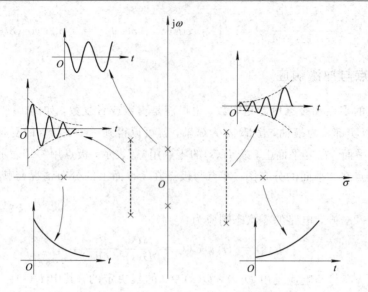

图 15-18 极点与冲激响应的关系示意图

(2) 若 $R=2\sqrt{L/C}$，则有两个相等的负实极点，冲激响应 $u_C(t)$ 为两个相同的指数衰减的函数。

(3) 若 $R<2\sqrt{L/C}$，则有一对共轭复极点（实部小于零），位于左半 s 平面，冲激响应 $u_C(t)$ 为一个以指数函数 $e^{-R/2L}$ 为包络的正弦函数。

(4) 若 $R=0$，则有一对虚极点，位于虚轴上，冲激响应 $u_C(t)$ 为正弦函数。

这个结果与 8.2 节讨论的结论是一致的。详细的表达式请看 8.2.2 小节中的内容。

例 15-18 在例 15-17 中，若设 $u_S=4e^{-2t}$ V，求电路的响应 $i_o(t)$。

解 对激励 u_S 取拉氏变换，即

$$E(s)=U_S(s)=\mathscr{L}^{-1}[u_S]=\frac{4}{s+2}=\frac{P(s)}{Q(s)}$$

由式(15-31)和例 15-17 的结果，有

$$I_o(s)=R(s)=H(s)E(s)=\frac{N(s)}{D(s)}\cdot\frac{P(s)}{Q(s)}=\frac{4s+50}{(s+4)(s^2+12s+100)}\cdot\frac{4}{s+2}$$

$$=\frac{A}{s+4}+\frac{Bs+C}{s+12s+100}+\frac{D}{s+2}$$

用代数法求系数，得 $A=-1$，$B=-0.05$，$C=-2.5$ 和 $D=1.05$，代入上式并变换，即

$$I_o(s)=\frac{-1}{s+4}-\frac{0.05s+2.5}{s+12s+100}+\frac{1.05}{s+2}=\frac{-1}{s+4}-\frac{0.05(s+6)}{(s+6)^2+8^2}-\frac{0.275\times8}{(s+6)^2+8^2}+\frac{1.05}{s+2}$$

取拉氏反变换，即

$$i_o(t)=\mathscr{L}^{-1}[I_o(s)]=-e^{-4t}-0.05e^{-6t}[1\times\cos(8t)+5.5\times\sin(8t)]+1.05e^{-2t}$$

$$=-e^{-4t}-0.28e^{-6t}\cos(8t-79.7°)+1.05e^{-2t}$$

$$=i_o''+i_o'$$

该响应就是零状态响应，它是由 $D(s)Q(s)=0$ 的根决定的。式中 $i_o'=1.05e^{-2t}$ 为强制响应，其响应的变化规律是由 $Q(s)=0$ 的根（外加激励）决定的；式中 $i_o''=-e^{-4t}-0.28e^{-6t}\cos(8t-79.7°)$ 为自由响应，其响应的变化规律是由 $D(s)=0$ 的根以及电路的结构

和参数决定的。可以看出，极点的性质决定了响应的变化规律。

最后需要指出的是，若在 $s = \sigma + j\omega$ 中令实部为零，则 $s = j\omega$，代入网络函数的定义式，即

$$H(s) = \left. \frac{R(s)}{E(s)} \right|_{s=j\omega} = \frac{R(j\omega)}{E(j\omega)} \tag{15-33}$$

式(15-33)就是 13 章中所定义的频域网络函数，因此，$H(j\omega)$ 是 $H(s)$ 的一种特殊情况。若 $s = j\omega$，则对应 s 平面上的虚轴，所以利用 s 域网络函数可以分析电路的频率特性或频域响应，因为频域响应是电路的正弦稳态响应，它包括在电路的全响应之中。

例 15-19　例 13-3 中图 13-15(a)所示的电路，用 s 域网络函数重新求取 $H(j\omega) = \dfrac{I_o(j\omega)}{I_S(j\omega)}$。

解　根据已知参数，画出图 13-15(a)电路对应的 s 域模型如图 15-19 所示。

根据分流公式首先求得 s 域网络函数，即

$$H(s) = \frac{I_o(s)}{I_S(s)} = \frac{3+s}{3+s+\dfrac{2}{s}} = \frac{s(s+3)}{s^2+3s+2}$$

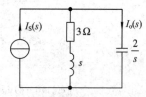

图 15-19　例 13-3 图 13-15(a)s 域电路模型

将 $s = j\omega$ 代入上式，得

$$H(j\omega) = \frac{I_o(j\omega)}{I_S(j\omega)} = \frac{j\omega(3+j\omega)}{(j\omega)^2 + 3(j\omega) + 2}$$

和例 13-3 所得结果相同。

*15.7　卷 积 积 分

如前所述，借助于拉氏变换可以将动态电路的时域分析问题转换到 s 域进行分析，通过对 s 域响应的反拉氏变换可求取电路的时域响应。本节将介绍另一种在时域直接求取电路时域响应的方法——卷积积分方法。

15.7.1　卷积积分的定义

如前所述，电路的冲激响应和电路的零输入响应相同，零输入响应只与电路的性质(结构和参数)有关。因此，冲激响应是电路本身性质的反映。下面将会看到，一旦知道了电路的冲激响应就可以求出该电路在任意激励下的响应。更有意义的是，如果能够通过实验的方法测(得)到电路的冲激响应，即使不知道电路的结构与参数，也可以根据冲激响应和已知激励直接求出电路的时域响应。

设网络 N 在单位冲激 $\delta(t)$ 激励下产生的响应为 $h(t)$，如图 15-20(a)所示。对于非时变网络，如果冲激的作用时刻为 $t = \xi$，即 $\delta(t-\xi)$，冲激响应为 $h(t-\xi)$，见图 15-20(b)；若冲激的强度不是单位冲激，而是强度为 $e(\xi)$ 的冲激，则对于线性网络其冲激响应为 $e(\xi)h(t-\xi)$，见图 15-20(c)；如果将任意激励 $e(t)$ 无限分割，将其看作无数冲激激励 $e(\xi)\delta(t-\xi)$ 的叠加，那么 $e(t)$ 产生的电路响应 $r(t)$ 就是不同时刻的冲激 $e(\xi)\delta(t-\xi)$ 引起电路响应的叠加，如图 15-20(d) 和图 15-20(e)所示，即

$$e(t) = \int_0^t e(\xi)\delta(t-\xi)\mathrm{d}\xi$$

其响应也是单个冲激响应 $e(\xi)h(t-\xi)$ 的叠加，即

$$r(t) = \int_0^t e(\xi)h(t-\xi)\mathrm{d}\xi$$

该式称为激励函数 $e(t)$ 与单位冲激响应 $h(t)$ 的卷积积分，记作

$$r(t) = e(t) * h(t) = \int_0^t e(\xi)h(t-\xi)\mathrm{d}\xi \qquad (15\text{-}34)$$

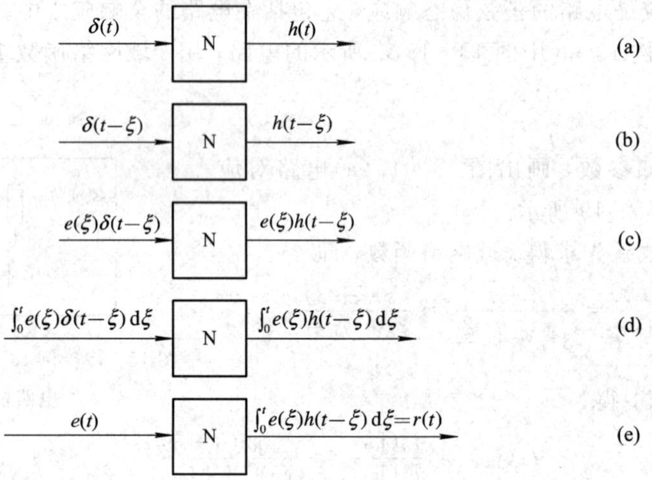

图 15-20　卷积积分的推导过程

在式(15-34)中，若令 $x = t - \xi$，则 $\xi = t - x$，$\mathrm{d}\xi = -\mathrm{d}x$，积分限由 $0\to t$ 变为 $t\to 0$，于是式(15-34)变为

$$r(t) = \int_t^0 -e(t-x)h(x)\mathrm{d}x = \int_0^t e(t-x)h(x)\mathrm{d}x$$

再用变量 ξ 替换变量 x，则上式变为

$$r(t) = h(t) * e(t) = \int_0^t e(t-\xi)h(\xi)\mathrm{d}\xi = \int_0^t h(\xi)e(t-\xi)\mathrm{d}\xi \qquad (15\text{-}35)$$

由式(15-34)和式(15-35)可以看出，卷积积分满足交换律。换句话说，卷积积分和函数的次序无关。卷积积分表明：只要知道电路的单位冲激响应和任意激励函数，利用卷积积分公式可以求出任意激励下的响应。这正是卷积积分的意义所在。

15.7.2　拉普拉斯变换的卷积定理

设 $e(t)$ 和 $h(t)$ 的拉氏变换像函数分别为 $E(s)$ 和 $H(s)$，由拉氏变换的卷积定理，有

$$\mathscr{L}\left[r(t)\right] = \mathscr{L}\left[e(t)*h(t)\right] = \mathscr{L}\left[\int_0^t e(\xi)h(t-\xi)\mathrm{d}\xi\right]$$

$$= E(s)H(s) = R(s) \qquad (15\text{-}36)$$

证明　根据拉氏变换的定义有

$$\mathscr{L}\left[e(t)*h(t)\right] = \int_0^\infty \mathrm{e}^{-st}\left[\int_0^t e(\xi)h(t-\xi)\mathrm{d}\xi\right]\mathrm{d}t$$

由单位阶跃函数的定义知

$$\varepsilon(\xi) = \begin{cases} 0 & \xi \leqslant 0_- \\ 1 & \xi \geqslant 0_+ \end{cases}$$

波形如图 15 - 21(a)所示，将该函数对纵轴对折并右移 t，则得延迟的单位阶跃函数，即

$$\varepsilon(t - \xi) = \begin{cases} 1 & \xi < t \\ 0 & \xi > t \end{cases}$$

波形如图 15 - 21(b)所示。

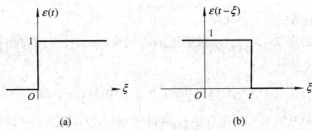

图 15 - 21　阶跃函数与阶跃延迟函数

引入延迟函数，则有

$$\int_0^t e(\xi)h(t - \xi)\mathrm{d}\xi = \int_0^\infty e(\xi)h(t - \xi)\varepsilon(t - \xi)\mathrm{d}\xi$$

代入式(15 - 36)，有

$$\mathscr{L}\left[e(t) * h(t)\right] = \int_0^\infty e^{-st} \int_0^\infty e(\xi)h(t - \xi)\varepsilon(t - \xi)\mathrm{d}\xi \mathrm{d}t$$

令 $x = t - \xi$，则 $e^{-st} = e^{-s(x+\xi)}$，$\mathrm{d}t = \mathrm{d}x$，于是上式变为

$$\mathscr{L}\left[e(t) * h(t)\right] = \int_0^\infty \int_0^\infty e(\xi)h(x)\varepsilon(x)e^{-s\xi}e^{-sx}\mathrm{d}\xi \mathrm{d}x$$

$$= \int_0^\infty e(\xi)e^{-s\xi}\mathrm{d}\xi \int_0^\infty h(x)\varepsilon(x)e^{-sx}\mathrm{d}x$$

$$= E(s)H(s)$$

同理可证

$$\mathscr{L}\left[r(t)\right] = \mathscr{L}\left[h(t) * e(t)\right] = H(s)E(s) = R(s)$$

由此得出

$$r(t) = \mathscr{L}^{-1}\left[H(s)E(s)\right] = \int_0^t e(\xi)h(t - \xi)\mathrm{d}\xi$$

　　拉氏变换的卷积定理说明，任意函数 $e(t)$ 和单位冲激响应 $h(t)$ 卷积(时域响应 $r(t)$)的拉氏变换等于 $e(t)$ 和 $h(t)$ 像函数的乘积。网络 s 域响应的拉氏反变换就是卷积积分。可见，拉氏变换的卷积定理沟通了时域和 s 域中两种不同响应的求解方法，使时域方法和 s 域方法达到了统一。

15.7.3　卷积积分在电路分析中的应用

　　由以上分析知道，任意激励 $e(t)$ 产生的电路响应 $r(t)$，除了可利用式 $R(s) = H(s)E(s)$ 及其拉氏反变换 $r(t) = \mathscr{L}^{-1}\left[R(s)\right] = \mathscr{L}^{-1}\left[H(s)E(s)\right]$ 进行计算外，也可利用卷积积分直接计算，即

$$r(t) = h(t) * e(t) = \int_0^t h(\xi)e(t-\xi)\mathrm{d}\xi = e(t) * h(t) = \int_0^t e(\xi)h(t-\xi)\mathrm{d}\xi$$

例 15-20 试用卷积方法重新计算例 15-16。设激励 $i_S(t) = \varepsilon(t) - \varepsilon(t-2)$，求电流 $i_o(t)$。

解 用图解法计算。根据例 15-16 所示电路，易知其单位冲激响应为

$$h(t) = \mathscr{L}^{-1}[H(s)] = \mathscr{L}^{-1}\left[\frac{1}{s+1}\right] = \mathrm{e}^{-t}\varepsilon(t)$$

$h(t)$ 和 $i_S(t)$ 波形如图 15-22(a) 和图 15-22(b) 所示。

根据卷积积分的定义，在 $i_S(t)$ 激励下的电流响应 $i_o(t)$ 可用卷积积分求出，即等于 $i_S(t)$ 与 $h(t)$ 的卷积，所以

$$i_o(t) = i_S(t) * h(t) = \int_0^t i_S(\xi)h(t-\xi)\mathrm{d}\xi$$

将冲激响应 $h(\xi)$ 对纵轴对折并右移 t，可得到 $h(t-\xi)$，如图 15-22(c) 和图 15-22(d) 所示，这里 t 为常数。

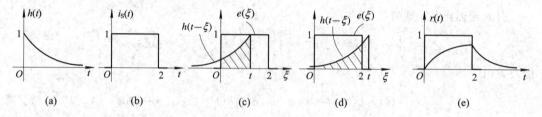

(a)　　　　(b)　　　　(c)　　　　(d)　　　　(e)

图 15-22　例 15-20 图

当 $0 \leqslant \xi \leqslant 2$ 时，如图 15-22(c) 所示，ξ 的变化范围（积分的上、下限）是 $0 \rightarrow t$，则卷积积分为

$$i_o(t) = \int_0^t 1 \times \mathrm{e}^{-(t-\xi)}\mathrm{d}\xi = \mathrm{e}^{-t}\mathrm{e}^{\xi}\Big|_0^t = 1 - \mathrm{e}^{-t} \qquad 0 \leqslant t \leqslant 2$$

当 $\xi \geqslant 2$ 时，如图 15-22(d) 所示，两函数相乘的有效范围是 $0 \rightarrow 2$，则卷积积分为

$$i_o(t) = \int_0^2 1 \times \mathrm{e}^{-(t-\xi)}\mathrm{d}\xi = \mathrm{e}^{-t}\mathrm{e}^{\xi}\Big|_0^2 = \mathrm{e}^{-t}(\mathrm{e}^2 - 1) \qquad t \geqslant 2$$

将以上两种情况合写为

$$i_o(t) = \begin{cases} 1 - \mathrm{e}^{-t} & 0 \leqslant t \leqslant 2 \\ \mathrm{e}^{-t}(\mathrm{e}^2 - 1) & t \geqslant 2 \end{cases}$$

卷积积分的结果 $i_o(t)$ 如图 15-22(e) 所示。该结果与例 15-16 所求结果相同。

例 15-21 图 15-23 所示为 RC 并联电路。其中，$R = 200\ \mathrm{k}\Omega$，$C = 10\ \mu\mathrm{F}$，$i_S(t) = 20\mathrm{e}^{-t}\ \mu\mathrm{A}$。设电容上原始储能为零，求 $u_C(t)$。

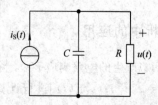

图 15-23　例 15-21 图

解　电路的单位冲激响应为

$$h(t) = \frac{1}{C} e^{-\frac{t}{RC}} = 10^5 e^{-0.5t}$$

应用式(15 – 35)，有

$$u(t) = \int_0^t i_S(t-\xi) h(\xi) d\xi = \int_0^t 20 \times 10^{-6} e^{-(t-\xi)} \times 10^5 e^{-0.5\xi} d\xi$$

$$= 2e^{-t} \int_0^t e^{0.5\xi} d\xi = 4(e^{-0.5t} - e^{-t})\varepsilon(t)$$

　　本章我们利用拉氏变换这一数学工具，解决了线性动态电路的分析问题，即运用运算法求解动态电路。拉氏变换与反变换是一对可逆变换，可将时域求解微分方程的问题映射（转换）到 s 域的求解代数方程的问题，再将 s 域中的响应转换可得到时域响应。需要注意的是，利用运算法求解的电路响应，包括稳态(强制)响应和暂态(自由)响应，两者相加即是电路的全响应。s 域网络函数的引入为分析零状态电路提供了方便，如果知道了网络函数 $H(s)$ 就可以求取任意激励下的响应 $R(s)=H(s)E(s)$；同时根据网络函数的极点在 s 平面上的分布可以知道该网络零输入响应的变化规律以及网络(或电路)的稳定性，为网络（或系统）的综合提供了依据。网络的 s 域冲激响应就是网络函数自己，时域单位冲激响应 $h(t)$ 是 s 域网络函数 $H(s)$ 的原函数，它是由电路的性质(结构和参数)决定的，为我们通过实验方法求取网络函数提供了依据。如果知道了网络的单位冲激响应 $h(t)$，就可以利用卷积积分求取任意激励下的响应 $r(t)$。

习　　题

15 – 1　求下列各函数的像函数。

(1) $f(t) = 1 - e^{-\alpha t}$　　　(2) $f(t) = \sin(\omega t + \varphi)$　　　　(3) $f(t) = e^{-\beta t}(1 - \alpha t)$

(4) $f(t) = t\cos(\alpha t)$　　　(5) $f(t) = t^2 + t + 2 + 3\delta(t)$

15 – 2　求下列各函数的原函数。

(1) $F(s) = \dfrac{10(s+2)(s+5)}{s(s+1)(s+3)}$　　　　　(2) $F(s) = \dfrac{1}{(s+1)(s^2+2s+2)}$

(3) $F(s) = \dfrac{1}{s^2(s+1)}$

15 – 3　利用拉普拉斯变换求解下列微分方程。

(1) $\begin{cases} \dfrac{d^2 u(t)}{dt^2} + 6\dfrac{du(t)}{dt} + 8u(t) = 2\varepsilon(t) \\ u(0) = 1 \qquad \dfrac{du(t)}{dt}\bigg|_{t=0} = -2 \end{cases}$

(2) $\begin{cases} \dfrac{dy(t)}{dt} + 5y(t) + 6\displaystyle\int_0^t y(\tau)d\tau = \varepsilon(t) \\ y(0) = 2 \end{cases}$

15 – 4　题 15 – 4 图所示各电路已达稳态，在 $t = 0$ 时将开关 S 合上，分别画出开关闭合后的运算电路。

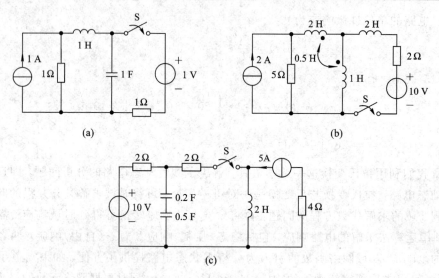

题 15－4 图

15－5　电路如题 15－5 图所示。已知 $i_L(0_-)=2$ A，试分别求出下列情况下的电压 $u_2(t)$。

(1) $u_S(t)=12\varepsilon(t)$。

(2) $u_S(t)=12\cos t \cdot \varepsilon(t)$。

(3) $u_S(t)=12\mathrm{e}^{-t} \cdot \varepsilon(t)$。

15－6　电路如题 15－6 图所示。已知 $u_S=\mathrm{e}^{-t}\cos 2t \cdot \varepsilon(t)$ V，$u(0_-)=10$ V，试求 $t>0$ 时的电压 $u(t)$。

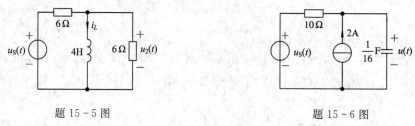

题 15－5 图　　　　　　　　　　　　　　　　　题 15－6 图

15－7　RLC 串联电路在 $t=0$ 时与 $2\cos(2t)$ V 的电压源接通。已知 $R=2$ Ω，$L=1$ H，$C=1/4$ F，$i(0_-)=1$ A，$u_C(0_-)=1$ V，试求电流 $i(t)$。

15－8　电路如题 15－8 图所示，已知 $i(0)=1$ A，$u_o(0)=2$ V，$u_S=4\mathrm{e}^{-2t}\varepsilon(t)$ V。求 $t>0$ 时的电压 $u_o(t)$。

15－9　如题 15－9 图所示 RLC 并联电路，已知 $u(0)=5$ V，$i(0)=-2$ A，求 $u(t)$ 和 $i(t)$。

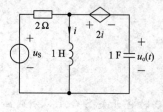　　　　　　　　　　　　　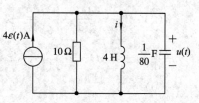

题 15－8 图　　　　　　　　　　　　　　　　　题 15－9 图

15-10　在题 15-10 图所示 RLC 串联电路中，$u_C(0)=2$ V。求开关闭合后的电容电压 $u_C(t)$。

15-11　求解题 15-11 图所示耦合电路中的支路电流 $I_1(s)$ 和 $I_2(s)$。

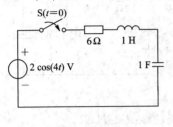

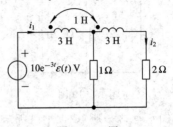

题 15-10 图　　　　　　　　　　题 15-11 图

15-12　电路如题 15-12 图所示，已知 $R_1=2$ Ω，$R_2=2$ Ω，$L_1=L_2=1$ H，$M=0.5$ H，$u_S=5$ V，试求开关闭合后的 i_1 和 i_2。

15-13　电路如题 15-13 图所示，在 $t<0$ 时电路已达稳态，在 $t=0$ 时将开关 S 闭合，利用结点法求电压 u。

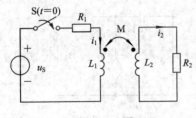

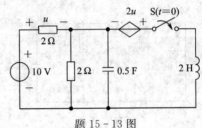

题 15-12 图　　　　　　　　　　题 15-13 图

15-14　电路如题 15-14 图所示，已知 $u_S(t)=[\varepsilon(t)-2\varepsilon(t-2)]$ V，求电压 $u_C(t)$。

15-15　电路如题 15-15 图所示，在 $t<0$ 时电路已达稳态，在 $t=0$ 时将开关 S 打开，求电路中的电流 i 和电感上的电压。

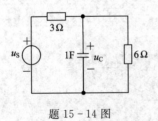

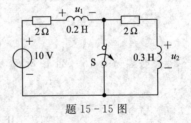

题 15-14 图　　　　　　　　　　题 15-15 图

15-16　设电路的冲击响应为 $r(t)=4+\dfrac{1}{2}\mathrm{e}^{-3t}-\mathrm{e}^{-2t}[2\cos(4t)+3\sin(4t)]$，试求该电路的网络函数 $H(s)$ 以及零、极点。

15-17　某线性电路的网络函数为 $H(s)=\dfrac{s+3}{s^2+4s+5}$，求零点和极点；若激励分别为 ① $\varepsilon(t)$；② $6t\mathrm{e}^{-2t}\varepsilon(t)$；③ $\cos(2t)$，试分别求输出响应。

15-18　已知网络函数 $H(s)=\dfrac{2(s+2)}{(s+1)(s+3)}$，求零点和极点；求其单位冲激响应 $h(t)$ 和单位阶跃响应 $s(t)$。

15-19　电路如题 15-19 图所示，试求电感电压的零状态响应 $u_L(t)$。

15-20 设题 15-20 图所示电路的初始状态等于 0，求其电压传递函数 $H(s) = U_o(s)/U_S(s)$。

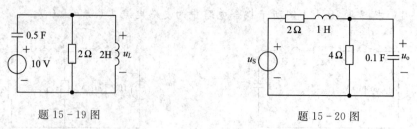

题 15-19 图　　　　　　　　题 15-20 图

15-21 电路如题 15-21 图所示，求下列响应的网络函数 $H(s)$。

(1) $I_1(s)$。

(2) $I_o(s)$。

(3) $U_o(s)$。

15-22 试求题 15-22 图所示电路的网络函数 $H(s) = \dfrac{U_o(s)}{U_S(s)}$。

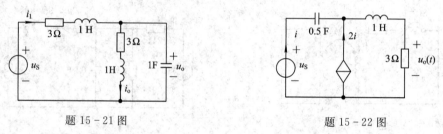

题 15-21 图　　　　　　　　题 15-22 图

15-23 已知网络单位冲激响应如下所列，试求各网络函数的极点。

(1) $h(t) = \delta(t) + \dfrac{3}{5}e^{-t}$。

(2) $h(t) = e^{-\alpha t}\sin(\omega t + \theta)$。

(3) $h(t) = \dfrac{3}{5}e^{-t} - \dfrac{7}{9}te^{-3t} + 3t$。

15-24 电路如题 15-24 图所示，求网络函数 $H(s) = \dfrac{U_o(s)}{U_i(s)}$。若 $u_i = \delta(t)$，求 $u_o(t)$。

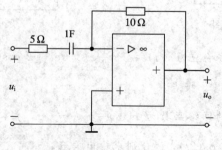

题 15-24 图

15-25 电路如题 15-25 图所示，求网络函数 $H(s) = \dfrac{U_o(s)}{U_i(s)}$。

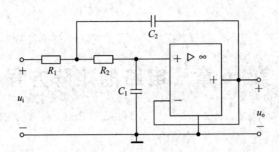

题 15 - 25 图

15 - 26　已知网络函数 $H(s) = \dfrac{U_o(s)}{U_i(s)} = \dfrac{10}{s^2 + 3s + 10}$ 可以用题 15 - 26 图所示电路实现。如果电路中的 R 分别取为 5 Ω 和 1 Ω(称为归一化电阻)，试确定电路参数 L 和 C 的值。

15 - 27　电路如题 15 - 27 图所示。求其网络转移函数 $H(s) = \dfrac{U_o(s)}{U_i(s)}$，定性画出其幅频特性曲线和相频特性曲线。

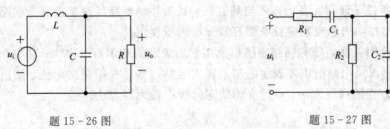

题 15 - 26 图　　　　　　　　　　　　　　题 15 - 27 图

15 - 28　如题 15 - 28 图(a)所示电路，已知激励电压 $u_S(t) = 10e^{-t}$ V，如题 15 - 28 图(b)所示。试用卷积积分计算响应 $u_o(t)$。

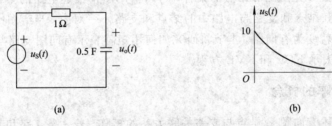

(a)　　　　　　　　　　　　　　　　　(b)

题 15 - 28 图

15 - 29　如题 15 - 29 图(a)所示电路，已知激励电流如题 15 - 29 图(b)所示。试用卷积积分计算响应 $i_o(t)$。

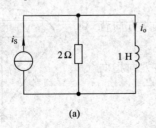
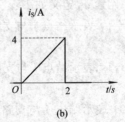

(a)　　　　　　　　　　　　　　(b)

题 15 - 29 图

第 16 章　电路的矩阵方程

　　本章将学习借助矩阵来描述电路的拓扑关系以及列写电路方程的方法，学习如何借助于计算机直接编写和求解电路方程，得出电路响应。其中，电路矩阵方程的列写方法是电路计算机辅助分析和设计的基本知识。

　　我们知道，矩阵方程是线性代数方程的集成化表示，利用矩阵这个数学工具可以描述和分析大规模（或复杂）电路。由第 3 章知，电路矩阵方程的基本形式是 $AX = B$，这里，X 既可以是支路电流、网孔（或回路）电流，也可以是结点电压等。从数学的角度看，$AX = B$ 存在唯一解的条件是建立完备的矩阵电路方程，其拓扑学解释就是要求所选回路和结点的独立性。可见拓扑学概念也是进行电路有效分析的重要工具。

　　本章首先介绍关联矩阵和回路矩阵以及用它们表示的基尔霍夫定律；其次介绍割集的概念、割集矩阵以及用割集矩阵表示的基尔霍夫定律。然后介绍回路电流、结点电压以及割集电压矩阵方程的列写方法；最后介绍状态方程以及列写方法。

16.1　关　联　矩　阵

　　由第 3 章知，图 G 是支路和结点的集合，可以借用图来描述电路的拓扑关系。从具体电路抽象出的图，其结点和支路与电路中的结点和支路一一对应。当给图中每一支路赋予一个参考方向后它就变为有向图。本节将研究如何用矩阵表示有向图支路与结点的关联关系，以及如何用其表示 KCL 和 KVL 方程。

16.1.1　关联矩阵的概念

　　关联矩阵是描述有向图 G 结点与支路关联关系的矩阵。若一条支路和某结点连结，则称该支路和该结点关联。设有向图的结点数为 n，支路数为 b，于是该有向图的关联矩阵为一个 $n \times b$ 阶矩阵，用 A_a 表示。关联矩阵的行和结点（用 j 表示）对应，列和支路（用 k 表示）对应。任一元素 a_{jk} 定义如下：

　　（1）$a_{jk} = +1$，表示结点 j 与支路 k 关联，且支路方向背离结点 j。

　　（2）$a_{jk} = -1$，表示结点 j 与支路 k 关联，支路方向指向结点 j。

　　（3）$a_{jk} = 0$，表示结点 j 与支路 k 不关联。

　　例如，图 16-1 所示有向图的关联矩阵为

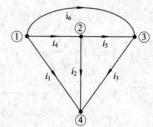

图 16-1　支路与结点的关联关系

$$\boldsymbol{A}_a = \begin{array}{c} \\ 1 \\ 2 \\ 3 \\ 4 \end{array} \overset{\displaystyle 1 \quad\; 2 \quad\; 3 \quad\; 4 \quad\; 5 \quad\; 6}{\begin{bmatrix} +1 & 0 & 0 & +1 & 0 & +1 \\ 0 & +1 & 0 & -1 & +1 & 0 \\ 0 & 0 & +1 & 0 & -1 & -1 \\ -1 & -1 & -1 & 0 & 0 & 0 \end{bmatrix}} \qquad (16-1)$$

所有的有向支路都与两个结点连接，一端离开结点，另一端必指向另一个结点。因此，$\boldsymbol{A}_a$ 每列中只能有两个非零元素，一个为 $+1$，另一个必为 -1。当把所有行的元素按列相加就得一行全为零的元素，所以 $\boldsymbol{A}_a$ 的行不是彼此独立的。或者说 $\boldsymbol{A}_a$ 中的任一行可以用其它行(线性)表示。删去 $\boldsymbol{A}_a$ 中的任一行，得到的矩阵的所有行就是彼此独立的，用 $\boldsymbol{A}$ 表示。例如，划去(16-1)式的第 4 行，得

$$\boldsymbol{A} = \begin{array}{c} \\ 1 \\ 2 \\ 3 \end{array} \overset{\displaystyle 1 \quad\; 2 \quad\; 3 \quad\; 4 \quad\; 5 \quad\; 6}{\begin{bmatrix} +1 & 0 & 0 & +1 & 0 & +1 \\ 0 & +1 & 0 & -1 & +1 & 0 \\ 0 & 0 & +1 & 0 & -1 & -1 \end{bmatrix}}$$

该矩阵称为降阶矩阵，它是除图 16-1 的结点④以外，剩余结点和所有支路的关联矩阵，划去的结点可以认为是参考结点。今后所说的关联矩阵都是对降阶矩阵而言的。对于 n 个结点，b 条支路的有向图(电路)，降阶矩阵是一个 $(n-1) \times b$ 阶矩阵。

16.1.2　用关联矩阵表示的 KCL 和 KVL 方程

对于 n 个结点，b 条支路的电路而言，将各支路电流用列向量表示，即
$$\boldsymbol{i} = \begin{bmatrix} i_1 & i_2 & \cdots & i_b \end{bmatrix}^{\mathrm{T}}$$
若用矩阵 $\boldsymbol{A}$ 左乘支路电流的列向量，有

$$\boldsymbol{Ai} = \begin{bmatrix} \text{结点 1 上的} \sum i \\ \text{结点 2 上的} \sum i \\ \vdots \\ \text{结点 } (n-1) \text{ 上的} \sum i \end{bmatrix}$$

所以，有
$$\boldsymbol{Ai} = \boldsymbol{0} \qquad (16-2)$$
该式就是 KCL 的矩阵形式。

对于图 16-1 所示电路，其矩阵形式的 KCL 为
$$\boldsymbol{Ai} = \begin{bmatrix} i_1 & +i_4 & +i_6 \\ i_2 & -i_4 & +i_5 \\ i_3 & -i_5 & -i_6 \end{bmatrix} = \begin{bmatrix} 0 \\ 0 \\ 0 \end{bmatrix}$$

对于 n 个结点，b 条支路的电路，设各支路电压的列向量为
$$\boldsymbol{u} = \begin{bmatrix} u_1 & u_2 & \cdots & u_b \end{bmatrix}^{\mathrm{T}}$$
再设 $n-1$ 个结点电压的列向量为
$$\boldsymbol{u}_{\mathrm{n}} = \begin{bmatrix} u_{\mathrm{n}1} & u_{\mathrm{n}2} & \cdots & u_{\mathrm{n}(n-1)} \end{bmatrix}^{\mathrm{T}}$$
利用关联矩阵 $\boldsymbol{A}$，由结点电压可以表示各支路上的电压，即

$$u = A^{\mathrm{T}} u_{\mathrm{n}} \qquad\qquad (16-3)$$

式(16-3)中 A^{T} 为关联矩阵 A 的转置矩阵。A^{T} 的每一行(对应 A 的每一列)表示支路与结点的关联情况。式(16-3)表明,如果已知 $n-1$ 个结点的结点电压,则 b 条支路的电压可以用结点电压表示,这正是结点电压法的基本思想。可以认为该式是用 A 矩阵表示的 KVL 的矩阵形式。

例如,图 16-1 中的支路电压与其结点电压关系的矩阵表示为

$$
\begin{bmatrix} u_1 \\ u_2 \\ u_3 \\ u_4 \\ u_5 \\ u_6 \end{bmatrix}
=
\begin{bmatrix} 1 & 0 & 0 \\ 0 & 1 & 0 \\ 0 & 0 & 1 \\ 1 & -1 & 0 \\ 0 & 1 & -1 \\ 1 & 0 & -1 \end{bmatrix}
\begin{bmatrix} u_{\mathrm{n1}} \\ u_{\mathrm{n2}} \\ u_{\mathrm{n3}} \end{bmatrix}
=
\begin{bmatrix} u_{\mathrm{n1}} \\ u_{\mathrm{n2}} \\ u_{\mathrm{n3}} \\ u_{\mathrm{n1}} - u_{\mathrm{n2}} \\ u_{\mathrm{n2}} - u_{\mathrm{n3}} \\ u_{\mathrm{n1}} - u_{\mathrm{n3}} \end{bmatrix}
$$

由以上分析可见,用关联矩阵 A 表示的 KCL 和 KVL 方程精练简洁。注意,在 A 中行坐标是结点,而在 A^{T} 中行坐标则是支路。

16.2　回　路　矩　阵

由 3.1.1 节知道,对于一个图,当选定一个树以后,就可以得出对应于该树的基本(独立)回路。若用矩阵表示支路和基本回路的关联关系,这一矩阵称为回路矩阵。本节将研究回路矩阵的列写方法以及用其表示的 KVL 和 KCL 的矩阵方程。

16.2.1　回路矩阵的概念

回路是由支路组成的,是支路的集合。因此,如果某支路是一个回路中的支路,就称该支路与这一回路关联。设有向图的结点数为 n,支路数为 b,即独立回路数为 $l=b-(n-1)$ 个,则回路矩阵为一个 $l \times b$ 阶矩阵,用 B 表示。

B 矩阵的建立方法与 A 矩阵相似。回路矩阵的行和独立回路对应,列和支路对应。则回路 j 与支路 k 的关联关系可用它的任一元素 b_{jk} 表示。b_{jk} 取值的具体意义如下:

(1) $b_{jk} = +1$,表示回路 j 与支路 k 关联,且方向一致。

(2) $b_{jk} = -1$,表示回路 j 与支路 k 关联,但方向相反。

(3) $b_{jk} = 0$,表示回路 j 与支路 k 不关联。

仍以图 16-1 为例,选支路 2、4、6 为树支,支路 1、3、5 为连支,则图 16-1 变为图 16-2。图中,独立回路数为 3,设分别为 l_1、l_2 和 l_3(单连支回路)。

于是得图 16-2 的回路矩阵为

$$
B = \begin{array}{c} \\ 1 \\ 2 \\ 3 \end{array}
\begin{array}{cccccc} 1 & 2 & 3 & 4 & 5 & 6 \end{array}
\begin{bmatrix} 1 & -1 & 0 & -1 & 0 & 0 \\ 0 & -1 & 1 & -1 & 0 & 1 \\ 0 & 0 & 0 & 1 & 1 & -1 \end{bmatrix}
$$

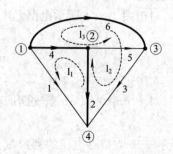

图 16-2　支路与回路的关联关系

由第 3 章可知，单连支回路是独立回路，称为基本回路。如果使回路矩阵的列序(支路顺序)和连支所对应的基本回路的排序一致，则这样的回路矩阵称为基本回路矩阵，用 B_f 表示。若连支的方向和对应回路的绕行方向一致，则 B_f 中将出现一个 l 阶单位子矩阵，即

$$B_f = [\mathbf{1}_l \ \vdots \ B_t] \tag{16-4}$$

式中，下标 l 和 t 分别表示与连支和树支对应的部分。在选定支路 2、4、6 为树支，支路 1、3、5 为连支后，图 16-2 对应的基本回路矩阵，依据式(16-4)可以写为

$$
B_f = \begin{matrix} 1 \\ 2 \\ 3 \end{matrix}
\begin{matrix} 1 & 3 & 5 & 2 & 4 & 6 \\ \begin{bmatrix} 1 & 0 & 0 & -1 & -1 & 0 \\ 0 & 1 & 0 & -1 & -1 & 1 \\ 0 & 0 & 1 & 0 & 1 & -1 \end{bmatrix} \end{matrix}
$$

将回路矩阵由 B 写成 B_f 的形式完全是为了计算方便，其实质是不变的。

16.2.2　用回路矩阵表示的 KVL 和 KCL 方程

若用矩阵 B 左乘支路电压列向量，有

$$
Bu = \begin{bmatrix} 回路 1 中的 \sum u \\ 回路 2 中的 \sum u \\ \vdots \\ 回路 l 中的 \sum u \end{bmatrix}
$$

所以，有

$$Bu = 0 \tag{16-5}$$

该式就是 KVL 的矩阵形式。对于图 16-2 所选定的独立回路，有

$$
Bu = \begin{bmatrix} u_1 - u_2 - u_4 \\ -u_2 + u_3 - u_4 + u_6 \\ u_4 + u_5 - u_6 \end{bmatrix} = \begin{bmatrix} 0 \\ 0 \\ 0 \end{bmatrix}
$$

设 l 个独立回路电流的列向量为

$$i_l = \begin{bmatrix} i_{l1} & i_{l2} & \cdots & i_{ll} \end{bmatrix}^T$$

结合回路矩阵 B，可以将支路电流用回路电流表示，即

$$i = B^T i_l \tag{16-6}$$

式中 B^T 为回路矩阵 B 的转置矩阵。B^T 的每一行对应 B 的每一列。如果已知回路电流，则 b 条支路电流可以用回路电流表示，所以式(16-6)表明了回路电流法的基本思想。

例如，用图 16-2 所示的回路电流表示各支路电流的关系式为

$$
\begin{bmatrix} i_1 \\ i_2 \\ i_3 \\ i_4 \\ i_5 \\ i_6 \end{bmatrix} = \begin{bmatrix} 1 & 0 & 0 \\ -1 & -1 & 0 \\ 0 & 1 & 0 \\ -1 & -1 & 1 \\ 0 & 0 & 1 \\ 0 & 1 & -1 \end{bmatrix} \begin{bmatrix} i_{l1} \\ i_{l2} \\ i_{l3} \end{bmatrix} = \begin{bmatrix} i_{l1} \\ -i_{l1} - i_{l2} \\ i_{l2} \\ -i_{l1} - i_{l2} + i_{l3} \\ i_{l3} \\ i_{l2} - i_{l3} \end{bmatrix}
$$

由以上结果可以看出,式(16 - 2)和式(16 - 5)以及式(16 - 3)和式(16 - 6)互为对偶式,矩阵 A 和 B 互为对偶对,结点电压列向量和回路电流的列向量也互为对偶对。

*16.3　割集与割集矩阵

我们知道,KCL 不仅适合于电路中的一个结点,同时也适合于一个闭合面。如果在电路(或图 G)中任意画一个闭合面,则这一闭合面将切割电路中的一些支路,下面就针对这一问题给出有关割集的定义、割集矩阵以及用其所表示的 KCL 和 KVL 的矩阵方程。

16.3.1　割集的定义

割集是连通图 G 中某些支路的集合,若移去这些支路,则连通图 G 被分成两个部分,如果少移去其中的一条支路,图仍然是连通的。

下面介绍寻找割集的一个简便方法。在连通图 G 上做一闭合面,移去与闭合面相交的所有支路,若图 G 被分为两部分,则该支路组为一割集。例如,在图 16 - 3(a)所示的图 G 中,选支路(a, d, f)构成一个割集,它将图 G 分成两个部分,如图 16 - 3(b)所示,标记该割集为 Q_1;图 16 - 3(c)和图 16 - 3(d)对应的割集分别为(b, d, e, f)和(a, b, c, d),分别记它们为 Q_2 和 Q_3。若在割集 $Q_1 \sim Q_3$ 中保留任一条支路,则图 G 仍然连通;当移去其全部支路后,G 才可被分为两部分。在图 16 - 3(a)中,支路集合(a, d, e, f)和(a, b, c, d, e)不是 G 的割集。

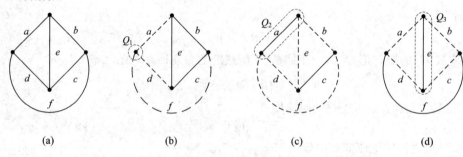

$$(a) \qquad (b) \qquad (c) \qquad (d)$$

图 16 - 3　割集的定义

连通图的割集有许多,例如在图 16 - 3(a)中还可以找出另外一些割集。在一个连通图中有多少个独立的割集是我们所关心的问题。

由于 KCL 适用于任一个闭合面,所以属于同一割集的所有支路上的电流满足 KCL。当割集中的所有支路都连接在同一结点上时,割集上的 KCL 方程就变成了结点上的 KCL 方程,如图 16 - 3(b)所示的割集 Q_1。对于一个连通图,可以列出与割集数目相等的 KCL 方程,但这些方程并非都是线性独立的。由第 3 章可知,对于结点数为 n、支路数为 b 的连通图来说,其独立的 KCL 方程数为 $n-1$ 个,如果在图中分别选和所有结点相连的支路为割集,则独立割集数就是 $n-1$ 个。下面介绍如何借助"树"的概念,寻找独立的割集。

观察连通图 G 中的任意一个树及其余树(由连支构成),不难发现:一个单树支总能与某些连支构成一个割集,称为单树支割集;对于结点数为 n,支路数为 b 的连通图,树支数为 $n-1$ 个,所以图 G 的独立割集数也是 $n-1$ 个。通常将单树支割集称为基本割集。例如在图 16 - 4(a)所示的有向图中,选支路 3、6、5 为树支,则 3 个独立割集分别为 $Q_1(1, 2, 3)$、

$Q_2(1，4，5)$ 和 $Q_3(1，2，6，4)$，如图 16-4(b)、图 16-4(c) 和图 16-4(d) 所示。注意：在图中每一个割集都被赋予了一个方向，用于考察支路与割集的方向关系。

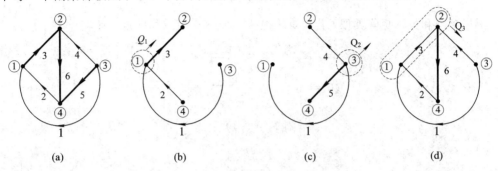

图 16-4 割集与支路的关联关系

顺便指出，一个连通图 G 有许多树，因此所选的树不同，其基本割集也不同。巧妙地选树及其基本割集组，可使电路矩阵方程稀疏易解。注意，独立割集不见得是单树支割集，如同独立回路不全是单连支回路一样。

16.3.2 割集矩阵

割集矩阵 Q 是描述割集与支路的关联关系的矩阵。设连通有向图 G 有 n 个结点，b 条支路，首先选单树支割集为独立割集（规定每个单树枝割集的方向和树枝方向相同），独立割集数为 $n-1$ 个，则割集矩阵为一个 $(n-1) \times b$ 阶矩阵，用 Q 表示。割集矩阵的行和割集对应，列和支路对应，则割集 j 与支路 k 的关联关系可用它的任一元素 q_{jk} 表示。q_{jk} 取值的具体意义如下：

(1) $q_{jk} = +1$，表示割集 j 与支路 k 关联，且方向一致。

(2) $q_{jk} = -1$，表示割集 j 与支路 k 关联，方向相反。

(3) $q_{jk} = 0$，表示割集 j 与支路 k 不关联。

例如，图 16-4(a) 所示的独立割集数为 3，如图 16-4(b)，图 16-4(c) 和图 16-4(d) 所示。其割集矩阵为

$$Q = \begin{array}{c} \\ 1 \\ 2 \\ 3 \end{array} \begin{array}{cccccc} 1 & 2 & 3 & 4 & 5 & 6 \\ \begin{bmatrix} -1 & -1 & 1 & 0 & 0 & 0 \\ 1 & 0 & 0 & 1 & 1 & 0 \\ -1 & -1 & 0 & -1 & 0 & 1 \end{bmatrix} \end{array}$$

和基本回路类似，如果割集矩阵的列序（割集顺序）和树支所对应基本割集的排序一致，则这样的割集矩阵称为基本割集矩阵，用 Q_f 表示。若割集的方向和对应树支的方向一致，则 Q_f 中将出现一个 $n-1$ 阶的单位子矩阵 $\mathbf{1}_t$，即

$$Q_f = [\mathbf{1}_t \ \vdots \ Q_1] \tag{16-7}$$

式中，下标 t 和 l 分别表示与树支和连支对应的部分。在选定支路 3、5、6 为树支，支路 1、2、4 为连支后，图 16-4 对应的基本割集矩阵为

$$Q_f = \begin{array}{c} \\ 1 \\ 2 \\ 3 \end{array} \begin{array}{cccccc} 3 & 5 & 6 & 1 & 2 & 4 \\ \begin{bmatrix} 1 & 0 & 0 & -1 & -1 & 0 \\ 0 & 1 & 0 & 1 & 0 & 1 \\ 0 & 0 & 1 & -1 & -1 & -1 \end{bmatrix} \end{array}$$

16.3.3　用割集矩阵表示的 KVL 和 KCL 方程

割集矩阵和关联矩阵类似，若用矩阵 Q 左乘支路电流的列向量，有

$$
Qi = \begin{bmatrix} \text{割集 1 上的} \sum i \\ \text{割集 2 上的} \sum i \\ \vdots \\ \text{割集}(n-1) \text{ 上的} \sum i \end{bmatrix}
$$

即

$$
Qi = 0 \tag{16-8}
$$

该式就是用 Q 表示的 KCL 的矩阵方程。

对于图 16-4(a) 所示的图，若所选独立割集与图 16-4 所示的相同，则

$$
Qi = \begin{bmatrix} -i_1 - i_2 + i_3 \\ i_1 + i_4 + i_5 \\ -i_1 - i_2 - i_4 + i_6 \end{bmatrix} = \begin{bmatrix} 0 \\ 0 \\ 0 \end{bmatrix}
$$

对于 n 个结点、b 条支路的图，设 $n-1$ 个树支电压的列向量为

$$
u_\mathrm{t} = \begin{bmatrix} u_{\mathrm{t}1} & u_{\mathrm{t}2} & \cdots & u_{\mathrm{t}(n-1)} \end{bmatrix}^\mathrm{T}
$$

于是，各支路电压可以用树支电压来表示，即

$$
u = Q^\mathrm{T} u_\mathrm{t} \tag{16-9}
$$

式中 Q^T 为割集矩阵 Q 的转置矩阵。可见，如果已知 $n-1$ 个树支电压，则 b 条支路的电压可以用树支电压表示，这是割集电压法（后面介绍）的基本思想。该式就是用矩阵 Q 表示的 KVL 的矩阵形式。

例如，图 16-4 所示的支路电压与其树支电压关系的矩阵表示为

$$
\begin{bmatrix} u_1 \\ u_2 \\ u_3 \\ u_4 \\ u_5 \\ u_6 \end{bmatrix} = \begin{bmatrix} -1 & 1 & -1 \\ -1 & 0 & -1 \\ 1 & 0 & 0 \\ 0 & 1 & -1 \\ 0 & 1 & 0 \\ 0 & 0 & 1 \end{bmatrix} \begin{bmatrix} u_{\mathrm{t}1} \\ u_{\mathrm{t}2} \\ u_{\mathrm{t}3} \end{bmatrix} = \begin{bmatrix} -u_{\mathrm{t}1} + u_{\mathrm{t}2} - u_{\mathrm{t}3} \\ -u_{\mathrm{t}1} - u_{\mathrm{t}3} \\ u_{\mathrm{t}1} \\ u_{\mathrm{t}2} - u_{\mathrm{t}3} \\ u_{\mathrm{t}2} \\ u_{\mathrm{t}3} \end{bmatrix}
$$

由以上分析看出：

（1）KCL 和 KVL 既可以用 A 矩阵和 B 矩阵表示，同样可以用 Q 矩阵表示。它们之间存在等效变换关系，本书不再讲述它们之间的关系。当连通图的 A 矩阵、B 矩阵和 Q 矩阵的阶次不同时，其 KCL 和 KVL 表示式的复杂程度也不同。

（2）KCL、KVL 和电路的拓扑结构有关，这是集总元件电路公设的必然结果。对集总电路而言，无论其支路元件是线性的还是非线性的、时变的还是非时变的，基尔霍夫定律总是成立的。

（3）电路是由电路元件组成的。电能在电路中的实际分布不仅受 KCL 和 KVL 约束，

也要受支路元件特性的约束。只有把元件约束(元件的伏安特性)与基尔霍夫定律相结合，才能确定电路元件上的能量分布，完成电路分析的任务。

16.4　回路电流矩阵

在第 3 章，我们学会了以网孔电流或回路电流为变量的电路方程，下面讨论回路电流矩阵方程。回路电流矩阵方程就是以回路电流为变量的矩阵形式的电路方程。由前面的分析知道，当引入回路矩阵 $\boldsymbol{B}$ 以后，KCL 和 KVL 可以写成矩阵形式，由式(16 - 6)和式(16 - 5)知

$$\text{KCL}\qquad \boldsymbol{i} = \boldsymbol{B}^{\mathrm{T}} \boldsymbol{i}_{\mathrm{l}}$$

$$\text{KVL}\qquad \boldsymbol{B}\boldsymbol{u} = \boldsymbol{0}$$

因为 KCL 和 KVL 方程只和电路的拓扑有关，和构成电路支路的性质无关，所以为了列写回路电流的矩阵方程，首先需要研究支路上电压、电流约束方程的矩阵形式。

16.4.1　复合支路

为了研究方便，这里构造一个综合性的支路，该支路称为复合支路，如图 16 - 5(a)所示。

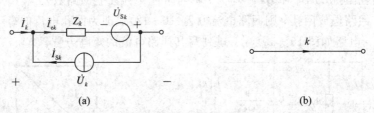

(a)　　　　　　　　　　　　　　　　(b)

图 16 - 5　复合支路

这里采用支路的相量模型，同样也可以用 s 域模型。在图 16 - 5(a)中，$\dot{U}_k$ 和 $\dot{I}_k$ 分别表示第 k 条支路的电压和电流，Z_k 表示第 k 条支路的阻抗，$\dot{U}_{\mathrm{S}k}$ 和 $\dot{I}_{\mathrm{S}k}$ 分别表示第 k 条支路的电压源和电流源；图 16 - 5(b)是图 16 - 5(a)的拓扑图(有向支路)，k 既表示支路电压 $\dot{U}_k$，又表示支路电流 $\dot{I}_k$。为了编程方便，这里规定 Z_k 只能是单一元件构成的阻抗，即

$$Z_k = R_k \quad \text{或} \quad Z_k = \mathrm{j}\omega L_k \quad \text{或} \quad Z_k = \frac{1}{\mathrm{j}\omega C_k}$$

且规定该支路不允许是无伴的电流源支路。可见，复合支路包括了尽可能多的电路元件。

16.4.2　回路电流矩阵方程

根据 KCL、KVL 和元件约束，图 16 - 5(a)所示复合支路的约束方程为

$$\dot{U}_k = Z_k \dot{I}_{ek} - \dot{U}_{\mathrm{S}k} = Z_k(\dot{I}_k + \dot{I}_{\mathrm{S}k}) - \dot{U}_{\mathrm{S}k} \tag{16 - 10}$$

对于具有 n 个结点，b 条支路的电路，设

$\boldsymbol{\dot{I}} = [\dot{I}_1 \quad \dot{I}_2 \quad \cdots \quad \dot{I}_b]^{\mathrm{T}}$ 为支路电流的列向量；

$\boldsymbol{\dot{U}} = [\dot{U}_1 \quad \dot{U}_2 \quad \cdots \quad \dot{U}_b]^{\mathrm{T}}$ 为支路电压的列向量；

$\boldsymbol{\dot{I}}_{\mathrm{S}} = [\dot{I}_{\mathrm{S}1} \quad \dot{I}_{\mathrm{S}2} \quad \cdots \quad \dot{I}_{\mathrm{S}b}]^{\mathrm{T}}$ 为支路电流源的电流列向量；

$\dot{U}_S = [\dot{U}_{S1} \quad \dot{U}_{S2} \quad \cdots \quad \dot{U}_{Sb}]^T$ 为支路电压源的电压列向量。

所以整个电路的约束关系式为

$$\begin{bmatrix} \dot{U}_1 \\ \dot{U}_2 \\ \vdots \\ \dot{U}_b \end{bmatrix} = \begin{bmatrix} Z_1 & & & \mathbf{0} \\ & Z_2 & & \\ & & \ddots & \\ \mathbf{0} & & & Z_b \end{bmatrix} \begin{bmatrix} \dot{I}_1 + \dot{I}_{S1} \\ \dot{I}_2 + \dot{I}_{S2} \\ \vdots \\ \dot{I}_b + \dot{I}_{Sb} \end{bmatrix} - \begin{bmatrix} \dot{U}_{S1} \\ \dot{U}_{S2} \\ \vdots \\ \dot{U}_{Sb} \end{bmatrix} \qquad (16-11\text{a})$$

即

$$\dot{U} = Z(\dot{I} + \dot{I}_S) - \dot{U}_S \qquad (16-11\text{b})$$

式中，Z 称为电路的阻抗矩阵，可见它是一个对角阵。

将 KVL 方程 $Bu = 0$ 和 KCL 方程 $i = B^T i_1$ 写成相量形式，即 $B\dot{U} = 0$ 和 $\dot{I} = B^T \dot{I}_1$。用回路矩阵 B 左乘式(16-11b)，得

$$B\dot{U} = B[Z(\dot{I} + \dot{I}_S) - \dot{U}_S] = 0$$
$$BZ\dot{I} + BZ\dot{I}_S - B\dot{U}_S = 0$$

再将 $\dot{I} = B^T \dot{I}_1$ 代入上式，可得到回路电流的矩阵方程为

$$BZB^T \dot{I}_1 = B\dot{U}_S - BZ\dot{I}_S \qquad (16-12)$$

若令 $Z_1 = BZB^T$，则构成一个 l 阶方阵，称为回路阻抗矩阵，其主对角线的元素为自阻抗，非对角元素为互阻抗。$B\dot{U}_S$ 和 $BZ\dot{I}_S$ 均为 l 阶列向量(l 为独立回路数)。

若将独立回路选成网孔，则回路电流方程(16-12)式即为网孔电流的矩阵方程。

例 16-1　电路如图 16-6 所示，试列写其回路电流的矩阵方程。

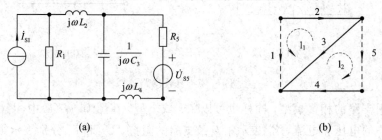

(a)　　　　　　　　　　　　　　　　(b)

图 16-6　例 16-1 图

解　画出图 16-6(a)所示电路的有向图，如图 16-6(b)所示，选支路 2、3、4 为树支(实线所示)，则两个单连支回路如图 16-6(b)所示，易得回路矩阵为

$$\begin{array}{cccccc} & 1 & 2 & 3 & 4 & 5 \end{array}$$
$$B = \begin{array}{c} 1 \\ 2 \end{array} \begin{bmatrix} 1 & -1 & -1 & 0 & 0 \\ 0 & 0 & -1 & 1 & 1 \end{bmatrix}$$

$$Z = \text{diag}\left[R_1, j\omega L_2, \frac{1}{j\omega C_3}, j\omega L_4, R_5 \right]^{①}$$

$$\dot{U}_S = \begin{bmatrix} 0 & 0 & 0 & 0 & -\dot{U}_{S5} \end{bmatrix}^T$$

$$\dot{I}_S = \begin{bmatrix} \dot{I}_{S1} & 0 & 0 & 0 & 0 \end{bmatrix}^T$$

将以上各式代入回路电流矩阵方程式(16-12)，整理得

---

①　diag 为对角矩阵(diagonal matrix)的缩写。

$$\begin{bmatrix} R_1 + j\omega L_2 + \dfrac{1}{j\omega C_3} & \dfrac{1}{j\omega C_3} \\[2ex] \dfrac{1}{j\omega C_3} & \dfrac{1}{j\omega C_3} + j\omega L_4 + R_5 \end{bmatrix} \begin{bmatrix} \dot{I}_{l1} \\[1ex] \dot{I}_{l2} \end{bmatrix} = \begin{bmatrix} -R_1 \dot{I}_{S1} \\[1ex] -\dot{U}_{S5} \end{bmatrix}$$

16.4.3　含受控源的复合支路

如果考虑电路中的受控电压源(规定不允许存在受控的电流源),图 16-5 所示的复合支路可以画成图 16-7(a)所示的形式。

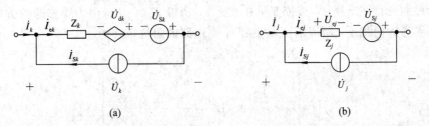

图 16-7　含受控源的复合支路和受控源控制支路

由图 16-7(a)得复合支路的约束方程为

$$\dot{U}_k = Z_k \dot{I}_{ek} - \dot{U}_{dk} - \dot{U}_{Sk} = Z_k(\dot{I}_k + \dot{I}_{Sk}) - \dot{U}_{dk} - \dot{U}_{Sk} \tag{16-13}$$

式中 $\dot{U}_{dk}$ 是受控的电压源,设它是由第 j 条支路中的无源元件上的电压 $\dot{U}_{ej}$ 或电流 $\dot{I}_{ej}$ 控制的,如图 16-7(b)所示。

当受控源为 VCVS 时,上式中

$$\dot{U}_{dk} = \mu_{kj} \dot{U}_{ej} = \mu_{kj} Z_j \dot{I}_{ej} = \mu_{kj} Z_j(\dot{I}_j + \dot{I}_{Sj})$$

当受控源是 CCVS 时, $\dot{U}_{dk} = r_{kj} \dot{I}_{ej} = r_{kj}(\dot{I}_j + \dot{I}_{Sj})$,所以有

$$Z_{kj} = \begin{cases} \mu_{kj} Z_j & (\dot{U}_{dk}\text{ 为 VCVS}) \\ r_{kj} & (\dot{U}_{dk}\text{ 为 CCVS}) \end{cases}$$

于是,式(16-13)可以写为

$$\dot{U}_k = Z_k(\dot{I}_k + \dot{I}_{Sk}) - Z_{kj}(\dot{I}_j + \dot{I}_{Sj}) - \dot{U}_{Sk}$$

这时,矩阵 **Z** 就不再是对角阵,而是在原对角阵中的第 k 行第 j 列增加一个负 Z_{kj} 。其回路电流矩阵方程形式不变。

例 16-2　电路如图 16-8(a)所示,试列写其回路电路的矩阵方程。

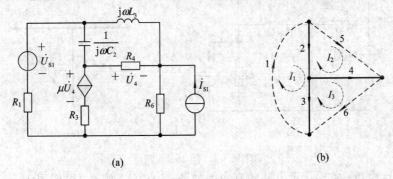

(a)　　　　　　　　　　　　(b)

图 16-8　例 16-2 图

解　画出图 16-8(a)所示电路的有向图，如图 16-8(b)所示。选 2、3、4 为树支，则 1、5、6 为连支，对应的单连支回路如图 16-8(b)所示，则回路矩阵为

$$\boldsymbol{B} = \begin{bmatrix} 1 & 1 & 1 & 0 & 0 & 0 \\ 0 & -1 & 0 & -1 & 1 & 0 \\ 0 & 0 & -1 & 1 & 0 & 1 \end{bmatrix}$$

电压源和电流源的列向量分别为

$$\dot{\boldsymbol{U}}_{\mathrm{S}} = \begin{bmatrix} \dot{U}_{\mathrm{S1}} & 0 & 0 & 0 & 0 & 0 \end{bmatrix}^{\mathrm{T}}$$

$$\dot{\boldsymbol{I}}_{\mathrm{S}} = \begin{bmatrix} 0 & 0 & 0 & 0 & 0 & \dot{I}_{\mathrm{S6}} \end{bmatrix}^{\mathrm{T}}$$

由于控制变量在支路 4，被控变量在支路 3，所以 $Z_{34} = \mu R_4$（因为受控源的方向和复合支路中的参考方向相反，所以前面取正号），则电路的阻抗矩阵为

$$\boldsymbol{Z} = \begin{bmatrix} R_1 & 0 & 0 & 0 & 0 & 0 \\ 0 & \dfrac{1}{\mathrm{j}\omega C_2} & 0 & 0 & 0 & 0 \\ 0 & 0 & R_3 & \mu R_4 & 0 & 0 \\ 0 & 0 & 0 & R_4 & 0 & 0 \\ 0 & 0 & 0 & 0 & \mathrm{j}\omega L_5 & 0 \\ 0 & 0 & 0 & 0 & 0 & R_6 \end{bmatrix}$$

将以上各式代入回路电流矩阵方程式(16-12)，整理得

$$\begin{bmatrix} R_1 + \dfrac{1}{\mathrm{j}\omega C_2} + R_3 & -\dfrac{1}{\mathrm{j}\omega C_2} - \mu R_4 & -R_3 + \mu R_4 \\ -\dfrac{1}{\mathrm{j}\omega C_2} & \dfrac{1}{\mathrm{j}\omega C_2} + R_4 + j\omega L_5 & -R_4 \\ -R_3 & \mu R_4 - R_4 & R_3 + R_4 + R_6 - \mu R_4 \end{bmatrix} \begin{bmatrix} \dot{I}_{l1} \\ \dot{I}_{l2} \\ \dot{I}_{l3} \end{bmatrix} = \begin{bmatrix} \dot{U}_{\mathrm{S1}} \\ 0 \\ -R_6 \dot{I}_{\mathrm{S6}} \end{bmatrix}$$

如果电路中存在互感，因为互感支路是相互的，并且可以等效成电流控制电压源的形式。若在电路的第 k 条和第 j 条支路之间存在互感，根据以上复合支路的定义，在 $\boldsymbol{Z}$ 矩阵中的第 k 行第 j 列加上 $\mp j\omega M_{kj}$ 和第 j 行第 k 列加上 $\mp j\omega M_{jk}$ 即可。注意：此 $\mp$ 号表示两支路的电流 $\dot{I}_{ek}$ 和 $\dot{I}_{ej}$ 均从各自线圈的同名端流入。

例 16-3　如图 16-9(a)所示的运算电路，试写出电路的阻抗矩阵。

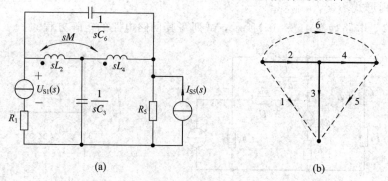

(a)　　　　　　　　　　　　　　(b)

图 16-9　例 16-3 图

解　画出图 16-9(a)所示电路的有向图如图 16-9(b)所示，根据图 16-9(b)的参考方向以及 2、4 支路互感的同名端标记，得 2、4 支路的等效电路图如图 16-10 所示。

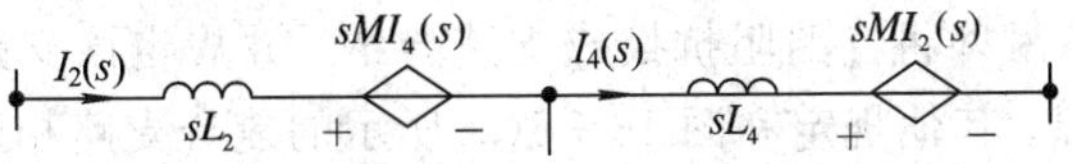

$$I_2(s) \qquad sMI_4(s) \qquad I_4(s) \qquad sMI_2(s)$$

图 16-10　例 16-3 含互感支路的等效图

由图 16-10 看出，2、4 支路互为控制支路和被控支路，受控源均为电流路控制的电压源，根据图 16-7(a)复合支路受控源的参考方向，可得两个被控支路的由受控源产生的阻抗为 $Z_{24}=Z_{42}=sM$(取正号)，于是得电路的阻抗矩阵为

$$\mathbf{Z}(s)=\begin{bmatrix} R_1 & 0 & 0 & 0 & 0 & 0 \\ 0 & sL_2 & 0 & sM & 0 & 0 \\ 0 & 0 & \dfrac{1}{sC_3} & 0 & 0 & 0 \\ 0 & sM & 0 & sL_4 & 0 & 0 \\ 0 & 0 & 0 & 0 & R_5 & 0 \\ 0 & 0 & 0 & 0 & 0 & \dfrac{1}{sC_6} \end{bmatrix}$$

16.5　结点电压矩阵

结点电压矩阵方程就是以结点电压为变量的矩阵电路方程。由前所述，当引入关联矩阵 $\mathbf{A}$ 以后，KCL 和 KVL 可以写成矩阵形式，由式(16-2)和式(16-3)知

$$\text{KCL} \qquad \mathbf{A}\mathbf{i}=\mathbf{0}$$
$$\text{KVL} \qquad \mathbf{u}=\mathbf{A}^{\mathrm{T}}\mathbf{u}_{\mathrm{n}}$$

和回路电流矩阵方程的推导过程类似，只要知道支路上电压与电流的约束方程，再利用 KCL 和 KVL 的矩阵形式就可以推导出结点电压方程的矩阵方程。下面首先介绍与结点电压方程对应的复合支路。

16.5.1　复合支路

结点电压方程对应的复合支路如图 16-11(a)所示。

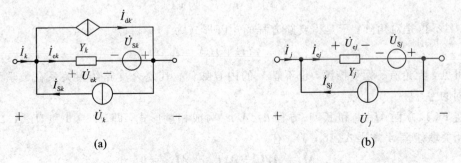

(a) **(b)**

图 16-11　复合支路和受控源控制支路

这里仍然采用复合支路的相量模型。为了讨论方便，在图 16-11(a)所示的复合支路中加入了受控源支路，另外将支路阻抗换成支路导纳，并规定该支路不允许存在无伴的电压源以及受控的电压源。其他规定和图 16-5(a)所示的复合支路相同。

16.5.2　结点电压矩阵方程

在图 16-11(a)所示的复合支路中，如果无受控源，即 $\dot{I}_{dk}=0$，根据 KCL 和 KVL，得复合支路的约束方程为

$$\dot{I}_k = \dot{I}_{ek} - \dot{I}_{Sk} = Y_k\dot{U}_{ek} - \dot{I}_{Sk} = Y_k(\dot{U}_k + \dot{U}_{Sk}) - \dot{I}_{Sk} \tag{16-14}$$

对于整个电路，支路电流的矩阵表达式为

$$\dot{\boldsymbol{I}} = \boldsymbol{Y}(\dot{\boldsymbol{U}} + \dot{\boldsymbol{U}}_S) - \dot{\boldsymbol{I}}_S \tag{16-15}$$

上式中，$\boldsymbol{Y}$ 为支路导纳矩阵，它也是一个对角阵。

下来研究受控的电流源 $\dot{I}_{dk}\neq0$ 的情况。设复合支路 k 中的受控电流源受支路 j 中无源元件上的电压 $\dot{U}_{ej}$ 或电流 $\dot{I}_{ej}$ 控制，控制支路如图 16-11(b)所示，且 $\dot{I}_{dk}=g_{kj}\dot{U}_{ej}$ 或 $\dot{I}_{dk}=\beta_{kj}\dot{I}_{ej}$，则第 k 条复合支路的支路电流方程为

$$\dot{I}_k = \dot{I}_{ek} + \dot{I}_{dk} - \dot{I}_{Sk} = Y_k\dot{U}_{ek} + \dot{I}_{dk} - \dot{I}_{Sk} = Y_k(\dot{U}_k + \dot{U}_{Sk}) + \dot{I}_{dk} - \dot{I}_{Sk}$$

当受控源为 VCCS 时，上式中 $\dot{I}_{dk}=g_{kj}(\dot{U}_j+\dot{U}_{Sj})$；当受控源为 CCCS 时，$\dot{I}_{dk}=\beta_{kj}Y_j(\dot{U}_j+\dot{U}_{Sj})$，所以有

$$
\begin{bmatrix} \dot{I}_1 \\ \dot{I}_2 \\ \vdots \\ \dot{I}_j \\ \vdots \\ \dot{I}_k \\ \vdots \\ \dot{I}_b \end{bmatrix} =
\begin{bmatrix}
Y_1 & & & & & & & \\
0 & Y_2 & & & & \mathbf{0} & & \\
\vdots & \vdots & \ddots & & & & & \\
0 & 0 & \cdots & Y_j & & & & \\
\vdots & \vdots & & \vdots & \ddots & & & \\
0 & 0 & \cdots & Y_{kj} & \cdots & Y_k & & \\
\vdots & \vdots & & \vdots & & \vdots & \ddots & \\
0 & 0 & \cdots & 0 & \cdots & 0 & \cdots & Y_b
\end{bmatrix}
\begin{bmatrix} \dot{U}_1+\dot{U}_{S1} \\ \dot{U}_2+\dot{U}_{S2} \\ \vdots \\ \dot{U}_j+\dot{U}_{Sj} \\ \vdots \\ \dot{U}_k+\dot{U}_{Sk} \\ \vdots \\ \dot{U}_b+\dot{U}_{Sb} \end{bmatrix} -
\begin{bmatrix} \dot{I}_{S1} \\ \dot{I}_{S2} \\ \vdots \\ \dot{I}_{Sj} \\ \vdots \\ \dot{I}_{Sk} \\ \vdots \\ \dot{I}_{Sb} \end{bmatrix}
$$

式中

$$Y_{kj} = \begin{cases} g_{kj} & (\dot{I}_{dk} \text{ 为 VCCS}) \\ \beta_{kj}Y_j & (\dot{I}_{dk} \text{ 为 CCCS}) \end{cases}$$

因此，$\boldsymbol{Y}$ 不再是对角阵。于是得支路方程的矩阵形式为

$$\dot{\boldsymbol{I}} = \boldsymbol{Y}(\dot{\boldsymbol{U}} + \dot{\boldsymbol{U}}_S) - \dot{\boldsymbol{I}}_S$$

可见，无论有、无受控源，也不管 $\boldsymbol{Y}$ 的内容如何，其复合支路约束关系在数学形式上是相同的。

将 KCL 方程 $\boldsymbol{A}\boldsymbol{i}=0$ 和 KVL 方程 $\boldsymbol{u}=\boldsymbol{A}^{\mathrm{T}}\boldsymbol{u}_n$ 写成相量形式，即 $\boldsymbol{A}\dot{\boldsymbol{I}}=\boldsymbol{0}$ 和 $\dot{\boldsymbol{U}}=\boldsymbol{A}^{\mathrm{T}}\dot{\boldsymbol{U}}_n$。

用关联矩阵 $\boldsymbol{A}$ 左乘式(16-5)，有

$$\boldsymbol{A}\dot{\boldsymbol{I}} = \boldsymbol{A}\boldsymbol{Y}\dot{\boldsymbol{U}} + \boldsymbol{A}\boldsymbol{Y}\dot{\boldsymbol{U}}_S - \boldsymbol{A}\dot{\boldsymbol{I}}_S = \boldsymbol{0}$$

再将 $\dot{\boldsymbol{U}}=\boldsymbol{A}^{\mathrm{T}}\dot{\boldsymbol{U}}_n$ 代入上式，可得结点电压矩阵方程为

$$\boldsymbol{A}\boldsymbol{Y}\boldsymbol{A}^{\mathrm{T}}\dot{\boldsymbol{U}}_{\mathrm{n}} = \boldsymbol{A}\dot{\boldsymbol{I}}_{\mathrm{S}} - \boldsymbol{A}\boldsymbol{Y}\dot{\boldsymbol{U}}_{\mathrm{S}} \tag{16-16}$$

或

$$\boldsymbol{Y}_{\mathrm{n}}\dot{\boldsymbol{U}}_{\mathrm{n}} = \dot{\boldsymbol{J}}_{\mathrm{n}} \tag{16-17}$$

上式中，$\boldsymbol{Y}_{\mathrm{n}} = \boldsymbol{A}\boldsymbol{Y}\boldsymbol{A}^{\mathrm{T}}$ 是 $n-1$ 阶方阵，称为结点导纳矩阵；$\dot{\boldsymbol{J}}_{\mathrm{n}} = \boldsymbol{A}\dot{\boldsymbol{I}}_{\mathrm{S}} - \boldsymbol{A}\boldsymbol{Y}\dot{\boldsymbol{U}}_{\mathrm{S}}$ 为由独立源引起的流入结点的 $n-1$ 阶电流列向量。

例 16-4　图 16-12(a)所示电路中，各电路元件的数字下标为支路编号。试列写该电路的结点电压矩阵方程。

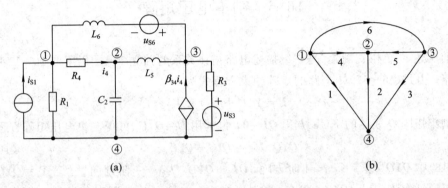

图 16-12　例 16-4 图

解　图 16-12(a)所示电路的有向图如图 16-12(b)所示。选结点④为参考结点，则其关联矩阵为

$$\boldsymbol{A} = \begin{bmatrix} 1 & 0 & 0 & 1 & 0 & 1 \\ 0 & 1 & 0 & -1 & -1 & 0 \\ 0 & 0 & 1 & 0 & 1 & -1 \end{bmatrix}$$

电压源列向量为

$$\dot{\boldsymbol{U}}_{\mathrm{S}} = \begin{bmatrix} 0 & 0 & -\dot{U}_{\mathrm{S3}} & 0 & 0 & \dot{U}_{\mathrm{S6}} \end{bmatrix}^{\mathrm{T}}$$

电流源列向量为

$$\dot{\boldsymbol{I}}_{\mathrm{S}} = \begin{bmatrix} \dot{I}_{\mathrm{S1}} & 0 & 0 & 0 & 0 & 0 \end{bmatrix}^{\mathrm{T}}$$

支路导纳矩阵为

$$\boldsymbol{Y} = \begin{bmatrix} \dfrac{1}{R_1} & 0 & 0 & 0 & 0 & 0 \\ 0 & \mathrm{j}\omega C_2 & 0 & 0 & 0 & 0 \\ 0 & 0 & \dfrac{1}{R_3} & -\dfrac{\beta_{34}}{R_4} & 0 & 0 \\ 0 & 0 & 0 & \dfrac{1}{R_4} & 0 & 0 \\ 0 & 0 & 0 & 0 & \dfrac{1}{\mathrm{j}\omega L_5} & 0 \\ 0 & 0 & 0 & 0 & 0 & \dfrac{1}{\mathrm{j}\omega L_6} \end{bmatrix}$$

将以上各矩阵代入式(16-16)，整理得结点电压矩阵方程为

$$\begin{bmatrix} \dfrac{1}{R_1}+\dfrac{1}{R_4}+\dfrac{1}{\mathrm{j}\omega L_6} & -\dfrac{1}{R_4} & -\dfrac{1}{\mathrm{j}\omega L_6} \\[3mm] -\dfrac{1}{R_4} & \mathrm{j}\omega C_2+\dfrac{1}{R_4}+\dfrac{1}{\mathrm{j}\omega L_5} & -\dfrac{1}{\mathrm{j}\omega L_5} \\[3mm] -\dfrac{\beta_{34}}{R_4}-\dfrac{1}{\mathrm{j}\omega L_6} & \dfrac{\beta_{34}}{R_4}-\dfrac{1}{\mathrm{j}\omega L_5} & \dfrac{1}{R_3}+\dfrac{1}{\mathrm{j}\omega L_5}+\dfrac{1}{\mathrm{j}\omega L_6} \end{bmatrix} \begin{bmatrix} \dot{U}_{n1} \\[3mm] \dot{U}_{n2} \\[3mm] \dot{U}_{n3} \end{bmatrix} = \begin{bmatrix} \dot{I}_{S1}-\dfrac{\dot{U}_{S6}}{\mathrm{j}\omega L_6} \\[3mm] 0 \\[3mm] \dfrac{\dot{U}_{S3}}{R_3}+\dfrac{\dot{U}_{S6}}{\mathrm{j}\omega L_6} \end{bmatrix}$$

*16.6　割集电压矩阵

如前所述，"单树支割集"是一组描述电路拓扑关系的独立割集。仍用图 16-11 所示的复合支路，由式(16-15)知电路的矩阵约束方程式为

$$\dot{\boldsymbol{I}} = \boldsymbol{Y}(\dot{\boldsymbol{U}}+\dot{\boldsymbol{U}}_\mathrm{S}) - \dot{\boldsymbol{I}}_\mathrm{S}$$

代入用割集矩阵 $\boldsymbol{Q}$ 表达的 KCL 方程 $\boldsymbol{Q}\dot{\boldsymbol{I}}=\boldsymbol{0}$，再利用 $\dot{\boldsymbol{U}}=\boldsymbol{Q}^\mathrm{T}\dot{\boldsymbol{U}}_\mathrm{t}$ 可得割集电压矩阵方程为

$$\boldsymbol{Q}\boldsymbol{Y}\boldsymbol{Q}^\mathrm{T}\dot{\boldsymbol{U}}_\mathrm{t} = \boldsymbol{Q}\dot{\boldsymbol{I}}_\mathrm{S} - \boldsymbol{Q}\boldsymbol{Y}\dot{\boldsymbol{U}}_\mathrm{S} \qquad\qquad (16-18)$$

式(16-18)中 $\boldsymbol{Q}\boldsymbol{Y}\boldsymbol{Q}^\mathrm{T}$ 是一个 $n-1$ 阶方阵，$\boldsymbol{Q}\dot{\boldsymbol{I}}_\mathrm{S}-\boldsymbol{Q}\boldsymbol{Y}\dot{\boldsymbol{U}}_\mathrm{S}$ 为 $n-1$ 阶列向量。若 $\boldsymbol{Y}_\mathrm{t}=\boldsymbol{Q}\boldsymbol{Y}\boldsymbol{Q}^\mathrm{T}$，则称为割集导纳矩阵；$\dot{\boldsymbol{J}}_\mathrm{t}=\boldsymbol{Q}\dot{\boldsymbol{I}}_\mathrm{S}-\boldsymbol{Q}\boldsymbol{Y}\dot{\boldsymbol{U}}_\mathrm{S}$ 为割集电流，它是由独立源引起的流入所有割集的 $n-1$ 阶电流列向量。

注意，割集电压法是结点电压法的推广，结点电压法是割集电压法的一个特例。若选择一组独立割集，使所有的割集都由汇集在 $n-1$ 个结点上的支路构成，这时割集电压 $\dot{\boldsymbol{U}}_\mathrm{t}$ 就和结点电压 $\dot{\boldsymbol{U}}_\mathrm{n}$ 相等，则割集电压方程就变成结点电压方程了。

例 16-5　电路如图 16-13(a)所示，设储能元件 L_1、L_2 和 C_6 的初始条件为零，试以运算形式写出其矩阵形式的割集电压方程。

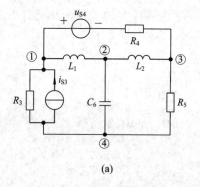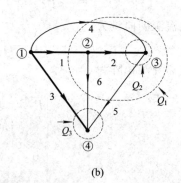

(a)　　　　　　　　　　　　　　　　(b)

图 16-13　例 16-5 图

解　画出电路的有向图，并选支路 1、2、3 为树支，它们与其他连支构成的单树支割集如图 16-13(b)所示。图中，设树支电压为 $U_{t1}(s)$、$U_{t2}(s)$ 和 $U_{t3}(s)$，即割集电压，它们的正方向为割集方向。

根据图 16-13(b)，可写出其基本割集矩阵 $\boldsymbol{Q}$ 为

$$
\begin{array}{c}
\begin{array}{cccccc} 1 & 2 & 3 & 4 & 5 & 6 \end{array} \\
\boldsymbol{Q} = \begin{array}{c} 1 \\ 2 \\ 3 \end{array}
\begin{bmatrix}
1 & 0 & 0 & 1 & -1 & -1 \\
0 & 1 & 0 & 1 & -1 & 0 \\
0 & 0 & 1 & 0 & 1 & 1
\end{bmatrix}
\end{array}
$$

用 s 域电路模型,易得其电压源、电流源列向量分别为

$$
\boldsymbol{U}_S(s) = \begin{bmatrix} 0 & 0 & 0 & -U_{S4}(s) & 0 & 0 \end{bmatrix}^{\mathrm{T}}
$$

$$
\boldsymbol{I}_S(s) = \begin{bmatrix} 0 & 0 & I_{S3}(s) & 0 & 0 & 0 \end{bmatrix}^{\mathrm{T}}
$$

其支路导纳矩阵为

$$
\boldsymbol{Y}(s) = \mathrm{diag}\left[\frac{1}{sL_1}, \frac{1}{sL_2}, \frac{1}{R_3}, \frac{1}{R_4}, \frac{1}{R_5}, sC_6 \right]
$$

代入式(16 - 18)整理得

$$
\begin{bmatrix}
\dfrac{1}{sL_1} + \dfrac{1}{R_4} + \dfrac{1}{R_5} + sC_6 & \dfrac{1}{R_4} + \dfrac{1}{R_5} & -\dfrac{1}{R_5} - sC_6 \\
\dfrac{1}{R_4} + \dfrac{1}{R_5} & \dfrac{1}{sL_2} + \dfrac{1}{R_4} + \dfrac{1}{R_5} & -\dfrac{1}{R_5} \\
-\dfrac{1}{R_5} - sC_6 & -\dfrac{1}{R_5} & \dfrac{1}{R_3} + \dfrac{1}{R_5} + sC_6
\end{bmatrix}
\begin{bmatrix}
U_{t1}(s) \\
U_{t2}(s) \\
U_{t3}(s)
\end{bmatrix}
=
\begin{bmatrix}
\dfrac{U_{S4}(s)}{R_4} \\
\dfrac{U_{S4}(s)}{R_4} \\
I_{S3}(s)
\end{bmatrix}
$$

在该例中,若选支路 3、6、5 为树支,得割集电压 $U_{t3}(s)$、$U_{t6}(s)$ 和 $U_{t5}(s)$;如果设结点④为参考点,则结点电压就等于各自的树支电压,即 $U_{n1}(s) = U_{t3}(s)$、$U_{n2}(s) = U_{t6}(s)$ 和 $U_{n3}(s) = U_{t5}(s)$,此时割集电压矩阵方程就和结点电压方程统一了。

*16.7　状态方程及矩阵表示

在第 7 章我们给出了状态变量与状态的概念,即反映元件记忆特性的变量称为状态变量,状态变量在某一时刻的值称为状态。由前面的分析知道,储能元件有记忆特性,储能元件所记忆的是在某时刻储存能量的大小,即状态。所以,状态反映储能元件储能的大小,而状态变量则反映储能元件储能随时间变化的变量。在动态电路中,全响应由零输入响应和零状态响应组成,零输入响应是由电路的原始储能(原始状态)产生的响应,而零状态响应是外加激励产生的响应。换句话说,原始状态和激励决定了电路的响应,同时也决定了电路今后的性状。可见,电路中状态是独立的,状态变量是电路中的一组独立变量。由前面的分析知道,电容电压 u_C(或电荷 q_C)和电感电流 i_L(或磁链 Ψ_L)都是电路中的状态变量。通常称状态变量的一阶微分方程为状态方程。

下面以 RLC 串联电路为例说明状态方程的概念。

图 16 - 14 所示是 RLC 串联电路,若选状态变量 u_C,则电路的微分方程为

$$
LC \frac{\mathrm{d}^2 u_C}{\mathrm{d}t^2} + RC \frac{\mathrm{d}u_C}{\mathrm{d}t} + u_C = u_S \quad (t \geqslant t_0) \quad (16 - 19)
$$

这是一个二阶微分方程,设电路的初始状态分别为 $u_C(t_{0-})$ 和 $i_L(t_{0-})$。若以电容电压 u_C 和电感电流 i_L 为状态变量,重新列写电路方程,有

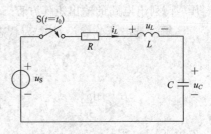

图 16 - 14　RLC 串联电路

$$C \frac{\mathrm{d}u_C}{\mathrm{d}t} = i_L \tag{16-20a}$$

$$L \frac{\mathrm{d}i_L}{\mathrm{d}t} = u_L = u_S - Ri_L - u_C \tag{16-20b}$$

以上两式就是 RLC 串联电路的状态方程。结合状态变量的初值，该式能够详细地描述储能元件，乃至整个电路的动态变化。对于线性电路来说，由于组成电路的元件均是线性的，因此线性电路的状态方程一定是线性的。比较式(16-19)和式(16-20)可见，用一阶微分方程组描述动态电路，物理意义直观、数学求解方便。

将式(16-20)写成矩阵的形式，则

$$\begin{bmatrix} \dfrac{\mathrm{d}u_C}{\mathrm{d}t} \\ \dfrac{\mathrm{d}i_L}{\mathrm{d}t} \end{bmatrix} = \begin{bmatrix} 0 & \dfrac{1}{C} \\ -\dfrac{1}{L} & -\dfrac{R}{L} \end{bmatrix} \begin{bmatrix} u_C \\ i_L \end{bmatrix} + \begin{bmatrix} 0 \\ \dfrac{1}{L} \end{bmatrix} [u_S] \tag{16-21}$$

若令 $x_1 = u_C$，$x_2 = i_L$，则 $\dot{x}_1 = \dfrac{\mathrm{d}u_C}{\mathrm{d}t}$，$\dot{x}_2 = \dfrac{\mathrm{d}i_L}{\mathrm{d}t}$，即有

$$\begin{bmatrix} \dot{x}_1 \\ \dot{x}_2 \end{bmatrix} = A \begin{bmatrix} x_1 \\ x_2 \end{bmatrix} + B [u_S]$$

式中

$$A = \begin{bmatrix} 0 & \dfrac{1}{C} \\ -\dfrac{1}{L} & -\dfrac{R}{L} \end{bmatrix}, \quad B = \begin{bmatrix} 0 \\ \dfrac{1}{L} \end{bmatrix}$$

如果令 $\boldsymbol{x} = [x_1 \ x_2]^{\mathrm{T}}$，$\dot{\boldsymbol{x}} = [\dot{x}_1 \ \dot{x}_2]^{\mathrm{T}}$，$\boldsymbol{v} = [u_S]^{\mathrm{T}}$，则上式可写为

$$\dot{\boldsymbol{x}} = A\boldsymbol{x} + B\boldsymbol{v} \tag{16-22}$$

该式称为状态方程的标准形式。式中，A 称为系统矩阵，B 称为输入矩阵，$\boldsymbol{x}$、$\boldsymbol{v}$ 分别称为状态向量和输入向量。当电路状态变量数为 n，独立激励源数为 m 时，$\dot{\boldsymbol{x}}$ 和 $\boldsymbol{x}$ 为 n 阶列向量，A 为 $n \times n$ 方阵，$\boldsymbol{v}$ 为 m 阶列向量、B 为 $n \times m$ 阶矩阵。

如果选电路的一组参数作为输出变量，并记为列向量 $\boldsymbol{y}$，那么输出向量 $\boldsymbol{y}$ 通常是由其状态向量 $\boldsymbol{x}$ 和输入向量 $\boldsymbol{v}$ 共同决定的，即

$$\boldsymbol{y} = C\boldsymbol{x} + D\boldsymbol{v} \tag{16-23}$$

式中，C 称为输出矩阵，D 称为直接传递矩阵。C 矩阵和 D 矩阵中各元素是由电路结构和元件参数决定的。

例 16-6　如图 16-15 所示电路，试写出电路的状态方程。若以结点①和③为输出电压，试列出电路的输出矩阵方程。

解　选电压 u_C、i_1 和 i_2 为状态变量，由 KCL 得

$$i_{R_1} = i_S - i_1$$

$$i_{R_2} = i_1 - i_2$$

$$C \frac{\mathrm{d}u_C}{\mathrm{d}t} = -i_{R_2} = -i_1 + i_2 \tag{16-24a}$$

再由 KVL，得

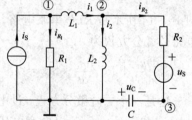

图 16-15　例 16-6 图

$$L_2 \frac{\mathrm{d}i_2}{\mathrm{d}t} = R_2(i_1 - i_2) - u_C + u_\mathrm{S} \tag{16-24b}$$

$$L_1 \frac{\mathrm{d}i_1}{\mathrm{d}t} + L_2 \frac{\mathrm{d}i_2}{\mathrm{d}t} + R_1 i_1 = R_1 i_\mathrm{S} \tag{16-24c}$$

将式(16-24b)代入式(16-24c)，整理得

$$L_1 \frac{\mathrm{d}i_1}{\mathrm{d}t} = -(R_1 + R_2)i_1 + R_2 i_2 + u_C - u_\mathrm{S} + R_1 i_\mathrm{S}$$

则可得状态方程的标准式为

$$\begin{bmatrix} \dfrac{\mathrm{d}i_1}{\mathrm{d}t} \\[2mm] \dfrac{\mathrm{d}i_2}{\mathrm{d}t} \\[2mm] \dfrac{\mathrm{d}u_C}{\mathrm{d}t} \end{bmatrix} = \begin{bmatrix} -\dfrac{R_1 + R_2}{L_1} & \dfrac{R_2}{L_1} & \dfrac{1}{L_1} \\[2mm] \dfrac{R_2}{L_2} & -\dfrac{R_2}{L_2} & -\dfrac{1}{L_2} \\[2mm] -\dfrac{1}{C} & \dfrac{1}{C} & 0 \end{bmatrix} \begin{bmatrix} i_1 \\[1mm] i_2 \\[1mm] u_C \end{bmatrix} + \begin{bmatrix} -\dfrac{1}{L_1} & \dfrac{R_1}{L_1} \\[2mm] \dfrac{1}{L_2} & 0 \\[2mm] 0 & 0 \end{bmatrix} \begin{bmatrix} u_\mathrm{S} \\[1mm] i_\mathrm{S} \end{bmatrix}$$

输出电压为

$$u_{\mathrm{n}1} = R_1 i_{R_1} = -R_1 i_1 + R_1 i_\mathrm{S}$$

$$u_{\mathrm{n}3} = -u_C$$

其输出方程的标准式为

$$\begin{bmatrix} u_{\mathrm{n}1} \\ u_{\mathrm{n}3} \end{bmatrix} = \begin{bmatrix} -R_1 & 0 & 0 \\ 0 & 0 & -1 \end{bmatrix} \begin{bmatrix} i_1 \\ i_2 \\ u_C \end{bmatrix} + \begin{bmatrix} 0 & R_1 \\ 0 & 0 \end{bmatrix} \begin{bmatrix} u_\mathrm{S} \\ i_\mathrm{S} \end{bmatrix}$$

　　对于简单电路，用前面的方法可以直接列写状态方程，但是如果电路比较复杂，直接列写状态方程就比较繁琐，下面介绍一种借助于特有树的概念列写状态方程的方法。特有树，就是将电路中的电压源和电容支路选为树支，将电流源和电感支路选为连支，电阻支路既可以是树枝也可以是连枝，结合图并根据树的定义确定。若电路中不存在仅由电压源和电容构成的回路(不符合树的定义)以及由电流源和电感构成的割集时(割集中无树枝)，特有树总是存在的。在特有树选定以后，以单电容树支确定割集，对其列出 KCL 方程；以单电感连支回路列出 KVL 方程，然后结合非状态变量整理就可以得出状态方程。下面通过例子说明该方法的应用。

　　例 16-7　如图 16-16(a)所示电路，试列写电路的状态方程。

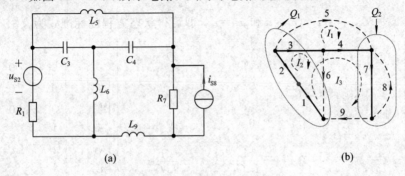

图 16-16　例 16-7 图

　　解　以单一元件作为一条支路，并选定参考方向画出图 16-16(a)电路的有向图如图

16-16(b)所示。根据特种树的定义，选择支路 1、2、3、4 和 7 为树枝(实线所示)，支路 5、6、8 和 9 为连枝(虚线所示)，以电容支路 3 和 4 确定割集分别为 Q_1 和 Q_2，以电感支路 5、6 和 9 以及相应的树枝构成单连枝回路 l_1、l_2 和 l_3，即如图 16-14(b)所示。图中状态变量为 u_3、u_4、i_5、i_6 和 i_9，下面利用特有树的方法列写状态方程。

对割集 Q_1 和 Q_2 列写 KCL 方程，即

$$C_3 \frac{\mathrm{d}u_3}{\mathrm{d}t} = -i_5 + i_6 + i_9$$

$$C_4 \frac{\mathrm{d}u_4}{\mathrm{d}t} = -i_5 + i_9$$

对回路 l_1、l_2 和 l_3 列写 KVL 方程，即

$$L_5 \frac{\mathrm{d}i_5}{\mathrm{d}t} = u_3 + u_4$$

$$L_6 \frac{\mathrm{d}i_6}{\mathrm{d}t} = -u_3 + u_2 + u_1$$

$$L_9 \frac{\mathrm{d}i_9}{\mathrm{d}t} = -u_7 - u_4 - u_3 + u_2 + u_1$$

在上述 5 个方程中，u_1 和 u_7 是非状态变量，下面用状态变量来表述它们。方法是通过树枝找电流关系，通过连枝找电压关系(本例中无连枝非状态变量)，即

$$u_1 = \frac{1}{G_1} i_1 = \frac{1}{G_1}(-i_6 - i_9)$$

$$u_7 = \frac{1}{G_7} i_7 = \frac{1}{G_7}(i_8 + i_9)$$

整理以上各式，并注意 $u_2 = u_{S2}$，$i_8 = i_{S8}$，即

$$\frac{\mathrm{d}u_3}{\mathrm{d}t} = \frac{1}{C_3}(-i_5 + i_6 + i_9)$$

$$\frac{\mathrm{d}u_4}{\mathrm{d}t} = \frac{1}{C_4}(-i_5 + i_9)$$

$$\frac{\mathrm{d}i_5}{\mathrm{d}t} = \frac{1}{L_5}(u_3 + u_4)$$

$$\frac{\mathrm{d}i_6}{\mathrm{d}t} = \frac{1}{L_6}\left(-u_3 - \frac{1}{G_1}i_6 - \frac{1}{G_1}i_9 + u_{S2}\right)$$

$$\frac{\mathrm{d}i_9}{\mathrm{d}t} = \frac{1}{L_9}\left[-u_3 - u_4 - \frac{1}{G_1}i_6 - \left(\frac{1}{G_1} + \frac{1}{G_7}\right)i_9 + u_{S2} - \frac{1}{G_7}i_{S8}\right]$$

令 $x_1 = u_3$，$x_2 = u_4$，$x_3 = i_5$，$x_4 = i_6$ 和 $x_5 = i_9$，即可得状态方程的标准式为

$$\begin{bmatrix} \dot{x}_1 \\ \dot{x}_2 \\ \dot{x}_3 \\ \dot{x}_4 \\ \dot{x}_5 \end{bmatrix} = \begin{bmatrix} 0 & 0 & -\frac{1}{C_3} & \frac{1}{C_3} & \frac{1}{C_3} \\ 0 & 0 & -\frac{1}{C_4} & 0 & \frac{1}{C_4} \\ \frac{1}{L_5} & \frac{1}{L_5} & 0 & 0 & 0 \\ -\frac{1}{L_6} & 0 & 0 & -\frac{1}{L_6 G_1} & -\frac{1}{L_6 G_1} \\ -\frac{1}{L_9} & -\frac{1}{L_9} & 0 & -\frac{1}{L_9 G_1} & -\frac{1}{L_9}\left(\frac{1}{G_1} + \frac{1}{G_7}\right) \end{bmatrix} \begin{bmatrix} x_1 \\ x_2 \\ x_3 \\ x_4 \\ x_5 \end{bmatrix} + \begin{bmatrix} 0 & 0 \\ 0 & 0 \\ 0 & 0 \\ \frac{1}{L_6} & 0 \\ \frac{1}{L_9} & -\frac{1}{L_9 G_7} \end{bmatrix} \begin{bmatrix} u_{S2} \\ i_{S8} \end{bmatrix}$$

本章学习了以电路网络拓扑为基础的电路矩阵方程的列写方法。在这里又一次看到 KCL 和 KVL 只和电路网络的结构有关，和支路本身的性质无关。在引入电路的关联矩阵、回路矩阵和割集矩阵以后，就可以写出矩阵形式的 KCL 和 KVL 方程，结合复合支路的定义，可以列写出矩阵形式的电路方程。从而使我们可以利用矩阵这一数学工具，并借助于计算机分析电路，进而进行电路设计。特别是随着电路规模的增大，更能体现出这种方法的优越性。本章最后所讲的状态方程是今后动态电路与动态系统分析的基础。和输入/输出(网络函数)法相比，状态变量分析法是一种内部分析法，它既能反映出网络内部状态的变化，也能通过状态变量和输入量求出所需的输出量。

习 题

16-1 电路如题 16-1 图所示，以结点⑤为参考，分别写出它们的关联矩阵。

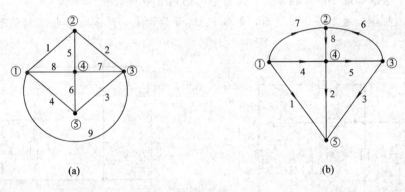

(a)　　　　　(b)

题 16-1 图

16-2 若某电路的关联矩阵如下，试画出与其对应的有向图，并列出有向图的一个回路矩阵。

$$\boldsymbol{A} = \begin{bmatrix} 0 & -1 & -1 & 1 & 0 \\ 0 & 0 & 0 & -1 & -1 \\ 1 & 0 & 1 & 0 & 1 \end{bmatrix}$$

16-3 如题 16-3 图所示的有向图，若选支路 2、4、5、8 为树，试分别写出基本回路矩阵和基本割集矩阵。

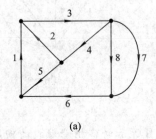
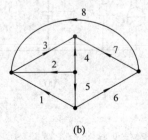

(a)　　　　　(b)

题 16-3 图

16-4　两个电路的基本回路矩阵 $\boldsymbol{B}_f$ 和基本割集矩阵 $\boldsymbol{Q}_f$ 如下，试分别画出与其对应的有向图。

$$\boldsymbol{B}_f = \begin{array}{c} \begin{array}{cccccccc} 4 & 5 & 6 & 8 & 1 & 2 & 3 & 7 \end{array} \\ \begin{bmatrix} 1 & 0 & 0 & 0 & 1 & -1 & 0 & 0 \\ 0 & 1 & 0 & 0 & 0 & 1 & 1 & 0 \\ 0 & 0 & 1 & 0 & 0 & 1 & 1 & -1 \\ 0 & 0 & 0 & 1 & -1 & 0 & -1 & 1 \end{bmatrix} \end{array}$$

$$\boldsymbol{Q}_f = \begin{array}{c} \begin{array}{cccccccc} 1 & 2 & 3 & 7 & 4 & 5 & 6 & 8 \end{array} \\ \begin{bmatrix} 1 & 0 & 0 & 0 & -1 & 0 & 0 & 1 \\ 0 & 1 & 0 & 0 & 1 & -1 & -1 & 0 \\ 0 & 0 & 1 & 0 & 0 & -1 & -1 & 1 \\ 0 & 0 & 0 & 1 & 0 & 0 & 1 & -1 \end{bmatrix} \end{array}$$

16-5　电路如题 16-5 图所示，列出电路的网孔电流的矩阵方程。

16-6　电路如题 16-6 图所示，支路 1、3、5 为树支，列出回路电流相量形式的矩阵方程。

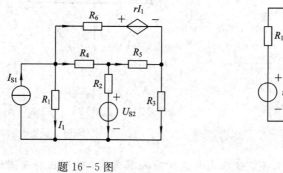

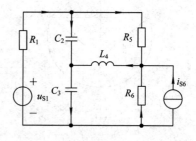

题 16-5 图　　　　　　　　　　　题 16-6 图

16-7　电路如题 16-7 图所示，在下列两种情况下列出回路电流的矩阵方程。

(1) $sM = 0$

(2) $sM \neq 0$

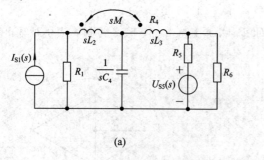

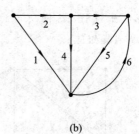

(a)　　　　　　　　　　　　　　　　(b)

题 16-7 图

16-8　已知电路处于正弦稳态，写出题 16-8 图所示电路相量形式的回路电流矩阵方程。

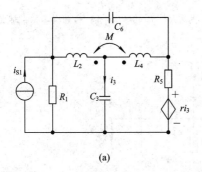

(a)

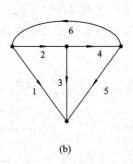

(b)

题 16-8 图

16-9　如题 16-9 图所示电路，已知电路中电源的角频率为 ω，以结点④为参考写出电路相量形式的结点电压矩阵方程。

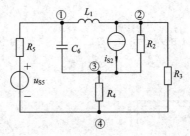

题 16-9 图

16-10　如题 16-10 图所示电路，已知电路中电源的角频率为 ω，以结点③为参考写出电路相量形式的结点电压矩阵方程。

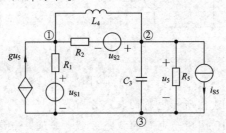

题 16-10 图

16-11　如题 16-11 图所示电路，已知 $i_{d2}=g_{24}u_4$，$i_{d4}=\beta_{45}i_5$，试写出该电路相量形式支路电流的矩阵方程。

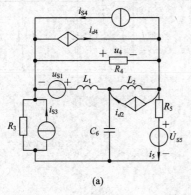

(a)

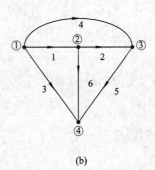

(b)

题 16-11 图

16-12　电路如题 16-12 图所示，已知储能元件上的初始储能为零，以结点④为参考，列出电路的 s 域结点电压矩阵方程。

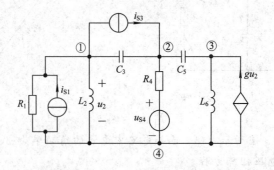

题 16-12 图

16-13　电路如题 16-13 图所示，试以 1、2、3 支路为树支，写出其运算形式的割集电压矩阵方程。

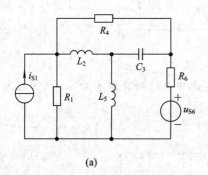

(a)

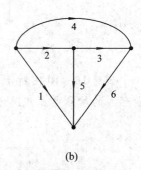

(b)

题 16-13 图

16-14　列出题 16-14 图所示电路的状态方程。

16-15　列出题 16-15 图所示电路的状态方程，若选结点①和②的电压为输出量，试写出输出方程。

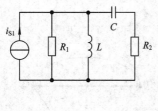

题 16-14 图

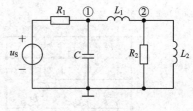

题 16-15 图

第 17 章 二 端 口 网 络

用端口特性描述电路是电路分析的一种基本方法。前面介绍了一端口电路（网络），例如含源一端口 N_S 和无源一端口 N_0。根据等效的概念，只要端口上的电压、电流关系不变，就可以用一个简单的电路替代一端口电路。例如，戴维南（或诺顿）等效电路以及 N_0 的等效电阻。用一个简单的电路等效并替代一端口，是从电路的外部（端口）来描述电路特性，可以简化电路的分析。

除了一端口电路之外，实际中还有二个端口（简称二端口）的电路或网络。例如，前面学过的空芯变压器、理想变压器和滤波器等就是二端口电路（或元件）。和一端口电路一样，希望能够用它们的外部（端口）特性描述电路，或者说，可以用等效电路（或参数）描述一个二端口，以达到简化分析与综合电路（网络）的目的。对于大规模网络或电路来说，二端口网络可以作为网络构成的基本模块，通过研究二端口网络的端口特性，进而简化大规模网络的分析与综合。本章主要研究能表述二端口端口性能的参数以及用它们表述的二端口网络的转移特性等。

为此，本章首先介绍二端口网络的概念以及二端口网络几种常用的端口参数，给出不同参数之间的转换关系；然后讨论二端口的转移函数，二端口的串、并联和级联；最后介绍两种二端口的电路模型——回转器和负阻抗变换器等。

17.1 二 端 口 网 络

对于一个二端电路，如果流出一端的电流等于另一端流入的电流，则该二端电路称为一端口电路或一端口网络，简称为一端口。

图 17-1(a) 所示为一个四端网络（元件或电路）。要分析一个任意的四端网络是十分困难的，但是，如果网络的四个端子满足如下条件：即从端子 $1'$ 流出的电流恒等于从端子 1

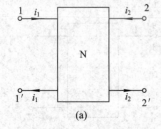
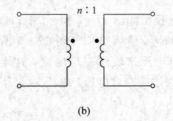
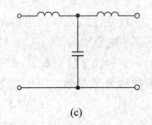

图 17-1 四端网络与二端口

流入的电流；从端子 $2'$ 流出的电流恒等于从端子 2 流入的电流，则称该四端网络为二端口，二端口是一种特殊的四端网络。可见，端子 $1-1'$ 和 $2-2'$ 分别构成一端口，通常将 $1-1'$ 称为二端口的输入端口，将 $2-2'$ 称为二端口的输出端口。例如，图 17-1(b)所示的理想变压器和图 17-1(c)所示的滤波器电路均是二端口网络。

如同一端口那样，二端口也是一种电路模型，一个任意复杂的电路或网络可以看作是由若干个相对简单的一端口和二端口组成的，它们均是复杂网络的基本构件。例如，图 17-2 所示为一个二端口和两个一端口网络构成的复杂网络。

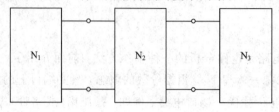

图 17-2 复杂网络的构成

和等效的概念一样，研究二端口仅仅是对端口处电压、电流之间的关系进行研究。这些相互关系可以通过一些参数表示，它们是端口的等效参数，是由二端口内部结构和元件参数决定的。一旦确定二端口的端口参数，则利用这些参数就可以确定端口之间电压、电流的关系，以及输出变量随输入变量的变化规律，即二端口传输信号的性能等。知道简单二端口的性能以后，就可以分析由简单二端口等构成的复杂网络。

实际中的二端口分为线性和非线性两种，本章只讨论无独立源的线性二端口。所谓线性二端口就是由线性电阻、电感(含耦合电感)、电容以及线性受控源构成的二端口。同时规定二端口内部所有储能元件的原始储能均为零(零状态)。

17.2 二端口网络参数

对于一个二端口，设 $1-1'$ 端口的电压和电流分别为 u_1 和 i_1，$2-2'$ 端口的电压和电流分别为 u_2 和 i_2。和一端口类似，可以用参数描述端口上电压和电流之间的关系。为了简单，这里利用二端口的相量模型进行分析。当然，也可以用运算模型分析。由于二端口分别有 2 个电压和 2 个电流变量，所以有 6 个可以表征端口特性的参数，即 Y、Z、T 和 H 参数以及 g 和 t 参数等，由于 g 和 t 参数与 H 和 T 参数相似，所以本节只介绍前 4 个参数。为了实现参数之间的等效转换，本节最后给出了 Y、Z、T 和 H 参数之间的等效变换关系。

17.2.1 Y 参数

设线性二端口网络的相量模型如图 17-3 所示，端口电压、电流分别为 $\dot{U}_1$、$\dot{U}_2$、$\dot{I}_1$ 和 $\dot{I}_2$，参考方向如图 17-3 所示。设一组参数，如果用端口电压来表述端口电流，这组参数称为 Y 参数。用 Y 参数表述的端口电压、电流关系为

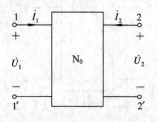

$$\dot{I}_1 = Y_{11}\dot{U}_1 + Y_{12}\dot{U}_2$$

$$\dot{I}_2 = Y_{21}\dot{U}_1 + Y_{22}\dot{U}_2$$

(17-1a)

式(17-1a)也可以写成矩阵形式，即

图 17-3 二端口的相量模型

$$\begin{bmatrix} \dot{I}_1 \\ \dot{I}_2 \end{bmatrix} = \begin{bmatrix} Y_{11} & Y_{12} \\ Y_{21} & Y_{22} \end{bmatrix} \begin{bmatrix} \dot{U}_1 \\ \dot{U}_2 \end{bmatrix} = \boldsymbol{Y} \begin{bmatrix} \dot{U}_1 \\ \dot{U}_2 \end{bmatrix} \tag{17-1b}$$

式中 $\boldsymbol{Y} = \begin{bmatrix} Y_{11} & Y_{12} \\ Y_{21} & Y_{22} \end{bmatrix}$，称为 Y 参数矩阵，而 Y_{11}、Y_{12}、Y_{21} 和 Y_{22} 称为二端口的 Y 参数，它们具有导纳的性质。

　　根据式(17-1a)和叠加定理可以确定 Y 参数。如图 17-3 所示，在 $1-1'$ 端口施加电压 $\dot{U}_1$，令 $\dot{U}_2 = 0$（$2-2'$ 端短路），则 $\dot{U}_1$ 单独作用，电路如图 17-4(a)所示，由式(17-1a)可得

$$Y_{11} = \frac{\dot{I}_1}{\dot{U}_1}\bigg|_{\dot{U}_2 = 0} , \qquad Y_{21} = \frac{\dot{I}_2}{\dot{U}_1}\bigg|_{\dot{U}_2 = 0} \tag{17-2a}$$

式中 Y_{11} 表示端口 $2-2'$ 短路时端口 $1-1'$ 的输入导纳（或驱动点导纳）；Y_{21} 表示端口 $2-2'$ 短路时端口 $2-2'$ 与端口 $1-1'$ 之间的转移导纳。

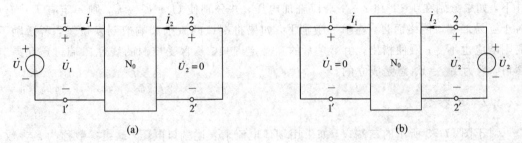

图 17-4　Y 参数的获取图

　　同理，在 $2-2'$ 端口施加电压，令 $\dot{U}_1 = 0$（$1-1'$ 端短路），则 $\dot{U}_2$ 单独作用，电路如图 17-4(b)所示，由式(17-1b)得

$$Y_{12} = \frac{\dot{I}_1}{\dot{U}_2}\bigg|_{\dot{U}_1 = 0} , \qquad Y_{22} = \frac{\dot{I}_2}{\dot{U}_2}\bigg|_{\dot{U}_1 = 0} \tag{17-2b}$$

式中 Y_{12} 表示端口 $1-1'$ 短路时端口 $1-1'$ 与端口 $2-2'$ 之间的转移导纳；Y_{22} 表示端口 $1-1'$ 短路时端口 $2-2'$ 的输入导纳。由于求 Y 参数需要将端口短路，所以它们又称为短路导纳参数。

　　例 17-1　求图 17-5(a)所示二端口网络的 Y 参数。

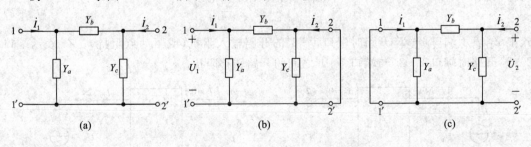

图 17-5　例 17-1 图

　　解　图 17-5(a)所示为 π 型电路。根据式(17-2a)，将 $2-2'$ 端口短路，在 $1-1'$ 端口施加电压 $\dot{U}_1$，如图 17-5(b)所示，所以

$$Y_{11} = \frac{\dot{I}_1}{\dot{U}_1}\bigg|_{\dot{U}_2=0} = Y_a + Y_b, \quad Y_{21} = \frac{\dot{I}_2}{\dot{U}_1}\bigg|_{\dot{U}_2=0} = -Y_b$$

同理，由式(17-2b)和图 17-5(c)，得

$$Y_{12} = -Y_b, \quad Y_{22} = Y_b + Y_c$$

由于 $Y_{12} = Y_{21}$，所以该二端口只有 3 个独立参数。

对于一个二端口，如果 $Y_{12} = Y_{21}$，即

$$\frac{\dot{I}_2}{\dot{U}_1}\bigg|_{\dot{U}_2=0} = \frac{\dot{I}_1}{\dot{U}_2}\bigg|_{\dot{U}_1=0} \tag{17-3}$$

这样的二端口称为互易二端口。在第 4 章，对于二端口网络 N_0 我们只针对电阻网络，由此可见，可以将第 4 章所讲过的电阻网络 N_0 推广到由阻抗(或导纳)所构成的二端口网络中。互易表示了二端口外特性的对称性。如图 17-4(a)和图 17-4(b) 所示，在式(17-3)的条件下，如果分别在 $1-1'$ 和 $2-2'$ 端口施加电压，并分别使 $\dot{U}_1 = \dot{U}_2 = \dot{U}$，则一定有 $\dot{I}_1 = \dot{I}_2$。对于互易二端口网络而言，在单一激励下，如果将端口的激励和响应互换位置，若激励不变则响应也不变。顺便指出，由第 4 章的互易定理知，不含受控源的线性二端口是互易二端口，因为 $Y_{12} = Y_{21}$ 总是成立的。

17.2.2 Z 参数

对于图 17-3 所示的二端口，如果用端口电流来表述端口电压，这组参数称为 Z 参数。用 Z 参数表述的端口电压、电流关系为

$$\begin{bmatrix} \dot{U}_1 \\ \dot{U}_2 \end{bmatrix} = \begin{bmatrix} Z_{11} & Z_{12} \\ Z_{21} & Z_{22} \end{bmatrix} \begin{bmatrix} \dot{I}_1 \\ \dot{I}_2 \end{bmatrix} = \mathbf{Z} \begin{bmatrix} \dot{I}_1 \\ \dot{I}_2 \end{bmatrix} \tag{17-4}$$

式中 $\mathbf{Z} = \begin{bmatrix} Z_{11} & Z_{12} \\ Z_{21} & Z_{22} \end{bmatrix}$，称为 Z 参数矩阵，Z_{11}、Z_{12}、Z_{21} 和 Z_{22} 称为二端口的 Z 参数，它们具有阻抗的性质。

根据叠加定理同样可以确定 Z 参数。如果在 $1-1'$ 端口施加一电流源 $\dot{I}_1$，令 $\dot{I}_2 = 0$($2-2'$ 端开路)，则 $\dot{I}_1$ 单独作用，电路如图 17-6(a)所示，由式(17-4)，得

$$Z_{11} = \frac{\dot{U}_1}{\dot{I}_1}\bigg|_{\dot{I}_2=0}, \quad Z_{21} = \frac{\dot{U}_2}{\dot{I}_1}\bigg|_{\dot{I}_2=0} \tag{17-5a}$$

式中 Z_{11} 表示端口 $2-2'$ 开路时端口 $1-1'$ 的开路输入阻抗(或驱动点阻抗)；Z_{21} 表示端口 $2-2'$ 开路时端口 $2-2'$ 与端口 $1-1'$ 之间的开路转移阻抗。

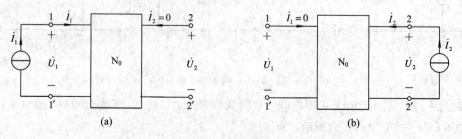

图 17-6 Z 参数的获取图

同理，在 $2-2'$ 端口施加一个电流源 $\dot{I}_2$，令 $\dot{I}_1=0$（$1-1'$ 端开路），则 $\dot{I}_2$ 单独作用，电路如图 $17-6(\mathrm{b})$ 所示，由式 $(17-4)$，得

$$Z_{12}=\left.\frac{\dot{U}_1}{\dot{I}_2}\right|_{\dot{I}_1=0}, \qquad Z_{22}=\left.\frac{\dot{U}_2}{\dot{I}_2}\right|_{\dot{I}_1=0} \qquad (17-5\mathrm{b})$$

式中，Z_{12} 表示端口 $1-1'$ 开路时端口 $1-1'$ 与端口 $2-2'$ 之间的开路转移阻抗；Z_{22} 表示端口 $1-1'$ 端开路时端口 $2-2'$ 的开路输入阻抗。

如果 $Z_{21}=Z_{12}$，则二端口为互易网络。这种情况下，Z 参数只有 3 个是独立的。对于互易网络，如果图 $17-6$ 中的电流 $\dot{I}_2=\dot{I}_1$，则图 $17-6(\mathrm{b})$ 中的 $\dot{U}_1$ 等于图 $17-6(\mathrm{a})$ 中的 $\dot{U}_2$。可见，根据网络的互易性，可以简化网络的分析。

比较式 $(17-1)$ 式 $(17-4)$ 可以看出 $\mathbf{Z}$ 参数矩阵和 $\mathbf{Y}$ 参数矩阵之间存在着互为逆阵的关系，即

$$\mathbf{Z}=\mathbf{Y}^{-1} \qquad 或 \qquad \mathbf{Y}=\mathbf{Z}^{-1}$$

即

$$\begin{bmatrix} Z_{11} & Z_{12} \\ Z_{21} & Z_{22} \end{bmatrix}=\frac{1}{\Delta_Y}\begin{bmatrix} Y_{22} & -Y_{12} \\ -Y_{21} & Y_{11} \end{bmatrix} \qquad (17-6)$$

式中 $\Delta_Y=Y_{11}Y_{22}-Y_{12}Y_{21}$。

由以上分析知道，如果已知二端口网络，可以通过计算求出二端口的 Y 参数与 Z 参数。但是，在实际中由于电路的复杂性，不可能或很难用具体的元件参数表示端口内部的电路模型，这时，根据定义可以用测量的方法求取二端口的参数，该方法称为"黑箱"法。不难看出，尽管端口参数是端口内部特性的外部表现，但在测试其端口的实际参数时，需要外部激励才能测定二端口的固有端口特性。因此，在测定有源二端口网络的参数时，应将其内部独立电源置零。

例 17-2 求图 $17-7(\mathrm{a})$ 所示二端口的 Z 参数矩阵。

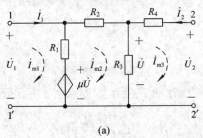

(a)

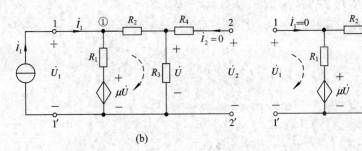

(b)

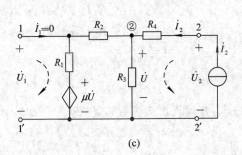

(c)

图 $17-7$ 例 $17-2$ 图

解　根据 Z 参数的定义，在 $1-1'$ 端口施加一电流源 $\dot{I}_1$，$2-2'$ 端开路，电路如图 $17-7(b)$ 所示，根据 KCL，对结点①，有

$$\dot{I}_1 = \frac{\dot{U}_1 - \mu\dot{U}}{R_1} + \frac{\dot{U}}{R_3}$$

根据 KVL，对图 $17-7(b)$ 所示回路，有

$$-\mu\dot{U} + \frac{\mu\dot{U} - \dot{U}_1}{R_1} \times R_1 + (R_2 + R_3)\frac{\dot{U}}{R_3} = 0$$

因为 $\dot{I}_2 = 0$，所以有 $\dot{U} = \dot{U}_2$，代入以上两式并解得

$$\dot{I}_1 = \dot{U}_1 \times \left[\frac{1}{R_1} + \frac{R_1}{R_1 + R_2}\left(\frac{1}{R_3} - \mu\right)\right]$$

$$\dot{I}_1 = \dot{U}_2 \times \left[\frac{R_1 + R_2}{R_1^2} + \frac{1}{R_3} - \mu\right]$$

设 $R_1 = 1\ \Omega$，$R_2 = 3\ \Omega$，$R_3 = 1\ \Omega$ 和 $\mu = 1$，代入并根据式 $(17-5a)$，得

$$Z_{11} = \left.\frac{\dot{U}_1}{\dot{I}_1}\right|_{\dot{I}_2 = 0} = 1\ \Omega,\quad Z_{21} = \left.\frac{\dot{U}_2}{\dot{I}_1}\right|_{\dot{I}_2 = 0} = 0.25\ \Omega$$

在 $2-2'$ 端口施加一个电流源 $\dot{I}_2$，$1-1'$ 端开路，电路如图 $17-7(c)$ 所示，对结点列 KCL 方程和对图示两个回路列 KVL 方程，并注意 $\dot{I}_1 = 0$，有

$$\dot{I}_2 = \frac{\dot{U}}{R_3} + \frac{\dot{U} - \dot{U}_1}{R_2}$$

$$\dot{U}_2 = R_4\dot{I}_2 + \dot{U}$$

$$\dot{U}_1 = \frac{\dot{U} - \mu\dot{U}}{R_1 + R_2} \times R_1 + \mu\dot{U}$$

代入已知参数，并解得 $\dot{I}_2 = \dot{U}_1$，$\dot{I}_2 = 0.2\dot{U}_2$，再根据式 $(17-5b)$，得

$$Z_{12} = \left.\frac{\dot{U}_1}{\dot{I}_2}\right|_{\dot{I}_1 = 0} = 1\ \Omega,\quad Z_{22} = \left.\frac{\dot{U}_2}{\dot{I}_2}\right|_{\dot{I}_1 = 0} = 5\ \Omega$$

所以，Z 参数为

$$\mathbf{Z} = \begin{bmatrix} 1 & 1 \\ 0.25 & 5 \end{bmatrix}\ \Omega$$

另外一种解法是对图 $17-7(a)$ 直接列方程求解。写出图 $17-7(a)$ 电路的网孔电流方程，即

$$\begin{cases} R_1\dot{I}_{m1} - R_1\dot{I}_{m2} = \dot{U}_1 - \mu\dot{U} \\ -R_1\dot{I}_{m1} + (R_1 + R_2 + R_3)\dot{I}_{m2} - R_3\dot{I}_{m3} = \mu\dot{U} \\ -R_2\dot{I}_{m2} + (R_3 + R_4)\dot{I}_{m3} = -\dot{U}_2 \end{cases}$$

由图 $17-7(a)$ 可见

$$\frac{\dot{U}}{R_3} = \dot{I}_{m2} - \dot{I}_{m3},\quad \dot{I}_1 = \dot{I}_{m1},\quad \dot{I}_2 = -\dot{I}_{m3}$$

消去 $\dot{I}_{m2}$ 并代入已知参数，得

$$\begin{cases} \dot{U}_1 = \dot{I}_1 + \dot{I}_2 \\ 4\dot{U}_2 = \dot{I}_1 + 20\dot{I}_2 \end{cases}$$

所以

$$\boldsymbol{Z} = \begin{bmatrix} Z_{11} & Z_{12} \\ Z_{21} & Z_{22} \end{bmatrix} = \begin{bmatrix} 1 & 1 \\ 0.25 & 5 \end{bmatrix} \Omega$$

所得结果相同。

值得指出，不是所有的二端口都能用式(17-1)或式(17-4)描述的，也就是说，不一定所有的二端口都存在 Y 参数和 Z 参数。例如，理想变压器就不存在 Z 参数。这是因为对理想变压器而言有

$$\dot{U}_1 = n\dot{U}_2, \quad \dot{I}_2 = -n\dot{I}_1$$

由于上式不可能表示成式(17-4)的形式，所以理想变压器没有 Z 参数。而理想变压器可以用下面所讲的 H 参数间接描述。

17.2.3 H 参数

二端口的 H 参数为混合型参数。用其表述的端口电压、电流关系为

$$\begin{bmatrix} \dot{U}_1 \\ \dot{I}_2 \end{bmatrix} = \begin{bmatrix} H_{11} & H_{12} \\ H_{21} & H_{22} \end{bmatrix} \begin{bmatrix} \dot{I}_1 \\ \dot{U}_2 \end{bmatrix} \tag{17-7}$$

由式(17-7)可以得出各 H 参数的定义分别为

$$H_{11} = \frac{\dot{U}_1}{\dot{I}_1} \bigg|_{\dot{U}_2 = 0}, \quad H_{21} = \frac{\dot{I}_2}{\dot{I}_1} \bigg|_{\dot{U}_2 = 0} \tag{17-8a}$$

$$H_{12} = \frac{\dot{U}_1}{\dot{U}_2} \bigg|_{\dot{I}_1 = 0}, \quad H_{22} = \frac{\dot{I}_2}{\dot{U}_2} \bigg|_{\dot{I}_1 = 0} \tag{17-8b}$$

即，H_{11} 为端口 $1-1'$ 的短路驱动点阻抗，H_{22} 为端口 $2-2'$ 的开路驱动点导纳；H_{12} 为端口 $1-1'$ 开路反向电压转移比，H_{21} 为端口 $2-2'$ 短路正向电流转移比。比较 Y 参数和 Z 参数知，$H_{11} = 1/Y_{11}$，$H_{22} = 1/Z_{22}$。

根据式(17-8)和叠加定理可以求取 H 参数，H_{11} 和 H_{21} 参数的获取图如图 17-8(a)所示，H_{12} 和 H_{22} 参数的获取图如图 17-8(b)所示。

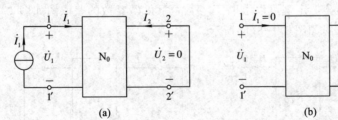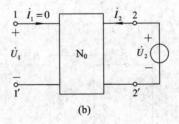

图 17-8 H 参数的获取图

如果 $H_{21} = -H_{12}$，则二端口为互易网络，此时，H 参数只有 3 个是独立的。

H 参数的一个重要用途是为小信号工作下的晶体三极管建模。用 H 参数描述的晶体三极管等效电路如图 17-9 所示。

根据图 12-12 的理想变压器模型电路和式 (12-26)与式(12-27)，再结合 H 参数的定义

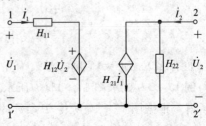

图 17-9 晶体管小信号等效电路

式(17-7)，可以得出用 H 参数所表示的理想变压器的关系为

$$\begin{bmatrix} \dot{U}_1 \\ \dot{I}_2 \end{bmatrix} = \begin{bmatrix} H_{11} & H_{12} \\ H_{21} & H_{22} \end{bmatrix} \begin{bmatrix} \dot{I}_1 \\ \dot{U}_2 \end{bmatrix} = \begin{bmatrix} 0 & n \\ -n & 0 \end{bmatrix} \begin{bmatrix} \dot{I}_1 \\ \dot{U}_2 \end{bmatrix}$$

17.2.4 T 参数

二端口的 T 参数(也称 A 参数)为传输型参数。用其表述的端口电压、电流关系为

$$\begin{bmatrix} \dot{U}_1 \\ \dot{I}_1 \end{bmatrix} = \begin{bmatrix} A & B \\ C & D \end{bmatrix} \begin{bmatrix} \dot{U}_2 \\ -\dot{I}_2 \end{bmatrix} = \boldsymbol{T} \begin{bmatrix} \dot{U}_2 \\ -\dot{I}_2 \end{bmatrix} \qquad (17-9\text{a})$$

或

$$\begin{bmatrix} \dot{U}_2 \\ \dot{I}_2 \end{bmatrix} = \begin{bmatrix} A' & B' \\ C' & D' \end{bmatrix} \begin{bmatrix} \dot{U}_1 \\ -\dot{I}_1 \end{bmatrix} = \boldsymbol{T}' \begin{bmatrix} \dot{U}_1 \\ -\dot{I}_1 \end{bmatrix} \qquad (17-9\text{b})$$

式中

$$\boldsymbol{T} = \begin{bmatrix} A & B \\ C & D \end{bmatrix}, \quad \boldsymbol{T}' = \begin{bmatrix} A' & B' \\ C' & D' \end{bmatrix}$$

T 与 T' 分别称为无源二端口网络的反向传输参数矩阵和正向传输参数矩阵。$\dot{I}_2$ 前的负号表示其参考方向与图 17-3 所示方向相反。

T 参数的各项定义分别为

$$A = \frac{\dot{U}_1}{\dot{U}_2}\bigg|_{\dot{I}_2=0}, \quad C = \frac{\dot{I}_1}{\dot{U}_2}\bigg|_{\dot{I}_2=0} \qquad (17-10\text{a})$$

$$B = \frac{\dot{U}_1}{-\dot{I}_2}\bigg|_{\dot{U}_2=0}, \quad D = \frac{\dot{I}_1}{-\dot{I}_2}\bigg|_{\dot{U}_2=0} \qquad (17-10\text{b})$$

显然，参数 A 和 D 无量纲，分别为 $2-2'$ 端开路反向电压转移比和 $2-2'$ 端短路反向电流转移比；B 的量纲为阻抗，为 $2-2'$ 端短路驱动点阻抗；C 的量纲为导纳，为 $2-2'$ 端的开路反向转移导纳。

根据式(17-10)和叠加定理可以求取 T 参数，A 和 C 参数的获取图如图 17-10(a)所示，B 和 D 参数的获取图如图 17-8(b)所示。

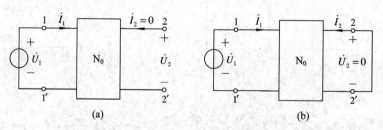

图 17-10 T 参数的获取图

如果 $AD-BC=1$，则二端口为互易网络，此时，只有 3 个参数是独立的。

例 17-3 试求图 17-11(a)所示二端口电路的 s 域 T 参数。

解 根据图 17-10 所得 T 参数的获取图分别如图 17-11(b)和图 17-11(c)所示。用图 17-11(b)计算参数 A 和 C，用图 17-11(c)计算参数 B 和 D。由图 17-11(b)，根据KVL，有

$$U_1(s) = (10 + 20)I_1(s) = 30I_1(s)$$

$$U_2(s) = 20I_1(s) - 2I_1(s) = 18I_1(s)$$

根据式(17-10a)，有

$$A = \left. \frac{U_1(s)}{U_2(s)} \right|_{I_2(s)=0} = \frac{30I_1(s)}{18I_1(s)} = \frac{5}{3}, \quad C = \left. \frac{I_1(s)}{U_2(s)} \right|_{I_2(s)=0} = \frac{I_1(s)}{18I_1(s)} = \frac{1}{18} \text{ S}$$

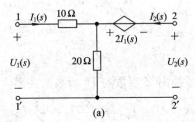

(a)

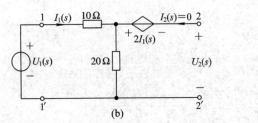

(b)

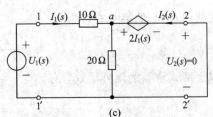

(c)

图 17-11 例 17-3 图

由图 17-11(c)，在结点 a 应用 KCL，有

$$\frac{U_1(s) - U_a(s)}{10} - \frac{U_a(s)}{20} + I_2(s) = 0 \qquad (17-11)$$

考虑到 $U_a(s) = 2I_1(s)$ 和 $I_1(s) = \dfrac{U_1(s) - U_a(s)}{10}$，得

$$U_1(s) = 12I_1(s) \qquad (17-12)$$

将式(17-12)代入式(17-11)，有

$$I_1(s) - \frac{2I_1(s)}{20} + I_2(s) = 0$$

即

$$\frac{18I_1(s)}{20} = - I_2(s)$$

根据式(17-10b)，有

$$D = \left. \frac{I_1(s)}{-I_2(s)} \right|_{U_2(s)=0} = \frac{20}{18} = \frac{10}{9}, \quad B = \left. \frac{U_1(s)}{-I_2(s)} \right|_{U_2(s)=0} = \frac{12I_1(s)}{\frac{18}{20}I_1(s)} = \frac{40}{3} \ \Omega$$

17.2.5　二端口参数之间的关系

　　如上所述，二端口的特性可以用 Z、Y 等多种二端口参数来表示。显然，对于同一个二

端口而言，这些参数之间可以相互表示。例如，由式(17-6)可见 Y 参数可以表示 Z 参数，即

$$\begin{bmatrix} Z_{11} & Z_{12} \\ Z_{21} & Z_{22} \end{bmatrix} = \frac{1}{\Delta_Y} \begin{bmatrix} Y_{22} & -Y_{12} \\ -Y_{21} & Y_{11} \end{bmatrix}$$

同理，也可以用 Z 参数表示 Y 参数，即

$$\boldsymbol{Y} = \boldsymbol{Z}^{-1} = \begin{bmatrix} \dfrac{Z_{22}}{\Delta_Z} & -\dfrac{Z_{12}}{\Delta_Z} \\ -\dfrac{Z_{21}}{\Delta_Z} & \dfrac{Z_{11}}{\Delta_Z} \end{bmatrix} \qquad (17-13)$$

式中 $\Delta_Z = Z_{11}Z_{22} - Z_{12}Z_{21}$。

下面再根据式(17-4)找出 Z 参数与 H 参数的关系。由式(17-4)的第 2 式得

$$\dot{I}_2 = -\frac{Z_{21}}{Z_{22}}\dot{I}_1 + \frac{1}{Z_{22}}\dot{U}_2$$

代入式(17-4)的第 1 式，得

$$\dot{U}_1 = \frac{Z_{11}Z_{22} - Z_{12}Z_{21}}{Z_{22}}\dot{I}_1 + \frac{Z_{12}}{Z_{22}}\dot{U}_2$$

将以上两式合写为矩阵形式，有

$$\begin{bmatrix} \dot{U}_1 \\ \dot{I}_2 \end{bmatrix} = \begin{bmatrix} \dfrac{\Delta_Z}{Z_{22}} & \dfrac{Z_{12}}{Z_{22}} \\ -\dfrac{Z_{21}}{Z_{22}} & \dfrac{1}{Z_{22}} \end{bmatrix} \begin{bmatrix} \dot{I}_1 \\ \dot{U}_2 \end{bmatrix}$$

将该式与 H 参数标准式(17-7)比较，得

$$\begin{bmatrix} H_{11} & H_{12} \\ H_{21} & H_{22} \end{bmatrix} = \begin{bmatrix} \dfrac{\Delta_Z}{Z_{22}} & \dfrac{Z_{12}}{Z_{22}} \\ -\dfrac{Z_{21}}{Z_{22}} & \dfrac{1}{Z_{22}} \end{bmatrix} \qquad (17-14)$$

总之，二端口的特性有多种表述形式，根据实际需要应注意灵活选用。二端口参数相互表示的关系如表17-1所示。

表 17-1　二端口参数换算表

	Z 参数	Y 参数	H 参数	$T(A)$ 参数
Z 参数	$Z_{11} \quad Z_{12}$ $Z_{21} \quad Z_{22}$	$\dfrac{Y_{22}}{\Delta_Y} \quad -\dfrac{Y_{12}}{\Delta_Y}$ $-\dfrac{Y_{21}}{\Delta_Y} \quad \dfrac{Y_{11}}{\Delta_Y}$	$\dfrac{\Delta_H}{H_{12}} \quad \dfrac{H_{12}}{H_{22}}$ $-\dfrac{H_{21}}{H_{22}} \quad \dfrac{1}{H_{22}}$	$\dfrac{A}{C} \quad \dfrac{\Delta_T}{C}$ $\dfrac{1}{C} \quad \dfrac{D}{C}$
Y 参数	$\dfrac{Z_{22}}{\Delta_Z} \quad -\dfrac{Z_{12}}{\Delta_Z}$ $-\dfrac{Z_{21}}{\Delta_Z} \quad \dfrac{Z_{11}}{\Delta_Z}$	$Y_{11} \quad Y_{12}$ $Y_{21} \quad Y_{22}$	$\dfrac{1}{H_{11}} \quad -\dfrac{H_{12}}{H_{11}}$ $\dfrac{H_{21}}{H_{11}} \quad \dfrac{\Delta_H}{H_{11}}$	$\dfrac{D}{B} \quad -\dfrac{\Delta_T}{B}$ $-\dfrac{1}{B} \quad \dfrac{A}{B}$

	Z 参数		Y 参数		H 参数		$T(A)$ 参数	
H 参数	$\dfrac{\Delta_Z}{Z_{22}}$	$\dfrac{Z_{12}}{Z_{22}}$	$\dfrac{1}{Y_{11}}$	$-\dfrac{Y_{12}}{Y_{11}}$	H_{11}	H_{12}	$\dfrac{B}{D}$	$\dfrac{\Delta_T}{D}$
	$-\dfrac{Z_{21}}{Z_{22}}$	$\dfrac{1}{Z_{22}}$	$\dfrac{Y_{21}}{Y_{11}}$	$\dfrac{\Delta_Y}{Y_{11}}$	H_{21}	H_{22}	$-\dfrac{1}{D}$	$\dfrac{C}{D}$
$T(A)$ 参数	$\dfrac{Z_{11}}{Z_{21}}$	$\dfrac{\Delta_Z}{Z_{21}}$	$-\dfrac{Y_{22}}{Y_{21}}$	$-\dfrac{1}{Y_{21}}$	$-\dfrac{\Delta_H}{H_{21}}$	$-\dfrac{H_{11}}{H_{21}}$	A	B
	$\dfrac{1}{Z_{21}}$	$\dfrac{Z_{22}}{Z_{21}}$	$-\dfrac{\Delta_Y}{Y_{21}}$	$-\dfrac{Y_{11}}{Y_{21}}$	$-\dfrac{H_{22}}{H_{21}}$	$-\dfrac{1}{H_{21}}$	C	D

$$\Delta_Z = Z_{11}Z_{22} - Z_{12}Z_{21},\ \Delta_Y = Y_{11}Y_{22} - Y_{12}Y_{21},\ \Delta_H = H_{11}H_{22} - H_{12}H_{21},\ \Delta_T = AD - BC$$

17.3 二端口的转移函数

我们已经在 13.3 节和 15.6 节中介绍过转移函数的概念，本节主要讨论二端口的转移函数与二端口参数之间的关系。在实际工程中，二端口网络有"无端接"、"单端接"和"双端接"等连接方式。若 N_0 的输入激励为电压源或电流源，输出端无负载，则称此二端口无端接。否则，二端口一定以单端接或双端接方式与外部电路连接。本节设二端口网络为 s 域模型。

无端接二端口网络如图 17-12 所示，现讨论如何用二端口参数表示它的电压转移函数 $H_u(s) = \dfrac{U_2(s)}{U_1(s)}$，电流转移函数 $H_i(s) = \dfrac{I_2(s)}{I_1(s)}$，转移阻抗函数 $Z_T(s) = \dfrac{U_2(s)}{I_1(s)}$ 和转移导纳函数 $Y_T(s) = \dfrac{I_2(s)}{U_1(s)}$ 等。

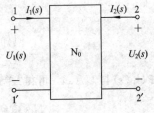

图 17-12 无端接二端口网络

将图 17-12 所示二端口的输出端口开路，即 $I_2(s) = 0$(无端接)，则由式(17-4)，得

$$U_1(s) = Z_{11}(s)I_1(s)$$
$$U_2(s) = Z_{21}(s)I_1(s)$$

可见，电压转移函数可用 Z 参数表示为

$$H_u(s) = \left.\frac{U_2(s)}{U_1(s)}\right|_{I_2(s)=0} = \frac{Z_{21}(s)}{Z_{11}(s)} \tag{17-15a}$$

若用二端口的 Y 参数，则根据式(17-1a)，有

$$Y_{21}(s)U_1(s) + Y_{22}(s)U_2(s) = 0$$

因此，基于 Y 参数表示的 $H_u(s)$ 为

$$H_u(s) = \left.\frac{U_2(s)}{U_1(s)}\right|_{I_2(s)=0} = -\frac{Y_{21}(s)}{Y_{22}(s)} \tag{17-15b}$$

其他网络函数表示为

$$H_i(s) = \left.\frac{I_2(s)}{I_1(s)}\right|_{U_2(s)=0} = \frac{Y_{21}(s)}{Y_{11}(s)} = -\frac{Z_{21}(s)}{Z_{22}(s)} \tag{17-15c}$$

$$Y_T(s) = \frac{I_2(s)}{U_1(s)}\bigg|_{U_2(s)=0} = Y_{21}(s) \qquad (17-15\text{d})$$

$$Z_T(s) = \frac{U_2(s)}{I_1(s)}\bigg|_{I_2(s)=0} = Z_{21}(s) \qquad (17-15\text{e})$$

实际的二端口网络通常有端接。若只考虑输出端 Z_L 的二端口网络称为"单端接"二端口即如图 17-13 所示，设 $Z_L = R$，则

$$I_2(s) = Y_{21}(s)U_1(s) + Y_{22}(s)U_2(s)$$

$$U_2(s) = -RI_2(s)$$

在上式中消去 $U_2(s)$，得该单端接二端口的转移导纳为

$$Y_T(s) = \frac{I_2(s)}{U_1(s)} = \frac{\dfrac{Y_{21}(s)}{R}}{Y_{22}(s) + \dfrac{1}{R}} \qquad (17-16\text{a})$$

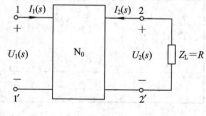

图 17-13　"单端接"二端口电路

另外，由

$$U_2(s) = Z_{21}(s)I_1(s) + Z_{22}(s)I_2(s)$$

$$U_2(s) = -RI_2(s)$$

消去 $I_2(s)$，得该单端接二端口的转移阻抗为

$$Z_T(s) = \frac{U_2(s)}{I_1(s)} = \frac{RZ_{21}(s)}{R + Z_{22}(s)} \qquad (17-16\text{b})$$

根据式(17-1)和式(17-4)以及图 17-13，有

$$I_2(s) = Y_{21}(s)U_1(s) + Y_{22}(s)U_2(s)$$

$$U_1(s) = Z_{11}(s)I_1(s) + Z_{12}(s)I_2(s)$$

$$U_2(s) = -RI_2(s)$$

消去 $U_1(s)$ 与 $U_2(s)$，可得"单端接"二端口网络的电流转移函数，即

$$H_i(s) = \frac{I_2(s)}{I_1(s)} = \frac{Y_{21}(s)Z_{11}(s)}{1 + Y_{22}(s)R - Z_{12}(s)Y_{21}(s)}$$

$$= \frac{\dfrac{Y_{21}(s)}{R}}{Y_{11}(s)\left[\dfrac{1}{R} + Y_{22}(s)\right] - Y_{12}(s)Y_{21}(s)}$$

若在输出端接 Z_L，输入端接电压源和阻抗 Z_S（电源内阻）串联或电流源和 Z_S 并联，这种方式称为"双端接"。若该 $Z_S = R_1$，$Z_L = R_2$，输入端为电压源和 R_1 串联，则"双端接"二端口网络如图 17-14 所示。

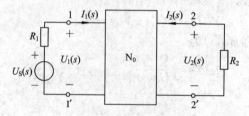

图 17-14　"双端接"二端口电路

下面求图 17-14"双端接"二端口网络以 Z 参数表述的电压转移函数 $\dfrac{U_2(s)}{U_S(s)}$。根据图 17-14，得

$$U_1(s) = U_S(s) - R_1 I_1(s)$$
$$U_2(s) = -R_2 I_2(s)$$

代入 Z 参数关系式(17-4)，有

$$U_S(s) - R_1 I_1(s) = Z_{11}(s)I_1(s) + Z_{12}(s)I_2(s)$$
$$-R_2 I_2(s) = Z_{21}(s)I_1(s) + Z_{22}(s)I_2(s)$$

解之得

$$I_2(s) = -\frac{U_S(s)Z_{21}(s)}{[R_1 + Z_{11}(s)][R_2 + Z_{22}(s)] - Z_{12}(s)Z_{21}(s)}$$

可得该二端口的电压传递函数为

$$\frac{U_2(s)}{U_S(s)} = -\frac{R_2 I_2(s)}{U_S(s)} = \frac{Z_{21}(s)R_2}{[R_1 + Z_{11}(s)][R_2 + Z_{22}(s)] - Z_{12}(s)Z_{21}(s)}$$

需要说明的是用 Z 参数也可以表示其他转移函数，或者用其他参数所表述的"双端接"二端口网络的转移函数。

17.4　二端口网络的互联

如上所述，为了便于电路分析和系统设计，复杂网络常被划分成一端口或二端口等基本端口部件，可以用端口参数表示其内部特性。本节主要介绍二端口网络的基本连接方式，以及复杂二端口的一般分析方法。二端口网络有串联、并联和级联(链联)三种基本连接方式，分别如图 17-15(a)、图 17-15(b)和图 17-15(c)所示。假若已知基本端口 N_a 和 N_b 的端口参数，下面讨论其组合二端口的端口特性与等效参数。

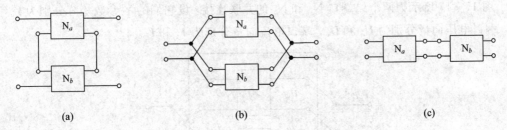

(a)　　　　　　　　(b)　　　　　　　　(c)

图 17-15　二端口电路的连接

注意：串联二端口对应端的电流相等，并联二端口对应端口的电压相等。

17.4.1　二端口网络的串联

图 17-16 所示为两个二端口 N_a 和 N_b 的串联连接，设它们的 Z 参数矩阵分别为 $\mathbf{Z}_a$ 和 $\mathbf{Z}_b$，端口电流向量分别为 $\dot{\mathbf{I}}_a$ 和 $\dot{\mathbf{I}}_b$，端口电压向量分别为 $\dot{\mathbf{U}}_a$ 和 $\dot{\mathbf{U}}_b$。

由二端口 Z 参数的定义，有

$$\dot{\mathbf{U}}_a = \mathbf{Z}_a \dot{\mathbf{I}}_a, \quad \dot{\mathbf{U}}_b = \mathbf{Z}_b \dot{\mathbf{I}}_b$$

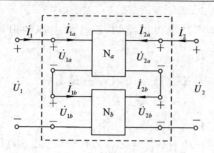

图 17-16　二端口的串联

根据 KVL，得

$$\dot{U} = \begin{bmatrix} \dot{U}_1 \\ \dot{U}_2 \end{bmatrix} = \begin{bmatrix} \dot{U}_{1a} + \dot{U}_{1b} \\ \dot{U}_{2a} + \dot{U}_{2b} \end{bmatrix} = \begin{bmatrix} \dot{U}_{1a} \\ \dot{U}_{2a} \end{bmatrix} + \begin{bmatrix} \dot{U}_{1b} \\ \dot{U}_{2b} \end{bmatrix} = \dot{U}_a + \dot{U}_b$$

因为串联，所以电流相等，即

$$\dot{I} = \begin{bmatrix} \dot{I}_1 \\ \dot{I}_2 \end{bmatrix} = \begin{bmatrix} \dot{I}_{1a} \\ \dot{I}_{2a} \end{bmatrix} = \begin{bmatrix} \dot{I}_{1b} \\ \dot{I}_{2b} \end{bmatrix} = \dot{I}_a = \dot{I}_b$$

由 KVL 并代入上式，即

$$\dot{U} = \dot{U}_a + \dot{U}_b = \mathbf{Z}_a\dot{I}_a + \mathbf{Z}_b\dot{I}_b = \mathbf{Z}_a\dot{I} + \mathbf{Z}_b\dot{I} = (\mathbf{Z}_a + \mathbf{Z}_b)\dot{I} = \mathbf{Z}\dot{I}$$

式中

$$\mathbf{Z} = \mathbf{Z}_a + \mathbf{Z}_b \tag{17-17}$$

　　可见，串联二端口的 Z 参数等于两个单一二端口 Z 参数之和。这个结论可以推广到 n 个二端口串联组合的情况。假如二端口的端口参数不是 Z 参数，而是 H 参数，那么就要利用二端口参数变换表先将 H 参数换为 Z 参数，然后根据式(17-17)求和后，最后再转换成 H 参数即可。

17.4.2　二端口网络的并联

　　图 17-17 所示为两个二端口 N_a 和 N_b 的并联连接，设它们的 Y 参数矩阵分别为 $\mathbf{Y}_a$ 和 $\mathbf{Y}_b$，端口电压向量分别为 $\dot{U}_a$ 和 $\dot{U}_b$，端口电流向量分别为 $\dot{I}_a$ 和 $\dot{I}_b$。

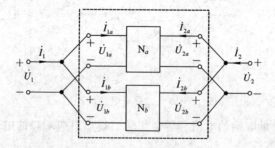

图 17-17　二端口的并联

　　由二端口 Y 参数的定义，有

$$\dot{I}_a = \mathbf{Y}_a\dot{U}_a, \quad \dot{I}_b = \mathbf{Y}_b\dot{U}_b$$

根据 KCL，并考虑得 $\dot{U}_{1a} = \dot{U}_{1b} = \dot{U}_1$，$\dot{U}_{2a} = \dot{U}_{2b} = \dot{U}_2$，则

$$\dot{I} = \begin{bmatrix} \dot{I}_1 \\ \dot{I}_2 \end{bmatrix} = \begin{bmatrix} \dot{I}_{1a} + \dot{I}_{1b} \\ \dot{I}_{2a} + \dot{I}_{2b} \end{bmatrix} = \dot{I}_a + \dot{I}_b = \mathbf{Y}_a\dot{U}_a + \mathbf{Y}_b\dot{U}_b = (\mathbf{Y}_a + \mathbf{Y}_b)\dot{U} = \mathbf{Y}\dot{U}$$

可见，并联组合二端口网络的 Y 参数为

$$Y = Y_a + Y_b \qquad (17-18)$$

这个结果也可以推广到 n 个二端口并联组合的情况。

17.4.3 二端口网络的级联

两个二端口网络 N_a 和 N_b 的级联组合如图 17-18 所示。设 N_a 和 N_b 的 T 参数分别为

$$T_a = \begin{bmatrix} A_a & B_a \\ C_a & D_a \end{bmatrix}, \quad T_b = \begin{bmatrix} A_b & B_b \\ C_b & D_b \end{bmatrix}$$

由 T 参数的定义，有

$$\begin{bmatrix} \dot{U}_{1a} \\ \dot{I}_{1a} \end{bmatrix} = T_a \begin{bmatrix} \dot{U}_{2a} \\ -\dot{I}_{2a} \end{bmatrix}, \quad \begin{bmatrix} \dot{U}_{1b} \\ \dot{I}_{1b} \end{bmatrix} = T_b \begin{bmatrix} \dot{U}_{2b} \\ -\dot{I}_{2b} \end{bmatrix}$$

因为是串联，所以由图 17-18 得 $\dot{U}_{2a} = \dot{U}_{1b}$，$\dot{I}_{2a} = -\dot{I}_{1b}$，再根据上式，有

$$\begin{bmatrix} \dot{U}_{1a} \\ \dot{I}_{1a} \end{bmatrix} = T_a \begin{bmatrix} \dot{U}_{1b} \\ \dot{I}_{1b} \end{bmatrix} = T_a T_b \begin{bmatrix} \dot{U}_{2b} \\ -\dot{I}_{2b} \end{bmatrix}$$

又因为二端口级联时，$\dot{U}_1 = \dot{U}_{1a}$，$\dot{U}_2 = \dot{U}_{2b}$，$\dot{I}_1 = \dot{I}_{1a}$，$\dot{I}_2 = \dot{U}_{2b}$，所以

$$\begin{bmatrix} \dot{U}_1 \\ \dot{I}_1 \end{bmatrix} = T_a T_b \begin{bmatrix} \dot{U}_2 \\ -\dot{I}_2 \end{bmatrix} = T \begin{bmatrix} \dot{U}_2 \\ -\dot{I}_2 \end{bmatrix}$$

可见，N_a 和 N_b 的级联组合等效二端口网络的 T 参数为

$$T = T_a T_b \qquad (17-19)$$

同理，当 n 个二端口级联组合时，其等效 T 参数为

$$T = T_1 \cdots T_k \cdots T_n \qquad (17-20)$$

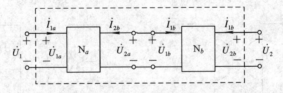

图 17-18 二端口的级联

例 17-4 求图 17-19 所示电路的电压转移函数 U_2/U_S。

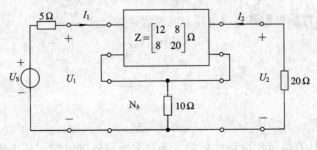

图 17-19 例 17-4 图

解 可以将图 17-19 所示电路看作两个二端口的串联。二端口 N_b 由 10 Ω 电阻构成，它的 Z 参数为

$$Z_{b11} = Z_{b22} = Z_{b12} = Z_{b21} = 10 \text{ Ω}$$

由式(17-17)得该串联组合二端口的 Z 参数为

$$Z = Z_a + Z_b = \begin{bmatrix} 12 & 8 \\ 8 & 20 \end{bmatrix} + \begin{bmatrix} 10 & 10 \\ 10 & 10 \end{bmatrix} = \begin{bmatrix} 22 & 18 \\ 18 & 30 \end{bmatrix}$$

即

$$U_1 = 22I_1 + 18I_2 \tag{17-21a}$$
$$U_2 = 18I_1 + 30I_2 \tag{17-21b}$$

将输入端口关系 $U_1 = U_s - 5I_1$ 和输出端口关系 $U_2 = -20I_2$ 代入式(17-21a),得

$$U_s = 27I_1 - 0.9U_2 \tag{17-21c}$$

由式(17-21b)和式(17-21c),解得转移函数为

$$\frac{U_2}{U_s} = \frac{1}{2.85} = 0.35$$

17.5　回转器和负阻抗变换器

由以上分析知道,用二端口参数可以描述二端口的性能。已知网络求取二端口的各种参数是二端口网络的分析过程;而在给定二端口参数的条件下,求取网络构成的过程称为网络的综合(设计)。本节讨论的回转器和负阻抗变换器,就是一种假设的由二端口参数表述的二端口电路模型,这样的模型可以通过集成的有源电路实现。下面仅仅介绍回转器和负阻抗变换器的符号、参数和用途。

17.5.1　回转器

回转器是一种电路模型。理想回转器是一个二端口,其电路符号如图 17-20(a)所示。

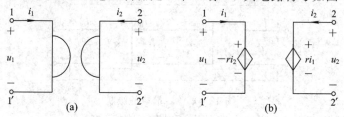

图 17-20　回转器电路符号及其等效电路

理想回转器的性能可用其端口电压、电流表述为

$$u_1 = -ri_2$$
$$u_2 = ri_1 \tag{17-22a}$$

或

$$i_1 = gu_2$$
$$i_2 = -gu_1 \tag{17-22b}$$

式中,r 和 g 分别具有电阻和电导的量纲,分别称为回转电阻和回转电导,简称回转常数。其矩阵形式为

$$\begin{bmatrix} u_1 \\ u_2 \end{bmatrix} = \begin{bmatrix} 0 & -r \\ r & 0 \end{bmatrix} \begin{bmatrix} i_1 \\ i_2 \end{bmatrix}, \quad \begin{bmatrix} i_1 \\ i_2 \end{bmatrix} = \begin{bmatrix} 0 & g \\ -g & 0 \end{bmatrix} \begin{bmatrix} u_1 \\ u_2 \end{bmatrix}$$

可见，回转器的 Z 参数和 Y 参数分别为

$$Z = \begin{bmatrix} 0 & -r \\ r & 0 \end{bmatrix}, \quad Y = \begin{bmatrix} 0 & g \\ -g & 0 \end{bmatrix}$$

根据理想回转器的端口方程式(17-22a)，可得

$$u_1 i_1 + u_2 i_2 = -r i_1 i_2 + r i_1 i_2 = 0$$

可见，理想回转器既不消耗也不发出电功率，是一个无源无损的线性元件。根据回转器的定义式(17-22)，可以画出回转器的等效电路模型，如图17-20(b)所示。由回转器的定义式不难证明回转器不是互易二端口。

回转器的工程应用之一就是改变储能元件的性质。例如，按照现有集成电路的工艺，电容元件容易集成，而电感元件却不易集成，这极大地影响了集成电路的性能。然而，"回转性"电路模型的提出，特别是"回转性"二端口网络的实现为解决这个问题提供了一条途径。实际中，现在集成电路是用易于集成的电容元件来替代不易集成的电感元件。

如图17-21所示电路，因为 $I_2(s) = -sCU_2(s)$，根据式(17-22)可得

$$U_1(s) = -rI_2(s) = rsCU_2(s) = r^2 sCI_1(s)$$

或

$$I_1(s) = gU_2(s) = -g\frac{1}{sC}I_2(s) = g^2\frac{1}{sC}U_1(s)$$

于是得输入阻抗为

$$Z_{\text{in}}(s) = \frac{U_1(s)}{I_1(s)} = sr^2 C = s\frac{C}{g^2} = sL_{\text{eq}}$$

可见，从图17-21所示电路的输入端看，该电路相当于一个电感元件，其等效电感为

$$L_{\text{eq}} = r^2 C = \frac{C}{g^2}$$

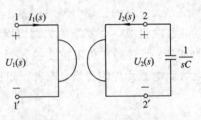

图17-21 由回转器实现电感元件的电路

17.5.2 负阻抗变换器

负阻抗变换器(NIC, Negative Impedance Converter)也是一个二端口的电路模型，其符号如图17-22(a)所示。

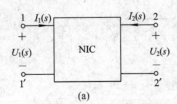 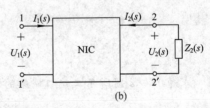

图17-22 负阻抗变换器

若将 NIC 的端口特性用 T 参数描述，即

$$\begin{bmatrix} U_1(s) \\ I_1(s) \end{bmatrix} = \begin{bmatrix} 1 & 0 \\ 0 & -k \end{bmatrix} \begin{bmatrix} U_2(s) \\ -I_2(s) \end{bmatrix} \tag{17-23a}$$

或

$$\begin{bmatrix} U_1(s) \\ I_1(s) \end{bmatrix} = \begin{bmatrix} -k & 0 \\ 0 & 1 \end{bmatrix} \begin{bmatrix} U_2(s) \\ -I_2(s) \end{bmatrix}$$
(17-23b)

式中，k 为正实常数。

由式(17-23a)有 $I_1(s) = -k[-I_2(s)]$，可见 NIC 不仅能够改变传输电流的大小，而且能够改变电流方向。是具有电流反向功能的二端口。式(17-23b)定义的 NIC，则是具有电压反向特性的二端口。这里不去探讨什么样的二端口才具有以上特性，只是说明如果某二端口拥有以上特性，则利用它们可以实现负阻抗变换。

如图 17-22(b)所示，若在端口 2-2′接上负载阻抗 $Z_2(s)$。用式(17-23a)得出端口 1-1′的等效阻抗 $Z_1(s)$ 为

$$Z_1(s) = \frac{U_1(s)}{I_1(s)} = \frac{U_2(s)}{kI_2(s)}$$

将电路关系 $U_2(s) = -Z_2(s)I_2(s)$ 代入上式，有

$$Z_1(s) = -\frac{Z_2(s)}{k}$$

可见，此二端口具有将正阻抗变换为负阻抗的能力。

本章讨论了二端口电路的概念以及二端口网络的 4 种端口参数。这些参数从端口上反映了二端口的网络特性，利用这些参数可以分析网络的各种性能指标。另外，简单二端口网络是大规模的二端口网络的基本构成单元，或者说，可以通过简单二端口网络的串、并联或级联组成一个复杂的二端口网络。所以研究简单二端口是分析或综合复杂二端口网络的基础。回转器和负阻抗变换器是人们构造出的理想二端口电路模型，利用它们可以实现电容到电感元件的变换，或者正阻抗到负阻抗的变换，实现常规电路不能实现的功能。

习　题

17-1　求题 17-1 图所示二端口网络的 Y 参数。

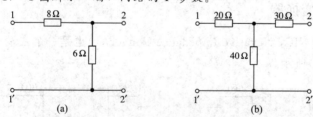

题 17-1 图

17-2　求题 17-2 图所示二端口网络的 Y 参数。

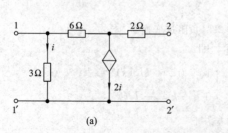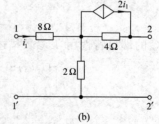

题 17-2 图

17-3　对某电阻二端口网络的测试结果如下：当端口 $1-1'$ 开路时，$U_2=15$ V，$U_1=10$ V，$I_2=30$ A；当端口 $1-1'$ 短路时，$U_2=10$ V，$I_1=-5$ A，$I_2=4$ A。试求该二端口网络的 Y 参数。

17-4　某电阻双口网络的测试结果如下：当端口 $2-2'$ 短路时，以 20 V 电压施加于端口 $1-1'$，测得 $I_1=2$ A，$I_2=-0.8$ A；当端口 $1-1'$ 短路时，以 25 V 电压施加于端口 $2-2'$，测得 $I_1=-1$ A，$I_2=1.4$ A。试求该双口网络的 Y 参数。

17-5　求题 17-1 图所示双口网络的 Z 参数。

17-6　求题 17-6 图所示二端口网络的 Z 参数。

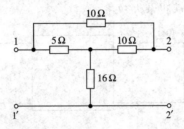

题 17-6 图

17-7　求题 17-7 图所示二端口网络的频域 Z 参数，已知 $\omega=1000$ rad/s。

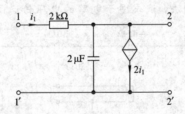

题 17-7 图

17-8　电路如题 17-8 图所示，已知 Z 参数，试求端口电流 $\dot{I}_1$ 和 $\dot{I}_2$。

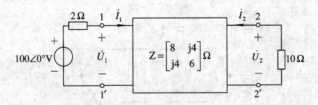

题 17-8 图

17-9　求题 17-9 图所示二端口网络的 s 域 H 参数。

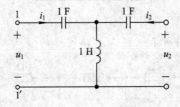

题 17-9 图

17-10　电路如题 17-10 图所示，试求输入端口的输入阻抗 Z_{in}。

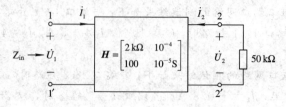

题 17-10 图

17-11　题 17-11 图所示二端口的 T 参数为 $T = \begin{bmatrix} 4 & 20\ \Omega \\ 0.1\ S & 2 \end{bmatrix}$，输出端接一可变负载 R_L，问 R_L 为多大时，它能获得最大功率。

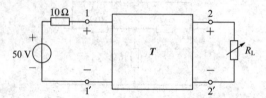

题 17-11 图

17-12　试求 17.3 节图 17-13 所示"单端接"二端口网络的电压转移函数。

17-13　用二端口参数方法，试求图示电路的电压传递函数。

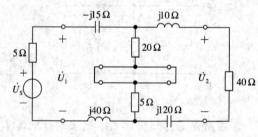

题 17-13 图

17-14　试求题 17-14 图所示二端口的 Y 参数。

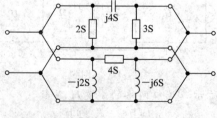

题 17-14 图

17-15　试求题 17-15 图所示级联二端口网络的 T 参数。

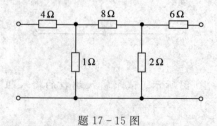

题 17-15 图

17-16 题17-16图所示电阻网络有4个未知电阻和1个已知电阻。对该电阻网络进行两次测量：第1次测量如题17-16图(a)所示，测量结果为 $I_1 = 0.6I_S$，$I_1' = 0.3I_S$；第2次测量如题17-16图(b)所示，测量结果为 $I_2 = 0.5I_S$，$I_2' = 0.2I_S$。

(1) 设两个电流源同时作用于该网络，如题17-16图(c)所示。调节 K 值使 R_3 两端电压为零(即 $I_3 = I_3'$)。运用叠加定理确定 K 值，并计算 R_1 的值。

(2) 根据算得的 K 值，计算用 I_S 来表示的 I_3 值(亦即 I_3' 值)，并进而算出 R_2 值和 R_4 值。

(3) 利用两次测量中任一次结果，计算 R_3。

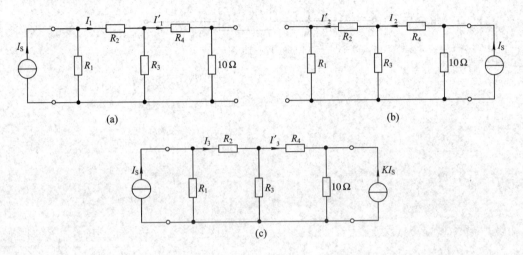

题 17-16 图

17-17 如题17-17图所示电路，已知二端口 N_0 的 Z 参数为 $Z_{11} = 3\ \Omega$，$Z_{12} = Z_{21} = 2\ \Omega$，$Z_{22} = 3\ \Omega$，试求输出电压 $\dot{U}_o$。

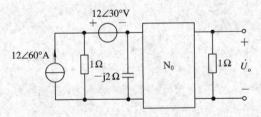

题 17-17 图

17-18 如题17-18图所示电路，已知二端口 N_0 的 Z 参数为 $Z_{11} = 5\ \Omega$，$Z_{12} = Z_{21} = 4\ \Omega$，$Z_{22} = 12\ \Omega$，试求输出电压 $\dot{U}_o$。

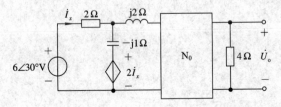

题 17-18 图

17-19　如题 17-19 图所示电路，二端口 N_0 的 Z 参数为 $Z_{11} = Z_{22} = \dfrac{5}{3}$ Ω，$Z_{12} = Z_{21} = \dfrac{4}{3}$ Ω，试求该网络的 T 参数。

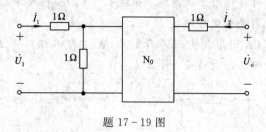

题 17-19 图

第 18 章　非线性电路简介

含有非线性元件的电路称为非线性电路。严格地说，所有的实际电路都是非线性的。前面介绍的电路理论和分析方法都是关于线性电路的，下面简单介绍非线性电路的分析方法。

非线性集总电路的理论基础仍然是建立在集总公设的 KCL、KVL 和元件的伏安约束关系上的，但是非线性电路和线性电路在性质上是根本不同的。作为一种便于数学分析的理论模型，线性电路的分析方法及理论成果对于研究非线性电路仍具有实用价值。

本章的主要任务是介绍一些常用的非线性电路分析方法。除了介绍普遍适用的图解法、分段直线图解法之外，还要介绍非线性电路的近似迭代分析方法和小信号分析方法等。由于篇幅所限，本章只简要介绍分析非线性电路的基本思想方法。

18.1　非线性电路的基本分析方法

含有非线性元件的电路称为非线性电路。这里只讨论含有一个非线性电阻元件的非线性电路。如图 18 - 1(a)所示，整个非线性电路由非线性电阻元件和线性有源二端网络 N_S 组成。可以用戴维南（或诺顿）等效电路替代图 18 - 1(a)所示电路中的 N_S，得到图 18 - 1(b)所示的等效电路。

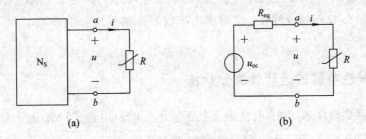

图 18 - 1　只含一个非线性电阻元件的非线性电路

设图 18 - 1 所示电路中非线性电阻的伏安关系为

$$i = f(u) \tag{18 - 1}$$

由于流过非线性电阻的电流 i 以及端电压 u 不仅要满足元件的约束条件，还要服从电路的拓扑（基尔霍夫定律）约束关系，所以可得以下非线性约束方程组。

$$\begin{cases} u = u_{oc} - R_{eq}i & (18-2a) \\ i = f(u) & (18-2b) \end{cases}$$

因为非线性电路的约束关系是非线性的，所以上式的数学分析和求解工作很复杂。特别是当实际非线性元件的约束关系不能或者难以用解析关系式表达时，就只能用画图的办法进行图解分析。

18.1.1　非线性电路的图解分析法

可以通过图解法分析图 18-1 所示的非线性电路。设非线性电阻的伏安关系 $i = f(u)$ 不能用解析表达式表示（只能通过实验测得其伏安特性曲线），如图 18-2 所示。需要说明的是，非线性曲线 $i = f(u)$ 的形状和特征是由非线性元件的自身性质决定的，与其外部电路无关。另外，戴维南等效电路的伏安特性为一条直线，斜率为 $-1/R_{eq}$，与 u 轴的交点为开路电压 u_{oc}，与 i 轴的交点为 u_{oc}/R_{eq}。由于非线性电阻元件与 N_S 在 $a-b$ 端口相连，所以它们两端有相同的电压 u，并流过相同的电流 i，因此，两条线交于一点 Q，如图 18-2 所示。显然，非线性约束方程式（18-2）的解就是图中 Q 点的坐标值。图解法的任务就是用作图方法得到 Q 点的坐标值。Q 点称为非线性电阻（或电路）的工作点。

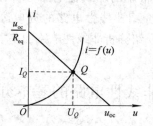

图 18-2　非线性元件伏安工作点的确定

顺便指出，如果 u_{oc} 是直流，则工作点 Q 就为定值；如果 u_{oc} 是一个随时间变化的量，则 Q 点也将随时间变化，由于非线性电阻的约束，Q 点始终在 $i = f(u)$ 的曲线上。假设 u_{oc} 的变化幅度不大，即当 u_{oc} 只发生微小变化（称为小信号）时，可以在 Q 点不变的情况下，将非线性关系（曲线）在 Q 点处线性化，然后求出小信号下的响应，详见 18.2.2 节的小信号分析方法。

18.1.2　非线性电路的迭代计算分析法

在线性有源二端口 N_S 为非时变的条件下，还可以利用迭代计算分析法，即通过数值计算求解非线性方程（18-2）。其具体做法就是先为式（18-2b）假定一个初始电压 u_0，由式（18-2b）求得 i_0；再将 i_0 代入方程式（18-2a）检验其是否能使式（18-2a）成立。如果 i_0 能使式（18-2）成立，则说明该 u_0 就是方程组（18-2）的解；否则，就需要修正假定值，即用新的修正值 $u_0 + \Delta u$ 重新代入以上非线性方程组进行试探。经过多次循环迭代后，最终找到满足一定精度要求的试探解，其迭代流程图如图 18-3 所示。这种方法可以通过编程由计算机完成。

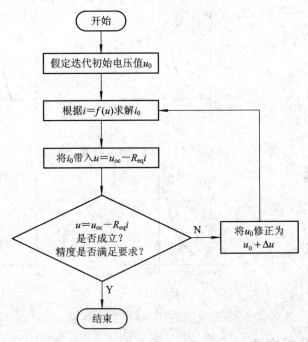

图 18-3　非线性电路迭代分析流程图

18.2　非线性电路的近似分析方法

如上所述，将非线性电路线性化之后，可以直接利用线性电路的分析方法分析非线性电路。尽管从本质上讲，在这种线性化中不可避免地存在着分析方法和分析结果的近似性，然而它却使得一些原本无法进行或难以完成的复杂问题得以解决。由于它简化了非线性电路的分析过程，所以在实际工程实践中得到了广泛应用。

考虑到许多实际非线性电路的非线性关系都可以用一条或若干条直线段来近似，本节首先介绍非线性电路的分段线性化方法；然后注意到一类实际非线性电路都是工作在小信号激励条件下的，进而讨论非线性电路的小信号解析分析方法。

18.2.1　分段线性化分析法

非线性电路分段线性化分析法的实质是将实际非线性约束关系用若干折线分段描述，将实际非线性电路等效为若干个不同的线性电路，使得整个研究区间上的非线性电路在每个线性区段内都可以线性化，进而可以用线性电路的分析方法求解整个非线性电路的工作特性。

例如，如图 18-4(a)所示的二极管 V_D 的约束关系或伏安特性曲线是非线性的，如图 18-4(b)所示。为了分析方便，我们经常使用图 18-4(c)所示的两段折线近似其伏安特性。

图 18-5(a)所示的非线性电路的伏安特性可以用图 18-5(b)所示的两段折线近似。显然，随着二极管工作电压 u 所在区域的不同，其电路模型是不一样的。特别是当二极管的工作环境(例如温度)发生变化时，这些折线将带有滑动和时变的特点。

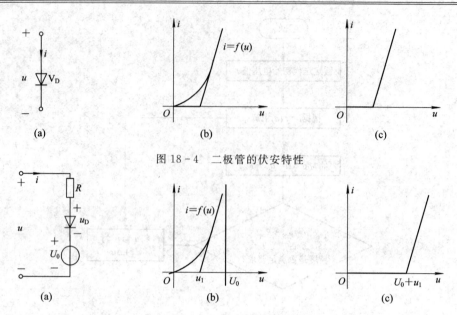

图 18-4　二极管的伏安特性

图 18-5　非线性电路分段线性化

18.2.2　小信号分析方法

作为分析非线性电路的一种解析方法,小信号分析方法在非线性电路分析中占有重要的地位。小信号分析法的实质是线性化方法,因此,只有在输入非线性电路的激励信号相对足够小的情况下,小信号分析法才有实用价值,利用小信号分析方法所得到的分析结果才与实际非线性电路中的实际情况比较吻合。

下面以图 18-6(a)所示的非线性电路为例,说明非线性电路的小信号分析方法及其分析步骤。为了表示非线性元件端电压的波动变化情况,在图 18-6(a)所示的电路中假设了两个电压源,一个是不随时间变化的直流电压源 U_0,另一个是代表外部激励或反映环境变化的交流电压源 $u_S(t)$。如果图示非线性电路中的 $u_S(t)$ 在任何时刻总有 $|u_S(t)| \ll U_0$,就可以将 $u_S(t)$ 称为小信号电压。

读者在今后的学习中将会了解到,小信号非线性电路的典型应用就是分析模拟电子电路。在模拟电子技术中,常将 U_0 和 $u_S(t)$ 分别视为直流偏压和随时间变化的小信号,然后利用电路中学过的方法分析和计算通过非线性元件的电流 $i(t)$ 及其端电压 $u(t)$。

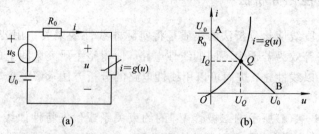

图 18-6　非线性电路的小信号分析

假设图 18-6(a)所示电路中非线性元件的伏安约束关系为

$$i = g(u) \tag{18-3}$$

根据 KVL 得电路约束方程为

$$U_0 + u_\text{S}(t) = R_0 i(t) + u(t) \tag{18-4}$$

如上所述，当 $u_\text{S}(t)$ 随时间 t 变化时，以上非线性方程是很难求解的。然而，当 $u_\text{S}(t)$ 是小信号时，非线性方程的解 (u, i) 将在（静态）工作点 Q 附近徘徊。

这里需要介绍一下静态工作点 Q 的概念。非线性电路的静态工作点 Q 指交流信号等于零（即 $u_\text{S}=0$），或只考虑直流电压源 U_0 作用时，非线性电路的直流负载线 $AB(u=U_0 - R_0 i$ 对应的直线）与非线性元件约束关系 $i=g(u)$ 的交汇点，如图 18-6(b) 所示。直线 AB 称为直流负载线的原因是因为这条直线的斜率取决于该非线性电路的直流电阻 R_0。

如果 $u_\text{S}(t)$ 的变化范围很小，就可以在 Q 点附近将非线性关系 $i=g(u)$ 线性化。即在小信号条件下，把原本的非线性电路看作线性电路，分别计算出直流激励和小信号交流激励下的电路响应，最后像线性电路那样，根据叠加定理将以上计算结果进行叠加。

值得说明，以上非线性电路小信号分析方法的理论依据是叠加定理。假设我们已经计算出直流源 U_0 单独作用于非线性电路时的静态工作点 (U_Q, I_Q)，再考虑交流小信号 $u_\text{S}(t)$ 的作用时，非线性电路的工作电压 $u(t)$ 和工作电流 $i(t)$，它们分别为

$$u(t) = U_Q + u_1(t)$$
$$i(t) = I_Q + i_1(t) \tag{18-5}$$

式中，$u_1(t)$ 和 $i_1(t)$ 是由 $u_\text{S}(t)$ 引起的响应。由于 $u(t)$ 和 $i(t)$ 是非线性元件上的电压和电流，所以它们满足非线性元件的约束关系，即

$$I_Q + i_1(t) = g[U_Q + u_1(t)]$$

考虑到小信号 $u_\text{S}(t)$ 引起的 $u_1(t)$ 幅值很小，因此可以利用泰勒级数将上式右边在静态工作点 Q 处展开，并忽略其高阶项，得

$$I_Q + i_1(t) \approx g(U_Q) + \left.\frac{\mathrm{d}g}{\mathrm{d}u}\right|_{U_Q} \cdot u_1(t)$$

由于 $I_Q = g(U_Q)$，所以

$$i_1(t) \approx \left.\frac{\mathrm{d}g}{\mathrm{d}u}\right|_{U_Q} \cdot u_1(t) \tag{18-6}$$

如果将

$$g_Q = \left.\frac{\mathrm{d}g}{\mathrm{d}u}\right|_{U_Q} = \frac{1}{r_Q}$$

定义为非线性元件在 Q 点 (U_Q, I_Q) 的动态电导，则式 (18-6) 可表示为

$$i_1(t) = g_Q u_1(t) \tag{18-7a}$$

或

$$u_1(t) = r_Q i_1(t) \tag{18-7b}$$

如果电路的结构、参数和直流电压源的电压 U_0 恒定不变，则非线性电路的静态工作点 Q 及其动态电导 g_Q 和动态电阻 r_Q 也为固定不变的常数。这意味着，在小信号条件下，由 $u_\text{S}(t)$ 激励的 $i_1(t)$ 与其 $u_1(t)$ 成线性关系。对于小信号激励而言，图 18-6(a) 所示非线性电路可线性化为图 18-7 所示的等效电路（模型）。

根据图 18-7 所示的小信号线性电路，可以求出电路中的 $i_1(t)$ 和 $u_1(t)$ 分别为

$$i_1(t) = \frac{u_\text{S}(t)}{R_0 + r_Q}$$

$$u_1(t) = r_Q i_1(t) = \frac{r_Q u_S(t)}{R_0 + r_Q}$$

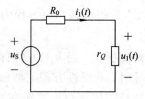

将小信号响应代入式(18-5),即可得图 18-6(a)所
示电路的响应为

$$u(t) = U_Q + \frac{r_Q u_S(t)}{R_0 + r_Q}$$

$$i(t) = I_Q + \frac{u_S(t)}{R_0 + r_Q}$$

图 18-7　图 18-6 非线性电路的
小信号等效电路

综上所述,可以将非线性电路小信号分析法的一般步骤归纳如下:

(1) 求解非线性电路的静态工作点。

(2) 求解非线性电路元件的动态电导或动态电阻。

(3) 画出非线性电路在静态工作点处的小信号等效电路。

(4) 根据小信号等效电路进行电路分析。

(5) 应用叠加定理合成静态值和小信号响应。

例 18-1　非线性电路如图 18-8(a)所示。其中非线性电阻为电压控制型,其函数表
达式为

$$i = g(u) = \begin{cases} u^2 & u > 0 \\ 0 & u < 0 \end{cases}$$

直流电压源的电压 $U_S = 6$ V, $R_0 = 1$ Ω;信号源 $i_S(t) = 0.5 \cos(\omega t)$ A,试求在静态工作点
处由小信号引起的电压 $u(t)$ 和电流 $i(t)$。

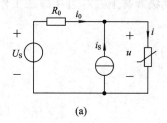　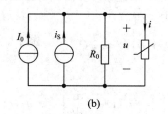　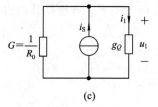

(a)　　　　　　　　　　　(b)　　　　　　　　　　　(c)

图 18-8　例 18-1 图

解　为方便起见,将图 18-8(a)改画成图 18-8(b),对其应用 KCL,得

$$\frac{u}{R_0} + i = I_0 + i_S(t)$$

代入已知条件,有

$$u + g(u) = 6 + 0.5 \cos(\omega t)$$

根据非线性电路小信号分析步骤,先求解图示电路的静态工作点。令 $i_S(t) = 0$,则由
上式,有

$$u^2 + u = 6$$

解得 $u = 2$ V 和 $u = -3$ V。舍去不合题意的解,可得静态工作点 $U_Q = 2$ V, $I_Q = U_Q^2 = 4$ A。

非线性电路在静态工作点处的动态电导为

$$g_Q = \left. \frac{\mathrm{d}g(u)}{\mathrm{d}u} \right|_{U_Q} = 2u \mid_{U_Q} = 4 \mathrm{S}$$

根据以上计算结果,画出图 18-8(a)的小信号等效电路如图 18-8(c)所示。依据图

18-8(c)可得

$$u_1(t) = (G + g_Q)i_S(t) = 2.5\cos(\omega t) \text{ V}$$

$$i_1(t) = g_Q u_1(t) = 10\cos(\omega t) \text{ A}$$

则图 18-8(a)中的 $u(t)$ 和 $i(t)$ 分别为

$$u(t) = U_Q + u_1(t) = [2 + 2.5\cos(\omega t)] \text{ V}$$

$$i(t) = I_Q + i_1(t) = [4 + 10\cos(\omega t)] \text{ A}$$

　　严格意义上讲，实际的电路器件或元件或多或少都是非线性的，所以本章简要介绍了含有一个非线性电阻电路的分析方法。其基本思想是，先利用静态电路的分析方法找出电路的静态工作点 Q，同时认为当电路激励的变化部分很小时，可以将非线性电阻在 Q 点处线性化，然后利用线性电路的分析方法求解，最后用叠加定理求出电路的响应。该方法是后续模拟电子电路分析的基础。

习　题

　　18-1　如题 18-1 图(a)、(b)所示电路，其中 R 为线性电阻，V_D 为理想二极管，已知 $R = 2\ \Omega$，$U_0 = 1\ \text{V}$，$I_S = 1\ \text{A}$，试在 u-i 平面上分别画出其对应的伏安特性曲线。

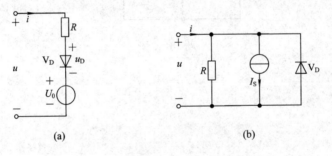

题 18-1 图

　　18-2　试设计一个由线性电阻、独立电源和理想二极管组成的一端口网络。要求其伏安特性曲线具有题 18-2 图所示特性。

　　18-3　试根据图 18-3 所示的流程图，用自己所熟悉的高级语言编写非线性电路的迭代计算程序。

　　18-4　如题 18-4 图所示电路，已知非线性电阻的伏安特性为 $u = i^3 + 2i$，当 $u_S(t) = 0$ 时，回路电流为 1 A。如果 $u_S(t) = \cos(\omega t)$ V，试用小信号分析法求解回路电流 i。

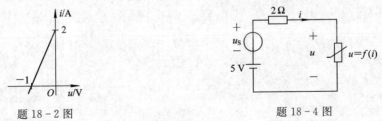

题 18-2 图　　　　　　　　　　题 18-4 图

　　18-5　如题 18-5(a)图所示非线性电路，已知直流电压源 $U_S = 3.5$ V，$R = 1\ \Omega$，非线性电阻的伏安特性曲线如题 18-5(b)图所示。

（1）试用图解法求其静态工作点。

（2）若将伏安特性曲线分成 OC、CD 和 DE 三个不同区域，试用分段线性化方法求其可能的静态工作点，并与（1）的结果相比较。

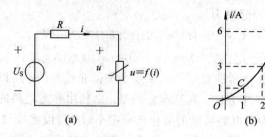

题 18-5 图

18-6　如题 18-6 图所示非线性电路，已知非线性电阻的伏安特性为 $i = u^2$，试求电路的静态工作点及该点的动态电阻 r_Q。

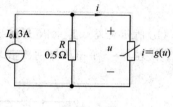

题 18-6 图

部 分 习 题 答 案

第 1 章

1-1 (1) $(4t-5)\,\text{mA}$; (2) $-30\text{e}^{-3t}\,\text{A}$; (3) $4\pi\cos(20\pi t)\,\mu\text{A}$;
(4) $-10\text{e}^{-2t}\left[\cos(50t)+25\sin(50t)\right]\text{A}$

1-3 (1) $10\,\text{V}$; (2) $-10\,\text{V}$; (3) $-10\,\text{V}$; (4) $10\,\text{V}$

1-4 $2.037\,\text{J}$, $0.083\,\text{J}$

1-5 $2.5\text{e}^{-4t}\left[1+\cos(628t)\right]\text{W}$

1-7 $8\,\Omega$, $0.125\,\text{S}$; $72\,\text{W}$; $360\,\text{J}$

1-8 $-30\,\text{V}$, $45\,\text{W}$

1-10 $10\,\text{V}$

1-11 $1\,\text{A}$

1-12 $-1\,\text{mA}$, $3\,\text{mA}$, $-2\,\text{mA}$

1-13 $-13\,\text{V}$, $1\,\text{A}$

1-14 $4\,\text{V}$, $2\,\text{V}$, $-10\,\text{V}$, $-3\,\text{A}$

1-15 $5\,\text{A}$, $\dfrac{1}{3}\,\text{A}$, $-\dfrac{8}{3}\,\text{A}$

1-16 $2\,\text{A}$, $-55\,\text{V}$

1-17 $(20-u_0)\,\text{V}$

1-18 $5\sqrt{2}\cos(100t+30°)\,\text{A}$, $249.91\,\text{J}$

1-19 $-2.5\,\text{A}$, $-6.5\,\text{V}$

1-20 $-136\,\text{V}$

1-21 $-40\,\text{V}$, $21\,\text{V}$, $-28\,\text{V}$, $13\,\text{V}$

1-22 $-0.25\,\text{A}$, $-2.25\,\text{V}$, $2.81\,\text{W}$

1-23 200

1-24 $-3\,\text{A}$, $-8\,\text{V}$, 有源元件

第 2 章

2-1 (a) $3.70\,\Omega$; (b) $4.37\,\Omega$

2-2　(1) 4.5 A；　(2) 4~4.8 A

2-3　$\frac{10}{3}$ V，$\frac{35}{9}$ V，$\frac{5}{18}$ A，1.5 A

2-4　$\frac{30}{19}$ A，$\frac{15}{19}$ A，$\frac{12}{19}$ A，−1 A，$-40\frac{15}{19}$ V

2-5　40.03 Ω，50 Ω，0.07%

2-6　(a) $\dfrac{R_2 + R_1(1+\beta)}{1+\beta}$ ；(b) $(1+\mu)R_1$

2-7　5 A，2 A，6 A

2-8　4 V，$\frac{8}{3}$ A，2 A

2-9　(a) 4.29 V；　(b) 3.2 V

2-10　1.64 A

2-11　2.67 A，−2 V

2-12　−0.67 V，7 W，−3.33 W，22 W

2-13　0.42 V

2-14　−500

2-15　(a) 10.91 Ω；(b) 21.36 Ω

2-17　21.63 V

2-18　1.2 Ω

第　3　章

3-5　−2 A，3 A

3-6　0.8 A，1.4 A，2.2 A

3-7　$\frac{5}{6}$ A，$-\frac{20}{6}$ A，$\frac{5}{6}$ A

3-9　−0.33 A

3-10　12 V

3-11　$\frac{10}{21}$ A

3-12　0.023 A

3-13　−5.71 V

3-14　43.75 V

3-15　−2 A

3-19　(a) 2 A，0 A，2 A，−2 A；(b) 3.14 A，1.71 A，1.43 A，0.29 A

3-20　(a) 10 V；　(b) 0 V

3-21　6.5 V

3 - 22　17.51 V, 0.73 mA

第 4 章

4 - 1　6 V

4 - 2　−3 V

4 - 3　2 A

4 - 4　1.8 A

4 - 5　$\left(\dfrac{14}{3}-\dfrac{2}{3}\sin t\right)$V

4 - 6　2 V

4 - 7　7.74 A, 31.77 V

4 - 8　3.52 A, 1.84 A, 1.67 A, 1.00 A, 0.67 A, 6.70 V

4 - 9　(a) $U_{oc}=\dfrac{R_2 U_S}{R_1+R_2}$, $R_{eq}=\dfrac{R_1 R_2}{R_1+R_2}$;

　　　(b) $u_{oc}=2.7$ V, $R_{eq}=5.48$ Ω

4 - 10　(a) $u_{oc}=11$ V, $R_{eq}=2$ Ω;(b) $u_{oc}=2.51$, $R_{eq}=1.25$ Ω

4 - 11　$u_{oc}=2$ V, $R_{eq}=2$ Ω

4 - 12　0.71 A

4 - 13　(a) $i_{sc}=-8$ A, $G_{eq}=-0.2$ S;(b) $i_{sc}=2$ A, $G_{eq}=\dfrac{1}{3}$ S

4 - 14　(a) $u_{oc}=\dfrac{10}{3}$ V, $R_{eq}=\dfrac{20}{9}$ Ω;(b) $u_{oc}=8$ V, $R_{eq}=2.4$ Ω

4 - 15　−0.14 A

4 - 16　−10 V

4 - 17　−27.67 A

4 - 18　18 V

4 - 19　8 A

4 - 20　12 Ω, $\dfrac{100}{3}$ W

4 - 21　1.63 W

4 - 22　2 Ω, 288 W

4 - 23　8 Ω, 7.03 W

第 5 章

5 - 1　(a) $-R_2$; (b) $-\dfrac{5}{4}$

5 - 2　−3

5 - 3 $u_o = \left(1 + \dfrac{R_4}{R_1}\right)\dfrac{R_3}{R_2 + R_3}u_S$

5 - 4 $u_o = -\dfrac{R_2 R_3}{R_1(R_2 + R_3)}u_S$

5 - 5 $u_o = 5u_{i1} - 5u_{i2} - 2.5u_{i3}$

5 - 6 $u_o = \dfrac{13}{4}$ V

5 - 8 $-\dfrac{R_1 R_L}{R_2}$

5 - 9 $u_o = \dfrac{R_3}{R_2}\left(1 + \dfrac{2R_1}{R_g}\right)(u_{i2} - u_{i1})$

第 6 章

6 - 3   27.5 V

6 - 4   3 A, 9 A, 9 A, 0 A

6 - 5   (1) $3(1 - e^{-2t})$ V, $[4 + 2t + e^{-2t}]$ V, $[7 + 2t - 2e^{-2t}]$ V

       (2) $15\sin(2t + 30°)$ V, $\left[5\left(1 + \dfrac{\sqrt{3}}{2}\right) - 5\cos(2t + 30°)\right]$ V,

       $\left[5\left(1 + \dfrac{\sqrt{3}}{2}\right) + 15\sin(2t + 30°) - 5\cos(2t + 30°)\right]$ V

6 - 6   (1) $2(1 + e^{-2t})$ A, $[3.5 + 3t - 1.5e^{-2t}]$ A, $[5.5 + 3t + 0.5e^{-2t}]$ A

       (2) $\cos(10t + 60)$ A, $\left[2 - \dfrac{3}{40}\sqrt{3} + 0.15\sin(10t + 60°)\right]$ A,

       $\left[2 - \dfrac{3}{40}\sqrt{3} + \cos(10t + 60°) + 0.15\sin(10t + 60°)\right]$ A

6 - 7   10 V, 4 V

6 - 8 $\dfrac{16}{3}$ A, $\dfrac{16}{9}$ A

6 - 9 $\dfrac{21}{34}$ F, 12.5 H

6 - 10   (a) $\dfrac{C_2 u_S}{C_1 + C_2}$, $\dfrac{C_1 u_S}{C_1 + C_2}$;   (b) $\dfrac{C_1 i_S}{C_1 + C_2}$, $\dfrac{C_2 i_S}{C_1 + C_2}$

6 - 11   (a) $\dfrac{L_1 u_S}{L_1 + L_2}$, $\dfrac{L_2 u_S}{L_1 + L_2}$;   (b) $\dfrac{L_2 i_S}{L_1 + L_2}$, $\dfrac{L_1 i_S}{L_1 + L_2}$

6 - 12   (1) 8 V;   (2) $8e^{-3t}$ V, $2e^{-3t}$ V;

       (3) $-0.48e^{-3t}$ mA, $-0.30e^{-3t}$ mA, $-0.18e^{-3t}$ mA

第 7 章

7 - 1   (a) 10 V, 0.5 A, 0.5 A, 0 A; (b) 2 A, -4 V, 0 V

7 - 2　20 V, 1 A; −10 V, 1 A

7 - 3　1.5 A, $-\dfrac{2}{3}$ V; 2.5 A, $\dfrac{1}{3}$ V

7 - 4　$10\mathrm{e}^{-\frac{2}{7}t}$ V, $\dfrac{10}{7}\mathrm{e}^{-\frac{2}{7}t}$ A

7 - 5　$2.5\mathrm{e}^{-5t}$ A, $-7.5\mathrm{e}^{-5t}$ V

7 - 6　$\sqrt{3}\mathrm{e}^{-0.1t}$ A

7 - 7　$-3\mathrm{e}^{-0.75t}$ V

7 - 8　18 kV

7 - 9　$0.5U_{\mathrm{S}}(1-\mathrm{e}^{-\frac{2t}{3RC}})$ V

7 - 10　$\dfrac{1}{2}I_{\mathrm{S}}(1-\mathrm{e}^{-\frac{2Rt}{L}})$A, $\dfrac{1}{2}RI_{\mathrm{S}}^{2}(1+\mathrm{e}^{-\frac{2Rt}{L}})$ W

7 - 11　$3\mathrm{e}^{-6.25t}$ A, $18(1-\mathrm{e}^{-6.25t})$ W

7 - 12　$0.6(1-\mathrm{e}^{-100t})$ A

7 - 13　$(24-12\mathrm{e}^{-100t})$ V, $12\mathrm{e}^{-1000t}$ V, $[0.24+0.12(\mathrm{e}^{-100t}-\mathrm{e}^{-1000t})]$ A

7 - 14　$(5.5-5\mathrm{e}^{-5\times10^{3}t/3})$ mA, $\left(5-\dfrac{25}{6}\mathrm{e}^{-5\times10^{3}t/3}\right)$ mA

7 - 15　$(-4-8\mathrm{e}^{-t/18})$ V, $\left(2-\dfrac{8}{9}\mathrm{e}^{-t/18}\right)$ A

7 - 16　$(10-5\mathrm{e}^{-2t})$ A, $0.75(1-\mathrm{e}^{-4t})$ J

7 - 17　$(6+2\mathrm{e}^{-0.4t})$ V, $0.4(1-\mathrm{e}^{-0.8t})$ J

7 - 18　$5(1-\mathrm{e}^{-t})\varepsilon(t)$ V, $25(2-\mathrm{e}^{-t})\varepsilon(t)$ μA

7 - 19　$U_{\mathrm{S}}(1-\mathrm{e}^{-\frac{t}{RC}})\varepsilon(t)$, $U_{\mathrm{S}}(1-\mathrm{e}^{-\frac{t_{1}}{RC}})\cdot\mathrm{e}^{\frac{t-t_{1}}{2RC}}\varepsilon(t-t_{1})$

或 $\begin{cases} U_{\mathrm{S}}(1-\mathrm{e}^{-\frac{t}{RC}}) & 0\leqslant t<t_{1} \\ U_{\mathrm{S}}(1-\mathrm{e}^{-\frac{t-t_{1}}{2RC}})\cdot\mathrm{e}^{\frac{t-t_{1}}{2RC}} & t\geqslant t_{1} \end{cases}$

7 - 20　$\dfrac{10}{9}(1-\mathrm{e}^{-9t})\varepsilon(t)$ A, $\dfrac{5}{9}(4+5\mathrm{e}^{-9t})\varepsilon(t)$ V

7 - 21　$\dfrac{1}{2}I_{\mathrm{S}}(1-\mathrm{e}^{-2Rt})\varepsilon(t)-\dfrac{1}{2}I_{\mathrm{S}}[1-\mathrm{e}^{-2R(t-1)}]\varepsilon(t-1)$ A

7 - 22　$20(1-\mathrm{e}^{-0.5t})\varepsilon(t)-30[1-\mathrm{e}^{-0.5(t-1)}]\varepsilon(t-1)+10[1-\mathrm{e}^{-0.5(t-2)}]\varepsilon(t-2)$

7 - 23　$\dfrac{5}{3}\mathrm{e}^{-2.5t}\varepsilon(t)$ V

7 - 24　$2.5\mathrm{e}^{-7.5t}\varepsilon(t)$ A

7 - 25　$(2-1.4\mathrm{e}^{-0.2t})\varepsilon(t)$ V

7 - 26　(1) $3\mathrm{e}^{-4t}\varepsilon(t)$ A;　(2) $0.75(1-\mathrm{e}^{-4t})\varepsilon(t)$ A

7 - 27　$5\mathrm{e}^{-t}\varepsilon(t)$ V, $25[\delta(t)+\mathrm{e}^{-t}\varepsilon(t)]$ μA

第 8 章

8-1 5 V，0.25 A，$\frac{1}{3}$ A；$\frac{1}{6}$ V/s，0 A/s

8-2 0.5 V，−0.5 A，$\frac{3}{7}$ V，$\frac{1}{14}$ V/s，−$\frac{3}{14}$ A/s

8-3 40 V，8 mA，−20 V/s，5×10^3 A/s，8 mA，30 V

8-4 (1) $(13.33e^{-2t} - 3.33e^{-8t})$ V，$(e^{-2t} - e^{-8t})$ A；(2) 10 Ω，$1.33(e^{-2t} - e^{-8t})$

8-5 $(17.94e^{-0.268t} + 2.06e^{-3.732t})$ V，$(-1.29e^{-0.268t} - 28.74e^{-3.732t})$ V

8-6 $e^{-6t}[3 \cos(8t) + 2.25 \sin(8t)]$ A，$375e^{-6t} \sin(8t)$ V

8-7 $(0.6 + 1.5t)e^{-2.5t}$ A

8-8 $[15 - 5e^{-t}(3 \cos3t + \sin3t)]$ V

8-9 $(2 + 3e^{-5t} - e^{-15t})\varepsilon(t)$ A，$10(-e^{-5t} + e^{-15t})\varepsilon(t)$ V

8-10 (1) $[1 - (1+0.5t)e^{-0.5t}]\varepsilon(t)$ A； (2) $0.25te^{-0.5t}\varepsilon(t)$ A

8-11 $1.13 \times 10^3 e^{-250t} \sin(150t)\varepsilon(t)$ V

8-12 $R_1 R_2 C_1 C_2 \dfrac{d^2 u}{dt^2} + (R_2 C_2 + R_1 C_1 + R_1 C_2) \dfrac{du}{dt} + u = u_S$

8-13 $(10 - 12.08e^{-0.27t} - 2.08e^{-1.57t})\varepsilon(t)$ V

8-14 $\left(1 - 0.5e^{-t} + \dfrac{1}{6}e^{-3t}\right)\varepsilon(t)$ A

第 9 章

9-1 (1) $2.24\angle-63.4°$；　　　(2) $50\angle53.1°$；　　　(3) $13\angle112.6°$；

　　　(4) $10\angle-126.9°$；　　　(5) $50\angle-90°$；　　　(6) $100\angle0°$

9-2 (1) $-3.54 + j3.54$；　　　(2) $2.59 - j9.66$；　　　(3) $-10.69 - j5.45$；

　　　(4) $80 + j60$；　　　(5) -50；　　　(6) $j3$

9-3 (1) $41.82 + j3.53 = 41.95\angle4.8°$；

　　　(2) $-4.85 - j13.66 = 14.50\angle-109.5°$；

　　　(3) $3.97 - j0.34 = 3.98\angle-4.9°$

9-4 121.73，20.6°

9-5 (1) $10\sqrt{2}$ V，0.02 s，50 Hz；$30\sqrt{2}$ V，0.02 s，50 Hz；160°；

　　　$10\sqrt{2}\angle-30°$，$30\sqrt{2}\angle170°$ V

　　　(2) 有效值，频率，周期均不变，与 u_1 的相位差为−20°，$30\sqrt{2}\angle-10°$ V。

9-6 $10\sqrt{2}\cos(377t - 45°)$ A，$6\sqrt{2}\cos(377t + 75°)$ A，−120°

9-7 $0.33\sqrt{2}\cos(10t - 26.3°)$ A

9-8 111.8 V

9 - 9　(1) 10 A；　　(2) 28.64 A。

9 - 10　(a) 99.6∠89.9° Ω；0.01∠−89.9° S；

　　　(b) 46.35∠26.0° Ω；0.022∠−26.0° S

　　　(c) 854.4∠−69.4° Ω；1.17×10⁻³∠69.4° S

9 - 11　(a) 8.9∠9.7° Ω；0.11∠−9.7° S

　　　(b) 7.44∠6.2° Ω；0.134∠−6.2° S

　　　(c) 1.33 Ω；0.75 S

9 - 12　(a) $\dfrac{R-\omega^2 CRL+\mathrm{j}\omega L}{1+\mathrm{j}\omega CR}$ Ω；　(b) $\dfrac{1-\omega^2 R_1 R_2 C_1 C_2+\mathrm{j}\omega[R_1(C_1+C_2)+R_2 C_2]}{-\omega^2 R_2 C_1 C_2+\mathrm{j}\omega(C_1+C_2)}$；

9 - 13　5∠0° A，5∠−90° A，$5\sqrt{2}$∠−45° A

9 - 14　$4\sqrt{2}$∠−45° V

9 - 15　(a) $1.91\sqrt{2}\cos(5t+28.5°)$ A

　　　(b) $0.67\sqrt{2}\cos(100\pi t+87.9°)$ A；$39.12\sqrt{2}\cos(100\pi t+68.5°)$ V

9 - 16　128.06∠68.7° V，53.66∠−49.7° V

9 - 17　5.53∠108.5° A，2.21∠−18.4° A

第 10 章

10 - 1　4.33∠−15.5° A，5.45∠−23.3° A，1.29∠129.8° A

10 - 2　1.94∠−164.2° V，0.58∠−81.5° A

10 - 4　$6.61\sqrt{2}\cos(2t+130.3°)$ V，$16.44\sqrt{2}\cos(2t+100.6°)$ V

10 - 5　$\dfrac{-\omega^2 LC-1}{(1-\omega^2 LC)+\mathrm{j}(\omega L+\omega C)}\dot{U}_\mathrm{s}$，0.01 F

10 - 6　9.23∠−22.6° V

10 - 7　$0.32\sqrt{2}\cos(4t-148.8°)-1.67+1.54\sqrt{2}\cos(5t-157.4°)$ V

10 - 8　(a) 11.17∠26.6° V，44.72∠−63.4° Ω；

　　　(b) 17.49∠160.3° V，2.43∠−76.0° Ω

　　　(c) 77.79∠15.0° V，9.30∠36.3° Ω

　　　(d) 0.498∠89.7° V，70.4∠44.7° Ω

10 - 9　0.707 rad/s，$21.21\sqrt{2}\cos(\omega t-90°)$ V

10 - 10　2.44 Ω

10 - 11　100 Ω，50 Ω

10 - 12　11.55∠60° Ω，5∠30° A，j10 A，8.66∠−60° A，866∠60° VA

10 - 13　9.77 Ω，j42.36 Ω

10 - 14　(1) (500+j2500) VA；(2) 7500 W；(3) −7000 W，1750 var

10 - 15　电流源：−9366.27 W，−2883.22 var；

电容：—2401 var；电感 4818 var；电阻：9636 W；

受控源：—264.16 W，468.43 var

10-16　1.61 W，—13.15 var，(1.61—j13.15) VA

10-17　(1) 4236.9 W，4720.9 var，6342.6 VA，0.668；

　　　　(2) 175.7 μF，21.4 A，28.83 A

10-18　294.7 W

10-19　(1.4+j0.2) Ω；0.29 W

第 11 章

11-1　15.36$\angle$—24.8° A，340.97$\angle$43.9° V

11-2　44$\angle$25° Ω

11-3　43.13$\angle$11.3° A，24.9$\angle$41.3° A

11-4　6.2 A，614.4 V

11-5　10 A，17.3 A，10 A

11-6　22 A，8694.05 W；65.82 A，38 A，26010.2 W

11-7　(1) 471 V；　(2) 318.7 V；3047.04 W

11-8　399.5 V

11-9　(1) 194.02 V，77.76 W；194.02 V，77.76 W；290.38 V，44.52 W；

　　　　(2) 0.34$\angle$—60° A

11-10　1963.71 W，6038.27 W

11-11　55 mH，184 μF

11-12　(1) 5.84 A；　(2) 37.7 μF，4.22 A

第 12 章

12-1　(1) 40 cos(50t) V，—20 cos(50t) V；　(2) 0.577

12-2　3.33e^{-2t} V

12-3　(a) —125$\angle$0° V；　　(b) 32$\angle$—60° V

12-4　(a) 6 H；　(b) 2 H

12-6　(a) j12.5 Ω；　(b) (30+j40) Ω

12-7　(a) (0.8+j2.4) Ω；　(b) j4.8 Ω

12-8　[6+34.99 cos(10t+76.0°)] V

12-9　100$\angle$—90° V，(20+j10) Ω

12-10　(1) 5.37$\angle$—26.6° A，4$\sqrt{2}\angle$—45° A；　(2) 48$\sqrt{2}\angle$45° VA

12-11　3.96$\angle$—18.4° A，1.77$\angle$—135° A

12 - 12　$2.11\angle-17.28°$ A

12 - 14　$0.15\sqrt{2}\cos(314t-69.8°)$ A

12 - 15　$-4\sqrt{2}\cos(1000t)$ A

12 - 16　$\dfrac{2}{3}\angle0°$A

12 - 17　$-0.05\sqrt{2}\angle45°$ A

12 - 18　(1) $1.66\angle-56.3°$ A, $11.14\angle7.1°$ V; (2) $39.94\angle56.3°$

12 - 19　$4\ \Omega$, 100 W

12 - 20　$0.54\angle-47.7°$ A

第　13　章

13 - 3　$25\ \mu$F, $180\angle0°$ V

13 - 4　$(3.75+j5.98)\ \Omega$

13 - 5　25

13 - 8　(a) $\dfrac{10\omega}{10\omega+j(5\omega^2-2)}$;　(b) $\dfrac{5\omega}{5\omega+j(2.5\omega^2-10)}$

13 - 9　$H(j\omega)=\dfrac{jk}{1-k^2+j3k}$, $\varphi=\arctan\dfrac{1-k^2}{3k}$, 其中 $k=\dfrac{\omega}{\omega_C}$, $\omega_C=\dfrac{1}{RC}$

13 - 11　$-9.2°$

13 - 12　$H(j\omega)=\dfrac{1+j\omega R_2 C}{1+j\omega(R_1+R_2)C}$

13 - 13　$H(j\omega)=\dfrac{R_2(1+j\omega R_1 C)}{R_1+R_2+j\omega R_1 R_2 C}$

13 - 14　$H(j\omega)=\dfrac{3\left(1+\dfrac{j\omega}{2}\right)\left(1+\dfrac{j\omega}{3}\right)}{(1+j\omega)\left(1+\dfrac{j\omega}{4}\right)}$

13 - 15　$H(j\omega)=\dfrac{j\omega RC_2}{(1+j\omega RC_1)(1+j\omega RC_2)}$

第　14　章

14 - 2　(a) $f(t)=\dfrac{1}{2}+\dfrac{2}{\pi}\sin(\pi t)+\dfrac{2}{3\pi}\sin(3\pi t)+\dfrac{2}{5\pi}\sin(5\pi t)+\cdots$

$=\dfrac{1}{2}+\dfrac{2}{\pi}\displaystyle\sum_{k=1}^{\infty}\dfrac{1}{n}\sin(n\pi t)$, $n=2k-1$

(b) $f(t)=\dfrac{1}{4}+\displaystyle\sum_{n=1}^{\infty}\left[\dfrac{(-1)^2-1}{(n\pi)^2}\cos(n\pi t)+\dfrac{(-1)^{n+1}}{n\pi}\sin(n\pi t)\right]$

14 - 3　$[7.81\cos(5t+51.3°)+0.80\cos(4t+95.7°)]$ A

14 - 4 　 $u_o(t) = \sum_{k=1}^{\infty} \dfrac{4}{\sqrt{25 + 4n^2\pi^2}} \cos\left(n\pi t - \arctan\dfrac{2n\pi}{5}\right)$ 　　 $n = 2k - 1$

14 - 5 　 $u(t) = [121.28\cos(\omega_1 t + 17.7°) - 42.1\cos(3\omega_1 t + 6.1°) + 25.35\cos(5\omega_1 t + 3.7°)$

　　　　　 $-18.06\cos(7\omega_1 t + 2.6°) + 14.1\cos(9\omega_1 t + 2°)]$ V

14 - 6 　 $[12.83\cos(1000t - 3.71°) - 1.40\sin(2000t - 64.3°)]$ A, 916.8 W

14 - 7 　 (1) 0.375 W; 　　 (2) 0.75 W; 　　 (3) 1 W

14 - 8 　 91.38 V, 1.51 A

14 - 9 　 $L = \dfrac{1}{49\omega_1^2}$, $C = \dfrac{1}{9\omega_1^2}$

14 - 10 　 6.16 A, 53.31 V

14 - 11 　 6.5 W, 2.64 V, 5.2 A

14 - 12 　 36.71 W, 10.69 W

第 15 章

15 - 1 　 (1) $\dfrac{\alpha}{s(s+\alpha)}$; 　(2) $\dfrac{\omega\cos\varphi + s\sin\varphi}{s^2 + \omega^2}$; 　(3) $\dfrac{s + \beta - \alpha}{(s + \beta)^2}$; 　(4) $\dfrac{s^2 - \alpha^2}{(s^2 + \alpha^2)^2}$

提示：用性质 $\mathscr{L}[tf(t)] = -\dfrac{\mathrm{d}F(s)}{\mathrm{d}s}$ 计算。

15 - 2 　 (1) $(33.3 - 20\mathrm{e}^{-t} - 3.33\mathrm{e}^{-3t})\varepsilon(t)$;

　　　　 (2) $\mathrm{e}^{-t}(1 - \cos t)\varepsilon(t)$; 　(3) $(t - 1 + \mathrm{e}^{-t})\varepsilon(t)$

15 - 3 　 (1) $\dfrac{1}{4}(1 + 2\mathrm{e}^{-2t} + \mathrm{e}^{-4t})\varepsilon(t)$; 　　　 (2) $-3\mathrm{e}^{-2t} + 5\mathrm{e}^{-3t}$

15 - 5 　 (1) 0 V;

　　　　 (2) $[-3.8\mathrm{e}^{-\frac{3}{4}t} - 4.8\cos(t - 143°)]\varepsilon(t)$ V;

　　　　 (3) $24(\mathrm{e}^{-t} - \mathrm{e}^{-\frac{3}{4}t})\varepsilon(t)$ V

15 - 6 　 $[20 - 10.22\mathrm{e}^{-\frac{8}{5}t} + 0.76\mathrm{e}^{-t}\cos(2t - 73.4°)]\varepsilon(t)$ V

15 - 7 　 $\left[-\dfrac{1}{\sqrt{3}}\mathrm{e}^{-t}\sin(\sqrt{3}t) + \cos(2t)\right]\varepsilon(t)$ A

15 - 8 　 $\left[-\mathrm{e}^{-2t} + 4.31\mathrm{e}^{\frac{3}{4}t}\cos\left(\dfrac{\sqrt{7}}{4}t + 69.4°\right)\right]$ V

15 - 9 　 $[4\mathrm{e}^{-4t}\cos(2t) + 230\mathrm{e}^{-4t}\sin(2t)]\varepsilon(t)$ V,

　　　　 $[6\varepsilon(t) - 6\mathrm{e}^{-4t}\cos(2t) - 11.37\mathrm{e}^{-4t}\sin(2t)]$ A

15 - 10 　 $[1.92 + 2.4\mathrm{e}^{-3t}\cos(4t + 180°) - 0.1\mathrm{e}^{-3t}\cos(4t - 153°) + 0.06\cos(4t - 71.6°)]\varepsilon(t)$ V

15 - 12 　 $2i_2 = \dfrac{5}{4}\left[\dfrac{1}{4} - \mathrm{e}^{-4t}\left(t - \dfrac{1}{4}\right)\right]\varepsilon(t)$ A

15 - 14 　 $\dfrac{2}{3}(1 - \mathrm{e}^{-2t})\varepsilon(t) - \dfrac{2}{3}[1 - \mathrm{e}^{-2(t-2)}]\varepsilon(t - 2)$ V

15-15 $(2.5-0.5e^{-8t})\varepsilon(t)$ A, $[0.8e^{-8t}\varepsilon(t)-0.6\delta(t)]$ V, $[1.2e^{-8t}\varepsilon(t)+0.6\delta(t)]$ V

15-17 $z=-3$, $p_{1,2}=-2\pm j1$

  (1) $[0.6-0.6e^{-2t}\cos t-0.8e^{-2t}\sin t]\varepsilon(t)$;

  (2) $[6e^{-2t}+6te^{-2t}-6e^{-2t}\cos t-6e^{-2t}\sin t]\varepsilon(t)$

  (3) $[0.42e^{-2t}\cos(t-135°)+0.76\cos(2t-66.8°)]\varepsilon(t)$

15-18 $z=-2$, $p_1=-1$, $p_2=-3$; $(e^{-t}+e^{-3t})\varepsilon(t)$; $\dfrac{1}{3}(4-3e^{-t}-e^{-3t})\varepsilon(t)$

15-19 $10e^{-t/2}\left[\cos\left(\dfrac{\sqrt{3}}{2}t\right)-\dfrac{1}{\sqrt{3}}\sin\left(\dfrac{\sqrt{3}}{2}t\right)\right]\varepsilon(t)$ V

15-20 $\dfrac{20}{2s^2+9s+30}$

15-21 (1) $\dfrac{s^2+3s+1}{(s+1)(s+2)(s+3)}$;   (2) $\dfrac{1}{(s+1)(s+2)(s+3)}$;   (3) $\dfrac{1}{(s+1)(s+2)}$

15-22 $\dfrac{9s}{5s^2+9s+2}$

15-23 (1) $\dfrac{5s+8}{5(s+1)}$;   (2) $\dfrac{(s+\alpha)\sin\theta+\omega\cos\theta}{(s+\alpha)^2+\omega^2}$;

  (3) $\dfrac{27s^4+262s^3+1153s^2+2025s+1215}{45s^2(s+1)(s+3)^2}$

15-24 $-\dfrac{10s}{5s+1}$; $0.4e^{-0.2t}-2\delta(t)$

15-25 $\dfrac{1}{R_1R_2C_1C_2s^2+(R_1+R_2)C_1s+1}$

15-26 $\dfrac{1}{15}$ F , 1.5 H; $\dfrac{1}{3}$ F, 0.3 H

15-28 $20(e^{-t}-e^{-2t})$ V

第 16 章

16-1 (b)

$$
\begin{array}{c}
\;\;1\;\;2\;\;3\;\;\;\;4\;\;\;\;5\;\;\;\;\;6\;\;\;\;\;7\;\;\;\;8 \\
\begin{array}{c}1\\2\\3\\4\end{array}
\begin{bmatrix}
1 & 0 & 0 & 1 & 0 & 0 & 1 & 0 \\
0 & 0 & 0 & 0 & 0 & -1 & -1 & 1 \\
0 & 0 & 1 & 0 & -1 & 1 & 0 & 0 \\
0 & 1 & 0 & -1 & 1 & 0 & 0 & -1
\end{bmatrix}
\end{array}
$$

16-3 (a) $\boldsymbol{B}_i=$

$$
\begin{array}{c}
\;\;1\;\;3\;\;6\;\;7\;\;\;\;2\;\;\;\;4\;\;\;\;\;5\;\;\;\;8 \\
\begin{array}{c}1\\2\\3\\4\end{array}
\begin{bmatrix}
1 & 0 & 0 & 0 & -1 & 0 & 1 & 0 \\
0 & 1 & 0 & 0 & 1 & 1 & 0 & 0 \\
0 & 0 & 1 & 0 & 0 & -1 & -1 & 1 \\
0 & 0 & 0 & 1 & 0 & 0 & 0 & -1
\end{bmatrix}
\end{array}
$$

$$
(b) \quad \boldsymbol{Q}_{\mathrm{f}} =
\begin{array}{c}
\begin{array}{ccccccc} 2 & 4 & 5 & 8 & 1 & 3 & 6 & 7 \end{array} \\
\begin{array}{c} 1 \\ 2 \\ 3 \\ 4 \end{array}
\begin{bmatrix}
1 & 0 & 0 & 0 & 1 & -1 & 1 & -1 \\
0 & 1 & 0 & 0 & 0 & 1 & 0 & 1 \\
0 & 0 & 1 & 0 & -1 & 0 & -1 & 0 \\
0 & 0 & 0 & 1 & 0 & 0 & -1 & 1
\end{bmatrix}
\end{array}
$$

16-5
$$
\begin{bmatrix}
R_1+R_2+R_4 & R_2 & R_4 \\
R_2 & R_2+R_3+R_5 & -R_5 \\
r+R_4 & -R_5 & R_4+R_5+R_6
\end{bmatrix}
\begin{bmatrix} \dot{I}_{l1} \\ \dot{I}_{l2} \\ \dot{I}_{l3} \end{bmatrix}
=
\begin{bmatrix} \dot{U}_{S2}-R_1\dot{I}_{S1} \\ \dot{U}_{S2} \\ -r\dot{I}_{S1} \end{bmatrix}
$$

16-6
$$
\begin{bmatrix}
R_1+\dfrac{1}{\mathrm{j}\omega C_2}+\dfrac{1}{\mathrm{j}\omega C_3} & R_1+\dfrac{1}{\mathrm{j}\omega C_3} & -R_1 \\
R_1+\dfrac{1}{\mathrm{j}\omega C_3} & \dfrac{1}{\mathrm{j}\omega C_3}+\mathrm{j}\omega L_4+R_1+R_5 & -R_1-R_5 \\
-R_1 & -R_1-R_5 & R_1+R_5+R_6
\end{bmatrix}
\begin{bmatrix} \dot{I}_{l1} \\ \dot{I}_{l2} \\ \dot{I}_{l3} \end{bmatrix}
=
\begin{bmatrix} \dot{U}_{S1} \\ \dot{U}_{S1} \\ -\dot{U}_{S1}+R_6\dot{I}_{S6} \end{bmatrix}
$$

16-7 (1)
$$
\begin{bmatrix}
R_1+sL_2+\dfrac{1}{sC_4} & -\dfrac{1}{sC_4} & 0 \\
-\dfrac{1}{sC_4} & sL_3+\dfrac{1}{sC_4}+R_6 & -R_6 \\
0 & -R_6 & R_5+R_6
\end{bmatrix}
\begin{bmatrix} \dot{I}_{l1}(s) \\ \dot{I}_{l2}(s) \\ \dot{I}_{l3}(s) \end{bmatrix}
=
\begin{bmatrix} R_1\dot{I}_{S1}(s) \\ 0 \\ -\dot{U}_{S5}(s) \end{bmatrix}
$$

(2)
$$
\begin{bmatrix}
R_1+sL_2+\dfrac{1}{sC_4} & sM-\dfrac{1}{sC_4} & 0 \\
sM-\dfrac{1}{sC_4} & sL_3+\dfrac{1}{sC_4}+R_6 & -R_6 \\
0 & -R_6 & R_5+R_6
\end{bmatrix}
\begin{bmatrix} \dot{I}_{l1}(s) \\ \dot{I}_{l2}(s) \\ \dot{I}_{l3}(s) \end{bmatrix}
=
\begin{bmatrix} R_1\dot{I}_{S1}(s) \\ 0 \\ -\dot{U}_{S5}(s) \end{bmatrix}
$$

16-8
$$
\begin{bmatrix}
R_1+\mathrm{j}\omega L_2-\mathrm{j}\dfrac{1}{\omega C_3} & \mathrm{j}\dfrac{1}{\omega C_3}-\mathrm{j}\omega M & \mathrm{j}\omega M-\mathrm{j}\omega L_2 \\
\mathrm{j}\omega M+\mathrm{j}\dfrac{1}{\omega C_3}+r & -\mathrm{j}\dfrac{1}{\omega C_3}-r+\mathrm{j}\omega L_4+R_5 & -\mathrm{j}\omega L_4+\mathrm{j}\omega M \\
\mathrm{j}\omega M-\mathrm{j}\omega L_2 & \mathrm{j}\omega M-\mathrm{j}\omega L_4 & -\mathrm{j}\dfrac{1}{\omega C_6}+\mathrm{j}\omega L_2+\mathrm{j}\omega L_4-\mathrm{j}2\omega M
\end{bmatrix}
\begin{bmatrix} \dot{I}_{l1} \\ \dot{I}_{l2} \\ \dot{I}_{l3} \end{bmatrix}
$$

$$
=
\begin{bmatrix} R_1\dot{I}_{S1} \\ 0 \\ 0 \end{bmatrix}
$$

16-9
$$
\begin{bmatrix}
\dfrac{1}{\mathrm{j}\omega L_1}+\dfrac{1}{R_5}+\mathrm{j}\omega C_6 & -\dfrac{1}{\mathrm{j}\omega L_1} & -\mathrm{j}\omega C_6 \\
-\dfrac{1}{\mathrm{j}\omega L_1} & \dfrac{1}{\mathrm{j}\omega L_1}+\dfrac{1}{R_2}+\dfrac{1}{R_3} & -\dfrac{1}{R_2} \\
-\mathrm{j}\omega C_6 & -\dfrac{1}{R_2} & \dfrac{1}{R_2}+\dfrac{1}{R_4}+\mathrm{j}\omega C_6
\end{bmatrix}
\begin{bmatrix} \dot{U}_{n1} \\ \dot{U}_{n2} \\ \dot{U}_{n3} \end{bmatrix}
=
\begin{bmatrix} \dfrac{\dot{U}_{S5}}{R_5} \\ -\dot{I}_{S2} \\ \dot{I}_{S2} \end{bmatrix}
$$

$16-10$
$$\begin{bmatrix} \dfrac{1}{R_1}+\dfrac{1}{R_2}+\dfrac{1}{j\omega L_4} & -\dfrac{1}{R_2}-\dfrac{1}{j\omega L_4}-g \\[2mm] -\dfrac{1}{R_2}-\dfrac{1}{j\omega L_4} & \dfrac{1}{R_2}+j\omega C_3+\dfrac{1}{j\omega L_4}+\dfrac{1}{R_5} \end{bmatrix}\begin{bmatrix} \dot{U}_{n1} \\[2mm] \dot{U}_{n2} \end{bmatrix}=\begin{bmatrix} \dfrac{\dot{U}_{S1}}{R_1}-\dfrac{\dot{U}_{S2}}{R_2} \\[2mm] -\dot{I}_{S5}+\dfrac{\dot{U}_{S2}}{R_2} \end{bmatrix}$$

$16-11$
$$\begin{bmatrix} \dot{I}_1 \\ \dot{I}_2 \\ \dot{I}_3 \\ \dot{I}_4 \\ \dot{I}_5 \\ \dot{I}_6 \end{bmatrix}=\begin{bmatrix} \dfrac{1}{j\omega L_1} & 0 & 0 & 0 & 0 & 0 \\[2mm] 0 & \dfrac{1}{j\omega L_2} & 0 & -g_{24} & 0 & 0 \\[2mm] 0 & 0 & \dfrac{1}{R_3} & 0 & 0 & 0 \\[2mm] 0 & 0 & 0 & \dfrac{1}{R_4} & \dfrac{\beta_{45}}{R_5} & 0 \\[2mm] 0 & 0 & 0 & 0 & \dfrac{1}{R_5} & 0 \\[2mm] 0 & 0 & 0 & 0 & 0 & j\omega C_6 \end{bmatrix}\begin{bmatrix} \dot{U}_1+\dot{U}_{S1} \\ \dot{U}_2 \\ \dot{U}_3 \\ \dot{U}_4 \\ \dot{U}_5-\dot{U}_{S5} \\ \dot{U}_6 \end{bmatrix}-\begin{bmatrix} 0 \\ 0 \\ \dot{I}_{S3} \\ \dot{I}_{S4} \\ 0 \\ 0 \end{bmatrix}$$

$16-12$
$$\begin{bmatrix} \dfrac{1}{R_1}+\dfrac{1}{sL_2}+sC_3 & -sC_3 & 0 \\[2mm] -sC_3 & sC_3+\dfrac{1}{R_4}+sC_5 & -sC_5 \\[2mm] -g & -sC_5 & sC_5+\dfrac{1}{sL_6} \end{bmatrix}\begin{bmatrix} U_{n1}(s) \\ U_{n2}(s) \\ U_{n3}(s) \end{bmatrix}=\begin{bmatrix} I_{S1}(s)-I_{S3}(s) \\[2mm] I_{S3}(s)+\dfrac{U_{S4}(s)}{R_4} \\[2mm] 0 \end{bmatrix}$$

$16-13$
$$\begin{bmatrix} \dfrac{1}{R_1}+\dfrac{1}{sL_5}+\dfrac{1}{R_6} & -\dfrac{1}{sL_5}-\dfrac{1}{R_6} & -\dfrac{1}{R_6} \\[2mm] -\dfrac{1}{sL_5}-\dfrac{1}{R_6} & \dfrac{1}{sL_2}+\dfrac{1}{R_4}+\dfrac{1}{sL_5}+\dfrac{1}{R_6} & \dfrac{1}{R_4}+\dfrac{1}{R_6} \\[2mm] -\dfrac{1}{R_6} & \dfrac{1}{R_4}+\dfrac{1}{R_6} & sC_3+\dfrac{1}{R_4}+\dfrac{1}{R_6} \end{bmatrix}\begin{bmatrix} U_{t1}(s) \\ U_{t2}(s) \\ U_{t3}(s) \end{bmatrix}$$
$$=\begin{bmatrix} I_{S1}(s)+\dfrac{U_{S6}(s)}{R_6} \\[2mm] -\dfrac{U_{S6}(s)}{R_6} \\[2mm] -\dfrac{U_{S6}(s)}{R_6} \end{bmatrix}$$

$16-14$
$$\begin{bmatrix} \dot{u}_C \\ \dot{i}_L \end{bmatrix}=\begin{bmatrix} -\dfrac{1}{(R_1+R_2)C} & -\dfrac{R_1}{(R_1+R_2)C} \\[2mm] \dfrac{R_1}{(R_1+R_2)L} & -\dfrac{R_1R_2}{(R_1+R_2)L} \end{bmatrix}\begin{bmatrix} u_C \\ i_L \end{bmatrix}+\begin{bmatrix} \dfrac{R_1}{(R_1+R_2)C} \\[2mm] \dfrac{R_1R_2}{(R_1+R_2)L} \end{bmatrix}\begin{bmatrix} i_S \end{bmatrix}$$

$$16-15 \quad \begin{bmatrix} \dot{u}_C \\ \dot{i}_{L1} \\ \dot{i}_{L2} \end{bmatrix} = \begin{bmatrix} -\dfrac{1}{R_1 C} & -\dfrac{1}{C} & 0 \\ \dfrac{1}{L_1} & -\dfrac{R_2}{L_1} & \dfrac{R_2}{L_1} \\ 0 & \dfrac{R_2}{L_2} & -\dfrac{R_2}{L_2} \end{bmatrix} \begin{bmatrix} u_C \\ i_{L1} \\ i_{L2} \end{bmatrix} + \begin{bmatrix} \dfrac{1}{R_1 C_1} \\ 0 \\ 0 \end{bmatrix} [u_S]$$

$$\begin{bmatrix} u_{n1} \\ u_{n2} \end{bmatrix} = \begin{bmatrix} 1 & 0 & 0 \\ 0 & R_2 & -R_2 \end{bmatrix} \begin{bmatrix} u_C \\ i_{L1} \\ i_{L2} \end{bmatrix}$$

第 17 章

$$17-1 \quad \text{(a)} \begin{bmatrix} \dfrac{1}{8} & -\dfrac{1}{8} \\ -\dfrac{1}{8} & \dfrac{7}{24} \end{bmatrix} \text{S}; \quad \text{(b)} \begin{bmatrix} \dfrac{7}{260} & -\dfrac{2}{130} \\ -\dfrac{2}{130} & \dfrac{3}{130} \end{bmatrix} \text{S}$$

$$17-2 \quad \text{(a)} \begin{bmatrix} 0.542 & -0.125 \\ 0.125 & 0.125 \end{bmatrix} \text{S}; \quad \text{(b)} \begin{bmatrix} 0.15 & -0.05 \\ -0.25 & 0.25 \end{bmatrix} \text{S}$$

$$17-3 \quad \begin{bmatrix} 0.75 & -0.5 \\ 2.4 & 0.4 \end{bmatrix} \text{S}$$

$$17-4 \quad \begin{bmatrix} 0.1 & -0.04 \\ -0.04 & 0.056 \end{bmatrix} \text{S}$$

$$17-5 \quad \text{(a)} \begin{bmatrix} 14 & 6 \\ 6 & 6 \end{bmatrix} \Omega; \quad \text{(b)} \begin{bmatrix} 60 & 40 \\ 40 & 70 \end{bmatrix} \Omega$$

$$17-6 \quad \begin{bmatrix} 20 & 18 \\ 18 & 22 \end{bmatrix} \Omega$$

$$17-7 \quad \begin{bmatrix} 2000-\text{j}500 & -\text{j}500 \\ -\text{j}500 & -\text{j}500 \end{bmatrix} \text{S}$$

17-8   9.09 A, −j2.27 A

$$17-9 \quad \begin{bmatrix} \dfrac{2s^2+1}{s(s^2+1)} & \dfrac{s^2}{s^2+1} \\ \dfrac{-s^2}{s^2+1} & \dfrac{s}{s^2+1} \end{bmatrix}$$

17-10 $Z_{in}=1666.7 \ \Omega$

17-11   提示：利用戴维南定理，$P=0.2 \ \text{W}$

$$17-12 \quad \dfrac{U_2(s)}{U_1(s)} = \dfrac{Z_{21}(s)Y_{11}(s)}{1+Z_{22}(s)/R-Z_{21}(s)Y_{21}(s)} = \dfrac{Z_{21}(s)R}{Z_{11}(s)[R+Z_{22}(s)]-Z_{12}(s)Z_{21}(s)}$$

17 - 13　1.86∠47.7°

17 - 14　$\begin{bmatrix} 6+j2 & -4-j4 \\ -4-j4 & 7-j2 \end{bmatrix}$ S

17 - 15　$\begin{bmatrix} 27 & 206\ \Omega \\ 5.5\ S & 42 \end{bmatrix}$

17 - 16　(1) -1; (2) 3.75 Ω; 2.5 Ω; (3) 12.5 Ω

17 - 17　0.98∠117.0° V

17 - 18　0.9∠133.0° V

17 - 19　$\begin{bmatrix} 3.25 & 2.75\ \Omega \\ 2\ S & 2 \end{bmatrix}$

第 18 章

18 - 4　$\left[1+\dfrac{1}{7}\cos(\omega t) \right]$ A

18 - 5　1.54 V, 1.96 A

18 - 6　(1 V, 1 A), $r_Q = 0.5$ Ω

参 考 文 献

[1] 邱关源. 电路. 4 版. 北京：高等教育出版社，1999.

[2] 邱关源，原著. 罗先觉，修订. 电路. 5 版. 北京：高等教育出版社，2006.

[3] 李翰逊. 电路分析基础. 3 版. 北京：高等教育出版社，1993.

[4] 李翰逊. 电路分析基础. 4 版. 北京：高等教育出版社，2006.

[5] Charles K Alexander, Matthew N O Sadiku. Fundamentals of Electric Circuits. 北京：清华大学出版社，2000.

[6] 张永瑞，陈生潭. 电路分析基础. 北京：电子工业出版社，2002.

[7] 邱关源. 网络理论分析. 北京：科学出版社，1982.

[8] 管致中，等. 电路、信号与系统. 北京：人民教育出版社，1979.

[9] 邱关源. 现代电路理论. 北京：高等教育出版社，2001.

[10] 康华光. 电子技术基础：模拟部分. 4 版. 北京：高等教育出版社，2004.

[11] 江泽佳. 网络分析的状态变量法. 北京：人民教育出版社，1979.